基于广义加法的数学体系

Mathematical System Based on Generalized Addition

王雪峰 著

HITP
哈尔滨工业大学出版社
HARBIN INSTITUTE OF TECHNOLOGY PRESS

内 容 简 介

本书引进了实数的广义加法运算，证明了广义加法和普通乘法符合所有关于实数的运算法则，探讨了将广义加法移植到数学的不同分支中的各种情况，给出了广义加法意义下的等差级数和等比级数求和的一些公式，讨论了广义加法意义下的一元二次方程和线性代数方程，建立了广义加法意义下的导数和积分的概念，介绍了求广义加法意义下函数的导数和积分的方法，推导出了广义加法意义下的导数与普通加法意义下导数的理论关系以及广义加法意义下的积分与普通加法意义下积分的理论关系，阐述了广义加法意义下用幂级数构建函数的方法，将广义加法扩展至复数和复函数。本书还探讨了广义加法世界的几何学问题，证明了广义加法世界中圆的一些性质和广义加法世界中的三角函数的若干性质，还在广义加法世界中引入了正交多项式、拉普拉斯变换和概率论理论。

本书适合作为高等学校理工科专业学生的课外读物。

图书在版编目(CIP)数据

基于广义加法的数学体系/王雪峰著. —哈尔滨：哈尔滨工业大学出版社，2024.4

ISBN 978-7-5767-1257-5

Ⅰ.①基… Ⅱ.①王… Ⅲ.①加法-研究 Ⅳ.①O121.1

中国国家版本图 CIP 数据核字(2024)第 046965 号

策划编辑　刘培杰　张永芹
责任编辑　王勇钢
封面设计　孙茵艾
出版发行　哈尔滨工业大学出版社
社　　址　哈尔滨市南岗区复华四道街 10 号　邮编 150006
传　　真　0451-86414749
网　　址　http://hitpress.hit.edu.cn
印　　刷　哈尔滨市工大节能印刷厂
开　　本　787 mm×1 092 mm　1/16　印张 21.75　字数 368 千字
版　　次　2024 年 4 月第 1 版　2024 年 4 月第 1 次印刷
书　　号　ISBN 978-7-5767-1257-5
定　　价　168.00 元

◎ 前言

十几年前我就有了关于“可能存在另外一种数的加法”的这种设想。这是我长期思考一些数学问题而产生的一个直觉，但是在较长的时间内一直没有寻找到“另外一种数的加法”的数学定义式。2017年的某一天，我终于找到了数的广义加法的定义式，并且证明了这种广义加法与普通乘法的结合符合所有关于数的运算的交换律和结合律，符合关于数的加、减、乘、除四则运算的规则，符合特殊的实数0和1在广义加法和乘法中的作用。

我在2019年曾经出版过一本专著——《纯数学与应用数学若干问题研究》，其中有一章的内容就是关于广义加法的。在这章给出了数的广义加法的严格定义，证明了广义加法的运算性质，讨论了广义加法世界中的一元二次方程根的表达式，还引进了广义加法意义下的导数和积分的概念，同时证明了一些关于积分和导数的性质。

我于2020年末退休，所以闲暇时间很多，原本以为退休后不再搞研究工作，希望旅游、练习书法、拉京胡、听音乐、看体育比赛等成为我经常做的事，但是却仍然对广义加法念念不忘，并且越来越确信这是一个有意义并且值得深入研究的理论问题。2021 年 10 月，我决定继续深入研究广义加法的相关理论，希望能够将得到的研究结果整理好出版一本专著，但又担心得到的结果太少而不够出版一本专著的内容。实际上，我在研究过程中不断出现新的想法，当然也遇到了许多困难，在这期间推导出很多之前没有预想到的内容，最后的书稿竟有 30 多万字。

本书中大量关于数的广义加法的理论研究工作是仿照已有的数学领域知识来推导相应的理论结果的，这些工作在一定的意义上是与已有的数学知识平行的，理论结果也是相似的，包括一元二次方程根的公式、数项级数和函数项级数求和公式、线性代数的一些定义和定理等，还包括比较完整的广义加法世界中的微积分理论。本书还给出了若干广义加法世界中函数的构造方法，得到了广义加法世界与普通加法下的函数导数和函数积分的理论联系的数学公式，推导出了广义加法世界中的三角函数和双曲函数的许多公式，还在广义加法世界中部分地建立了正交多项式理论、概率理论、积分变换理论等。本书还为复数定义了广义加法，讨论了广义加法世界中复数和复函数的若干性质。本书的内容已经构成了一个较为完整的数学体系。实际上，数的广义加法定义的引入也带来了新的问题。本书提出的关于混合使用广义加法和普通加法的导数和积分的研究部分就是全新的，关于广义加法世界中的几何学问题也有许多新问题，我也得到了一些这方面全新的结果。

本书内容是我一个人经过潜心的思考和艰难的数学推导而得到的，虽然内容比较多，但是仍有许多问题值得深入研究。若要将广义加法下的数学体系完善化，单靠一个人的力量显然是不够的，因为一个人的知识结构必然是单薄的，所以建立完善的广义加法的数学体系需要许多人从不同的角度展开研究，这样才能将研究不断推向深入，得到更为丰富的结果。

下面我列出若干有待进一步研究的内容：

(1)本书给出的广义加法定义是否存在问题？是否还存在其他形式的广义加法？

(2)本书列出结论的证明是否存在错误？这些问题需要经受严格的考查。

(3)在应用领域中找到更多使用广义加法的实际例子是重要的。特别是，如果能够将一些困难的和重要的应用问题的数学模型用广义加法表达式表示为简单的数学形式则更是重要。

(4)广义加法下的几何学问题是重要的,本书对此的讨论是分散且不够系统和深入的,需要进一步对这方面进行研究。

(5)在广义加法世界中建立有用的函数系统是重要的。本书给出了广义加法世界中三角函数、反三角函数、双曲函数、多项式函数、幂级数函数等内容,这些结果还不够全面,需要进一步扩充。

(6)使用广义加法下的定积分工具是否可以为一些困难的定积分的求解提供帮助?这是作者本人研究广义加法问题的一个初衷,但是在这方面没有得到预期的结果。

(7)本书给出了广义加法世界中的正交多项式、拉普拉斯变换、概率论的一些简单的结果,应该可以推导出一大批更深刻的结果。

(8)广义加法世界中的复函数理论可能有许多值得研究的内容,这个问题在本书中体现不够丰富。

研究广义加法意义下的数学问题需要不同类型的学者,包括喜欢思考的学者、喜欢质疑的学者、喜欢推导数学公式的学者、研究纯数学的学者、研究应用数学的学者,等等。只要这些学者对广义加法感兴趣,就都可以在广义加法意义下的数学体系中的某些方面继续深入研究,取得更多有意义的成果。

王雪峰

2023 年 10 月

于哈工大

◎ 目录

问题的提出

第1章

本书探讨的问题是一个颇为奇特的数学问题,那就是在实数域中引入一种新的加法运算,称为广义加法,在广义加法运算的意义下结合普通乘法来建立新的数学体系。虽然这种广义加法不同于通常意义下的加法,但是在仔细考查了广义加法的运算规则的性质以后,会发现这种广义加法和普通乘法的结合可以在形式上与已有的关于实数的四则运算相同。为了叙述的方便,本书把现在的数学系统中使用的关于实数的加法称为普通加法,或称为普通意义下的加法,或称为传统的加法,而把本书中引入的关于实数的特殊加法称为广义加法。广义加法意义下相应的导数、积分、级数、方程式等概念称为广义加法意义下的导数、积分、级数和方程式等。本书还用“广义加法的世界”来表述广义加法意义下的几何空间中的相关问题。本书的内容都是围绕着广义加法而展开的。

1.1 关于数的扩充和数的运算

最早出现的数的概念应该是正整数,即自然数。数的加法运算是在生产实践中为满足求和要求而提炼出的运算法则,数的乘法运算则是从生产实践中求某数的若干倍数的要求提炼出的运算法则,减法是从一个数量减去某一数量的要求而产生的。数的加法法则(包括减法法则)和数的乘法法则的合理性是不言自明的，因此，从古至今人们一直在使用这些运算法则。在现有的加法规则之外再建立另外一种关于数的加法运算法则是不可想象的，因为这样做似乎完全没有必要，也因为这种加法可能根本就不会存在。如果一个加法法则确定2与3之和不等于5，那么对于普通的人来说，这将是一件十分荒谬的事。

当两个数量相同时，相减的结果是没有数量。为了用数表达相同数量相减的结果，0的概念便产生了。历史上，为了让人们普遍接受0是一个数，数学家费了不少心思。对于今天的人来说，小学的数学课就讲解这些知识，因此人们对特殊的数0的理解毫无困难。为了表达被减的数小于减去的数时的结果，负数的概念便产生了。对于负数的认识也是数学理论发展的一个大的进步。欠别人的钱和收入少于支出都是适合用负数表达的例子。为了表达某整数的一部分，比如1的三分之一，人们引进了分数的概念，也同时引进了除法运算法则，把分数的含义扩展为任意两个整数的商。在此基础上就有了正分数、负分数和零，这些数的全体构成了有理数。

在很长一段时间内，人们认为有理数是足够多的，有理数似乎可以表达任意的数量。当人们发现边长为1的正方形的对角线长度不可能表示成有理数时，人们认识到有理数是不够的，于是数学家把有理数扩充到实数。在这个过程中，极限的概念也逐渐完善并成为数学领域的一个重要的基本概念。人们再次认为实数是足够多的，因为实数可以表达任意能够想象的或能够定义的数量。当人们在求解简单的一元二次方程 $x^2=-1$ 时又遇到了挑战。人们当然可以确认方程 $x^2=-1$ 没有解，但这与人们关于“简单方程应该有解”的信念不符。于是数学家引进了虚数i的概念，规定 $i^2=-1$，并将所有实数和虚数相组合构成更一般的数，于是复数的概念便产生了。实数与几何容易建立直接的联系，而在复数与几何之间建立联系并不容易，因此一般的人对于复数的理解有较大的困难，只有数学家能够很好地理解和使用复数。从自然数到复数，数的集合的不断扩充终于达到了最大的范围，数的扩充过程也是数学理论不断向前发展的过程。历史上也有数学家研究比复数范围更大的数的系统，比如四元数系统等，但本书不涉及这些内容。

从另一个角度来考查这一问题，实际上数的扩充与代数方程的求解问题密切相关。方程 $x+5=7$ 的解是 $x=2$，方程 $5x=3$ 的解是 $x=\frac{3}{5}$，而方程 $x+5=5$

的解是 $x=0$，方程 $x+\frac{1}{2}=\frac{1}{3}$ 的解是 $x=-\frac{1}{6}$。可见，为了保证一元一次方程总有解，必须引进0、分数和负数。

由于引进了乘法运算，人们可以考查一般的代数方程。以一元二次方程为例，方程 $x^2=2$ 的解已经超出了有理数的范围，需要将无理数引进到数的范围中。方程 $x^2=-1$ 和方程 $x^2+x+1=0$ 的解已经超出了实数的范围，需要将虚数和一般的复数引进到数的范围中，这就构成了复数域。上面的讨论按顺序列出如下

$$x+5=7 \quad (\text{解是正整数})$$

$$5x=3 \quad (\text{解是分数})$$

$$x+5=5 \quad (\text{解是}0)$$

$$x+\frac{1}{2}=\frac{1}{3} \quad (\text{解是负数})$$

$$x^2=2 \quad (\text{解是无理数})$$

$$x^2+x+1=0 \quad (\text{解是复数})$$

一般的 n 次代数方程的表达式如下

$$a_nx^n+a_{n-1}x^{n-1}+\cdots+a_1x+a_0=0$$

这是乘法运算和加法运算的一种典型的结合。乘法运算和加法运算的结合可以定义一般的代数方程，也称为多项式或多项式函数。代数方程可以表达一大类非线性方程，而研究代数方程解的性质是推动数学研究不断深入和不断扩展的重要因素之一。代数方程的理论结果有很多，最主要的结论是 n 次代数方程恰好有 n 个根，n 个根中的复数根必然成对出现。对于 n 次代数方程的根来说，复数域已经是足够的了。

下面我们来考查关于数的加法运算的规则，对任意的数 a,b,c，有

$$a+b=b+a \quad (\text{交换律})$$

$$a+b+c=(a+b)+c=a+(b+c)=(a+c)+b \quad (\text{结合律})$$

$$a+0=a \quad (\text{存在数}0)$$

$$a+(-a)=0 \quad (\text{存在相反数})$$

我们来考查关于数的乘法运算的规则，对任意的数 a,b，有

$$a\times 0=0 \quad (\text{存在数}0)$$

$$a \times 1 = a \quad (\text{存在单位数 }1)$$

$$a \times b = b \times a \quad (\text{交换律})$$

加法运算和乘法运算相结合的运算符合分配律，即对任意的数 a,b,c，有

$$a \times (b + c) = a \times b + a \times c \quad (\text{分配律})$$

加法的逆运算是减法，运算符号为"-"。乘法的逆运算是除法，运算符号为"/"。定义的减法和除法的运算法则如下

$$a - b = a + (-b) \quad (\text{减法})$$

$$a/b = a \times \left(\frac{1}{b}\right) \quad (\text{除法})$$

实施除法运算的条件是 $b \neq 0$。

复数是形如 $a + \mathrm{i}b$ 的数，其中 a,b 都是实数，i 是纯虚数，$\mathrm{i}^2 = -1$。a 称为复数的实部，b 称为复数的虚部。复数表示式中的加号"+"实际并不是加法的意思，而是将实部和虚部组合在一起的意思，只是一个记号，若用向量 (a,b) 表示复数也是一样的。

复数的加法法则为

$$(a + \mathrm{i}b) + (c + \mathrm{i}d) = (a + c) + \mathrm{i}(b + d)$$

上面表达式中，$a + c$ 是实数的加法，$b + d$ 是实数的加法，而 $a + c$ 与 $\mathrm{i}(b + d)$ 的加法只是合成实部和虚部的意思。

复数的减法法则为

$$(a + \mathrm{i}b) - (c + \mathrm{i}d) = (a - c) + \mathrm{i}(b - d)$$

复数的乘法法则为

$$(a + \mathrm{i}b)(c + \mathrm{i}d) = (ac - bd) + \mathrm{i}(bc + ad)$$

复数的除法法则为

$$\frac{a + \mathrm{i}b}{c + \mathrm{i}d} = \frac{ac + bd}{c^2 + d^2} + \mathrm{i}\,\frac{bc - ad}{c^2 + d^2}$$

由全体实数构成一个数域，在其中规定加、减、乘、除四种运算，这使得实数域构成了一个完备的无比美妙的体系。现实世界中几乎所有的数量，包括实际问题涉及的数量以及理论上的数量都可以用实数来表达，几乎所有的数量间的关系都可以用实函数来表达。实数可以构成二维向量和三维向量，全体二维向量可以构成整个平面，全体三维向量可以构成整个三维空间。由于数学自身的

需要以及科学研究和工程实际的需要,引进虚数进而构造复数域是方便的。规定了复数间的加、减、乘、除四种运算之后,复数和复变函数构成一个完美的数学体系,其中深刻的数学理论结果以及这些理论在应用研究中体现出的巨大力量是令人惊讶的。

1.2 实数可以有另外意义的加法

加法运算的结果等于两个数量的累加,加法运算规则的合理性是自然的和不容置疑的。同样,乘法的规则也是合理的和不容置疑的。但是自然界中也有一些现象提示我们,可以有不同形式的加法存在。考虑二维空间中两个矢量的和。矢量的和(两个矢量相加,应该是对矢量定义的一种加法)服从平行四边形法则,这与一般的数的加法不同。当两个矢量平行时,矢量的和与相应数量(矢量长度)的代数和相同;当两个矢量不平行时,矢量的和与相应数量的代数和不同。矢量 $\boldsymbol{a}$ 的长度记为 A,矢量 $\boldsymbol{b}$ 的长度记为 B,当矢量 $\boldsymbol{a}$ 与矢量 $\boldsymbol{b}$ 同向平行时,矢量 $\boldsymbol{a}+\boldsymbol{b}$ 的长度为 $A+B$;当矢量 $\boldsymbol{a}$ 与矢量 $\boldsymbol{b}$ 反向平行时,矢量 $\boldsymbol{a}+\boldsymbol{b}$ 的长度为 $|A-B|$;当矢量 $\boldsymbol{a}$ 与矢量 $\boldsymbol{b}$ 垂直时,矢量 $\boldsymbol{a}+\boldsymbol{b}$ 的长度为 $\sqrt{A^2+B^2}$,而不是 $A+B$。

我们以正方形面积的累加为例。设有两个正方形,边长分别为 r_1,r_2,面积分别为 s_1,s_2,将两个正方形面积相加而合并成一个新的正方形的面积 s_3,则有 $s_3=r_1^2+r_2^2$。新的正方形的边长记为 r_3,则有 $s_3=r_3^2$,我们得到下面的关于正方形边长之间的关系

$$r_3=(r_1^2+r_2^2)^{\frac{1}{2}}$$

若我们把上面等式的右端看成是 r_1 与 r_2 的一种广义加法$\{+\}$,记为

$$r_3=r_1\{+\}r_2=(r_1^2+r_2^2)^{\frac{1}{2}} \tag{1.1}$$

则不同大小的正方形面积的和(使用普通加法)等价于不同大小的正方形边长的广义加法和。如式(1.1)右端表达式中的2(除 r 的下标2以外)称为广义加法中的幂指数。

我们再以正方形面积的相减为例。设有两个正方形,边长分别为 r_1,r_2,假

设 $r_1 > r_2$，面积分别为 s_1, s_2，将两个正方形面积相减而合并成一个新的正方形的面积 s_3，则有 $s_3 = r_1^2 - r_2^2$。新的正方形的边长记为 r_3，则有 $s_3 = r_3^2$，我们得到下面关于正方形边长之间的关系

$$r_3 = (r_1^2 - r_2^2)^{\frac{1}{2}}$$

若我们把上面等式的右端看成是 r_1 与 r_2 的一种广义减法 $\{-\}$，记为

$$r_3 = r_1\{-\}r_2 = (r_1^2 - r_2^2)^{\frac{1}{2}} \tag{1.2}$$

则不同大小的正方形面积的差（使用普通减法）等价于不同大小的正方形边长的广义减法差。

我们以圆面积的累加为例。设有两个圆，半径分别为 r_1, r_2，面积分别为 s_1，s_2，将两个圆面积相加而合并成一个新的圆的面积 s_3，则有 $s_3 = \pi r_1^2 + \pi r_2^2$。新圆的半径记为 r_3，则有 $s_3 = \pi r_3^2$，我们得到下面关于圆半径之间的关系

$$\pi r_3^2 = \pi r_1^2 + \pi r_2^2$$

整理上式得到

$$r_3 = (r_1^2 + r_2^2)^{\frac{1}{2}}$$

用前面的符号，有

$$r_3 = r_1\{+\}r_2 = (r_1^2 + r_2^2)^{\frac{1}{2}}$$

这个表达式与正方形的情况完全相同。因此，不同大小的圆面积的和（使用普通加法）等价于不同大小的圆半径的广义加法和。同样，不同大小的圆面积的差（使用普通减法）等价于不同大小的圆半径的广义减法差。

我们再以正立方体体积的累加为例。设有两个正立方体，边长分别为 r_1，r_2，体积分别为 v_1, v_2，将两个正立方体体积相加而合并成一个新的正立方体的体积 v_3，则有 $v_3 = r_1^3 + r_2^3$。新的正立方体的边长记为 r_3，则有 $v_3 = r_3^3 = r_1^3 + r_2^3$，我们得到下面关于正立方体边长之间的关系

$$r_3 = (r_1^3 + r_2^3)^{\frac{1}{3}}$$

若我们把上面等式的右端看成是 r_1 与 r_2 的一种广义加法，记为

$$r_3 = r_1\{+\}r_2 = (r_1^3 + r_2^3)^{\frac{1}{3}} \tag{1.3}$$

则不同大小的正立方体体积的和（使用普通加法）等价于不同大小的正立方体边长的广义加法和。对于三维球体的情况可以推演出与正立方体的情况相同的结论。注意，广义加法会因幂指数的不同而不同，正方形的情形和圆的情形的幂

指数为 2,正立方体的情形和球体的情形的幂指数为 3。

上面的讨论可以很方便地推广到 n 维空间的正超立方体。假设有两个正超立方体,边长分别为 r_1,r_2,体积分别为 v_1,v_2,将两个正超立方体体积相加而合并成一个新的正超立方体的体积 v_3,则有 $v_3 = r_1^n + r_2^n$。新的正超立方体的边长记为 r_3,则有 $v_3 = r_3^n = r_1^n + r_2^n$,我们得到下面关于 n 维正超立方体边长之间的关系

$$r_3 = (r_1^n + r_2^n)^{\frac{1}{n}}$$

若我们把上面等式的右端看成是 r_1 与 r_2 的一种广义加法,记为

$$r_3 = r_1\{+\}r_2 = (r_1^n + r_2^n)^{\frac{1}{n}} \tag{1.4}$$

则不同大小的正超立方体体积的和(使用普通加法)等价于不同大小的正超立方体边长的广义加法和。同样,不同大小的正超立方体体积的差(使用普通减法)等价于不同大小的正超立方体边长的广义减法差。在这里,广义加法相应的幂指数为 n。

我们来讨论正方形面积的增加与边长变化的定量分析问题,我们从边长的相加(普通加法)出发来考虑面积的变化。设有两个正方形,边长分别为 r_1,r_2,面积分别为 s_1,s_2,边长为 $r_1 + r_2$ 的正方形的面积为 s_3,则有 $s_3 = (r_1 + r_2)^2$。新的正方形的边长记为 r_3,则有 $s_3 = r_3^2$。我们推导 s_3 与 s_1,s_2 的关系,有 $r_1^2 = s_1$,$r_2^2 = s_2$,故有 $r_1 = s_1^{\frac{1}{2}}$,$r_2 = s_2^{\frac{1}{2}}$,我们得到下面关于正方形面积之间的关系

$$s_3 = (s_1^{\frac{1}{2}} + s_2^{\frac{1}{2}})^2$$

若我们把上面等式的右端看成是 s_1 与 s_2 的一种广义加法,记为

$$s_3 = s_1\{+\}s_2 = (s_1^{\frac{1}{2}} + s_2^{\frac{1}{2}})^2 \tag{1.5}$$

则不同大小的正方形边长的和(使用普通加法)等价于不同大小的正方形面积的广义加法和。这里,广义加法相应的幂指数为$\frac{1}{2}$。

我们再来讨论正立方体体积的增加与边长变化的定量分析问题。我们从边长的相加出发来考虑体积的变化。设有两个正立方体,边长分别为 r_1,r_2,体积分别为 v_1,v_2,边长为 $r_1 + r_2$ 的正立方体的体积为 v_3,则有 $v_3 = (r_1 + r_2)^3$。新的正立方体的边长记为 r_3,则有 $v_3 = r_3^3$。我们推导 v_3 与 v_1,v_2 的关系,有 $r_1^3 = v_1$,

$r_2^3 = v_2$，故有 $r_1 = v_1^{\frac{1}{3}}$，$r_2 = v_2^{\frac{1}{3}}$，我们得到下面关于正立方体体积之间的关系

$$v_3 = (v_1^{\frac{1}{3}} + v_2^{\frac{1}{3}})^3$$

若我们把上面等式的右端看成是 v_1 与 v_2 的一种广义加法，记为

$$v_3 = v_1 \{+\} v_2 = (v_1^{\frac{1}{3}} + v_2^{\frac{1}{3}})^3 \tag{1.6}$$

则不同大小的正立方体边长的和等价于不同大小的正立方体体积的广义加法和。这里，广义加法相应的幂指数为$\frac{1}{3}$。

上面的讨论可以很方便地推广到 n 维空间的正超立方体。我们来讨论 n 维正超立方体体积的增加与边长变化的定量分析问题，我们从边长的相加出发来考虑体积的变化。设有两个正超立方体，边长分别为 r_1，r_2，体积分别为 v_1，v_2，边长为 $r_1 + r_2$ 的正超立方体的体积为 v_3，则有 $v_3 = (r_1 + r_2)^n$。新的正超立方体的边长记为 r_3，则有 $v_3 = r_3^n$。我们推导 v_3 与 v_1，v_2 的关系，有 $r_1^n = v_1$，$r_2^n = v_2$，故有 $r_1 = v_1^{\frac{1}{n}}$，$r_2 = v_2^{\frac{1}{n}}$，我们得到下面关于正超立方体体积之间的关系

$$v_3 = (v_1^{\frac{1}{n}} + v_2^{\frac{1}{n}})^n$$

若我们把上面等式的右端看成是 v_1 与 v_2 的一种广义加法，记为

$$v_3 = v_1 \{+\} v_2 = (v_1^{\frac{1}{n}} + v_2^{\frac{1}{n}})^n \tag{1.7}$$

则不同大小的正超立方体边长的和（使用普通加法）等价于不同大小的正超立方体体积的广义加法和。这里，广义加法相应的幂指数为$\frac{1}{n}$。上面的讨论结果说明，对于一般的整数 n，幂指数取为 n 和$\frac{1}{n}$ 的广义加法都有明确的数学背景。

上面的讨论是以 n 维空间为背景的，实际上我们可以根据数学中常用的方式对上面的公式进行拓展，即对于一般的正实数 p，引入下面的广义加法形式

$$v_3 = v_1 \{+\} v_2 = (v_1^p + v_2^p)^{\frac{1}{p}} \tag{1.8}$$

这样的拓展分析是数学家们熟悉的方式。对于一般的正实数 p，p 作为广义加法定义中的幂指数，相应的广义加法的几何意义和物理学意义难以说明，但是这样的拓展是有数学意义的。实际上，当 p 为负实数时，表达式$(v_1^p + v_2^p)^{\frac{1}{p}}$ 仍有意义，这样的广义加法的应用背景更加难以说明，我们在本书中只考虑 $p > 0$ 的情况。

1.3　直觉、灵感和辛勤的数学推演

在数学家看来，数之间的加法、减法、乘法和除法的规则都是特殊的公理。从公理化研究的角度来看，允许存在不同形式的加法以及不同形式的乘法。作为一种纯粹数学的兴趣，我们在本书中引入一种数与数的特殊加法运算，运算符号记为{+}，称为广义加法。我们要求广义加法{+}符合传统加法的运算规则，并要求广义加法{+}与传统的乘法之间仍满足分配律。我们将尽可能地探究这种广义加法的应用背景和纯数学的背景，同时使用纯理论思维的研究方式在已有的众多数学分支中引入广义加法并进行一番数学公式的推导。这相当于在广义加法的意义下移植并改造已有的数学知识，从而产生广义加法意义下的代数学、几何学、微积分以及复变函数等。

本书作者十几年前就有了关于“可能存在另外一种数的加法”的设想，这是长期思考一些数学问题而产生的一个直觉，但是在较长的时间内一直没有寻找到“另外一种数的加法”的合适的数学定义式。一个具有正常智力且接受过高等教育的人，如果他对自己熟悉的领域中的一个确实有意义的问题进行长时间的思考，那么只要时间足够长，就很容易在某个时刻产生解决这个问题的灵感。借助于神奇的灵感，本书作者在2017年的某个时刻终于找到了这种关于数的广义加法的定义式。经过艰苦的验证工作，可以证明这种广义加法与普通乘法的结合符合数的运算的交换律和结合律，符合所有的关于数的加、减、乘、除四则运算的规则，符合特殊的实数0和1在加法和乘法中的作用。但是，寻找广义加法的应用背景和数学背景的过程又让作者备受煎熬。如果数的广义加法定义缺少合理的应用背景和令人信服的数学背景，而只是空谈数的广义加法符合结合律和交换律，只是从理论上说明其数学公式是如何完美，只是空洞地展望广义加法意义下的数学体系的广阔研究前景，那么这样的研究工作是有缺欠的和不令人信服的，相应的研究成果就像是建在沙滩上的房子一样缺少坚实的理论基础。又经过了一段艰苦的思考过程，作者终于找到了适合用广义加法描述的若干应用问题，这使得本项研究有了一个比较坚实的落脚点。

灵感证明了直觉的正确性，接下来要做的工作就是推演有关的数学公式，

这需要付出大量时间。数学公式的推演过程是烦琐的和细致的，需要较大的耐心。由于这是一个全新的数学体系，各种各样的问题不断出现，推演过程中经常出错，也经常将广义加法和普通加法相混淆。好在那些预期的数学公式都已经推导出来，将这些数学公式按照较为合理的顺序编排整理，辅之以详细的说明，这些就构成了本书的主要内容。本书中大量关于数的广义加法的理论研究工作是仿照已有的数学领域知识而推导相应的理论结果这样一条研究路线展开的，这些工作在一定意义上是与已有的数学知识平行的，理论结果也是相似的。实际上，数的广义加法定义也带来了新的问题，本书后面提出的关于混合使用广义加法和普通加法的导数和积分的研究部分就是全新的，关于广义加法世界中的几何学问题也有许多新问题，在这方面我也得到了一些新的结果。

本书作者 2019 年曾经出版过一本专著《纯数学与应用数学若干问题研究》，其中有一章的内容就是关于广义加法的。那本书中只是对广义加法做了一个简单的探讨，主要是证明了广义加法定义的合理性，还引进了广义加法意义下的导数和积分的概念。本书对这些研究内容进行了较大的拓展，证明了一批定理，本书的内容涵盖了较多的数学分支。

1.4 本书的内容梗概

本书通过若干个例子给出了关于广义加法运算的应用背景，还对广义加法的纯数学方面进行了考虑，尽可能细致地讨论了将广义加法移植到数学不同分支的各种情况，包括广义加法意义下的等差级数和等比级数求和，广义加法意义下的一元二次方程，建立广义加法意义下导数和积分的概念，给出求广义加法意义下函数的导数的方法，给出求广义加法意义下函数的积分的方法，建立广义加法意义下导数与普通加法意义下导数的理论关系，建立广义加法意义下积分与普通加法意义下积分的理论关系，建立广义加法意义下幂级数函数等，还包括将广义加法用于复数的加法运算和乘法运算的情况。在广义加法和普通乘法的运算规则下，可以得到与实数域和复数域中几乎相同的关于运算的各种性质。可以稍微夸张地说，我们可以将现有的许多数学知识在广义加法运算规则下进行复制。

本书引进的广义加法的概念是比较难以理解的。广义加法概念不是来自于建立数学模型时提出的要求，而是一种纯粹的由数学兴趣引发的对数的加法含义进行重新定义的尝试。有些意外的是，这种尝试取得了许多超出预期的理论结果。虽然在广义加法概念下已经推导出较多的理论结果，但是仍然有大量的有待深入研究的理论问题需要明确提出和证明。同时，广义加法概念也显示出在数学模型构建方面的巨大潜力。若在一些研究领域中可以普遍使用广义加法与普通乘法来进行数学模型的建立，或者在一些重要的应用中可以找到广义加法的恰当的应用，则本书提出的关于数的广义加法的概念就不仅仅是纯数学的兴趣，而是建立在较为坚实的基础之上。

本书的内容在很多方面可以大大地拓展，包括建立比较完善的广义加法意义下的不定积分表，借助于广义加法意义下的定积分公式来求解一些困难的定积分，在广义加法意义下推演关于高阶导数、偏导数、曲线积分、曲面积分、重积分的许多性质。本书内容的拓展还包括将合适的实际应用问题抽象成为用广义加法的代数符号建立的模型，包括将复变函数、微分方程、最优化、线性空间、概率论等数学理论在广义加法意义下进行充分的扩充，以及在广义加法世界中建立完善的几何学理论。这些工作当然不可能由某一个人单独完成，所以需要更多对此感兴趣的学者们在这方面展示他们的才智，将更多的数学知识推广到广义加法系统中来，在广义加法系统中提出新的数学问题并进行严格的证明，推演出更多的定理，以及在更多的实际问题中找到广义加法合适的应用模式。

实数域中广义加法定义的引入和运算法则

第2章

在本章中，我们在实数域中引入广义加法的定义，证明了广义加法与普通乘法符合数的运算的结合律和分配律，证明了特殊的实数0和1在广义加法中的作用与在普通加法中的作用是相同的。我们还把广义加法的定义扩充至复数域，证明了复数的广义加法与广义乘法符合结合律和分配律的运算规则。从代数学的角度看，广义加法与普通加法几乎是相同的。广义加法的运算规则为本书后面的研究奠定了基础。

2.1 实数域中广义加法定义的引入

在第1章中对广义加法展开的较广泛讨论的基础上，我们正式引入实数的广义加法的定义。

定义 2.1 先确定一个正实数 α，我们称 α 为广义加法定义式中的幂指数，非负实数 a 与 b 的广义加法由下式决定

$$a\{+\}b = (a^{\alpha} + b^{\alpha})^{\frac{1}{\alpha}} \tag{2.1}$$

若 $\alpha = 2$，则两个非负实数 a 与 b 的广义加法为

$$a\{+\}b = (a^2 + b^2)^{\frac{1}{2}}$$

这种加法与直角三角形两条直角边长度和斜边长度的数学关系一致，即直角三角形两条直角边边长的广义加法和就是斜边的长度。若 $\alpha = \frac{1}{2}$，则两个非负实数 a 与 b 的广义加法为

$$a\{+\}b = (a^{\frac{1}{2}} + b^{\frac{1}{2}})^2$$

若 $\alpha=1$,则两个非负实数 a 与 b 的广义加法为

$$a\{+\}b=a+b$$

这就是普通加法,有时我们也称普通加法为传统加法。

对于没有符号限制的实数 a 与 b,我们不能直接用定义 2.1 中描述的加法,这是因为一般幂函数的定义域为 $[0,+\infty)$。一般来说,自变量取负数时的幂函数没有定义。为此我们用函数 $(x)^{\alpha}$ 表示整个实数轴上有定义的幂函数,具体来说有

$$(x)^{\alpha}=\operatorname{sign}(x)(\operatorname{abs}(x))^{\alpha} \tag{2.2}$$

其中,$\operatorname{abs}(x)$ 是绝对值函数,$\operatorname{sign}(x)$ 是符号函数

$$\operatorname{abs}(x)=\begin{cases}x,x\geqslant 0\\-x,x<0\end{cases}$$

$$\operatorname{sign}(x)=\begin{cases}1,x>0\\0,x=0\\-1,x<0\end{cases}$$

这实际上是把一般幂函数的定义域扩展至整个实数域,并且规定函数 $(x)^{\alpha}$ 是一个奇函数。实际上,$(x)^{\alpha}$ 还可以写成下面的形式

$$(x)^{\alpha}=\begin{cases}x^{\alpha},x\geqslant 0\\-(-x)^{\alpha},x<0\end{cases} \tag{2.3}$$

为了方便,在本书中的许多地方要使用广义加法的定义式进行数学公式的推导,所以会频繁地使用函数 $(x)^{\alpha}$,得到的表达式中也经常出现某表达式的 α 次幂或某表达式的 $\frac{1}{\alpha}$ 次幂。我们在书中经常把定义在实数域上的函数 $(x)^{\alpha}$ 直接写成 x^{α},这是为了在数学公式推导过程中书写的方便,这样写不至于引起任何错误的理解。只要使用广义加法的定义式,幂指数函数就是 $(x)^{\alpha}$。幂指数函数 $(x)^{\alpha}$ 在现有的数学知识中没有出现,这个函数的定义式并不复杂。由于人们的习惯性思维而容易产生保守的思想,比如函数 x^2,这个函数的定义域是整个实数轴,并且是一个偶函数,因为任何一个非零实数的平方必然是一个正数,这已经是常识。函数 x^3 在整个实数轴上有定义,并且是一个奇函数,因为三个非零的负数的乘积必然是负数,这也是常识。对于函数 $x^{\frac{1}{2}}$,人们只能将自变量的取值限制在 $x\geqslant 0$ 的区域,因为在不引入虚数的情况下,负数开平方是不可以

的。而当α是一个一般的正实数时，人们必然要求函数x^{α}的定义域在$x \geqslant 0$的区域。实际上，规定函数x^{α}为奇函数不会给我们带来任何不方便。若说不方便，那就是当α取偶数时要注意，因为对于$(x)^{4}$来说有

$$(x)^{4}\mid_{x=-2} = (-2)^{4} = -16$$

读者可以慢慢体会特殊的函数$(x)^{\alpha}$，可以说这个函数贯穿于本书的始终。

在了解了特殊的幂函数$(x)^{\alpha}$的定义式后，我们正式引进关于两个任意实数的广义加法的定义。

定义 2.2 先确定一个正实数α，实数a与b的广义加法由下面的表达式决定

$$a\{+\}b = ((a)^{\alpha} + (b)^{\alpha})^{\frac{1}{\alpha}} \tag{2.4}$$

在定义 2.2 中，$(a)^{\alpha}$和$((a)^{\alpha} + (b)^{\alpha})^{\frac{1}{\alpha}}$均是在整个实数域上定义的具有奇函数性质的幂函数$(x)^{\alpha}$。每一个实数的幂指数值的计算包括符号和数值两部分，两个数在运算中保持符号不变，只是大小有变化。若$\alpha = 2$，则两个实数 3 与 -5 的广义加法为

$$3\{+\}(-5) = ((3)^{2} + (-5)^{2})^{\frac{1}{2}} = (9-25)^{\frac{1}{2}} = -4$$

值得注意的是，在这里$(-5)^{2} = -25$而不是 25，$(-16)^{\frac{1}{2}} = -4$而不是 4。若$\alpha = 1$，则两个实数a与b的广义加法为

$$a\{+\}b = \mathrm{sign}(a)\mathrm{abs}(a) + \mathrm{sign}(b)\mathrm{abs}(b) = a + b$$

这就是传统加法。不难看出，当$\alpha = 1$时，数的广义加法与传统加法是一致的。定义 2.1 是$a \geqslant 0, b \geqslant 0$的情况，定义 2.1 是定义 2.2 的特例。

一个合理的广义加法定义应该可以适合于复数，我们引入下面的定义。

定义 2.3 先确定一个正实数α，u,v,w,x均为实数，两个复数$a = u + \mathrm{i}v$，$b = w + \mathrm{i}x$的广义加法是实数部分和虚数部分分别进行广义加法得到的结果，有

$$a\{+\}b = (u\{+\}w) + \mathrm{i}(v\{+\}x) \tag{2.5}$$

容易推得与式(2.5)等价的用普通加法表示的关系式如下

$$a\{+\}b = ((u)^{\alpha} + (w)^{\alpha})^{\frac{1}{\alpha}} + \mathrm{i}((v)^{\alpha} + (x)^{\alpha})^{\frac{1}{\alpha}}$$

关于两个复数的乘积，我们有下面的定义。

定义 2.4 先确定一个正实数α，u,v,w,x均为实数，两个复数$a = u + \mathrm{i}v$，

$b=w+\mathrm{i}x$ 在广义加法意义下的乘法与已有的复数域中运算的定义在形式上相同。我们特别用符号 $\otimes$ 表示这种乘法，即

$$a\otimes b=(uw\{-\}vx)+\mathrm{i}(ux\{+\}vw) \tag{2.6}$$

容易推得与式(2.6) 等价的用普通加法表示的关系式如下

$$a\otimes b=((uw)^{\alpha}-(vx)^{\alpha})^{\frac{1}{\alpha}}+\mathrm{i}((ux)^{\alpha}+(vw)^{\alpha})^{\frac{1}{\alpha}}$$

不难看出，定义 2.2 是定义 2.3 的特例，当定义 2.3 中 $v=x=0$ 时就是定义 2.2。当定义 2.4 中有 $v=x=0$ 时复数的广义乘法就是实数的普通乘法。注意，定义 2.3 和 2.4 中关于复数按实部、虚部表达的方式中，实部与虚部间的加号“+”并不是普通的加法，也不是广义加法，这一点与普通加法意义下复数的表示方法的含义是相同的。

对于任意的复数 a,b，我们规定复数 a 与 b 的广义减法由下式确定

$$a\{-\}b=a\{+\}(-b)$$

广义减法是由广义加法规定的。

对于复数 $b=w+\mathrm{i}x$，b 的倒数 $\frac{1}{b}$ 与广义加法有关，因为在分母去虚数化的过程中涉及复数的乘法，有

$$\frac{1}{b}=\frac{1}{w+\mathrm{i}x}=\frac{w}{w^2\{+\}x^2}-\mathrm{i}\frac{x}{w^2\{+\}x^2}$$

我们规定复数 $a=u+\mathrm{i}v$ 与 b 的除法 a/b 就是 a 与 $\frac{1}{b}$ 的复数乘法，即有

$$a\otimes\frac{1}{b}=\frac{1}{w^2\{+\}x^2}(uw\{+\}vx)-\mathrm{i}\frac{1}{w^2\{+\}x^2}(ux\{-\}vw) \tag{2.7}$$

这样我们就规定了复数域中广义加法意义下的加、减、乘、除四则运算。

在进行一些理论推导和算例分析时使用广义加法的定义式容易出错，主要原因是符号的问题。因为人们从小学开始就养成了关于正、负数的乘积以及正、负数的二次方和三次方的符号判断准则，这些习惯性的判断经常与广义加法的定义不符合。如果将来广义加法的数学符号和语言广泛应用于实际问题的数学建模过程，人们需要用计算机算法来实现数之间的广义加法运算，只要计算程序编制正确就可以确保计算结果不出错。极容易出现的情况如下

$$5\{+\}(-5)=(5^2+(-5)^2)^{\frac{1}{2}}=(25+25)^{\frac{1}{2}}=\sqrt{50}$$

这当然是没有严格按照广义加法的定义计算，是错误的结果。因为应该有

$$5\{+\}(-5)=0$$

注意，即使幂指数参数 α 取偶数，函数 $(x)^{\alpha}$ 仍然是奇函数。按照广义加法的定义，有

$$5\{+\}(-5)=(5^{2}+(-5)^{2})^{\frac{1}{2}}=(25-25)^{\frac{1}{2}}=0$$

数的广义加法定义中有一个幂指数参数 α，即下面的定义式中的 α

$$r_1\{+\}r_2=(r_1^{\alpha}+r_2^{\alpha})^{\frac{1}{\alpha}}$$

由于真实的物理世界是三维空间，所以 $\alpha=3$ 时的广义加法应该具有特殊的重要意义。$\alpha=2$ 时对应于平面空间，许多物理学问题和数学问题可以归结为平面上的问题，因此 $\alpha=2$ 也是一种重要的情况。对于一般的学理工科的人来说，理解 n 维空间的概念不存在任何困难，因为 n 维空间中的点与 n 维向量相对应，所以从纯数学的角度，$\alpha=n$ 也是容易接受的。从前面的分析我们知道，对于 $\alpha=n$ 的广义加法可以不涉及 n 维空间，是实数间的加法的一种规定。但是从本质上讲，$\alpha=n$ 的广义加法对应着 n 维空间体积的普通加法与相对应的一维空间某指标的广义加法的联系，因此 $\alpha=n$ 与 n 维空间还是有密切关联的。$\alpha=\dfrac{1}{n}$ 的数学背景在前面略有提及，它相当于是一维空间的普通加法与 n 维空间的广义加法的对应关系。这方面可能还有更深刻的意义有待阐明。对于 $\alpha=\dfrac{m}{n}$ 的一般情况，以及 α 为任意实数的情况，广义加法的物理背景意义和几何意义的阐明有困难，但是对于数学工作者来说，对幂指数为 α 的广义加法的理解没有任何困难，这样的扩展在数学上是方便的。$\alpha>1$ 和 $\alpha<1$ 应该有较大的区别，这种区别的数学背景还不太清楚。本书对于不同幂指数 α 的广义加法之间差异的分析比较少，这方面或许还有一些重要的性质需要证明。

2.2　实数域中广义加法的性质

本节我们将仔细研究上一节引入的关于实数和复数的广义加法的各种性质，我们当然希望这种加法的性质与传统的加法在数学形式上是一致的，这是

公理化研究的要求。若出现不一致,则意味着这种广义加法的定义是不合理的。

性质 2.1　对于任意的复数 a,有 $a\{+\}0=a$。

证明　先考虑 a 是实数的情况。若 $a\geqslant 0$,根据定义 2.1,有

$$a\{+\}0=(a^{\alpha}+0)^{\frac{1}{\alpha}}=a$$

若 $a<0$,根据定义 2.2,有

$$a\{+\}0=((a)^{\alpha}+0)^{\frac{1}{\alpha}}=a$$

若 a 是复数,根据定义 2.3,记 $a=x+\mathrm{i}y, 0=0+\mathrm{i}0$,则有

$$\begin{aligned}a\{+\}0&=((x)^{\alpha}+(0)^{\alpha})^{\frac{1}{\alpha}}+\mathrm{i}\cdot((y)^{\alpha}+(0)^{\alpha})^{\frac{1}{\alpha}}\\&=x+\mathrm{i}y=a\end{aligned}$$

性质得证。

性质 2.2　对于任意的复数 a,b,$a\{+\}b=0$ 的充分必要条件是 $a=-b$。

证明　若 a,b 均为实数,假设 $a\{+\}b=0$。根据定义 2.2,有

$$a\{+\}b=((a)^{\alpha}+(b)^{\alpha})^{\frac{1}{\alpha}}=0$$

故必有 $(a)^{\alpha}+(b)^{\alpha}=0$,这说明 a 与 b 的绝对值相等,符号相反,即 $a=-b$。

假设 $a=-b$,根据定义 2.2,有

$$a\{+\}b=((a)^{\alpha}+(b)^{\alpha})^{\frac{1}{\alpha}}=((-b)^{\alpha}+(b)^{\alpha})^{\frac{1}{\alpha}}=0$$

即 $a\{+\}b=0$。

对于一般的复数,注意到广义加法的实部和虚部独立进行运算,因此 $a\{+\}b=0$ 意味着复数 $a\{+\}b$ 的实部和虚部均为零。上面的证明过程说明 $a\{+\}b=0$ 的充分必要条件是 $a=-b$。性质得证。

性质 2.3　对于任意的实数 a,b,$a\{+\}b$ 的符号与 $a+b$ 的符号相同。

证明　根据定义 2.2,对于非负实数 α,若 $a>0,b>0$,则 $a\{+\}b$ 的符号与 $a+b$ 的符号均为正。若 $a<0,b<0$,则 $a\{+\}b$ 的符号与 $a+b$ 的符号均为负。若 a,b 取不同的符号,由于幂函数 $y=(x)^{\alpha}$ 是增函数,因此 $a\{+\}b$ 的符号与 $a+b$ 的符号都是由 a,b 中绝对值大的数决定的,$a\{+\}b$ 和 $a+b$ 有相同的符号。性质得证。

性质 2.1 说明数 0 的意义在广义加法中与在传统加法中是一致的。性质 2.2 说明用广义加法列出的方程表达式中的某一项可以移到等式的另一侧,但要改变符号。性质 2.3 说明对两个数的广义加法和的符号判断与普通加法的情况是

一致的。这些结果告诉我们,我们可以像传统加法和减法一样来写出实数或代表实数的变量之间的广义加法和广义减法的表达式,我们也可以像传统加法和减法一样来写出复数之间的广义加法和广义减法的表达式,并可以对方程式进行相同的移项操作。

性质 2.4 对于一般的正实数 $a_1, a_2, \cdots, a_n$,下式成立

$$a_1 \{+\} a_2 \{+\} a_3 \{+\} \cdots \{+\} a_n = (a_1^\alpha + a_2^\alpha + a_3^\alpha + \cdots + a_n^\alpha)^{\frac{1}{\alpha}}$$

对于一般的实数 $a_1, a_2, \cdots, a_n$,下式成立

$$a_1 \{+\} a_2 \{+\} a_3 \{+\} \cdots \{+\} a_n = ((a_1)^\alpha + (a_2)^\alpha + (a_3)^\alpha + \cdots + (a_n)^\alpha)^{\frac{1}{\alpha}} \tag{2.8}$$

证明 先考虑 $a_1, a_2, \cdots, a_n$ 均为正数的情况。用数学归纳法,当 $n = 2$ 时,按照定义有

$$a_1 \{+\} a_2 = (a_1^\alpha + a_2^\alpha)^{\frac{1}{\alpha}}$$

结论成立。假设 n 时结论正确,我们证明 $n+1$ 时结论也正确。根据归纳法假设,有

$$a_1 \{+\} a_2 \{+\} a_3 \{+\} \cdots \{+\} a_n = (a_1^\alpha + a_2^\alpha + a_3^\alpha + \cdots + a_n^\alpha)^{\frac{1}{\alpha}}$$

按照广义加法的定义,有

$$\begin{aligned}
& a_1 \{+\} a_2 \{+\} a_3 \{+\} \cdots \{+\} a_n \{+\} a_{n+1} \\
&= (a_1 \{+\} a_2 \{+\} a_3 \{+\} \cdots \{+\} a_n) \{+\} a_{n+1} \\
&= ((a_1 \{+\} a_2 \{+\} a_3 \{+\} \cdots \{+\} a_n)^\alpha + a_{n+1}^\alpha)^{\frac{1}{\alpha}}
\end{aligned}$$

将 $a_1 \{+\} a_2 \{+\} a_3 \{+\} \cdots \{+\} a_n$ 的表达式代入,有

$$\begin{aligned}
& a_1 \{+\} a_2 \{+\} a_3 \{+\} \cdots \{+\} a_{n+1} \\
&= (((a_1^\alpha + a_2^\alpha + a_3^\alpha + \cdots + a_n^\alpha)^{\frac{1}{\alpha}})^\alpha + a_{n+1}^\alpha)^{\frac{1}{\alpha}} \\
&= (a_1^\alpha + a_2^\alpha + a_3^\alpha + \cdots + a_{n+1}^\alpha)^{\frac{1}{\alpha}}
\end{aligned}$$

可见结论是正确的。

再考虑 $a_1, a_2, \cdots, a_n$ 为任意实数的情况。用数学归纳法,当 $n = 2$ 时,按照定义有

$$a_1 \{+\} a_2 = ((a_1)^\alpha + (a_2)^\alpha)^{\frac{1}{\alpha}}$$

这是广义加法的定义,当然成立。假设 n 时结论正确,我们证明 $n+1$ 时结论也正确。根据归纳法假设,有

$$a_1\{+\}a_2\{+\}a_3\{+\}\cdots\{+\}a_n = ((a_1)^\alpha + (a_2)^\alpha + (a_3)^\alpha + \cdots + (a_n)^\alpha)^{\frac{1}{\alpha}}$$

根据广义加法的定义

$$\begin{aligned} & a_1\{+\}a_2\{+\}a_3\{+\}\cdots\{+\}a_n\{+\}a_{n+1} \\ = & ((((a_1)^\alpha + (a_2)^\alpha + (a_3)^\alpha + \cdots + (a_n)^\alpha)^{\frac{1}{\alpha}})^\alpha + (a_{n+1})^\alpha)^{\frac{1}{\alpha}} \\ = & ((a_1)^\alpha + (a_2)^\alpha + (a_3)^\alpha + \cdots + (a_n)^\alpha + (a_{n+1})^\alpha)^{\frac{1}{\alpha}} \end{aligned}$$

可见结论是正确的。性质得证。

性质 2.4 的结论给出了多个实数做广义加法时的简洁的代数表达式，这个公式在关于广义加法的许多数学公式的推导中都要用到。

2.3　广义加法与传统乘法的运算规则

若要深入考查广义加法的性质，并进一步用广义加法和乘法构造多项式函数和幂级数函数，进而研究这些函数的深刻的数学性质，我们需要先验证乘法与广义加法的分配律成立。

性质 2.5　若 a,b,c 均是一般的实数，则下面的分配律成立

$$(a\{+\}b)\times c = a\times c\{+\}b\times c \tag{2.9}$$

这里的乘法就是传统意义上的乘法。

证明　若 a,b,c 均是非负实数，则根据定义 2.1，有

$$\begin{aligned} (a\{+\}b)\times c &= (a^\alpha + b^\alpha)^{\frac{1}{\alpha}}c = ((a^\alpha + b^\alpha)c^\alpha)^{\frac{1}{\alpha}} \\ &= ((ac)^\alpha + (bc)^\alpha)^{\frac{1}{\alpha}} = a\times c\{+\}b\times c \end{aligned}$$

若 a,b,c 均是实数，则根据定义 2.2，有

$$\begin{aligned} (a\{+\}b)\times c &= ((a)^\alpha + (b)^\alpha)^{\frac{1}{\alpha}}c = (((a)^\alpha + (b)^\alpha)(c)^\alpha)^{\frac{1}{\alpha}} \\ &= ((ac)^\alpha + (bc)^\alpha)^{\frac{1}{\alpha}} = a\times c\{+\}b\times c \end{aligned}$$

这说明有

$$(a\{+\}b)\times c = a\times c\{+\}b\times c$$

性质得证。

性质 2.6　若 a,b,c 均是一般的复数，则下面的分配律成立

$$(a\{+\}b)\otimes c = a\otimes c\{+\}b\otimes c \tag{2.10}$$

这里的乘法就是广义加法意义下复数的乘法。

证明 若 a,b,c 均是一般的复数,记

$$a = u + \mathrm{i}v, b = w + \mathrm{i}x, c = y + \mathrm{i}z$$

按照定义 2.3,有

$$\begin{aligned} a\{+\}b &= (u\{+\}w) + \mathrm{i}(v\{+\}x) \\ &= ((u)^{\alpha} + (w)^{\alpha})^{\frac{1}{\alpha}} + \mathrm{i}((v)^{\alpha} + (x)^{\alpha})^{\frac{1}{\alpha}} \end{aligned}$$

按照定义 2.4,有

$$\begin{aligned} (a\{+\}b) \otimes c &= ((u)^{\alpha} + (w)^{\alpha})^{\frac{1}{\alpha}} + \mathrm{i}((v)^{\alpha} + (x)^{\alpha})^{\frac{1}{\alpha}} \otimes (y + \mathrm{i}z) \\ &= (((u)^{\alpha} + (w)^{\alpha})^{\frac{1}{\alpha}}y\{-\}((v)^{\alpha} + (x)^{\alpha})^{\frac{1}{\alpha}}z) + \\ &\quad \mathrm{i}(((u)^{\alpha} + (w)^{\alpha})^{\frac{1}{\alpha}}z\{+\}((v)^{\alpha} + (x)^{\alpha})^{\frac{1}{\alpha}}y) \\ &= (((u)^{\alpha} + (w)^{\alpha})(y)^{\alpha} - ((v)^{\alpha} + (x)^{\alpha})(z)^{\alpha})^{\frac{1}{\alpha}} + \\ &\quad \mathrm{i}(((u)^{\alpha} + (w)^{\alpha})(z)^{\alpha} + ((v)^{\alpha} + (x)^{\alpha})(y)^{\alpha})^{\frac{1}{\alpha}} \\ &= (((uy)^{\alpha} + (wy)^{\alpha}) - ((vz)^{\alpha} + (xz)^{\alpha}))^{\frac{1}{\alpha}} + \\ &\quad \mathrm{i}(((uz)^{\alpha} + (wz)^{\alpha}) + ((vy)^{\alpha} + (xy)^{\alpha}))^{\frac{1}{\alpha}} \end{aligned}$$

我们再来看 $a \otimes c\{+\}b \otimes c$,有

$$\begin{aligned} a \otimes c &= (uy\{-\}vz) + \mathrm{i}(uz\{+\}vy) \\ &= ((uy)^{\alpha} - (vz)^{\alpha})^{\frac{1}{\alpha}} + \mathrm{i}((uz)^{\alpha} + (vy)^{\alpha})^{\frac{1}{\alpha}} \\ b \otimes c &= (wy\{-\}xz) + \mathrm{i}(wz\{+\}xy) \\ &= ((wy)^{\alpha} - (xz)^{\alpha})^{\frac{1}{\alpha}} + \mathrm{i}((wz)^{\alpha} + (xy)^{\alpha})^{\frac{1}{\alpha}} \end{aligned}$$

因此有

$$\begin{aligned} &a \otimes c\{+\}b \otimes c \\ &= (((uy)^{\alpha} + (wy)^{\alpha}) - ((vz)^{\alpha} + (xz)^{\alpha}))^{\frac{1}{\alpha}} + \\ &\quad \mathrm{i}(((uz)^{\alpha} + (wz)^{\alpha}) + ((vy)^{\alpha} + (xy)^{\alpha}))^{\frac{1}{\alpha}} \end{aligned}$$

可见有 $(a\{+\}b) \otimes c = a \otimes c\{+\}b \otimes c$。性质得证。

关于广义加法的结合律,我们有下面的性质。

性质 2.7 若 a,b,c 均是一般的复数,则广义加法的结合律成立,即

$$(a\{+\}b)\{+\}c = a\{+\}(b\{+\}c) \tag{2.11}$$

证明 先考虑 a,b,c 均是实数的情况。按照定义,有

$$a\{+\}b = ((a)^{\alpha} + (b)^{\alpha})^{\frac{1}{\alpha}}$$

按照定义,对于$(a\{+\}b)\{+\}c$,有

$$
\begin{aligned}
(a\{+\}b)\{+\}c &= ((((a)^{\alpha}+(b)^{\alpha})^{\frac{1}{\alpha}})^{\alpha}+(c)^{\alpha})^{\frac{1}{\alpha}} \\
&= ((a)^{\alpha}+(b)^{\alpha}+(c)^{\alpha})^{\frac{1}{\alpha}}
\end{aligned}
$$

同理

$$
\begin{aligned}
a\{+\}(b\{+\}c) &= ((a)^{\alpha}+(((b)^{\alpha}+(c)^{\alpha})^{\frac{1}{\alpha}})^{\alpha})^{\frac{1}{\alpha}} \\
&= ((a)^{\alpha}+(b)^{\alpha}+(c)^{\alpha})^{\frac{1}{\alpha}}
\end{aligned}
$$

再考虑a,b,c均是一般的复数的情况。由于复数的广义加法运算对于实部和虚部是独立进行的,而且实部和虚部的广义加法与实数的广义加法完全相同。上面的证明过程说明实数的广义加法符合结合律,从而复数的广义加法必然符合结合律。性质得证。

这些关于广义加法与乘法的分配律以及广义加法的结合律的证明过程略显复杂,但这些运算法则在使用时都是方便的。分配律成立意味着可以对表达式提取公因子,即若有下面的表达式

$$ac\{+\}bc$$

c是相加两项的公因子,则有

$$ac\{+\}bc = (a\{+\}b)c$$

对于多于两项的情况也成立,若有表达式

$$ac\{+\}bc\{+\}ec$$

c是相加三项的公因子,则有

$$ac\{+\}bc\{+\}ec = c(a\{+\}b\{+\}e)$$

这与人们熟悉的运算形式相同。

考虑表达式$a\{+\}a$,可写成

$$a\{+\}a = (1\{+\}1)a$$

根据定义,有

$$1\{+\}1 = (1^{\alpha}+1^{\alpha})^{\frac{1}{\alpha}} = 2^{\frac{1}{\alpha}}$$

因此有

$$a\{+\}a = (1\{+\}1)a = 2^{\frac{1}{\alpha}}a$$

只有当$\alpha = 1$时,$1\{+\}1 = 2$和$a\{+\}a = 2a$才成立。对于一般的$\alpha \neq 1$,$1\{+\}1 \neq 2$,$a\{+\}a \neq 2a$。这是广义加法与普通加法的不同之处,也是计算时容易犯

错误的地方，如果想当然地认为 $a\{+\}a=2a$ 就错了。

我们有

$$1\{+\}1\{+\}1=(1^{\alpha}+1^{\alpha}+1^{\alpha})^{\frac{1}{\alpha}}=3^{\frac{1}{\alpha}}$$

我们把 n 个 1 的广义加法和记为$\oplus\sum_{i=1}^{n}1$，一般地，n 个数 $a_1,a_2,\cdots,a_n$ 的广义加法和记为$\oplus\sum_{i=1}^{n}a_i$。不难证明，有

$$\oplus\sum_{i=1}^{n}1=n^{\frac{1}{\alpha}} \tag{2.12}$$

我们还有

$$\begin{aligned}(a\{+\}a)(a\{+\}a)&=(1\{+\}1)a\times(1\{+\}1)a\\&=(1\{+\}1)(1\{+\}1)a^2=2^{\frac{2}{\alpha}}a^2\end{aligned}$$

可见，广义加法意义下的运算在具体计算两个数相加时以及在提取公因子后的化简操作时需要小心，不能想当然地用传统的加法进行。比如对于下面的表达式

$$L=2x_1\{+\}3x_1\{-\}0.5x_1\{+\}3x_2\{+\}x_2\{-\}5x_2$$

合并同类项并提取公因子，有

$$\begin{aligned}L&=(2\{+\}3\{-\}0.5)x_1\{+\}(3\{+\}1\{-\}5)x_2\\&=(2^{\alpha}+3^{\alpha}-0.5^{\alpha})^{\frac{1}{\alpha}}x_1\{+\}(3^{\alpha}+1^{\alpha}-5^{\alpha})^{\frac{1}{\alpha}}x_2\end{aligned}$$

由于 x_1 和 x_2 是变量，每一项的系数可以计算，但两项之间仍然是广义加法。

2.4 关于广义加法的补充说明

本节我们将补充说明广义加法的一些细节。实数之间做广义加法的要求大致可以分为三种情况：一是以真实数值的普通加法求和为基础的广义加法；二是描述正交矢量合成的广义加法；三是在映射意义下的广义加法。

第一种情况的恰当例子是两个球体的合并与球体半径之间的数量关系。球体的合并是真实的球体体积数值的普通加法，这是一个基础条件。两个被合并的球体的半径与合并后球体的半径之间的数量关系是用广义加法描述的。若仍

然用普通加法和普通乘法，则这三个球体的半径之间的关系是非线性的；而若用广义加法来建立表达式，则这三个球体的半径之间的关系是线性的。在数学表达式中，线性表达式更简洁，更容易进行理论推导。两个正方形的合并问题与两个球体的合并问题具有几乎相同的性质，也可以用广义加法来表达三个正方形边长之间的关系，而且这种关系是线性的。这种情况的主要特征是，原始问题描述的是使用普通加法累加两个数值（比如球体的体积），当两个数值用另外两个仍然可以准确反映问题本质的指标（比如球体的半径）替代后，新的指标间的关系由原指标的数量累加变成替代指标的广义加法。若用原指标变量建立模型，则会得到一个比较复杂的非线性模型，而若用新的指标并使用广义加法符号建立模型，会得到一个相对简单的线性模型。

第二种情况的典型例子是两个正交矢量的合成，两个正交矢量合成为另一个矢量，矢量的长度之间的关系恰好可以用广义加法描述。这个问题并没有以某两个数量的普通加法作为基础，而是由矢量的合成操作引致的矢量长度间的广义加法运算。在一般的 n 维空间中，矢量 $\boldsymbol{a}$ 的长度用 $|\boldsymbol{a}|$ 表示，两个正交的矢量 $\boldsymbol{a}$,$\boldsymbol{b}$ 满足

$$(|\boldsymbol{a}|^2+|\boldsymbol{b}|^2)^{\frac{1}{2}}=|\boldsymbol{a}+\boldsymbol{b}|$$

可以写成

$$|\boldsymbol{a}|\{+\}|\boldsymbol{b}|=(|\boldsymbol{a}|^2+|\boldsymbol{b}|^2)^{\frac{1}{2}}=|\boldsymbol{a}+\boldsymbol{b}|$$

若有 n 维空间的 m 个相互正交的矢量 $\boldsymbol{a}_1,\boldsymbol{a}_2,\boldsymbol{a}_3,\cdots,\boldsymbol{a}_m$，则有

$$(|\boldsymbol{a}_1|^2+|\boldsymbol{a}_2|^2+\cdots+|\boldsymbol{a}_m|^2)^{\frac{1}{2}}=|\boldsymbol{a}_1+\boldsymbol{a}_2+\cdots+\boldsymbol{a}_m|$$

可以写成

$$\begin{aligned}|\boldsymbol{a}_1|\{+\}|\boldsymbol{a}_2|\{+\}\cdots\{+\}|\boldsymbol{a}_m| &= (|\boldsymbol{a}_1|^2+|\boldsymbol{a}_2|^2+\cdots+|\boldsymbol{a}_m|^2)^{\frac{1}{2}}\\ &=|\boldsymbol{a}_1+\boldsymbol{a}_2+\cdots+\boldsymbol{a}_m|\end{aligned}$$

这与我们在引入广义加法的定义时举的例子非常相似。在矢量合成的问题中只能建立 $\alpha=2$ 的广义加法，这是几何学中著名的勾股定理的推广。$\alpha=3$ 时的情况以及一般的 $\alpha\geqslant 3$ 的情况不能用于正交矢量的合成。

第三种情况是更一般意义上的广义加法。设想高维空间中的一个对象，这个对象有着某种完美的对称性，可以用一个属于高维空间的指标准确描述这个对象的某一方面的数量特征。比如，n 维空间的球体的体积。从另一方面看，人

们可以用一个属于一维的指标完备地描述这个对象的某一方面的数量特征。比如，n 维空间球体的半径。两个特征指标之间有相对简单的一一映射关系。n 维空间中被研究对象的某个数量的合并或累加可以用数学模型描述，模型可能复杂些，但是用到的运算是普通的加、减、乘、除运算，用到的表达式是普通的代数式。模型可能涉及函数的导数、积分等，这些内容都是高等数学中的知识。利用前面说的一一映射，人们可以把 n 维空间的指标之间的数量关系映射到对应的一维空间的指标之间的数量关系。如果一维空间指标间的数量关系恰好可以用广义加法、广义减法和普通乘法的某种代数表达式来描述，以及有可能用广义加法意义下函数的导数和积分等来建立模型，那么这样的方法就是我们所说的基于一一映射的广义加法模型。理论上我们可以通过对广义加法模型进行求解，再通过一一映射来确定原问题的解。

2.5 本章总结

1. 把一般幂函数的定义域扩展至整个实数域，并且规定函数 $(x)^\alpha$ 是一个奇函数。$(x)^\alpha$ 可以写成下面的形式

$$(x)^\alpha = \begin{cases} x^\alpha, x \geqslant 0 \\ -(-x)^\alpha, x < 0 \end{cases}$$

函数 $(x)^\alpha$ 是定义实数的广义加法的重要函数。

2. 先确定一个正实数 α，实数 a 与 b 的广义加法由下面的表达式决定

$$a\{+\}b = ((a)^\alpha + (b)^\alpha)^{\frac{1}{\alpha}}$$

实数 a 与 b 的广义减法由下面的表达式决定

$$a\{-\}b = a\{+\}(-b)$$

3. 先确定一个正实数 α，u,v,w,x 均为实数，两个复数 $a = u + \mathrm{i}v$，$b = w + \mathrm{i}x$ 的广义加法是实数部分和虚数部分分别进行广义加法得到的结果，有

$$a\{+\}b = (u\{+\}w) + \mathrm{i}(v\{+\}x)$$

容易推得与之等价的用普通加法表示的关系式如下

$$a\{+\}b = ((u)^\alpha + (w)^\alpha)^{\frac{1}{\alpha}} + \mathrm{i}((v)^\alpha + (x)^\alpha)^{\frac{1}{\alpha}}$$

4. 先确定一个正实数α,u,v,w,x均为实数,两个复数$a=u+\mathrm{i}v$,$b=w+\mathrm{i}x$在广义加法意义下的乘法与已有的复数域中运算的定义在形式上相同。我们用符号$\otimes$表示这种乘法,即

$$a\otimes b=(uw\{-\}vx)+\mathrm{i}(ux\{+\}vw)$$

容易推得与之等价的用普通加法表示的关系式如下

$$a\otimes b=((uw)^{\alpha}-(vx)^{\alpha})^{\frac{1}{\alpha}}+\mathrm{i}((ux)^{\alpha}+(vw)^{\alpha})^{\frac{1}{\alpha}}$$

5. 对于任意的复数a,b,我们规定复数a与b的广义减法由下式确定

$$a\{-\}b=a\{+\}(-b)$$

广义减法是由广义加法规定的。

对于复数$a=u+\mathrm{i}v$,$b=w+\mathrm{i}x$,我们规定复数a与b的除法就是a与$\frac{1}{b}$的复数乘法,即有

$$a\otimes\frac{1}{b}=\frac{1}{w^2\{+\}x^2}(uw\{+\}vx)-\mathrm{i}\frac{1}{w^2\{+\}x^2}(ux\{-\}vw)$$

6. 广义加法符合的运算法则:

(1)$a\{+\}0=a$。

(2)$a\{+\}b=0$的充分必要条件是$a=-b$。

(3)$(a\{+\}b)\times c=a\times c\{+\}b\times c$(分配律)。

(4) 若a,b,c均是一般的复数,则有$(a\{+\}b)\otimes c=a\otimes c\{+\}b\otimes c$(分配律)。

(5) 若a,b,c均是一般的复数,则有$(a\{+\}b)\{+\}c=a\{+\}(b\{+\}c)$(结合律)。

(6) $\oplus\sum_{i=1}^{n}1=n^{\frac{1}{\alpha}}$。

(7)$a_1\{+\}a_2\{+\}a_3\{+\}\cdots\{+\}a_n=((a_1)^{\alpha}+(a_2)^{\alpha}+(a_3)^{\alpha}+\cdots+(a_n)^{\alpha})^{\frac{1}{\alpha}}$。

7. 实数之间做广义加法的要求大致可以分为三种情况:一是以真实数值的普通加法求和为基础的广义加法;二是描述正交矢量合成的广义加法;三是在映射意义下的广义加法。

8. 当p为负的实数时,表达式$(v_1^p+v_2^p)^{\frac{1}{p}}$仍有意义,若定义广义加法为

$$v_1\{+\}v_2=(v_1^p+v_2^p)^{\frac{1}{p}}$$

这样的广义加法的应用背景更加难以说明。我们在本书中只考虑$p>0$的情况。

第3章 广义加法的应用背景及广义加法意义下数学体系的展望

在本章中我们考查广义加法的应用背景,即考查怎样的应用问题适合于用广义加法来建立数学模型。物理学所涉及的领域非常多,其中有大量的应用问题。我们重点考查与空间分布相关的问题。比如,质量分布、电荷分布、粒子数分布等。三维空间是一个重要的数学空间,因为 $\alpha = 3$ 时的广义加法在数学上的含义是三维空间与一维空间的关系。我们以三维空间为例试图找到适合于用广义加法表示的应用问题的数学模型。我们还对广义加法意义下数学体系的各种可能的扩展进行了较为粗线条的考查,列出了一些较容易与广义加法相结合的数学领域,也列出了一些可能与广义加法深度结合的数学领域。

3.1 广义加法与观测角度的关系

对于三维空间中的球体的合并,假如合并后仍然呈现为球体,并且球体的合并符合不可压缩的性质,则合并后的球体体积是两个被合并球体的体积之和。在第 1 章中已经提到,如果考查被合并的两个球体的半径与合并后球体的半径之间的关系,那么三个半径值符合广义加法意义下的求和关系。具体来说,我们用 r_1,r_2 分别表示两个被合并球体的半径,用 r_3 表示合并后球体的半径,则有

$$r_3 = (r_1^3 + r_2^3)^{\frac{1}{3}}$$

这是 $\alpha = 3$ 时，r_1 与 r_2 的广义加法和，即 $r_3 = r_1 \{+\} r_2$。

假设我们的眼睛（或者说我们的检测设备）只能看到直线上的数值，不能直接看到三维空间中的体积，也不能直接看到在三维体积中某种物理量的体积密度。在三维空间中，体积的合并符合普通加法运算规则，而在直线上（一维空间上），对应数值的加法是广义加法。我们希望这样的场景有更一般的意义，使得广义加法有着明确的有意义的应用背景。

对于三维空间中球体的拆分，假如拆分后仍然呈现为球体，并且球体的拆分符合不可压缩的性质，则拆分后的球体体积是两个球体的体积之差。如果考查被拆分的球体的半径和拆分后球体的半径之间的关系，那么三个半径值符合广义减法求差的关系。具体来说，我们用 r_1，r_2 分别表示两个被拆分球体的半径。假设 $r_1 > r_2$，从半径为 r_1 的球体中减去半径为 r_2 的球体，用 r_3 表示拆分后剩余的体积构成的球体的半径，则有

$$r_3 = (r_1^3 - r_2^3)^{\frac{1}{3}}$$

这是 r_1 与 r_2 的广义减法。上面的表达式可以写成

$$r_3 = r_1 \{-\} r_2 = (r_1^3 - r_2^3)^{\frac{1}{3}}$$

假如我们真正需要研究的物理量是由三维空间的体积决定的量，但是我们的观测视角是一维的，是在直线上看到的数据。三维空间的普通加法对应着一维空间的广义加法。从数学的角度，假设我们只能看到，或者说我们只能观测到一条直线上的数据，当这个数据代表三维空间的球体的半径时，由半径的变化可以通过建立模型来计算球体体积的变化。或者反过来，由球体体积的变化来计算半径的变化。高维空间某两个数量的相加或相减（普通加法）与一维空间某两个数量的广义加法或广义减法的一一对应关系是广义加法存在的基础。在本书中我们经常使用“广义加法的世界”这样的用语来表达数量间的运算使用广义加法的情形，就像上面所谈到的“只看到一维空间的数据”的情形。在广义加法的世界中，没有普通加法和减法，只有广义加法和普通乘法。

在广义加法的定义中，α 可以取整数，也可以取分数，可以大于 1，也可以小于 1。上面的例子我们都是考虑三维空间的问题，即 $\alpha = 3$ 的问题，因为三维空间的应用背景容易说清楚。

3.2 空间中球对称区域中的物理参数分布

我们考虑这样的物理空间,这个空间有一个特殊的点,确定其为坐标原点,空间中任意点处的物理性质关于这个坐标原点是球对称的。也就是说,在空间的任何一个以坐标原点为球心的球面上的每一个点处的反映某个物理性质的物理量具有相同的取值。比如一个质点周围的引力场,我们选择的反映某个物理性质的物理量是引力强度,则空间中的任何一个以坐标原点(也就是质点的位置)为球心的球面上的每一个点处的引力强度具有相同的取值。又比如一个点电荷周围的电场,我们选择反映某个物理性质的物理量是电场强度,则空间中的任何一个以坐标原点(也就是电荷的位置)为球心的球面上的每一个点处的电场强度具有相同的取值。如果把地球看成一个完美的球体,地球上空的空气密度随着距离地面高度的增加而逐渐减小,在不考虑空气对流、热辐射、地球形态偏离完美的球形等因素的情况下,可以认为以地心为坐标原点的距离地心大于地球半径的球面上的每一个点处的空气密度具有相同的取值。

上面描述的质点周围的引力场和点电荷周围的电场都是规律性非常强的,用一个简单的平方反比公式可以完全描述,其中的唯一一个自变量就是距离球心的长度。有一些物理量的空间分布虽然呈现为球对称特征,但是物理量随着与球心距离的增加呈现复杂的函数关系。比如,地球周围的大气层的电特性和磁特性与距离地面的高度的关系。又比如,地球内部的不同圈层的物理性质与圈层距地心距离的关系,这些数量关系并不是简单的单调递减或单调递增。用数学的语言来表述,物理量与球心距离之间的函数关系可以是比较复杂的。对于实际应用的目的来说,这些物理量与球心距离的函数关系可能只能用分段函数来表达。

二维空间也有与球对称相似的情况,我们也称为球对称。我们考虑这样的二维空间,这个空间有一个特殊的坐标原点,空间中点的物理性质关于原点是球对称的。也就是说,在空间的任何一个以坐标原点为圆心的圆上的每一个点处的反映某个物理性质的物理量具有相同的取值。比如,一个点电荷周围的电场,我们选择反映某个物理性质的物理量是电场强度,则平面空间中的任何一个以坐标原点(也就是电荷的位置)为圆心的圆上的每一个点处的电场强度具有相同的取值。又比如,一个导热性质各向均匀的平面金属板,在某点有一个热源,则平面金属板上的温度分布就是关于热源点的球对称分布。

空间中,某个物理量关于原点具有球对称性质是一种特殊的情形,也是物理世界中常见的情形。遇到这种情形,学者们一般是将某些特殊的三维空间的定量分析问题归结为一维空间的定量分析问题,这适合于使用我们提出的广义加法。从理论上讲,参数的分布具有球对称的性质意味着从原点发出的任何一条射线上的参数值的分布决定了参数值在整个空间上的分布。我们可以期待在这样的体系中,广义加法在建立数学模型时有着重要的应用价值。

3.3 将体密度转换为线密度或面密度

在真实的三维物理空间中有着多种关于某物理量体密度分布的问题。比如,质量的体密度(空间某点的质量体密度是单位体积内含有物质的质量,常用单位:g/cm^3 或 t/m^3),电荷的体密度(空间某点的电荷体密度是单位体积内电荷的数量,常用单位:C/m^3),某种污染物的体密度(空间某点的污染物体密度是单位体积内污染物的数量)。体密度是和三维空间相联系的物理量,具有三维属性。

下面以质量体密度为例来考查体密度与线密度的关系。举一个简单的例子,某空间点处的质量密度为 $D = 27\ g/cm^3$。我们把质量密度 $D = 27\ g/cm^3$ 理解为在边长为1 cm的正立方体空间内均匀分布着27个质量为1 g的粒子,把这个边长为1 cm的正立方体空间均匀分成27份,每一份都是一个小的正立方体,就可以按普通魔方的样子分配成27个小立方体。按面看,边长为1 cm的立方体分成三个面(三层),每个面有9个粒子。按线看,边长为1 cm的立方体分成三个面,每个面由三条线构成,每条线上有3个粒子。而数值3正是27开三次方的数值结果。对于其他具有体密度性质的物理量,比如电荷体密度、污染物的体密度等物理量都可以解释其开三次方的物理含义。

下面再以平面带电板上电荷的面密度为例。平面带电板某点处的电荷面密度为 $D = 9\ C/m^2$。我们把电荷面密度 $D = 9\ C/m^2$ 理解为在边长为1 m的正方形内均匀分布着 9 C 电荷,把这个边长为 1 m 的正方形均匀分成 9 份,每一份都是一个小的正方形,就按普通魔方的任何一面的样子分配小正方形空间。边长为 1 m 的正方形分成三排,每排有 3 个小正方形,每小正方形中分布有 1 C 的电荷。而数值 3 正是数值 9 开二次方的结果数值。

将体密度指标开三次方后的指标定义为一个新的物理量,这种处理方法在现在的物理学中是罕见的。就像本书引进实数的广义加法有些奇怪一样,对于体密度指标开三次方而定义一个新的物理量的想法是非常奇怪的。同样,将面密度指标开二次方后的指标定义为一个新的物理量的做法在现在的物理学中也是罕见的。我们会在后面仔细分析这样得到的物理指标与广义加法之间的关系,为此我们引进下面的定义。

定义 3.1　假设 D 为三维质量体密度指标,D 的单位为 g/cm^3。我们引进一个物理量 D_1,D_1 的数值是 $D^{\frac{1}{3}}$,D_1 的单位是 $g^{\frac{1}{3}}/cm$。这是一个有些奇怪的单位,这个单位具有一维的特性,这个单位的 3 次方就是体密度的单位。我们称物理量 D_1 为质量线密度。我们还引进一个物理量 D_2,D_2 的数值是 $D^{\frac{2}{3}}$,D_2 的单位是 $g^{\frac{2}{3}}/cm^2$。这个单位具有二维的特性,这个单位的 $\frac{3}{2}$ 次方就是体密度的单位。我们称物理量 D_2 为质量面密度。

对于一般的 n 维空间,当 $n > 3$ 时就已经不是真实的物理空间了,n 维空间的体密度指标只是数学上的一种规定。对于 n 维空间,$n \geqslant 2$,我们引进下面的定义。

一般地,为了数学上的完整性,我们引进下面的定义。

定义 3.2　p 是任意正实数,有一个抽象空间中的数值 D,我们定义一个新的量 D_m,D_m 的数值是 $D^{\frac{m}{p}}$。$m = 1$ 时,也称 D_1 为线密度;$m = 2$ 时,也称 D_2 为面密度。

定义 3.1 是针对 n 维空间给出的,定义 3.2 是针对一个抽象空间给出的。定义 3.2 中当 $p < 1$ 时的数学意义不易说明。前面举的一些实例和对这些实例的分析表明,关于 D_1 和 D_2 的运算往往符合广义加法规则,从而可以利用广义加法语言和符号建立新形式的数学模型。关于将高维空间的指标转换为一维空间和二维空间指标的物理学背景和数学原理还有许多问题值得探讨,本书中就不对这些问题继续做深入研究了,留待以后再做。

3.4 可以用广义加法建立数学模型的若干应用实例

本节中我们描述几个关于某个物理量变化的数学表示问题和某个量的总量求取问题，用适当的代数公式描述问题的解，并且用本书中提出的广义加法来改写问题的数学模型。

1. 球形容器半径与密度的关系。

考查一个可变半径的球形容器，内部充入固定质量的某种气体。当容器半径变大时，球内部的容积变大，而当容器半径变小时，球内部的容积变小。我们考查球体半径r与气体密度D之间的关系。球体内部的空气总质量记为M，则有

$$D = \frac{M}{\frac{4}{3}\pi r^3}$$

取微分，有

$$\begin{aligned}\Delta D &= \frac{M}{\frac{4}{3}\pi(r+\Delta r)^3} - \frac{M}{\frac{4}{3}\pi r^3} \\ &= \frac{3M}{4\pi}\left(\frac{1}{(r+\Delta r)^3} - \frac{1}{r^3}\right)\end{aligned}$$

上面的表达式描述了ΔD与Δr之间的非线性关系。可以用函数$\frac{1}{r}$的广义加法意义下的差分来表示，对于参数$\alpha = 3$，有

$$\frac{1}{r+\Delta r}\{-\}\frac{1}{r} = \left(\frac{1}{(r+\Delta r)^3} - \frac{1}{r^3}\right)^{\frac{1}{3}}$$

我们有

$$\begin{aligned}\Delta D &= \frac{3M}{4\pi}\left(\left(\frac{1}{(r+\Delta r)^3} - \frac{1}{r^3}\right)^{\frac{1}{3}}\right)^3 \\ &= \frac{3M}{4\pi}\left(\frac{1}{r+\Delta r}\{-\}\frac{1}{r}\right)^3 \qquad (3.1)\end{aligned}$$

上面的表达式中既有普通加法，又有广义加法。按照微积分的原理我们可以得到

$$\Delta D = \frac{\mathrm{d}D}{\mathrm{d}r}\Delta r = -\frac{9M}{4\pi}\frac{1}{r^4}\Delta r$$

或者写成

$$\frac{\mathrm{d}D}{\mathrm{d}r} = -\frac{9M}{4\pi}\frac{1}{r^4}$$

我们有

$$\begin{aligned}\frac{\Delta D}{\Delta r} &= \frac{3M}{4\pi}\left(\frac{1}{r+\Delta r}\{-\}\frac{1}{r}\right)^3 / \Delta r \\ &= \frac{3M}{4\pi}\left(\frac{\frac{1}{r+\Delta r}\{-\}\frac{1}{r}}{(\Delta r)^{\frac{1}{3}}}\right)^3\end{aligned}$$

由于$\frac{\Delta D}{\Delta r}$的极限存在,所以下面的极限也存在

$$\lim_{\Delta r \to 0}\frac{\frac{1}{r+\Delta r}\{-\}\frac{1}{r}}{(\Delta r)^{\frac{1}{3}}}$$

这是一种新形式的极限,是由于广义加法的引入而出现的一类微商的极限,这种表达式的意义我们将在后面讨论。

2. 水库流量与水面高度的关系。

假设水库底面为倒立的圆锥,水体的深度为 h,圆锥体正截面的锥角为 2θ,r 是水深为 h 时水面圆形的半径,有

$$r = h\tan\theta$$

我们来推导水库的排水速度 $V(t)$ 和水体的深度 $h(t)$ 的关系,t时刻水库的容积为 $C(t)$,即

$$C(t) = \frac{1}{3}\pi r^2 h(t) = \frac{1}{3}\pi\tan^2\theta h^3(t)$$

从 t 时刻到 $t+\Delta t$ 时刻,水库容量改变量为 $V(t)\Delta t$,有

$$\begin{aligned}V(t)\Delta t &= \Delta C(t) \\ &= \frac{1}{3}\pi\tan^2\theta h^3(t+\Delta t) - \frac{1}{3}\pi\tan^2\theta h^3(t) \\ &= \frac{1}{3}\pi\tan^2\theta\left(\left(h^3(t+\Delta t) - h^3(t)\right)^{\frac{1}{3}}\right)^3\end{aligned}$$

其中$(h^3(t+\Delta t)-h^3(t))^{\frac{1}{3}}$正是广义加法意义下的函数$h(t)$的差分,对上式整理有

$$h(t+\Delta t)\{-\}h(t)=\left(-\frac{3V(t)\Delta t}{\pi\tan^2\theta}\right)^{\frac{1}{3}} \tag{3.2}$$

这是由流量$V(t)\Delta t$计算水库水面高度变化的公式,基于上面的表达式可以使数学表达式更为简洁。对于入库流量导致水库水面上升的情况可以用相同的公式,只是符号有变化。由上式可以得到

$$\frac{h(t+\Delta t)\{-\}h(t)}{(\Delta t)^{\frac{1}{3}}}=\left(-\frac{3V(t)}{\pi\tan^2\theta}\right)^{\frac{1}{3}}$$

这个表达式与上一个例子得到的表达式非常相似,是一类特殊的微商表达式。

3. 人体体重与腰围的关系。

将人体近似看成一个圆柱体,我们考虑一个与减肥有关的问题。假设有一个成年人,其身高固定不变,当人变胖时其腰围增大;反之,当人变瘦时其腰围减小。腰围就是圆柱体的横截面圆周的周长。体重用W表示,腰围用L表示,圆柱高为H,人体各部分的密度取相同的数值d。人的体重公式为

$$W=\pi r^2Hd$$

其中有$2\pi r=L$,故有$r=\frac{L}{2\pi}$,代入上式,有

$$W=\frac{Hd}{4\pi}L^2$$

体重的改变ΔW与腰围的改变ΔL的关系是我们关心的,有

$$\Delta W=\frac{H\mathrm{d}}{4\pi}(L^2(t+\Delta t)-L^2(t))$$

改写上式得

$$\Delta W=\frac{H\mathrm{d}}{4\pi}((L^2(t+\Delta t)-L^2(t))^{\frac{1}{2}})^2$$

其中$(L^2(t+\Delta t)-L^2(t))^{\frac{1}{2}}$正是函数$L(t)$的广义加法意义下的差分,参数$\alpha=2$,有

$$\Delta W=\frac{H\mathrm{d}}{4\pi}(L(t+\Delta t)\{-\}L(t))^2 \tag{3.3}$$

或者写成

$$L(t+\Delta t)\{-\}L(t)=\left(\frac{4\pi}{Hd}\Delta W\right)^{\frac{1}{2}}$$

这是由体重变化带来的腰围变化的广义加法意义下的差分的数学表达式。由上式可以得到

$$\frac{L(t+\Delta t)\{-\}L(t)}{(\Delta W)^{\frac{1}{2}}}=\left(\frac{4\pi}{Hd}\right)^{\frac{1}{2}}$$

这里又出现了我们熟悉的表达式,左端表达式的幂指数为 $\alpha=2$。

4. 雨滴碰并过程的数学关系。

假设有 N 个雨滴碰并到一起形成一个更大的雨滴,假设雨滴都是球形,雨滴的半径为 $r_1,r_2,r_3,\cdots,r_N$,合成的大雨滴的体积为

$$V=\sum_{i=1}^{N}\frac{4}{3}\pi r_i^{\ 3}$$

大雨滴的半径用 R 表示,有 $V=\frac{4}{3}\pi R^3$,有

$$R=\left(\sum_{i=1}^{N}r_i^{\ 3}\right)^{\frac{1}{3}}$$

可见大雨滴的半径是小雨滴的半径的广义加法意义下的和($\alpha=3$),即

$$R=\oplus\sum_{i=1}^{N}r_i \tag{3.4}$$

5. 球对称的三维球体区域的总质量求取问题。

一个球体内分布着某种物质,球体内某区域物质数量的多少用一个物理指标表示,我们就用质量的单位 g;物质的数量分布由球体内每一点处的体密度决定,体密度的单位是 g/cm^3。我们的问题是计算球体内物质的总量。假设球体内质量的分布呈现球对称特性,即在同一个球面上的点处的物质体密度是相同的,但是在不同的球面上物质的体密度一般是不相同的。球面上某点处物质的体密度由半径的取值决定,即有一个体密度函数 $F(x)$,其中 x 是该点到球心的距离。

假设球体的半径为 R,作闭区间$[0,R]$的一个分割 $x_0,x_1,x,\cdots,x_N$,这种做法与求取函数的近似积分和的方法是一样的。在点 x_i 处让变量 x 有一个小的增量,增至 x_{i+1},增加的球体体积 ΔV_i 有

$$\Delta V_i=\frac{4}{3}\pi x_{i+1}^3-\frac{4}{3}\pi x_i^3$$

按照微积分学的处理方法，再考虑到球对称的性质，球体增加部分的物质体密度可以近似看成相等的，取值都是 $F(x_i)$。球体增加的部分 ΔV_i 的质量记为 ΔM_i，则有

$$\Delta M_i = F(x_i)\left(\frac{4}{3}\pi x_{i+1}^3 - \frac{4}{3}\pi x_i^3\right)$$

球体的总质量 M 的计算公式为

$$M = \sum_{i=0}^{N} \Delta M_i = \sum_{i=0}^{N} F(x_i)\left(\frac{4}{3}\pi x_{i+1}^3 - \frac{4}{3}\pi x_i^3\right)$$

闭区间 $[0,R]$ 的分割无限加细后的极限值就是我们计算的总质量。或者说，让 $N \to \infty$，并且让 $\max\{x_{i+1} - x_i\}(i = 1,2,\cdots,N-1)$ 趋于 0。这个表达式有点像定积分和式的形式，但是自变量的改变量部分有所不同，上式不能直接写成函数 $F(x)$ 的定积分。

我们对上面的表达式进行适当的改写，记 $f(x) = \sqrt[3]{F(x)}$，这样的处理手段在前面已经进行过说明，这对应于将体密度转换为线密度，有

$$M^{\frac{1}{3}} = \left(\sum_{i=0}^{N} f^3(x_i)\left(\frac{4}{3}\pi x_{i+1}^3 - \frac{4}{3}\pi x_i^3\right)\right)^{\frac{1}{3}}$$

$$= \left(\frac{4}{3}\pi\right)^{\frac{1}{3}}\left(\sum_{i=0}^{N} f^3(x_i)(x_{i+1}^3 - x_i^3)\right)^{\frac{1}{3}}$$

注意到 $(x_{i+1}^3 - x_i^3) = ((x_{i+1}^3 - x_i^3)^{\frac{1}{3}})^3$，而 $(x_{i+1}^3 - x_i^3)^{\frac{1}{3}}$ 恰好是幂指数为 3 时广义减法的表达式，则我们有

$$M^{\frac{1}{3}} = \left(\frac{4}{3}\pi\right)^{\frac{1}{3}}\left(\sum_{i=0}^{N} f^3(x_i)((x_{i+1}^3 - x_i^3)^{\frac{1}{3}})^3\right)^{\frac{1}{3}}$$

按照第 2 章中关于实数的广义加法的描述，当广义加法的幂指数为 3 时，有

$$M^{\frac{1}{3}} = \left(\frac{4}{3}\pi\right)^{\frac{1}{3}}\left(\sum_{i=0}^{N} (f(x_i)(x_{i+1}\{-\}x_i))^3\right)^{\frac{1}{3}}$$

而求和号中每一项的 3 次幂以及整个和的 $\frac{1}{3}$ 次幂恰好是幂指数为 3 时 $N+1$ 项的广义加法和，我们用 $\oplus\sum$ 表示广义加法意义下的求和表达式，有

$$M^{\frac{1}{3}} = \left(\frac{4}{3}\pi\right)^{\frac{1}{3}} \lim_{N\to\infty} \oplus\sum_{i=0}^{N} f(x_i)(x_{i+1}\{-\}x_i) \tag{3.5}$$

上面表达式的右端中的求和式在形式上已经与函数 $f(x)$ 的定积分的定义式相

同，只是在这里的加法和减法是广义加法和广义减法。上面的数学表达式的推导过程显得有些让人眼花缭乱，需要耐心看几遍并辅之以审慎的思考才能确认这个数学表达式的正确性，进而可以理解函数的广义加法意义下的积分在应用中的意义。

我们在这里提前把上面的表达式写成广义加法意义下的积分形式，严格的定义以及相应性质的证明将在本书的后面给出。我们有

$$M = \frac{4}{3}\pi\left(\oplus\int_0^b f(x)\,\mathrm{d}x\right)^3 \tag{3.6}$$

这是一段有趣的数学推导。

6. 水库中某种鱼的总量估计的数学模型。

我们考虑一个具有理想的圆锥体形状的水库，建立水库中某种鱼的总量估计的数学模型。锥体的顶点在下面，圆锥高度 h 的变动范围为 $[0,H]$，r 是高度为 h 时圆的半径，圆锥的正截面的锥角为 2θ，有 $r = h\tan\theta$ 成立。一般来说，在水温一定时鱼在垂直方向上有比较稳定的分布，有的鱼喜欢在较浅的水层中活动，有的鱼喜欢在较深的水层中活动。我们用 $M(h)$ 表示深度为 h 时某种鱼在水体中的体密度，即每立方米容纳鱼的数量。我们假设在水库中相同的深度鱼的密度是相同的。严格来说，$H-h$ 是深度，我们为了写模型时方便就把 h 说成是深度。我们的任务是求解出整个水库中某种鱼的总量 Q 的数学模型。

圆锥体的体积公式为

$$V = \frac{1}{3}\pi r^2 h$$

由于有 $r = h\tan\theta$，代入有

$$V = \frac{1}{3}\pi\tan^2\theta h^3$$

当 h 从 h_i 变至 h_{i+1} 时，圆锥体积的增量为

$$\Delta V_i = \frac{1}{3}\pi\tan^2\theta(h_{i+1}^3 - h_i^3)$$

与“球对称的三维球体区域的总质量求取问题”的处理方法是相同的，我们得到圆锥体内的深度处于 $[h_i, h_{i+1}]$ 的鱼的数量的近似值为

$$\Delta V_i M(h_i) = \frac{1}{3}\pi\tan^2\theta M(h_i)(h_{i+1}^3 - h_i^3)$$

整个水库中某种鱼的总量就是对 h_i 求和,即

$$Q = \sum_{i=1}^{N} \Delta V_i M(h_i) = \sum_{i=1}^{N} \frac{1}{3}\pi\tan^2\theta M(h_i)(h_{i+1}^3 - h_i^3)$$

记 $m(h) = \sqrt[3]{M(h)}$,注意到 $(h_{i+1}^3 - h_i^3) = ((h_{i+1}^3 - h_i^3)^{\frac{1}{3}})^3$,有

$$Q^{\frac{1}{3}} = \left(\frac{1}{3}\pi\tan^2\theta\right)^{\frac{1}{3}}\left(\sum_{i=1}^{N} m^3(h_i)((h_{i+1}^3 - h_i^3)^{\frac{1}{3}})^3\right)^{\frac{1}{3}}$$

$$= \left(\frac{1}{3}\pi\tan^2\theta\right)^{\frac{1}{3}}\left(\sum_{i=1}^{N} (m(h_i)(h_{i+1}^3 - h_i^3)^{\frac{1}{3}})^3\right)^{\frac{1}{3}}$$

注意到 $(h_{i+1}^3 - h_i^3)^{\frac{1}{3}} = h_{i+1}\{-\}h_i$,有

$$Q^{\frac{1}{3}} = \left(\frac{1}{3}\pi\tan^2\theta\right)^{\frac{1}{3}}\left(\sum_{i=1}^{N} (m(h_i)(h_{i+1}\{-\}h_i))^3\right)^{\frac{1}{3}}$$

仿照前面例子的记法,我们有

$$Q^{\frac{1}{3}} = \left(\frac{1}{3}\pi\tan^2\theta\right)^{\frac{1}{3}} \lim_{N\to\infty} \oplus \sum_{i=1}^{N} m(h_i)(h_{i+1}\{-\}h_i) \tag{3.7}$$

或者写成下面的形式

$$Q = \frac{1}{3}\pi\tan^2\theta\left(\oplus\int_0^H m(h)\,\mathrm{d}h\right)^3 \tag{3.8}$$

这是用广义加法意义下的积分符号表达的数学公式。这个公式与前一个例子推导出的公式的形式几乎是一样的。

我们用几个有些复杂的例子说明广义加法不单纯是一个理论构想的产物,广义加法在应用中也有清晰的背景。

3.5 广义加法意义下的导数和积分的含义

在本书的后面我们将正式引入广义加法意义下的导数和积分的定义,并推导出相应的一系列数学公式,但这并不影响我们在这里就对此问题进行一些分析和思考,因为上面几个例子都比较自然地表明了广义加法意义下的定积分的含义。

前面我们已经说明,对于球对称分布的物理学问题,可以将某个反映某类体积密度的物理量开三次方,得到一个新的具有一维特性的物理指标,对这个

指标进行的加法是广义加法,进行的积分是广义加法意义下的积分。用更为一般的方式来表述,即通过对物理指标开三次方的手段,我们把三维空间的计算问题归结为一维空间的计算问题。在三维空间中使用的是普通的加法,比如体积的合并,而在相应的一维空间中使用的却是广义加法。空间维数的降低使得问题大大简化,但是广义加法的运算是我们还不熟悉的。从 3.4 节最后两个实际例子可以看出,一维物理指标的加法是广义加法,积分是广义加法意义下的积分,得到的积分结果需要3次方之后得到原来物理量的量纲(“球对称的三维球体区域的总质量求取问题”中的物质质量,“水库中某种鱼的总量估计的数学模型”中某种鱼的总数量)。

从数学上讲,函数的积分和微分是一对逆运算,被积分函数的原函数通过积分手段求取。将物理量的总量函数(“球对称的三维球体区域的总质量求取问题”中的 M 和“水库中某种鱼的总量估计的数学模型”中的 Q)经过开三次方而得到一维上的一个函数,若将该函数进行广义加法意义下的求导数就得到被积分函数,被积分函数就是“球对称的三维球体区域的总质量求取问题”中的物质在该点处密度值的三分之一次幂,或者“水库中某种鱼的总量估计的数学模型”中的水库在该水位处鱼的密度的三分之一次幂。若将广义加法意义下的导数值取三次方,则得到真实的三维空间中的原来的物理指标。

3.6 广义加法定义的引入引致数学知识体系可能的扩展

在本节中我们讨论在广义加法意义下可以做的若干理论研究工作。数学体系十分庞大,数的集合与数的运算是数学的基础。在一种新形式的数的加法运算规则建立后许多数学分支的结果都可以平行地移植过来,这些工作非常值得做。由于广义加法与普通加法的巨大差异,这些数学公式的推演和证明工作不会非常顺畅。下面我们从较为宏观的方面来展望一下广义加法意义下的数学体系,分析一下会得到怎样的预期研究结果。

能够找到另一种数与数的加法是一件幸运的事。广义加法与普通乘法的完美结合为数学打开了另一扇门。进入到这扇门里,人们可以看见一个不同的数学世界。在数学领域中,一组合理的假设(公理)往往可以推演出一个较大的数学分支。欧氏几何学、非欧几何学均是在引入若干基本假设之后经过理论推演得到的。抽象代数学、泛函分析等也是基于公理化研究方法的，每一个理论均需要若干基本假设。本书作者认为，实数的广义加法运算的定义是一种合理的运算法则。由于数的加法运算是处于数学知识体系的最基础的位置，而实数集合与实数间的运算法则又是数学大厦的基础，所以引入新形式的数的加法定义必然影响几乎整个数学体系。基于新形式的数的加法定义，理论上允许人们尽可能地把已有的数学知识平移过来。这当然是一个比较困难的工作，需要投入大量的时间进行思考，而且需要多次地检查和验证得到的每一个结果。因为人们已经习惯于普通加法的推理，这极容易干扰广义加法意义下数学公式的推导过程。建立广义加法与普通加法的数学联系，特别是两者之间导数和积分的联系也是重要的理论问题。我们当然希望，数的广义加法的引入可以推演出较多新形式的和有意义的理论结果，还可以为新形式的数学模型的建立提供工具，从而为那些用现有的数学知识不易解决的问题提供一种新的研究途径。

函数导数的概念和函数积分的概念是现代数学中最重要的两个概念。在广义加法意义下如何建立导数的概念和积分的概念是重要的理论问题。即使形式上建立了这些概念，还要求有关于这些概念的应用意义和数学意义的令人信服的解释。在建立了广义加法意义下导数的概念后，如何对于一般的函数求取导数?广义加法意义下的导数与普通加法意义下的导数有怎样的数学关系?是否那些基本初等函数的广义加法意义下的导数都有较为简单的解析公式?普通加法下的求导数的若干法则在广义加法意义下是否依然成立?这些问题需要很好地解决。在建立了广义加法意义下的积分概念后，不定积分、原函数和定积分这些概念都需要进行深入研究，特别是广义加法意义下原函数的求取方法需要给出一些有用的方法，还应该给出一个较全的不定积分表。另外，函数的广义加法意义下的原函数和普通加法意义下的原函数是否有简单的数学关系，这一点也非常重要。对这些问题的正确表述和证明构成了本书的主要内容。

高阶导数、偏导数、多变量函数的积分这些概念在广义加法意义下是怎样的，这类问题也需要探讨，至少要在数学上给出严格的定义，并推导出尽可能多的理论结果。这些问题的应用背景的阐述可能要困难些。多变量函数的积分学研究涉及广义加法意义下的许多几何学问题，如线段长度的定义、矢量的正交性、二次曲线方程、区域的面积、相交直线间的夹角、三维空间区域的体积、圆的面积公式、圆的周长公式等,这些问题需要仔细研究。

数学中的线性空间理论、正交函数理论、抽象代数理论等,这些理论在广义加法意义下有怎样的结论值得研究。线性空间理论与线性表达式相关,这必然涉及线性方程组、矩阵、特征值与特征向量、二次型等内容。正交函数理论基于定积分的知识,广义加法意义下的正交函数理论值得期待。抽象代数学涉及的运算对象一般不是实数,但是与实数密切相关。因为只要有元素与数的乘法运算就与数有关,就与数的运算有关。如何将广义加法运用到抽象代数学中是一个值得思考的问题,目前在这方面还没有成熟的想法。积分变换理论是强有力的数学工具,但是在广义加法研究的初级阶段就深入探讨积分变换问题似乎还为时尚早。概率论中涉及大量的加法运算,在广义加法世界中建立概率论的公理体系会有怎样的理论结果是一个值得探讨的问题。

还有一个重要的事情,那就是我们居然可以为一般的复数引入广义加法,进而为复数的广义乘法给出新的定义。我们能够证明这种广义加法与广义乘法的运算符合结合律和分配律。数学家已经习惯于研究数的变化,这当然是借助于函数的概念。对于广义加法意义下的复函数应如何展开研究,复数的广义加法在数学理论方面有怎样合理的背景,是否能找到相关的实际应用问题,这些问题尚不清楚。广义加法扩展至复函数需要一些基础条件,包括复数的指数表达式以及广义加法世界中圆的各种性质,包括广义加法意义下的偏导数的定义和广义加法意义下复函数的导数的定义。我们关心下面的一系列问题,即广义加法意义下著名的柯西 - 黎曼(Cauchy - Riemann)条件是什么形式,如何构造可以求导数的复函数族,关于复函数的路径积分和围道积分的一系列定理是否在广义加法意义下仍然成立等。

如果数之间建立了加法和乘法,就可以构造多项式函数,可以构造幂级数,可以建立代数方程。那么有关代数方程的众多理论结果应该尽可能地在广义加法意义下给出证明,明确说明哪些结论成立,哪些结论不成立。比如,代数方程解的存在性,较低次数代数方程解的公式的解析形式等。对于广义加法意义下构造的幂级数函数和多项式函数如何求导数,如何求积分等问题需要解决。等差级数和等比级数在广义加法的意义下有怎样的结论和数学公式也是一个有趣的值得研究的问题。

3.7 数论知识难以直接复制到广义加法系统

有一个明显的事实，那就是在数之间引入广义加法后，整数之间的广义加法和不能再保证还是整数。因此，数的整除关系在广义加法运算下不再存在，素数与合数的概念无法直接建立，传统数学中的数论理论在广义加法意义下没有相对应的内容，许多关于整数的数学公式在广义加法意义下不再有对应的公式。比如，对于一般的整数 n 和 m，$n\{+\}m=(n^{\alpha}+m^{\alpha})^{\frac{1}{\alpha}}$ 不再是整数，因此广义加法意义下整数集合对于加法已经不封闭，整数之和已经超出整数集合范围。如普通加法下的求和公式

$$\sum_{k=1}^{n}k^2=\frac{n(n+1)(2n+1)}{6}$$

我们不知道$\oplus\sum_{k=1}^{n}k^2$ 能否化简成类似于上面的求和公式。整数间的数学关系在广义加法体系中几乎消失了，这一点是有些遗憾的。

如果将 $n^{\frac{1}{\alpha}}$ 当成是广义加法意义下的整数，广义加法意义下自然数的形成按如下方式进行

$$1=1^{\frac{1}{\alpha}}$$

$$1\{+\}1=2^{\frac{1}{\alpha}}$$

$$1\{+\}1\{+\}1=3^{\frac{1}{\alpha}}$$

$$1\{+\}1\{+\}1\{+\}1=4^{\frac{1}{\alpha}}$$

一般地，n 个 1 的广义加法和为 $n^{\frac{1}{\alpha}}$。让 n 取遍所有正整数，就可以得到所有形如 $n^{\frac{1}{\alpha}}$ 的数。规定广义加法世界中的整数集合为

$$\{1,2^{\frac{1}{\alpha}},3^{\frac{1}{\alpha}},\cdots,n^{\frac{1}{\alpha}},\cdots\}$$

我们有

$$n^{\frac{1}{\alpha}}\{+\}m^{\frac{1}{\alpha}}=((n^{\frac{1}{\alpha}})^{\alpha}+(m^{\frac{1}{\alpha}})^{\alpha})^{\frac{1}{\alpha}}=(n+m)^{\frac{1}{\alpha}}\tag{3.9}$$

表达式(3.9) 表明，广义加法意义下的整数集合符合整数相加仍为整数的要求。在广义加法的世界里，若将形如 $n^{\frac{1}{\alpha}}$ 的数当成整数，则整数集合对于广义加法是封闭的，似乎可以将数论的一些结论推广到广义加法的情形。问题是，这样

的关于整数的规定有怎样的背景，又有怎样的实际意义。我们难以接受2,3,4,…,n,… 这些自然数在广义加法世界中已经不是整数的事实，这个问题还有待探讨。

3.8 广义加法与普通加法的混合

广义加法与普通加法的混合在理论上是可以的，在本章前面部分描述的几个实际应用问题的数学表达式中也出现了广义加法与普通加法混合使用的情况。这是一个新的有待研究的问题。比如

$$(a\{+\}b)+(c\{+\}d)$$

$$(a+b)\{+\}(c+d)^2$$

乘法可以按分配率运算，表达式必须用括号来表明运算的次序。对这个问题进行研究需要阐明建立模型的背景，这一定会遇到一系列新问题。在数学知识体系中，数学表达式具有基本的重要性，广义加法与普通加法混合使用的表达式也可能为数学研究开辟一个崭新的领域。

本章讨论的应用问题中导出下面的极限表达式

$$\lim_{\Delta r\to 0}\frac{\dfrac{1}{r+\Delta r}\{-\}\dfrac{1}{r}}{(\Delta r)^{\frac{1}{3}}}$$

其中有广义加法，也有普通加法，整个表达式又与导数的表达式相似，这种表达式将在本书后面进行仔细讨论。

在普通加法下，圆的方程为

$$(x-a)^2+(y-b)^2=R^2$$

下面的方程应该是广义加法意义下圆的方程

$$(x\{-\}a)^2\{+\}(y\{-\}b)^2=R^2$$

理论上我们还可以建立下面的曲线方程

$$(x-a)^2\{+\}(y-b)^2=R^2$$

或者建立下面的曲线方程

$$(x\{-\}a)^2+(y\{-\}b)^2=R^2$$

这两种方程的形式都是广义加法与普通加法的混合使用。这样的曲线方程的性质需要仔细研究。这样的曲线方程有怎样的应用背景也需要阐明。本节的讨论并不深入，只是关于各种可能性的简要说明。

3.9 本章总结

1. 假设 D 为三维质量体密度指标，我们引进一个物理量 D_1，D_1 的数值是 $D^{\frac{1}{3}}$，D_1 的单位是 $g^{\frac{1}{3}}/cm$。我们称物理量 D_1 为质量线密度。我们还引进一个物理量 D_2，D_2 的数值是 $D^{\frac{2}{3}}$，D_2 的单位是 $g^{\frac{2}{3}}/cm^2$。这个单位具有二维的特性，这个单位的$\frac{3}{2}$ 次方就是体密度的单位。我们称物理量 D_2 为质量面密度。

2. 球形容器半径与密度的关系中出现下面形式的极限

$$\lim_{\Delta r \to 0} \frac{\frac{1}{r + \Delta r} \{-\} \frac{1}{r}}{(\Delta r)^{\frac{1}{3}}}$$

这个极限的数学表达式是一种特殊的导数。

3. 球对称的三维球体区域的总质量的数学表达式

$$M^{\frac{1}{3}} = \left(\frac{4}{3}\pi\right)^{\frac{1}{3}} \lim_{N\to\infty} \oplus \sum_{i=0}^{N} f(x_i)(x_{i+1}\{-\}x_i)$$

把上面的表达式写成广义加法意义下的积分形式

$$M = \frac{4}{3}\pi(\oplus\int_0^b f(x)\,\mathrm{d}x)^3$$

其中 $f(x) = \sqrt[3]{F(x)}$，$F(x)$ 是体密度函数。

4. 水库中某种鱼的总量估计的数学模型

$$Q^{\frac{1}{3}} = \left(\frac{1}{3}\pi\tan^2\theta\right)^{\frac{1}{3}} \lim_{N\to\infty} \oplus \sum_{i=1}^{N} m(h_i)(h_{i+1}\{-\}h_i)$$

可以写成下面的广义加法意义下的积分形式

$$Q = \frac{1}{3}\pi\tan^2\theta(\oplus\int_0^H m(h)\,\mathrm{d}h)^3$$

其中 $m(h) = \sqrt[3]{M(h)}$，$M(h)$ 是体密度函数。

5. 广义加法意义下可以引进导数、定积分、不定积分、原函数的概念，还可以引进高阶导数、偏导数等概念。普通加法下的导数和积分与广义加法意义下的导数和积分的关系值得研究。此外，还可以将广义加法引入到线性空间理论、正交函数理论、抽象代数理论等中。

6. 广义加法世界的整数集合为

$$\{1, 2^{\frac{1}{\alpha}}, 3^{\frac{1}{\alpha}}, \cdots, n^{\frac{1}{\alpha}}, \cdots\}$$

我们有

$$n^{\frac{1}{\alpha}} \{+\} m^{\frac{1}{\alpha}} = ((n^{\frac{1}{\alpha}})^{\alpha} + (m^{\frac{1}{\alpha}})^{\alpha})^{\frac{1}{\alpha}} = (n + m)^{\frac{1}{\alpha}}$$

这个整数集合对于广义加法运算是封闭的。

7. 广义加法和普通加法的混合使用会产生新形式的代数表达式，相应的数学问题有意义。

第4章 广义加法意义下的级数和代数方程

在本章中我们将等差级数和等比级数的若干数学公式推广至广义加法意义下的运算系统。这是一种自然的纯数学方面的兴趣，也是为以后可能的应用提供支持。我们还讨论了广义加法意义下的无穷级数的收敛性判别问题。级数理论的内容非常丰富，本章的讨论限于数项级数，后面的章节还会涉及函数项级数，特别是幂级数。我们还给出了广义加法意义下一元二次方程的解的公式，对广义加法意义下的线性代数学问题进行了适当的讨论，还讨论了一些不等式在广义加法意义下的数学形式。

4.1 广义加法意义下的等差级数

下面我们来推导广义加法意义下等差级数的求和公式。假设首项为 a，公差为 d，项数为 n，广义加法意义下的等差级数为

$$a,a\{+\}d,a\{+\}d\{+\}d,a\{+\}d\{+\}d\{+\}d,\cdots,$$
$$a\{+\}d\{+\}\cdots\{+\}d \tag{4.1}$$

上面最后一项中有 $n-1$ 个 d。我们来推导上面的广义加法意义下等差级数和的公式，级数的和记为 I，I 是 n 项数值的广义加法和。根据前面的讨论，我们知道

$$d\{+\}d=2^{\frac{1}{\alpha}}d$$
$$d\{+\}d\{+\}d=3^{\frac{1}{\alpha}}d$$
$$\vdots$$

$$d\{+\}d\{+\}\cdots\{+\}d = n^{\frac{1}{\alpha}}d$$

由于加法符合结合律，将带 a 的合并为一项，再将带 d 的合并为一项，等差级数的前 n 项广义加法和为 n 个 a 的广义加法和加上$\frac{n(n-1)}{2}$个 d 的广义加法和，每一项都可以提取公因子，即有下面的等差级数求和公式成立

$$I = \bigoplus\sum_{i=1}^{n} a\{+\}\bigoplus\sum_{i=1}^{\frac{n(n-1)}{2}} d$$

容易推得

$$I = n^{\frac{1}{\alpha}}a\{+\}\left(\frac{n(n-1)}{2}\right)^{\frac{1}{\alpha}}d \tag{4.2}$$

按照广义加法的定义有

$$I = \left((n^{\frac{1}{\alpha}}a)^{\alpha} + \left(\left(\frac{n(n-1)}{2}\right)^{\frac{1}{\alpha}}d\right)^{\alpha}\right)^{\frac{1}{\alpha}}$$

$$= \left(n(a)^{\alpha} + \frac{n(n-1)}{2}(d)^{\alpha}\right)^{\frac{1}{\alpha}}$$

或者写成

$$(I)^{\alpha} = n(a)^{\alpha} + \frac{n(n-1)}{2}(d)^{\alpha}$$

当 $\alpha = 1$ 时，有

$$I = na + \frac{n(n-1)}{2}d$$

这与普通加法意义下的等差级数的求和公式相同。

在广义加法意义下，自然数序列 $1,2,3,\cdots,n-1,n$ 已经不是等差级数，因为一般项的后项与前项之差为

$$n\{-\}(n-1) = (n^{\alpha}-(n-1)^{\alpha})^{\frac{1}{\alpha}}$$

这个值与 n 有关，不再是常数。这就是说，普通加法意义下的等差级数一般不再是广义加法意义下的等差级数。

在广义加法意义下与自然数序列对应的级数是怎样的？我们用下面的方法来构造

$$1 = 1^{\frac{1}{\alpha}}$$

$$1\{+\}1 = 2^{\frac{1}{\alpha}}$$

$$1\{+\}1\{+\}1 = 3^{\frac{1}{\alpha}}$$

$$1\{+\}1\{+\}1\{+\}1 = 4^{\frac{1}{\alpha}}$$

$$\vdots$$

$$1\{+\}1\{+\}1\{+\}\cdots\{+\}1 = n^{\frac{1}{\alpha}}$$

在广义加法意义下与自然数序列对应的等差级数为

$$1^{\frac{1}{\alpha}},2^{\frac{1}{\alpha}},3^{\frac{1}{\alpha}},4^{\frac{1}{\alpha}},\cdots,n^{\frac{1}{\alpha}}$$

我们有

$$n^{\frac{1}{\alpha}}\{-\}m^{\frac{1}{\alpha}} = (n-m)^{\frac{1}{\alpha}}$$

特别有

$$n^{\frac{1}{\alpha}}\{-\}(n-1)^{\frac{1}{\alpha}} = 1$$

也就是说,在广义加法意义下,自然数 n 用 $n^{\frac{1}{\alpha}}$ 代替可以得到公差为 1 的等差级数。这个特殊的等差级数在广义加法意义下的和为

$$\begin{aligned}\oplus\sum_{i=1}^{n} i^{\frac{1}{\alpha}} &= \left(\sum_{i=1}^{n}(i^{\frac{1}{\alpha}})^{\alpha}\right)^{\frac{1}{\alpha}}\\ &= \left(\sum_{i=1}^{n} i\right)^{\frac{1}{\alpha}}\\ &= \left(\frac{n(n+1)}{2}\right)^{\frac{1}{\alpha}}\end{aligned}$$

在普通加法意义下有

$$\sum_{k=1}^{n} k^2 = \frac{n(n+1)(2n+1)}{6}$$

相对应的,在广义加法意义下用 $k^{\frac{1}{\alpha}}$ 替代 k,加法使用广义加法,即考查下面的级数和

$$\oplus\sum_{k=1}^{n}(k^{\frac{1}{\alpha}})^2$$

根据定义有

$$\begin{aligned}\oplus\sum_{k=1}^{n}(k^{\frac{1}{\alpha}})^2 &= \left(\sum_{k=1}^{n}(k^{\frac{1}{\alpha}})^{2\alpha}\right)^{\frac{1}{\alpha}}\\ &= \left(\sum_{k=1}^{n} k^2\right)^{\frac{1}{\alpha}}\\ &= \left(\frac{n(n+1)(2n+1)}{6}\right)^{\frac{1}{\alpha}}\end{aligned}$$

或者写成

$$(\oplus\sum_{k=1}^{n}(k^{\frac{1}{\alpha}})^{2})^{\alpha} = \sum_{k=1}^{n}k^{2} \tag{4.3}$$

其他一些级数的求和公式可以照此方法推导出来,这里不再赘述。

4.2 广义加法意义下的等比级数和一般级数

下面我们来推导广义加法意义下等比级数的求和公式。假设首项为 a,公比为 q,项数为 n,广义加法意义下的等比级数为

$$a,aq,aq^{2},aq^{3},\cdots,aq^{n-1}$$

这个级数与普通加法意义下的等比级数相同,这是因为广义加法意义下的乘法还是普通乘法。但是对这个级数求和就要用广义加法的定义了。上面级数的广义加法和记为 H,有

$$H = a\{+\}aq\{+\}aq^{2}\{+\}\cdots\{+\}aq^{n-1} \tag{4.4}$$

根据前面的讨论,可以提取公因子,有

$$H = a(1\{+\}q\{+\}q^{2}\{+\}\cdots\{+\}q^{n-1})$$

我们来证明下式成立

$$1\{-\}q^{n} = (1\{-\}q)(1\{+\}q\{+\}q^{2}\{+\}\cdots\{+\}q^{n-1})$$

因为广义加法符合加法的结合律以及乘法的分配律,所以上式右端可以按照乘法的分配律展开为

$$1\{+\}q\{+\}q^{2}\{+\}\cdots\{+\}q^{n-1}\{-\}q\{-\}q^{2}\{-\}\cdots\{-\}q^{n-1}\{-\}q^{n} = 1\{-\}q^{n}$$

则有

$$1\{+\}q\{+\}q^{2}\{+\}\cdots\{+\}q^{n-1} = \frac{1\{-\}q^{n}}{1\{-\}q}$$

或者写成

$$(1\{-\}q)(1\{+\}q\{+\}q^{2}\{+\}\cdots\{+\}q^{n-1}) = 1\{-\}q^{n}$$

这个数学表达式在后面的某些公式的推演中还会用到。我们得到下面的广义加法意义下的等比级数求和公式

$$\oplus\sum_{k=0}^{n-1}aq^{k} = \frac{a(1\{-\}q^{n})}{1\{-\}q} \tag{4.5}$$

我们知道,普通加法意义下的等比级数的求和公式是

$$\sum_{k=0}^{n-1} aq^k = \frac{a(1-q^n)}{1-q}$$

两个公式在形式上几乎是相同的,只须把普通加法符号换成广义加法符号。

假如某个普通加法世界中的级数 $\sum_{n=1}^{N} a_n$ 有解析形式的公式,即有

$$\sum_{n=1}^{N} a_n = A_N$$

构造广义加法世界中的级数如下

$$\oplus\sum_{n=1}^{N} (a_n)^{\frac{1}{\alpha}}$$

则我们有

$$\begin{aligned}\oplus\sum_{n=1}^{N} (a_n)^{\frac{1}{\alpha}} &= \left(\sum_{n=1}^{N} ((a_n)^{\frac{1}{\alpha}})^{\alpha}\right)^{\frac{1}{\alpha}} \\ &= \left(\sum_{n=1}^{N} a_n\right)^{\frac{1}{\alpha}} \\ &= A_N^{\frac{1}{\alpha}}\end{aligned}$$

即有

$$\oplus\sum_{n=1}^{N} (a_n)^{\frac{1}{\alpha}} = \left(\sum_{n=1}^{N} a_n\right)^{\frac{1}{\alpha}}$$

这是普通加法意义下的级数和与广义加法意义下的级数和之间的数学关系。

4.3 广义加法意义下级数收敛性的判别

级数的收敛性判别是数学中的一个重要问题,比如 $\sum_{k=0}^{\infty} \frac{1}{2^k}$ 是收敛的,又比如 $\sum_{k=1}^{\infty} \frac{1}{k}$ 是发散的。级数收敛的必要条件是一般项 a_n 在 n 趋于无穷大时趋于零,但这并不是充分条件。一般项趋于零的速度过慢则级数会发散。另外,级数项的符号也决定了级数的收敛性。

对于级数 $\oplus\sum_{k=1}^{\infty} \frac{1}{k}$,若广义加法定义中的幂指数 $\alpha = 2$,则有

$$\oplus\sum_{k=1}^{\infty}\frac{1}{k}=\left(\sum_{k=1}^{\infty}\left(\frac{1}{k}\right)^{\alpha}\right)^{\frac{1}{\alpha}}=\left(\sum_{k=1}^{\infty}\frac{1}{k^{2}}\right)^{\frac{1}{2}}$$

这个级数是收敛的。不难说明，当 $\alpha>1$ 时，因为普通加法意义下的级数 $\sum_{k=1}^{\infty}\left(\frac{1}{k}\right)^{\alpha}$ 收敛，所以广义加法意义下的级数 $\oplus\sum_{k=1}^{\infty}\frac{1}{k}$ 是收敛的。然而，普通加法意义下的级数 $\sum_{k=1}^{\infty}\frac{1}{k}$ 是发散的。也就是说，普通加法意义下的发散级数在广义加法意义下可以是收敛级数。

若取 $\alpha=\frac{1}{2}$，则有

$$\oplus\sum_{k=1}^{\infty}\frac{1}{k}=\left(\sum_{k=1}^{\infty}\left(\frac{1}{k}\right)^{\alpha}\right)^{\frac{1}{\alpha}}=\left(\sum_{k=1}^{\infty}\frac{1}{\sqrt{k}}\right)^{2}$$

显然，对于 $k>1$，有

$$\frac{1}{\sqrt{k}}>\frac{1}{k}$$

而 $\sum_{k=1}^{\infty}\frac{1}{k}$ 发散，故级数 $\sum_{k=1}^{\infty}\frac{1}{\sqrt{k}}$ 发散。因此，当取 $\alpha=\frac{1}{2}$ 时，广义加法意义下的级数 $\oplus\sum_{k=1}^{\infty}\frac{1}{k}$ 发散。不难说明，当 $\alpha\leqslant 1$ 时，广义加法意义下的级数 $\oplus\sum_{k=1}^{\infty}\frac{1}{k}$ 发散。这个例子说明，在普通加法意义下的发散级数在广义加法意义下可以收敛，当然也可以发散，收敛性结果与幂指数 α 的取值有关。

对于广义加法意义下的级数 $\oplus\sum_{k=1}^{\infty}\frac{1}{k^{2}}$，取相同级数项的普通加法意义下的级数 $\sum_{k=1}^{\infty}\frac{1}{k^{2}}$ 是收敛的。若取 $\alpha=\frac{1}{4}$，则有

$$\oplus\sum_{k=1}^{\infty}\frac{1}{k^{2}}=\left(\sum_{k=1}^{\infty}\left(\frac{1}{k^{2}}\right)^{\frac{1}{4}}\right)^{4}=\left(\sum_{k=1}^{\infty}\frac{1}{\sqrt{k}}\right)^{4}$$

而 $\sum_{k=1}^{\infty}\frac{1}{\sqrt{k}}$ 发散，故 $\left(\sum_{k=1}^{\infty}\frac{1}{\sqrt{k}}\right)^{4}$ 发散，所以广义加法意义下的级数 $\oplus\sum_{k=1}^{\infty}\frac{1}{k^{2}}$ 发散。

不难证明，当 $\alpha>\frac{1}{2}$ 时，广义加法意义下的级数 $\oplus\sum_{k=1}^{\infty}\frac{1}{k^{2}}$ 收敛；当 $\alpha\leqslant\frac{1}{2}$ 时，广义加法意义下的级数 $\oplus\sum_{k=1}^{\infty}\frac{1}{k^{2}}$ 发散。广义加法意义下级数的收敛性判别

可以按照广义加法的定义而转化为一个普通加法下级数的收敛性判别，即 $\sum_{k=1}^{\infty} a_n^\alpha$，要考查的一般项是 a_n^α，不同的幂指数 α 可以有不同的收敛性结果。

4.4 广义加法意义下的一元二次方程

代数方程及其求解方法是数学理论中的重要内容。在广义加法意义下的一元二次方程的解有怎样的性质，解的解析公式的形式是怎样的，这些都是需要我们解决的问题。这里我们只是就一元二次方程给出较为完整的结果，对于三次以及更高次的代数方程解的性质研究留待以后再做。

因为广义加法和传统乘法完全符合结合律和交换律，所以可以按传统的方式构造 n 次代数方程。我们先讨论简单的一元一次方程

$$ax\{+\}b = 0$$

假设 $a \neq 0$，移项，有

$$ax = -b$$

这时只涉及普通乘法，所以有

$$x = -\frac{b}{a}$$

将 x 的值代入，有

$$a\left(-\frac{b}{a}\right)\{+\}b = (-b)\{+\}b = 0$$

可见方程 $ax\{+\}b = 0$ 的根是 $x = -\frac{b}{a}$。这与普通的一元一次方程的结果是一致的。

我们来考查下面的广义加法意义下的一元二次方程

$$ax^2\{+\}bx\{+\}c = 0 \tag{4.6}$$

假设有 $a \neq 0$，a,b,c 为实数。

假设有 $a_n \neq 0$，广义加法意义下的一元 n 次方程的形式如下

$$a_n x^n\{+\}a_{n-1}x^{n-1}\{+\}\cdots\{+\}a_1 x\{+\}a_0 = 0$$

对于普通加法意义下的一元二次方程

$$ax^2+bx+c=0 \quad (a \neq 0)$$

该方程的两个根是

$$x_1=\frac{-b+\sqrt{b^2-4ac}}{2a}$$

$$x_2=\frac{-b-\sqrt{b^2-4ac}}{2a}$$

当 $b^2-4ac \geqslant 0$ 时方程的两个根为实数，而当 $b^2-4ac<0$ 时方程的两个根为共轭复数。对于由广义加法定义的一元二次方程(4.6)，我们有下面的定理。

定理 4.1 假设 $b^2\{-\}4^{\frac{1}{\alpha}}ac \geqslant 0$，由广义加法定义的一元二次方程(4.6)的两个实数根为

$$x_1=\frac{-b\{+\}\sqrt{b^2\{-\}4^{\frac{1}{\alpha}}ac}}{2^{\frac{1}{\alpha}}a}$$

$$x_2=\frac{-b\{-\}\sqrt{b^2\{-\}4^{\frac{1}{\alpha}}ac}}{2^{\frac{1}{\alpha}}a} \tag{4.7}$$

其中 $b^2\{-\}4^{\frac{1}{\alpha}}ac \geqslant 0$ 是方程的根为实数的判别条件。

证明 我们只须验证下面的方程与方程 $ax^2\{+\}bx\{+\}c=0$ 只差一个非零的常数倍

$$\left(x\{-\}\frac{-b\{+\}\sqrt{b^2\{-\}4^{\frac{1}{\alpha}}ac}}{2^{\frac{1}{\alpha}}a}\right)\left(x\{-\}\frac{-b\{-\}\sqrt{b^2\{-\}4^{\frac{1}{\alpha}}ac}}{2^{\frac{1}{\alpha}}a}\right)=0$$

记

$$F=\left(x\{-\}\frac{-b\{+\}\sqrt{b^2\{-\}4^{\frac{1}{\alpha}}ac}}{2^{\frac{1}{\alpha}}a}\right)\left(x\{-\}\frac{-b\{-\}\sqrt{b^2\{-\}4^{\frac{1}{\alpha}}ac}}{2^{\frac{1}{\alpha}}a}\right)$$

有

$$F=\left(x\{-\}\frac{-b\{+\}\sqrt{b^2\{-\}4^{\frac{1}{\alpha}}ac}}{2^{\frac{1}{\alpha}}a}\right)x\{-\}$$

$$\left(x\{-\}\frac{-b\{+\}\sqrt{b^2\{-\}4^{\frac{1}{\alpha}}ac}}{2^{\frac{1}{\alpha}}a}\right)\left(\frac{-b\{-\}\sqrt{b^2\{-\}4^{\frac{1}{\alpha}}ac}}{2^{\frac{1}{\alpha}}a}\right)$$

$$=\left(x^2\{-\}\frac{-bx\{+\}x\sqrt{b^2\{-\}4^{\frac{1}{\alpha}}ac}}{2^{\frac{1}{\alpha}}a}\right)\{-\}\frac{-bx\{-\}x\sqrt{b^2\{-\}4^{\frac{1}{\alpha}}ac}}{2^{\frac{1}{\alpha}}a}\{-\}$$

$$\frac{(-b\{+\}\sqrt{b^2\{-\}4^{\frac{1}{\alpha}}ac})(b\{+\}\sqrt{b^2\{-\}4^{\frac{1}{\alpha}}ac})}{4^{\frac{1}{\alpha}}a^2}$$

$$=x^2\{-\}\frac{-bx}{2^{\frac{1}{\alpha}}a}\{-\}\frac{-bx}{2^{\frac{1}{\alpha}}a}\{-\}\frac{(b^2\{-\}4^{\frac{1}{\alpha}}ac)\{-\}b^2}{4^{\frac{1}{\alpha}}a^2}$$

$$=x^2\{+\}\frac{2^{\frac{1}{\alpha}}bx}{2^{\frac{1}{\alpha}}a}\{+\}\frac{4^{\frac{1}{\alpha}}ac}{4^{\frac{1}{\alpha}}a^2}$$

$$=x^2\{+\}\frac{bx}{a}\{+\}\frac{c}{a}$$

不难看出有

$$aF=ax^2\{+\}bx\{+\}c$$

可见,$F=(ax^2\{+\}bx\{+\}c)/a$ 的因式分解式就是

$$\left(x\{-\}\frac{-b\{+\}\sqrt{b^2\{-\}4^{\frac{1}{\alpha}}ac}}{2^{\frac{1}{\alpha}}a}\right)\left(x\{-\}\frac{-b\{-\}\sqrt{b^2\{-\}4^{\frac{1}{\alpha}}ac}}{2^{\frac{1}{\alpha}}a}\right)$$

令 $aF=ax^2\{+\}bx\{+\}c=0$,得到两个根的公式如下

$$x_1=\frac{-b\{+\}\sqrt{b^2\{-\}4^{\frac{1}{\alpha}}ac}}{2^{\frac{1}{\alpha}}a}$$

$$x_2=\frac{-b\{-\}\sqrt{b^2\{-\}4^{\frac{1}{\alpha}}ac}}{2^{\frac{1}{\alpha}}a}$$

说明二次方程(4.6)的根的公式(4.7)是正确的。定理得证。

前面我们定义了广义加法意义下复数的加法和乘法,所以当一元二次方程的根为复数时,我们仍然可以得到方程的根的解析解,我们有下面的定理。

定理 4.2　假设有 $a\neq 0,a,b,c$ 为实数,i 是虚数单位,又假设 $b^2\{-\}4^{\frac{1}{\alpha}}ac<0$,由广义加法定义的二次方程(4.6)的两个根为

$$x_1=\frac{-b\{+\}\mathrm{i}\sqrt{4^{\frac{1}{\alpha}}ac\{-\}b^2}}{2^{\frac{1}{\alpha}}a}$$

$$x_2=\frac{-b\{-\}\mathrm{i}\sqrt{4^{\frac{1}{\alpha}}ac\{-\}b^2}}{2^{\frac{1}{\alpha}}a}\qquad(4.8)$$

证明　推导中需要用到复数的广义加法和广义乘法,这些运算几乎与普通加法下复数的代数运算相同,我们只须验证下面的方程与方程 $ax^2\{+\}bx\{+\}$

$c=0$ 只差一个非零的常数倍

$$\left(x\{-\}\frac{-b\{+\}\mathrm{i}\sqrt{4^{\frac{1}{\alpha}}ac\{-\}b^2}}{2^{\frac{1}{\alpha}}a}\right)\left(x\{-\}\frac{-b\{-\}\mathrm{i}\sqrt{4^{\frac{1}{\alpha}}ac\{-\}b^2}}{2^{\frac{1}{\alpha}}a}\right)=0$$

记

$$F=\left(x\{-\}\frac{-b\{+\}\mathrm{i}\sqrt{4^{\frac{1}{\alpha}}ac\{-\}b^2}}{2^{\frac{1}{\alpha}}a}\right)\left(x\{-\}\frac{-b\{-\}\mathrm{i}\sqrt{4^{\frac{1}{\alpha}}ac\{-\}b^2}}{2^{\frac{1}{\alpha}}a}\right)$$

有

$$F=\left(x\{-\}\frac{-b\{+\}\mathrm{i}\sqrt{4^{\frac{1}{\alpha}}ac\{-\}b^2}}{2^{\frac{1}{\alpha}}a}\right)x\{-\}$$

$$\left(x\{-\}\frac{-b\{+\}\mathrm{i}\sqrt{4^{\frac{1}{\alpha}}ac\{-\}b^2}}{2^{\frac{1}{\alpha}}a}\right)\left(\frac{-b\{-\}\mathrm{i}\sqrt{4^{\frac{1}{\alpha}}ac\{-\}b^2}}{2^{\frac{1}{\alpha}}a}\right)$$

$$=\left(x^2\{-\}\frac{-bx\{+\}\mathrm{i}x\sqrt{4^{\frac{1}{\alpha}}ac\{-\}b^2}}{2^{\frac{1}{\alpha}}a}\right)\{-\}\frac{-bx\{-\}\mathrm{i}x\sqrt{4^{\frac{1}{\alpha}}ac\{-\}b^2}}{2^{\frac{1}{\alpha}}a}\{-\}$$

$$\frac{(-b\{+\}\mathrm{i}\sqrt{4^{\frac{1}{\alpha}}ac\{-\}b^2})(b\{+\}\mathrm{i}\sqrt{4^{\frac{1}{\alpha}}ac\{-\}b^2})}{4^{\frac{1}{\alpha}}a^2}$$

$$=x^2\{-\}\frac{-bx}{2^{\frac{1}{\alpha}}a}\{-\}\frac{-bx}{2^{\frac{1}{\alpha}}a}\{-\}\frac{\mathrm{i}^2(4^{\frac{1}{\alpha}}ac)\{-\}b^2\{-\}b^2}{4^{\frac{1}{\alpha}}a^2}$$

$$=x^2\{+\}\frac{2^{\frac{1}{\alpha}}bx}{2^{\frac{1}{\alpha}}a}\{+\}\frac{4^{\frac{1}{\alpha}}ac}{4^{\frac{1}{\alpha}}a^2}$$

$$=x^2\{+\}\frac{bx}{a}\{+\}\frac{c}{a}$$

不难看出有

$$aF=ax^2\{+\}bx\{+\}c$$

可见,$F=(ax^2\{+\}bx\{+\}c)/a$ 的分解式就是

$$\left(x\{-\}\frac{-b\{+\}\mathrm{i}\sqrt{4^{\frac{1}{\alpha}}ac\{-\}b^2}}{2^{\frac{1}{\alpha}}a}\right)\left(x\{-\}\frac{-b\{-\}\mathrm{i}\sqrt{4^{\frac{1}{\alpha}}ac\{-\}b^2}}{2^{\frac{1}{\alpha}}a}\right)$$

令 $aF=ax^2\{+\}bx\{+\}c=0$,得到两个根的公式如下

$$x_1=\frac{-b\{+\}\mathrm{i}\sqrt{4^{\frac{1}{\alpha}}ac\{-\}b^2}}{2^{\frac{1}{\alpha}}a}$$

$$x_2 = \frac{-b\{-\}\mathrm{i}\sqrt{4^{\frac{1}{\alpha}}ac\{-\}b^2}}{2^{\frac{1}{\alpha}}a}$$

说明二次方程(4.6)的根的公式(4.8)是正确的。定理得证。

根的表达式(4.8)说明,广义加法意义下的一元二次方程的复数根是一对共轭复数,而且根的公式与普通加法下根的公式非常相似。关于广义加法意义下的一元二次方程有重根的条件,我们有下面的定理。

定理 4.3　广义加法意义下的一元二次方程(4.6)有重根的条件是

$$b^2 = 4^{\frac{1}{\alpha}}ac$$

证明　根据定理4.1,一元二次方程(4.6)有重根的条件是

$$b^2\{-\}4^{\frac{1}{\alpha}}ac = 0$$

整理有

$$b^2 = 4^{\frac{1}{\alpha}}ac$$

定理得证。

我们猜测,在普通加法下关于复系数一元 n 次代数方程根的存在性的代数学基本定理在广义加法意义下也成立,即广义加法意义下的复系数一元 n 次代数方程恰好有 n 个根,复数根必然以共轭复数形式成对出现,这个问题将在本书的后面进行讨论。

4.5　关于广义加法意义下的一元二次方程解的几个算例

算例 1　我们看一个简单的普通加法意义下的一元二次方程

$$x^2 - 2x + 1 = 0$$

该方程有两个重根,$x_1 = x_2 = 1$。

我们用相同的系数构造下面的广义加法意义下的一元二次方程

$$x^2\{-\}2x\{+\}1 = 0 \tag{4.9}$$

先取 $\alpha = 2$,由根的公式(4.7),有

$$x_1 = \frac{2\{-\}\sqrt{4\{-\}4^{\frac{1}{\alpha}}}}{2^{\frac{1}{\alpha}}}$$

$$x_2 = \frac{2\{+\}\sqrt{4\{-\}4^{\frac{1}{\alpha}}}}{2^{\frac{1}{\alpha}}}$$

所以
$$x_1 = \frac{2\{-\}\sqrt{4\{-\}2}}{\sqrt{2}}$$

而$4\{-\}2 = \sqrt{(4^2 - 2^2)} = \sqrt{12}, \sqrt{4\{-\}2} = 12^{\frac{1}{4}}$,有

$$x_1 = \frac{2\{-\}\sqrt{4\{-\}2}}{\sqrt{2}} = \frac{(4 - \sqrt{12})^{\frac{1}{2}}}{\sqrt{2}} = (2 - \sqrt{3})^{\frac{1}{2}}$$

用同样的方法,有

$$x_2 = \frac{2\{+\}\sqrt{4\{-\}2}}{\sqrt{2}}$$

而$4\{-\}2 = \sqrt{(4^2 - 2^2)} = \sqrt{12}, \sqrt{4\{-\}2} = 12^{\frac{1}{4}}$,所以

$$x_2 = \frac{2\{+\}\sqrt{4\{-\}2}}{\sqrt{2}} = \frac{(4 + \sqrt{12})^{\frac{1}{2}}}{\sqrt{2}} = (2 + \sqrt{3})^{\frac{1}{2}}$$

我们得到$\alpha = 2$时二次方程$x^2\{-\}2x\{+\}1 = 0$的两个根

$$\begin{cases} x_1 = (2 - \sqrt{3})^{\frac{1}{2}} \\ x_2 = (2 + \sqrt{3})^{\frac{1}{2}} \end{cases}$$

下面我们来验证x_1, x_2是方程$x^2\{-\}2x\{+\}1 = 0$的根. 因为

$$x_1^2 = 2 - \sqrt{3}, 2x_1 = 2(2 - \sqrt{3})^{\frac{1}{2}}$$

所以

$$x_1^2\{-\}2x_1 = ((2 - \sqrt{3})^2 - 4(2 - \sqrt{3}))^{\frac{1}{2}} = -1$$

有$x_1^2\{-\}2x_1\{+\}1 = 0$。

又因为$x_2^2 = 2 + \sqrt{3}, 2x_2 = 2(2 + \sqrt{3})^{\frac{1}{2}}$,所以

$$x_2^2\{-\}2x_2 = ((2 + \sqrt{3})^2 - 4(2 + \sqrt{3}))^{\frac{1}{2}} = -1$$

有$x_2^2\{-\}2x_2\{+\}1 = 0$。我们验证了$x_1 = (2 - \sqrt{3})^{\frac{1}{2}}, x_2 = (2 + \sqrt{3})^{\frac{1}{2}}$的确是方程(4.9)的两个根。

算例2　我们仍然看下面关于广义加法的二次方程

$$x^2\{-\}2x\{+\}1 = 0$$

取$\alpha = 3$,由根的公式(4.7)。因为

$$x_1 = \frac{2\{-\}\sqrt{4\{-\}4^{\frac{1}{\alpha}}}}{2^{\frac{1}{\alpha}}}$$

$$x_2 = \frac{2\{+\}\sqrt{4\{-\}4^{\frac{1}{\alpha}}}}{2^{\frac{1}{\alpha}}}$$

所以

$$x_1 = \frac{2\{-\}\sqrt{4\{-\}2^{\frac{2}{3}}}}{2^{\frac{1}{3}}}$$

而 $4\{-\}2^{\frac{2}{3}} = (4^3 - (2^{\frac{2}{3}})^3)^{\frac{1}{3}} = 60^{\frac{1}{3}}$,因此

$$x_1 = \frac{2\{-\}\sqrt{4\{-\}2^{\frac{2}{3}}}}{2^{\frac{1}{3}}} = \frac{2\{-\}60^{\frac{1}{6}}}{2^{\frac{1}{3}}} = \frac{(2^3 - 60^{\frac{1}{2}})^{\frac{1}{3}}}{2^{\frac{1}{3}}} = (4 - \sqrt{15})^{\frac{1}{3}}$$

用同样的方法,有

$$x_2 = \frac{2\{+\}\sqrt{4\{-\}2^{\frac{2}{3}}}}{2^{\frac{1}{3}}}$$

而 $4\{-\}2^{\frac{2}{3}} = (4^3 - (2^{\frac{2}{3}})^3)^{\frac{1}{3}} = 60^{\frac{1}{3}}$,因此

$$x_2 = \frac{2\{+\}\sqrt{4\{-\}2^{\frac{2}{3}}}}{2^{\frac{1}{3}}} = \frac{2\{+\}60^{\frac{1}{6}}}{2^{\frac{1}{3}}} = \frac{(2^3 + 60^{\frac{1}{2}})^{\frac{1}{3}}}{2^{\frac{1}{3}}} = (4 + \sqrt{15})^{\frac{1}{3}}$$

我们得到 $\alpha = 3$ 时二次方程 $x^2\{-\}2x\{+\}1 = 0$ 的两个根

$$\begin{cases} x_1 = (4 - \sqrt{15})^{\frac{1}{3}} \\ x_2 = (4 + \sqrt{15})^{\frac{1}{3}} \end{cases}$$

下面我们来验证 x_1, x_2 是方程 $x^2\{-\}2x\{+\}1 = 0$ 的根

$$x_1^2 = (4 - \sqrt{15})^{\frac{2}{3}}, 2x_1 = 2(4 - \sqrt{15})^{\frac{1}{3}}$$

因为

$$(2x_1)^3 = 2^3(4 - \sqrt{15}) > (x_1^2)^3 = (4 - \sqrt{15})^2$$

所以

$$\begin{aligned} x_1^2\{-\}2x_1 &= -(2^3(4 - \sqrt{15}) - (4 - \sqrt{15})^2)^{\frac{1}{3}} \\ &= -((4 - \sqrt{15})(4 + \sqrt{15}))^{\frac{1}{3}} = -1 \end{aligned}$$

有 $x_1^2\{-\}2x_1\{+\}1 = 0$。

又因为 $x_2^2 = (4+\sqrt{15})^{\frac{2}{3}}, 2x_2 = 2(4+\sqrt{15})^{\frac{1}{3}}$，所以

$$x_2^2\{-\}2x_2 = ((4+\sqrt{15})^2 - 2^3(4+\sqrt{15}))^{\frac{1}{3}}$$
$$= -((4+\sqrt{15})(4-\sqrt{15}))^{\frac{1}{3}} = -1$$

有 $x_2^2\{-\}2x_2\{+\}1 = 0$。我们验证了 $x_1 = (4-\sqrt{15})^{\frac{1}{3}}, x_2 = (4+\sqrt{15})^{\frac{1}{3}}$ 的确是方程(4.9)的两个根。

这两个例子说明，α 的不同取值导致广义加法意义下一元二次方程的根也不同。

算例 3　我们选择广义加法意义下的一元二次方程为

$$x^2\{+\}x\{+\}1 = 0$$

我们取 $\alpha = 2$。根据广义加法意义下的一元二次方程的解的公式(4.8)，有

$$x_1 = \frac{-1\{+\}\mathrm{i}\sqrt{4^{\frac{1}{\alpha}}\{-\}1}}{2^{\frac{1}{\alpha}}}$$

$$x_2 = \frac{-1\{-\}\mathrm{i}\sqrt{4^{\frac{1}{\alpha}}\{-\}1}}{2^{\frac{1}{\alpha}}}$$

有

$$x_1 = \frac{-1\{+\}\mathrm{i}3^{\frac{1}{4}}}{\sqrt{2}}, x_2 = \frac{-1\{-\}\mathrm{i}3^{\frac{1}{4}}}{\sqrt{2}}$$

下面我们验证所求出的根的正确性，使用广义加法意义下的复数的乘法规则，有

$$x_1^2 = \left(\frac{-1\{+\}\mathrm{i}3^{\frac{1}{4}}}{\sqrt{2}}\right)\otimes\left(\frac{-1\{+\}\mathrm{i}3^{\frac{1}{4}}}{\sqrt{2}}\right)$$
$$= \frac{1}{2}((1\{-\}3^{\frac{1}{2}})\{+\}\mathrm{i}(-3^{\frac{1}{4}}\{-\}3^{\frac{1}{4}}))$$
$$= \frac{1}{2}((1^2 - 3^{\frac{2}{2}})^{\frac{1}{2}}\{-\}\mathrm{i}(3^{\frac{2}{4}} + 3^{\frac{2}{4}})^{\frac{1}{2}})$$
$$= -\frac{\sqrt{2}}{2}\{-\}\mathrm{i}\frac{\sqrt{2\sqrt{3}}}{2}$$

我们有

$$x_1^2\{+\}x_1\{+\}1 = -\frac{\sqrt{2}}{2}\{-\}\mathrm{i}\frac{\sqrt{2\sqrt{3}}}{2}\{+\}\frac{-1\{+\}\mathrm{i}3^{\frac{1}{4}}}{\sqrt{2}}\{+\}1$$

$$= \left(-\frac{\sqrt{2}}{2}\{-\}\frac{1}{\sqrt{2}}\{+\}1\right)\{+\}\mathrm{i}\left(\frac{3^{\frac{1}{4}}}{\sqrt{2}}\{-\}\frac{\sqrt{2\sqrt{3}}}{2}\right)$$

$$= \left(-\left(\frac{\sqrt{2}}{2}\right)^2-\left(\frac{1}{\sqrt{2}}\right)^2+1\right)^{\frac{1}{2}}\{+\}\mathrm{i}\left(\left(\frac{3^{\frac{1}{4}}}{\sqrt{2}}\right)^2-\left(\frac{\sqrt{2\sqrt{3}}}{2}\right)^2\right)^{\frac{1}{2}}$$

$$= 0$$

说明 x_1 是方程的解，不难验证 x_2 也是方程的解。

值得注意的是，在做复数的乘法时要严格按照复数乘法和复数加法的定义进行，稍不留意就会与普通的复数乘法混淆而得到错误的结果。如果是用计算机的程序来实现复数的乘法运算就不会出错。另外，对于实数 a,b，复数 a 与复数 $\mathrm{i}b$ 的广义加法和 $a\{+\}\mathrm{i}b$ 就是 $a+\mathrm{i}b$，即 $a\{+\}\mathrm{i}b = a+\mathrm{i}b$。

通过几个算例的结果说明，广义加法意义下的一元二次方程的解的表达式是正确的。当然，广义加法意义下的一元二次方程解的表达式的正确性是由严格的数学证明保证的。广义加法意义下的一元二次方程解的具体数值还与幂指数 α 相关。对于具体的方程，代入系数后若要将解的表达式化简成为用普通的加减乘除以及乘方开方运算表达的形式还是比较复杂的，也容易出错。

4.6 广义加法意义下的线性代数学

线性代数是数学中的一个重要部分，包括线性方程组的理论、行列式的理论、矩阵的理论、向量的理论、线性变换的理论等。在实数中引入广义加法后，由于线性代数学以加法和乘法运算为基础，所以理论上可以方便地将现在的普通加法下的代数学中的许多结论平移到广义加法的数学世界中去。

看一个线性方程组的简单例子。在普通加法意义下的二元一次方程组

$$\begin{cases} x_1 + x_2 = 1 \\ 2x_1 - x_2 = 3 \end{cases}$$

第一个方程乘以 -2 加到第二个方程上，有

$$\begin{cases} x_1 + x_2 = 1 \\ -3x_2 = 1 \end{cases}$$

容易得到解为

$$\begin{cases} x_1 = \dfrac{4}{3} \\ x_2 = -\dfrac{1}{3} \end{cases}$$

我们来看具有相同系数的广义加法意义下的二元一次方程组

$$\begin{cases} x_1 \{+\} x_2 = 1 \\ 2x_1 \{-\} x_2 = 3 \end{cases}$$

第一个方程乘以 -2 加到第二个方程上，有

$$\begin{cases} x_1 \{+\} x_2 = 1 \\ -(2\{+\}1)x_2 = 3\{-\}2 \end{cases}$$

容易得到解为

$$\begin{cases} x_1 = 1\{+\}\dfrac{3\{-\}2}{2\{+\}1} \\ x_2 = -\dfrac{3\{-\}2}{2\{+\}1} \end{cases}$$

广义加法意义下的二元一次方程组的解的具体数值与广义加法定义中的幂指数参数 α 有关。比如 $\alpha = 2$ 时，有

$$3\{-\}2 = \sqrt{3^2 - 2^2} = \sqrt{5}$$

$$2\{+\}1 = \sqrt{2^2 + 1^2} = \sqrt{5}$$

从而有

$$\begin{cases} x_1 = 1\{+\}1 = \sqrt{2} \\ x_2 = -1 \end{cases}$$

当 $\alpha = 3$ 时，有

$$3\{-\}2 = \sqrt[3]{3^3 - 2^3} = \sqrt[3]{19}$$

$$2\{+\}1 = \sqrt[3]{2^3 + 1^3} = \sqrt[3]{9}$$

从而

$$x_2 = -\sqrt[3]{\frac{19}{9}}$$

$$x_1 = 1\{-\}x_2 = 1\{+\}\sqrt[3]{\frac{19}{9}} = \left(1+\frac{19}{9}\right)^{\frac{1}{3}} = \left(\frac{28}{9}\right)^{\frac{1}{3}}$$

可得

$$\begin{cases} x_1 = \left(\frac{28}{9}\right)^{\frac{1}{3}} \\ x_2 = -\left(\frac{19}{9}\right)^{\frac{1}{3}} \end{cases}$$

值得注意的是,在用消元法解广义加法意义下的线性方程组时,只能把未知数作为公因子提出来,而系数要用广义加法求和,不能按照习惯用普通加法求和,也就是不能以为$3\{-\}2=1$,也不能以为$2\{+\}1=3$,但是$3\{-\}3=0$是正确的,$5\{-\}5=0$也是正确的。下面的代数式的整理方式是正确的

$$3x_3\{-\}2x_3\{+\}2.5x_3\{-\}x_3 = (3\{-\}2\{+\}2.5\{-\}1)x_3$$

$$\begin{aligned}&4x_1\{+\}1.5x_1\{-\}3x_1\{+\}x_2\{+\}2.5x_2\{-\}4x_2\\&=(4\{+\}1.5\{-\}3)x_1\{+\}(1\{+\}2.5\{-\}4)x_2\end{aligned}$$

括号中的具体数值要用广义加法定义式来计算。

我们简要地列出广义加法意义下线性代数学中的相应定义和简单的性质。

1. 广义加法意义下的线性方程组的数学表达式为

$$\begin{cases} a_{11}x_1\{+\}a_{12}x_2\{+\}\cdots\{+\}a_{1n}x_n = b_1 \\ a_{21}x_1\{+\}a_{22}x_2\{+\}\cdots\{+\}a_{2n}x_n = b_2 \\ \vdots \\ a_{n1}x_1\{+\}a_{n2}x_2\{+\}\cdots\{+\}a_{nn}x_n = b_n \end{cases}$$

写成矩阵向量的形式

$$\oplus \boldsymbol{Ax} = \boldsymbol{b}$$

关于广义加法意义下的线性方程组的理论推导和求解方法与普通加法意义下的方法几乎是相同的。

2. 矩阵$\boldsymbol{A}$是线性方程组的系数矩阵,矩阵的确定不涉及广义加法,矩阵与普通加法意义下的矩阵在形式上是相同的。广义加法意义下的二次型也是借助于矩阵定义的,具体来说有

$$\oplus \boldsymbol{x}^{\mathrm{T}}\boldsymbol{Ax} = \oplus\sum_{i,j=1}^{n} a_{ij}x_ix_j$$

关于二次型的理论包括正定二次型、半正定二次型以及不定二次型的判定问题,还包括将一般的二次型化成标准形式二次型的问题。

3. 方阵的特征值和特征向量。若有

$$\oplus \boldsymbol{A}\boldsymbol{x} = \lambda \boldsymbol{x}$$

则 $\boldsymbol{x}$ 为广义加法意义下矩阵 $\boldsymbol{A}$ 的特征向量,λ 为广义加法意义下矩阵 $\boldsymbol{A}$ 的特征值。

4. 广义加法意义下向量 $\boldsymbol{x} = (x_1, x_2, \cdots, x_n)$ 的长度为

$$L = (x_1^2 \{+\} x_2^2 \{+\} \cdots \{+\} x_n^2)^{\frac{1}{2}}$$

也可以写成

$$L = (\oplus \sum_{i=1}^{n} x_i^2)^{\frac{1}{2}}$$

5. 广义加法意义下 n 维空间中两个点 $\boldsymbol{x} = (x_1, x_2, \cdots, x_n)$ 和 $\boldsymbol{y} = (y_1, y_2, \cdots, y_n)$ 之间的距离为

$$D(\boldsymbol{x}, \boldsymbol{y}) = (\oplus \sum_{i=1}^{n} (x_i \{-\} y_i)^2)^{\frac{1}{2}}$$

这与欧氏空间中距离的定义形式是一致的。这里 $(x_i \{-\} y_i)^2$ 是正常的平方,不是广义加法定义中的函数 $(x)^2$。

6. 广义加法意义下向量的内积。两个向量 $\boldsymbol{x} = (x_1, x_2, \cdots, x_n)$ 和 $\boldsymbol{y} = (y_1, y_2, \cdots, y_n)$ 之间的内积记为 $\oplus \boldsymbol{x} \cdot \boldsymbol{y}$,有

$$\oplus \boldsymbol{x} \cdot \boldsymbol{y} = \oplus \sum_{i=1}^{n} x_i y_i$$

若 $\oplus \boldsymbol{x} \cdot \boldsymbol{y} = 0$,则称两个向量 $\boldsymbol{x} = (x_1, x_2, \cdots, x_n)$ 和 $\boldsymbol{y} = (y_1, y_2, \cdots, y_n)$ 在广义加法世界里正交。

7. 矩阵 $\boldsymbol{A}$ 为 n 阶方阵,$\boldsymbol{A}$ 的行向量组成向量组 $\boldsymbol{a}_1, \boldsymbol{a}_2, \cdots, \boldsymbol{a}_n$,若对于 $1 \leqslant i < j \leqslant n$,有

$$\oplus \boldsymbol{a}_i \cdot \boldsymbol{a}_j = 0$$

$$\oplus \boldsymbol{a}_i \cdot \boldsymbol{a}_i = 1$$

则向量组 $\boldsymbol{a}_1, \boldsymbol{a}_2, \cdots, \boldsymbol{a}_n$ 是正交向量组,矩阵 $\boldsymbol{A}$ 是标准正交矩阵,有下面的公式成立

$$\oplus \boldsymbol{A}\boldsymbol{A}^{\mathrm{T}} = \boldsymbol{E}$$

$\boldsymbol{E}$ 是单位矩阵。

8. 在广义加法意义下,矩阵 $\boldsymbol{A}$ 的逆矩阵记为 $\boldsymbol{A}^{-1}$,满足下面的表达式

$$\oplus \boldsymbol{A}\boldsymbol{A}^{-1} = \boldsymbol{E}$$

9. 我们引入广义加法意义下向量组线性相关的定义。有 n 维向量组 $\boldsymbol{b}_1$, $\boldsymbol{b}_2,\cdots,\boldsymbol{b}_m$,若存在不全为零的一组系数 $k_1,k_2,\cdots,k_m$,使得下式成立

$$k_1\boldsymbol{b}_1\{+\}k_2\boldsymbol{b}_2\{+\}\cdots\{+\}k_m\boldsymbol{b}_m = \boldsymbol{0}$$

则称向量组线性相关。不是线性相关的向量组就是线性无关的向量组。

10. 矩阵 $\boldsymbol{A}$ 的行向量 $\boldsymbol{a}_1,\boldsymbol{a}_2,\cdots,\boldsymbol{a}_n$ 组成向量组,广义加法意义下向量组 $\boldsymbol{a}_1$, $\boldsymbol{a}_2,\cdots,\boldsymbol{a}_n$ 的最大线性无关向量组中向量的个数称为矩阵 $\boldsymbol{A}$ 的秩。

11. 满秩的矩阵 $\boldsymbol{A}$ 可逆,广义加法意义下线性方程组 $\oplus \boldsymbol{A}\boldsymbol{x} = \boldsymbol{b}$ 的理论解为

$$\boldsymbol{x} = \oplus \boldsymbol{A}^{-1}\boldsymbol{b}$$

12. 方阵的广义加法意义下的行列式的值是所有不同行和不同列的元素乘积的代数和,符号的确定与普通加法下的行列式的定义相同,这里的代数和是广义加法意义下的。

关于向量组的相关性我们需要单独考虑。

第一个结论:向量组 $\boldsymbol{a}_1,\boldsymbol{a}_2,\cdots,\boldsymbol{a}_n$ 的相关性与广义加法定义中的幂指数有关,或者说,在普通加法下线性相关的向量组在广义加法世界中可以是线性无关的向量组。

考查矩阵 $\boldsymbol{A}$

$$\boldsymbol{A} = \begin{pmatrix} 1 & 1 & 1 \\ 1 & 2 & 3 \\ 0 & 1 & 2 \end{pmatrix}$$

矩阵 $\boldsymbol{A}$ 的行向量组是 $\boldsymbol{a}_1 = (1,1,1)$, $\boldsymbol{a}_2 = (1,2,3)$, $\boldsymbol{a}_3 = (0,1,2)$。在普通加法意义下,矩阵的第2行减去第1行就是第3行,所以矩阵 $\boldsymbol{A}$ 的行向量组是线性相关的。

在 $\alpha = 2$ 的广义加法世界里,考查向量组的线性组合

$$k_1\boldsymbol{a}_1\{+\}k_2\boldsymbol{a}_2\{+\}k_3\boldsymbol{a}_3$$

按照分量展开，得到下面的线性方程组

$$\begin{cases} k_1 \{+\} k_2 = 0 \\ k_1 \{+\} 2k_2 \{+\} k_3 = 0 \\ k_1 \{+\} 3k_2 \{+\} 2k_3 = 0 \end{cases}$$

按照广义加法的定义，有

$$\begin{cases} (k_1^2 + k_2^2)^{\frac{1}{2}} = 0 \\ (k_1^2 + (2k_2)^2 + k_3^3)^{\frac{1}{2}} = 0 \\ (k_1^2 + (3k_2)^2 + (2k_3)^2)^{\frac{1}{2}} = 0 \end{cases}$$

整理有

$$\begin{cases} k_1^2 + k_2^2 = 0 \\ k_1^2 + 4k_2^2 + k_3^3 = 0 \\ k_1^2 + 9k_2^2 + 4k_3^2 = 0 \end{cases}$$

写成普通加法意义下的线性方程组

$$\begin{pmatrix} 1 & 1 & 0 \\ 1 & 4 & 1 \\ 1 & 9 & 4 \end{pmatrix} \begin{pmatrix} k_1^2 \\ k_2^2 \\ k_3^2 \end{pmatrix} = \begin{pmatrix} 0 \\ 0 \\ 0 \end{pmatrix}$$

上面方程组的系数矩阵的行列式的值为 $4 \neq 0$，上面的方程组只有零解。因此，在 $\alpha = 2$ 的广义加法世界里向量组 $\boldsymbol{a}_1 = (1,1,1)$，$\boldsymbol{a}_2 = (1,2,3)$，$\boldsymbol{a}_3 = (0,1,2)$ 线性无关。这个反例说明，相同的向量组在不同的广义加法世界里可以有不同的相关特性。

第二个结论：在广义加法世界里，向量组的线性相关性与向量的长度无关。考虑表达式

$$k_1\boldsymbol{a}_1 \{+\} k_2\boldsymbol{a}_2 \{+\} \cdots \{+\} k_n\boldsymbol{a}_n = \boldsymbol{0}$$

对于 $\lambda \neq 0$，若 $\boldsymbol{a}_i$ 变成 $\lambda\boldsymbol{a}_i$，则相当于 k_i 变成 k_i/λ，因此上面的方程是否有非零解与每一个向量的长度无关。在普通加法世界里，上面所说的向量组的线性相关性与向量的长度无关的性质也成立。

关于广义加法意义下线性方程组的解与普通加法意义下线性方程组的解之间的关系,我们有下面的定理。

定理 4.4 假设下面的广义加法意义下的线性方程组

$$\begin{cases} a_{11}x_1 \{+\} a_{12}x_2 \{+\} \cdots \{+\} a_{1n}x_n = b_1 \\ a_{21}x_1 \{+\} a_{22}x_2 \{+\} \cdots \{+\} a_{2n}x_n = b_2 \\ \vdots \\ a_{n1}x_1 \{+\} a_{n2}x_2 \{+\} \cdots \{+\} a_{nn}x_n = b_n \end{cases} \tag{4.10}$$

有唯一解,且唯一解为$(x_1,x_2,\cdots,x_n)$,广义加法定义式的幂指数为α,则$((x_1)^\alpha,(x_2)^\alpha,\cdots,(x_n)^\alpha)$是普通加法意义下的线性方程组

$$\begin{cases} (a_{11})^\alpha x_1 + (a_{12})^\alpha x_2 + \cdots + (a_{1n})^\alpha x_n = (b_1)^\alpha \\ (a_{21})^\alpha x_1 + (a_{22})^\alpha x_2 + \cdots + (a_{2n})^\alpha x_n = (b_2)^\alpha \\ \vdots \\ (a_{n1})^\alpha x_1 + (a_{n2})^\alpha x_2 + \cdots + (a_{nn})^\alpha x_n = (b_n)^\alpha \end{cases} \tag{4.11}$$

的唯一解。

证明 将线性方程组(4.10)按广义加法定义改写,有

$$\begin{cases} ((a_{11})^\alpha(x_1)^\alpha + (a_{12})^\alpha(x_2)^\alpha + \cdots + (a_{1n})^\alpha(x_n)^\alpha)^{\frac{1}{\alpha}} = b_1 \\ ((a_{21})^\alpha(x_1)^\alpha + (a_{22})^\alpha(x_2)^\alpha + \cdots + (a_{2n})^\alpha(x_n)^\alpha)^{\frac{1}{\alpha}} = b_2 \\ \vdots \\ ((a_{n1})^\alpha(x_1)^\alpha + (a_{n2})^\alpha(x_2)^\alpha + \cdots + (a_{nn})^\alpha(x_n)^\alpha)^{\frac{1}{\alpha}} = b_n \end{cases}$$

上面方程组每个方程两边取α次幂,有

$$\begin{cases} (a_{11})^\alpha(x_1)^\alpha + (a_{12})^\alpha(x_2)^\alpha + \cdots + (a_{1n})^\alpha(x_n)^\alpha = (b_1)^{\frac{1}{\alpha}} \\ (a_{21})^\alpha(x_1)^\alpha + (a_{22})^\alpha(x_2)^\alpha + \cdots + (a_{2n})^\alpha(x_n)^\alpha = (b_2)^{\frac{1}{\alpha}} \\ \vdots \\ (a_{n1})^\alpha(x_1)^\alpha + (a_{n2})^\alpha(x_2)^\alpha + \cdots + (a_{nn})^\alpha(x_n)^\alpha = (b_n)^{\frac{1}{\alpha}} \end{cases}$$

这正是方程组(4.11)在$((x_1)^\alpha,(x_2)^\alpha,\cdots,(x_n)^\alpha)$处的表达式,说明$((x_1)^\alpha,(x_2)^\alpha,\cdots,(x_n)^\alpha)$是方程组(4.11)的解。定理得证。

4.7 一些重要的不等式在广义加法意义下的形式

在本节中我们挑选若干个重要的不等式进行分析，写成广义加法意义下对应的形式，并证明这些不等式的正确性。

三角不等式 在普通加法下，三角不等式的形式如下

$$\left|\sum_{k=1}^{n} x_k\right| \leqslant \sum_{k=1}^{n} |x_k|$$

其中，$x_1, x_2, \cdots, x_n$ 为实数。在广义加法意义下，三角不等式的形式如下

$$\left|\oplus\sum_{k=1}^{n} x_k\right| \leqslant \oplus\sum_{k=1}^{n} |x_k| \tag{4.12}$$

其中，$x_1, x_2, \cdots, x_n$ 为实数。广义加法符合结合律，当 x_k 均是具有相同符号的实数（均为正数或均为负数）时，$\left|\oplus\sum_{k=1}^{n} x_k\right|$取到值$\oplus\sum_{k=1}^{n} |x_k|$；若$x_k$中既有正数又有负数，则必然使值$\left|\oplus\sum_{k=1}^{n} x_k\right|$变小，所以三角不等式(4.12)在广义加法意义下仍然成立。

二项不等式 在普通加法意义下，二项不等式的形式如下

$$\frac{a^2+b^2}{2} \geqslant |ab|$$

在广义加法意义下，二项不等式的形式如下

$$\frac{a^2\{+\}b^2}{2^{\frac{1}{\alpha}}} \geqslant |ab| \tag{4.13}$$

我们有

$$\begin{aligned}(a\{+\}b)^2 &= a^2\{+\}(1\{+\}1)ab\{+\}b^2 \\ &= a^2\{+\}2^{\frac{1}{\alpha}}ab\{+\}b^2\end{aligned}$$

由于$(a\{+\}b)^2 \geqslant 0$，有

$$a^2\{+\}b^2 \geqslant -2^{\frac{1}{\alpha}}ab$$

故有下式成立

$$\frac{a^2\{+\}b^2}{2^{\frac{1}{\alpha}}} \geqslant |ab|$$

这说明不等式(4.13)成立。

对于正实数 $x_1, x_2, \cdots, x_n$，在普通加法世界里，n 个实数的四种重要的平均值定义是常用的，即算数平均值、几何平均值、调和平均值和二次平均值：

算数平均值 $M = \dfrac{x_1 + x_2 + \cdots + x_n}{n}$。

几何平均值 $G = (x_1 x_2 \cdots x_n)^{\frac{1}{n}}$。

调和平均值 $H = \dfrac{n}{\dfrac{1}{x_1} + \dfrac{1}{x_2} + \cdots + \dfrac{1}{x_n}}$。

二次平均值 $S = \sqrt{\dfrac{x_1^2 + x_2^2 + \cdots + x_n^2}{n}}$。

对于正实数 $x_1, x_2, \cdots, x_n$，在广义加法世界里，n 个实数的四种重要的平均值定义也是应该有用的，具体的符号和定义式如下：

算数平均值 $m = \dfrac{x_1 \{+\} x_2 \{+\} \cdots \{+\} x_n}{n^{\frac{1}{\alpha}}}$。

几何平均值 $g = (x_1 x_2 \cdots x_n)^{\frac{1}{n}}$。

调和平均值 $h = \dfrac{n^{\frac{1}{\alpha}}}{\dfrac{1}{x_1} \{+\} \dfrac{1}{x_2} \{+\} \cdots \{+\} \dfrac{1}{x_n}}$。

二次平均值 $s = \sqrt{\dfrac{x_1^2 \{+\} x_2^2 \{+\} \cdots \{+\} x_n^2}{n^{\frac{1}{\alpha}}}}$。

在普通加法意义下有下面的不等式关系

$$H \leqslant G \leqslant M \leqslant S$$

下面我们来推导广义加法意义下相应的不等式关系 $h \leqslant g \leqslant m \leqslant s$ 成立。按照广义加法的定义，有

$$\begin{aligned} m &= \frac{x_1 \{+\} x_2 \{+\} \cdots \{+\} x_n}{n^{\frac{1}{\alpha}}} \\ &= \left(\sum_{k=1}^{n} \frac{1}{n} x_k^{\alpha} \right)^{\frac{1}{\alpha}} \\ &= \left(\frac{1}{n} \sum_{k=1}^{n} x_k^{\alpha} \right)^{\frac{1}{\alpha}} \end{aligned}$$

根据普通加法意义下的不等式关系,有

$$\frac{1}{n}\sum_{k=1}^{n}x_k^{\alpha} \geqslant \left(\prod_{k=1}^{n}x_k^{\alpha}\right)^{\frac{1}{n}}$$

因此

$$m = \left(\frac{1}{n}\sum_{k=1}^{n}x_k^{\alpha}\right)^{\frac{1}{\alpha}} \geqslant \left(\prod_{k=1}^{n}x_k^{\alpha}\right)^{\frac{1}{n\alpha}} = \left(\prod_{k=1}^{n}x_k\right)^{\frac{1}{n}}$$

我们得到

$$\frac{x_1\{+\}x_2\{+\}\cdots\{+\}x_n}{n^{\frac{1}{\alpha}}} \geqslant (x_1x_2\cdots x_n)^{\frac{1}{n}} \tag{4.14}$$

我们再来看二次平均值,按照广义加法的定义,有

$$\begin{aligned} s &= \sqrt{\frac{x_1^2\{+\}x_1^2\{+\}\cdots\{+\}x_n^2}{n^{\frac{1}{\alpha}}}} \\ &= \left(\sum_{k=1}^{n}\frac{1}{n}x_k^{2\alpha}\right)^{\frac{1}{2\alpha}} \\ &= \left(\left(\sum_{k=1}^{n}\frac{1}{n}(x_k^{\alpha})^2\right)^{\frac{1}{2}}\right)^{\frac{1}{\alpha}} \end{aligned}$$

根据普通加法意义下的不等式关系,有

$$\left(\sum_{k=1}^{n}\frac{1}{n}(x_k^{\alpha})^2\right)^{\frac{1}{2}} \geqslant \frac{1}{n}\sum_{k=1}^{n}x_k^{\alpha}$$

因此

$$s = \left(\left(\sum_{k=1}^{n}\frac{1}{n}(x_k^{\alpha})^2\right)^{\frac{1}{2}}\right)^{\frac{1}{\alpha}} \geqslant \left(\frac{1}{n}\sum_{k=1}^{n}x_k^{\alpha}\right)^{\frac{1}{\alpha}}$$

我们在前面导出了

$$m = \frac{x_1\{+\}x_2\{+\}\cdots\{+\}x_n}{n^{\frac{1}{\alpha}}} = \left(\frac{1}{n}\sum_{k=1}^{n}x_k^{\alpha}\right)^{\frac{1}{\alpha}}$$

可得到下面的不等式

$$\sqrt{\frac{x_1^2\{+\}x_2^2\{+\}\cdots\{+\}x_n^2}{n^{\frac{1}{\alpha}}}} \geqslant \frac{x_1\{+\}x_2\{+\}\cdots\{+\}x_n}{n^{\frac{1}{\alpha}}} \tag{4.15}$$

我们来考查调和平均值 h 的表达式,为了推导的方便,我们先看 h 的倒数

$$\frac{1}{h} = \frac{\frac{1}{x_1}\{+\}\frac{1}{x_2}\{+\}\cdots\{+\}\frac{1}{x_n}}{n^{\frac{1}{\alpha}}}$$

按照广义加法的定义,有

$$\frac{1}{h}=\frac{\frac{1}{x_1}\{+\}\frac{1}{x_2}\{+\}\cdots\{+\}\frac{1}{x_n}}{n^{\frac{1}{\alpha}}}=\left(\frac{1}{n}\sum_{k=1}^{n}\frac{1}{x_k^{\alpha}}\right)^{\frac{1}{\alpha}}$$

根据普通加法意义下算术平均值与几何平均值的不等式关系,有

$$\frac{1}{n}\sum_{k=1}^{n}\frac{1}{x_k^{\alpha}}\geqslant\left(\prod_{k=1}^{n}\frac{1}{x_k^{\alpha}}\right)^{\frac{1}{n}}$$

因此

$$\begin{aligned}\frac{1}{h}&=\left(\frac{1}{n}\sum_{k=1}^{n}\frac{1}{x_k^{\alpha}}\right)^{\frac{1}{\alpha}}\geqslant\left(\prod_{k=1}^{n}\frac{1}{x_k^{\alpha}}\right)^{\frac{1}{n\alpha}}\\&=\left(\left(\prod_{k=1}^{n}\frac{1}{x_k}\right)^{\alpha}\right)^{\frac{1}{n\alpha}}=\left(\prod_{k=1}^{n}\frac{1}{x_k}\right)^{\frac{1}{n}}\\&=\frac{1}{\left(\prod_{k=1}^{n}x_k\right)^{\frac{1}{n}}}\end{aligned}$$

我们得到

$$h\leqslant\left(\prod_{k=1}^{n}x_k\right)^{\frac{1}{n}}$$

也就是下面的不等式成立

$$\frac{n^{\frac{1}{\alpha}}}{\frac{1}{x_1}\{+\}\frac{1}{x_2}\{+\}\cdots\{+\}\frac{1}{x_n}}\leqslant(x_1x_1\cdots x_n)^{\frac{1}{n}}\tag{4.16}$$

在普通加法世界中有施瓦兹(Schwartz)不等式成立,即对于实数 x_1,$x_2,\cdots,x_n;y_1,y_2,\cdots,y_n$,有

$$\left|\sum_{k=1}^{n}x_ky_k\right|\leqslant\left(\sum_{k=1}^{n}|x_k|^2\right)^{\frac{1}{2}}\left(\sum_{k=1}^{n}|y_k|^2\right)^{\frac{1}{2}}$$

在广义加法世界中,相应的施瓦兹不等式的形式如下

$$\left|\oplus\sum_{k=1}^{n}x_ky_k\right|\leqslant\left(\oplus\sum_{k=1}^{n}x_k^2\right)^{\frac{1}{2}}\left(\oplus\sum_{k=1}^{n}y_k^2\right)^{\frac{1}{2}}\tag{4.17}$$

按照广义加法的定义,有

$$\oplus\sum_{k=1}^{n}x_ky_k=\left(\sum_{k=1}^{n}x_k^{\alpha}y_k^{\alpha}\right)^{\frac{1}{\alpha}}$$

还有

$$
\begin{aligned}
(\oplus \sum_{k=1}^{n} x_k^2)^{\frac{1}{2}}(\oplus \sum_{k=1}^{n} y_k^2)^{\frac{1}{2}} &= (\sum_{k=1}^{n} x_k^{2\alpha})^{\frac{1}{2\alpha}}(\sum_{k=1}^{n} y_k^{2\alpha})^{\frac{1}{2\alpha}} \\
&= ((\sum_{k=1}^{n}(x_k^{\alpha})^2)^{\frac{1}{2}}(\sum_{k=1}^{n}(y_k^{\alpha})^2)^{\frac{1}{2}})^{\frac{1}{\alpha}}
\end{aligned}
$$

根据普通加法世界中的施瓦兹不等式,有

$$\left|\sum_{k=1}^{n} x_k^{\alpha} y_k^{\alpha}\right| \leqslant (\sum_{k=1}^{n}(x_k^{\alpha})^2)^{\frac{1}{2}}(\sum_{k=1}^{n}(y_k^{\alpha})^2)^{\frac{1}{2}}$$

也就是有

$$\left|\sum_{k=1}^{n} x_k^{\alpha} y_k^{\alpha}\right|^{\frac{1}{\alpha}} \leqslant ((\sum_{k=1}^{n}(x_k^{\alpha})^2)^{\frac{1}{2}}(\sum_{k=1}^{n}(y_k^{\alpha})^2)^{\frac{1}{2}})^{\frac{1}{\alpha}}$$

这说明不等式(4.17)是成立的。

4.8 本章总结

1. 广义加法意义下的等差级数为

$$a, a\{+\}d, a\{+\}d\{+\}d, a\{+\}d\{+\}d\{+\}d, \cdots, a\{+\}d\{+\}\cdots\{+\}d$$

求和公式为

$$I = n^{\frac{1}{\alpha}} a \{+\} \left(\frac{n(n-1)}{2}\right)^{\frac{1}{\alpha}} d$$

2. 广义加法意义下与自然数序列对应的等差级数为

$$1^{\frac{1}{\alpha}}, 2^{\frac{1}{\alpha}}, 3^{\frac{1}{\alpha}}, 4^{\frac{1}{\alpha}}, \cdots, n^{\frac{1}{\alpha}}$$

求和公式为

$$I = \left(\frac{n(n+1)}{2}\right)^{\frac{1}{\alpha}}$$

3. 广义加法意义下的求和公式

$$\oplus \sum_{k=1}^{n} (k^{\frac{1}{\alpha}})^2 = \left(\frac{n(n+1)(2n+1)}{6}\right)^{\frac{1}{\alpha}}$$

4. 广义加法意义下的等比级数为

$$a, aq, aq^2, aq^3, \cdots, aq^{n-1}$$

求和公式为

$$\oplus \sum_{k=0}^{n-1} aq^k = \frac{a(1\{-\}q^n)}{1\{-\}q}$$

5. 级数

$$\oplus\sum_{k=1}^{\infty}\frac{1}{k}$$

当 $\alpha>1$,因为普通加法意义下的级数 $\sum_{k=1}^{\infty}(\frac{1}{k})^{\alpha}$ 收敛,所以广义加法意义下的级数 $\oplus\sum_{k=1}^{\infty}\frac{1}{k}$ 是收敛的。当 $\alpha\leqslant1$ 时,广义加法意义下的级数 $\oplus\sum_{k=1}^{\infty}\frac{1}{k}$ 发散。

6. 级数

$$\oplus\sum_{k=1}^{\infty}\frac{1}{k^2}$$

当 $\alpha>\frac{1}{2}$ 时,广义加法意义下的级数 $\oplus\sum_{k=1}^{\infty}\frac{1}{k^2}$ 收敛;当 $\alpha\leqslant\frac{1}{2}$ 时,广义加法意义下的级数 $\oplus\sum_{k=1}^{\infty}\frac{1}{k^2}$ 发散。

7. 对于广义加法意义下的一元二次方程

$$ax^2\{+\}bx\{+\}c=0$$

假设有 $a\neq0,a,b,c$ 为实数,方程的解如下。

当 $b^2\{-\}4^{\frac{1}{\alpha}}ac\geqslant0$ 时,一元二次方程的两个实数根为

$$x_1=\frac{-b\{+\}\sqrt{b^2\{-\}4^{\frac{1}{\alpha}}ac}}{2^{\frac{1}{\alpha}}a}$$

$$x_2=\frac{-b\{-\}\sqrt{b^2\{-\}4^{\frac{1}{\alpha}}ac}}{2^{\frac{1}{\alpha}}a}$$

当 $b^2\{-\}4^{\frac{1}{\alpha}}ac<0$ 时,一元二次方程的两个复数根为

$$x_1=\frac{-b\{+\}\mathrm{i}\sqrt{4^{\frac{1}{\alpha}}ac\{-\}b^2}}{2^{\frac{1}{\alpha}}a}$$

$$x_2=\frac{-b\{-\}\mathrm{i}\sqrt{4^{\frac{1}{\alpha}}ac\{-\}b^2}}{2^{\frac{1}{\alpha}}a}$$

8. 广义加法意义下的一元二次方程有重根的条件是

$$b^2=4^{\frac{1}{\alpha}}ac$$

9. 广义加法意义下线性代数学的若干定义和简单性质。

(1) 广义加法意义下的线性方程组的数学表达式为

$$\begin{cases} a_{11}x_1 \{+\} a_{12}x_2 \{+\} \cdots \{+\} a_{1n}x_n = b_1 \\ a_{21}x_1 \{+\} a_{22}x_2 \{+\} \cdots \{+\} a_{2n}x_n = b_2 \\ \vdots \\ a_{n1}x_1 \{+\} a_{n2}x_2 \{+\} \cdots \{+\} a_{nn}x_n = b_n \end{cases}$$

写成矩阵向量的形式

$$\oplus \boldsymbol{Ax} = \boldsymbol{b}$$

关于广义加法意义下的线性方程组的理论推导和求解方法与普通加法意义下的方法几乎是相同的。

（2）矩阵 $\boldsymbol{A}$ 是线性方程组的系数矩阵，矩阵的确定不涉及广义加法，矩阵与普通加法意义下的矩阵在形式上是相同的。广义加法意义下的二次型也是借助于矩阵定义的，具体来说有

$$\oplus \boldsymbol{x}^{\mathrm{T}}\boldsymbol{Ax} = \oplus \sum_{i,j=1}^{n} a_{ij}x_i x_j$$

（3）方阵的特征值和特征向量。若有

$$\oplus \boldsymbol{Ax} = \lambda \boldsymbol{x}$$

则 $\boldsymbol{x}$ 为广义加法意义下矩阵 $\boldsymbol{A}$ 的特征向量，λ 为广义加法意义下矩阵 $\boldsymbol{A}$ 的特征值。

（4）广义加法意义下向量 $\boldsymbol{x} = (x_1, x_2, \cdots, x_n)$ 的长度为

$$L = (x_1^2 \{+\} x_2^2 \{+\} \cdots \{+\} x_n^2)^{\frac{1}{2}}$$

也可以写成

$$L = (\oplus \sum_{i=1}^{n} x_i^2)^{\frac{1}{2}}$$

（5）广义加法意义下 n 维空间中两个点 $\boldsymbol{x} = (x_1, x_2, \cdots, x_n)$ 和 $\boldsymbol{y} = (y_1, y_2, \cdots, y_n)$ 之间的距离为

$$D(\boldsymbol{x}, \boldsymbol{y}) = (\oplus \sum_{i=1}^{n} (x_i \{-\} y_i)^2)^{\frac{1}{2}}$$

这与欧氏空间中距离的定义形式是一致的。这里$(x_i \{-\} y_i)^2$ 是正常的平方，不是广义加法定义中的函数$(x)^2$。

（6）广义加法意义下向量的内积。两个向量$\boldsymbol{x} = (x_1, x_2, \cdots, x_n)$和$\boldsymbol{y} = (y_1, y_2, \cdots, y_n)$ 之间的内积记为$\oplus \boldsymbol{x} \cdot \boldsymbol{y}$，有

$$\oplus \boldsymbol{x} \cdot \boldsymbol{y} = \oplus \sum_{i=1}^{n} x_i y_i$$

若$\oplus \boldsymbol{x} \cdot \boldsymbol{y} = 0$,则称两个向量$\boldsymbol{x} = (x_1, x_2, \cdots, x_n)$和$\boldsymbol{y} = (y_1, y_2, \cdots, y_n)$在广义加法世界里正交。

(7) 矩阵$\boldsymbol{A}$为n阶方阵,$\boldsymbol{A}$的行向量组成向量组$\boldsymbol{a}_1, \boldsymbol{a}_2, \cdots, \boldsymbol{a}_n$,若对于$1 \leqslant i < j \leqslant n$,有

$$\oplus \boldsymbol{a}_i \cdot \boldsymbol{a}_j = 0$$

$$\oplus \boldsymbol{a}_i \cdot \boldsymbol{a}_i = 1$$

则向量组$\boldsymbol{a}_1, \boldsymbol{a}_2, \cdots, \boldsymbol{a}_n$是正交向量组,矩阵$\boldsymbol{A}$是标准正交矩阵,有下面的公式成立

$$\oplus \boldsymbol{A}\boldsymbol{A}^{\mathrm{T}} = \boldsymbol{E}$$

$\boldsymbol{E}$是单位矩阵。

(8) 在广义加法意义下,矩阵$\boldsymbol{A}$的逆矩阵记为$\boldsymbol{A}^{-1}$,满足下面的表达式

$$\oplus \boldsymbol{A}\boldsymbol{A}^{-1} = \boldsymbol{E}$$

(9) 我们引入广义加法意义下向量组线性相关的定义。有n维向量组$\boldsymbol{b}_1, \boldsymbol{b}_2, \cdots, \boldsymbol{b}_m$,若存在不全为零的一组系数$k_1, k_2, \cdots, k_m$,使得下式成立

$$k_1\boldsymbol{b}_1 \{+\} k_2\boldsymbol{b}_2 \{+\} \cdots \{+\} k_m\boldsymbol{b}_m = \boldsymbol{0}$$

则称向量组线性相关。不是线性相关的向量组就是线性无关的向量组。

(10) 矩阵$\boldsymbol{A}$的行向量$\boldsymbol{a}_1, \boldsymbol{a}_2, \cdots, \boldsymbol{a}_n$组成向量组,广义加法意义下向量组$\boldsymbol{a}_1, \boldsymbol{a}_2, \cdots, \boldsymbol{a}_n$的最大线性无关向量组中向量的个数称为矩阵$\boldsymbol{A}$的秩。

(11) 满秩的矩阵$\boldsymbol{A}$可逆,广义加法意义下线性方程组$\oplus \boldsymbol{A}\boldsymbol{x} = \boldsymbol{b}$的理论解为

$$\boldsymbol{x} = \oplus \boldsymbol{A}^{-1}\boldsymbol{b}$$

(12) 方阵的广义加法意义下的行列式的值是所有不同行和不同列的元素乘积的代数和,符号的确定与普通加法意义下的行列式的定义相同,这里的代数和是广义加法意义下的。

10. 向量组$\boldsymbol{a}_1, \boldsymbol{a}_2, \cdots, \boldsymbol{a}_n$的相关性与广义加法定义中的幂指数有关,或者说,在普通加法意义下线性相关的向量组在广义加法世界中可以是线性无关的向量组。

11. 在广义加法世界里,向量组的线性相关性与向量的长度无关。

12. 假设下面的广义加法意义下的线性方程组

$$\begin{cases} a_{11}x_1\{+\}a_{12}x_2\{+\}\cdots\{+\}a_{1n}x_n = b_1 \\ a_{21}x_1\{+\}a_{22}x_2\{+\}\cdots\{+\}a_{2n}x_n = b_2 \\ \vdots \\ a_{n1}x_1\{+\}a_{n2}x_2\{+\}\cdots\{+\}a_{nn}x_n = b_n \end{cases}$$

有唯一解，且唯一解为 $(x_1,x_2,\cdots,x_n)$，广义加法定义式的幂指数为 α，则 $((x_1)^\alpha,(x_2)^\alpha,\cdots,(x_n)^\alpha)$ 是普通加法意义下的线性方程组

$$\begin{cases} (a_{11})^\alpha x_1 + (a_{12})^\alpha x_2 + \cdots + (a_{1n})^\alpha x_n = (b_1)^\alpha \\ (a_{21})^\alpha x_1 + (a_{22})^\alpha x_2 + \cdots + (a_{2n})^\alpha x_n = (b_2)^\alpha \\ \vdots \\ (a_{n1})^\alpha x_1 + (a_{n2})^\alpha x_2 + \cdots + (a_{nn})^\alpha x_n = (b_n)^\alpha \end{cases}$$

的唯一解。

13. 一些重要的不等式在广义加法意义下的形式。

三角不等式

$$\left|\oplus\sum_{k=1}^{n}x_k\right| \leqslant \oplus\sum_{k=1}^{n}|x_k|$$

二项不等式

$$\frac{a^2\{+\}b^2}{2^{\frac{1}{\alpha}}} \geqslant |ab|$$

对于正实数 $x_1,x_2,\cdots,x_n$，有

$$\frac{x_1\{+\}x_2\{+\}\cdots\{+\}x_n}{n^{\frac{1}{\alpha}}} \geqslant (x_1x_2\cdots x_n)^{\frac{1}{n}}$$

$$\sqrt{\frac{x_1^2\{+\}x_2^2\{+\}\cdots\{+\}x_n^2}{n^{\frac{1}{\alpha}}}} \geqslant \frac{x_1\{+\}x_2\{+\}\cdots\{+\}x_n}{n^{\frac{1}{\alpha}}}$$

$$\frac{n^{\frac{1}{\alpha}}}{\frac{1}{x_1}\{+\}\frac{1}{x_2}\{+\}\cdots\{+\}\frac{1}{x_n}} \leqslant (x_1x_2\cdots x_n)^{\frac{1}{n}}$$

对于实数 $x_1,x_2,\cdots,x_n;y_1,y_2,\cdots,y_n$ 成立施瓦兹不等式

$$\left|\oplus\sum_{k=1}^{n}x_ky_k\right| \leqslant \left(\oplus\sum_{k=1}^{n}x_k^2\right)^{\frac{1}{2}}\left(\oplus\sum_{k=1}^{n}y_k^2\right)^{\frac{1}{2}}$$

广义加法意义下函数的导数

第5章

高等数学中最重要的概念应该是函数的导数和积分，而导数又是推演积分性质的基础。在本章中，我们按照传统的(或者说普通加法意义下)导数定义的形式给出在广义加法意义下函数的导数定义。自变量的增量要在广义加法的意义下计算，函数值的增量也要在广义减法的意义下计算。我们给出了广义加法意义下的求导数法则，推导出一些初等函数的广义加法意义下的导函数。我们还建立了广义加法意义下的导数和普通加法下的导数之间的数学关系，为广义加法意义下导函数的求取提供简单的方法。仔细推导与导数相关的公式可以为后面的广义加法意义下函数的数学性质的证明奠定基础。本章还引进了关于函数的广义加法意义下的偏导数的概念。

5.1 广义加法意义下函数导数的定义

定义 5.1 函数 $f(x)$ 的广义加法意义下的导数记为 $\oplus\frac{\mathrm{d}f(x)}{\mathrm{d}x}$，$\oplus\frac{\mathrm{d}f(x)}{\mathrm{d}x}$ 由下面的极限确定

$$\oplus\frac{\mathrm{d}f(x)}{\mathrm{d}x}=\lim_{\Delta x\to 0}\frac{f(x\{+\}\Delta x)\{-\}f(x)}{\Delta x} \tag{5.1}$$

其中，$\Delta x=x_{i+1}\{-\}x_i$。

值得注意的是，定义式(5.1)中所有涉及加法或减法的地方都是广义加法，不能与通常意义的加法相混淆。另外，$\Delta x=$

$x_{i+1}\{-\}x_i$ 也是用广义减法，不能想当然地认为 $\Delta x = x_{i+1} - x_i$。根据微分和导数的关系，有

$$\oplus\Delta f(x) = \oplus\frac{\mathrm{d}f(x)}{\mathrm{d}x}\Delta x$$

其中，$\Delta x = x_{i+1}\{-\}x_i$，$\oplus\Delta f(x) = f(x\{+\}\Delta x)\{-\}f(x)$。$\oplus\Delta f(x)$ 表示 $f(x)$ 的广义加法意义下的微分。

对于广义加法意义下函数的二阶导数和高阶导数，我们有下面的定义。

定义 5.2　对函数 $f(x)$ 的广义加法意义下的导数再求广义加法意义下的导数，得到的结果称为函数 $f(x)$ 的广义加法意义下的二阶导数，记为 $\oplus\frac{\mathrm{d}^2 f(x)}{\mathrm{d}x^2}$，有

$$\oplus\frac{\mathrm{d}^2 f(x)}{\mathrm{d}x^2} = \oplus\frac{\mathrm{d}}{\mathrm{d}x}\left(\oplus\frac{\mathrm{d}f(x)}{\mathrm{d}x}\right) \tag{5.2}$$

定义 5.3　对函数 $f(x)$ 的广义加法意义下的 $n-1$ 阶导数再求广义加法意义下的导数，得到的结果称为函数 $f(x)$ 的广义加法意义下的 n 阶导数，记为 $\oplus\frac{\mathrm{d}^n f(x)}{\mathrm{d}x^n}$，有

$$\oplus\frac{\mathrm{d}^n f(x)}{\mathrm{d}x^n} = \oplus\frac{\mathrm{d}}{\mathrm{d}x}\left(\oplus\frac{\mathrm{d}f^{n-1}(x)}{\mathrm{d}x^{n-1}}\right)$$

广义加法意义下的导数定义是普通加法意义下的导数定义的自然推广。对于具体的函数如何求取广义加法意义下的导数是一个需要仔细研究的问题。需要说明一点，一个实函数 $f(x)$ 规定了一个映射，这个映射对于给定自变量 x 的值唯一确定一个对应值。函数的确定与数的加法方式无关。现有的人们熟悉的函数，如 x^n，$\sin x$，$\cos x$，e^x，$\ln x$ 等都可以求广义加法意义下的各阶导数。当然，人们可以利用广义加法构造多项式函数和幂级数函数，从而得到一大批新的实函数。关于这个问题本书后面有详细的讨论。

5.2　广义加法意义下一些简单函数的导函数的求取

在本节中我们来推导一些简单函数的广义加法意义下的导函数。在推导过

程中使用广义加法意义下导数的定义式,这自然会使用到普通加法,因为按照广义加法意义下导数的定义式可以将导数写成用普通加法表达的幂函数。还要用到函数的泰勒展开式和无穷小运算,主要是在函数的泰勒展开式中忽略高级无穷小以便于求取所需要的极限,这当然也是使用普通加法的。

(1) 若$f(x) = a$,有

$$f(x\{+\}\Delta x) = f((x^{\alpha} + (\Delta x)^{\alpha})^{\frac{1}{\alpha}}) = a$$

$$f(x\{+\}\Delta x)\{-\}f(x) = (a^{\alpha} - a^{\alpha})^{\frac{1}{\alpha}} = 0$$

因此

$$\oplus\frac{\mathrm{d}(a)}{\mathrm{d}x} = 0$$

这就是说,常数的广义加法意义下的导数等于零。

(2) 若$f(x) = x$,有

$$x\{+\}\Delta x = (x^{\alpha} + (\Delta x)^{\alpha})^{\frac{1}{\alpha}}$$

$$(x\{+\}\Delta x)\{-\}x = (x^{\alpha} + (\Delta x)^{\alpha} - x^{\alpha})^{\frac{1}{\alpha}} = \Delta x$$

因此

$$\lim_{\Delta x \to 0}\frac{(x\{+\}\Delta x)\{-\}x}{\Delta x} = 1$$

即有

$$\oplus\frac{\mathrm{d}x}{\mathrm{d}x} = 1$$

(3) 考查简单的二次函数$f(x) = x^2$,有

$$x\{+\}\Delta x = (x^{\alpha} + (\Delta x)^{\alpha})^{\frac{1}{\alpha}}$$

$$(x\{+\}\Delta x)^2 = (x^{\alpha} + (\Delta x)^{\alpha})^{\frac{2}{\alpha}}$$

$$\begin{aligned}(x\{+\}\Delta x)^2\{-\}x^2 &= ((x^{\alpha} + (\Delta x)^{\alpha})^2 - x^{2\alpha})^{\frac{1}{\alpha}} \\ &= (x^{2\alpha} + 2x^{\alpha}(\Delta x)^{\alpha} + (\Delta x)^{2\alpha} - x^{2\alpha})^{\frac{1}{\alpha}} \\ &= (2x^{\alpha}(\Delta x)^{\alpha} + (\Delta x)^{2\alpha})^{\frac{1}{\alpha}}\end{aligned}$$

因此

$$\lim_{\Delta x \to 0}\frac{(x\{+\}\Delta x)^2\{-\}x^2}{\Delta x} = \lim_{\Delta x \to 0}\left(\frac{2x^{\alpha}(\Delta x)^{\alpha} + (\Delta x)^{2\alpha}}{(\Delta x)^{\alpha}}\right)^{\frac{1}{\alpha}} = 2^{\frac{1}{\alpha}}x$$

即有

$$\oplus\frac{dx^2}{dx} = 2^{\frac{1}{\alpha}}x$$

这与函数$f(x) = x^2$ 的普通加法意义下的导数公式有所不同。

(4) 我们考查一般的 n 次幂函数$f(x) = x^n$,有

$$x\{+\}\Delta x = (x^\alpha + (\Delta x)^\alpha)^{\frac{1}{\alpha}}$$

$$(x\{+\}\Delta x)^n = (x^\alpha + (\Delta x)^\alpha)^{\frac{n}{\alpha}}$$

$$(x\{+\}\Delta x)^n\{-\}x^n = ((x^\alpha + (\Delta x)^\alpha)^n - x^{n\alpha})^{\frac{1}{\alpha}}$$

$$= (x^{n\alpha} + nx^{\alpha(n-1)}(\Delta x)^\alpha + C_n^2x^{\alpha(n-2)}(\Delta x)^{2\alpha} + o((\Delta x)^{2\alpha}) - x^{n\alpha})^{\frac{1}{\alpha}}$$

$$= (nx^{\alpha(n-1)}(\Delta x)^\alpha + C_n^2x^{\alpha(n-2)}(\Delta x)^{2\alpha} + o((\Delta x)^{2\alpha}))^{\frac{1}{\alpha}}$$

因此

$$\lim_{\Delta x\to 0}\frac{(x\{+\}\Delta x)^n\{-\}x^n}{\Delta x} = \lim_{\Delta x\to 0}\left(\frac{nx^{\alpha(n-1)}(\Delta x)^\alpha + C_n^2x^{\alpha(n-2)}(\Delta x)^{2\alpha}}{(\Delta x)^\alpha}\right)^{\frac{1}{\alpha}}$$

$$= n^{\frac{1}{\alpha}}x^{n-1}$$

即有

$$\oplus\frac{dx^n}{dx} = n^{\frac{1}{\alpha}}x^{n-1}$$

(5) 我们考查一般的幂函数$f(x) = x^p$,p 是大于零的实数

$$x\{+\}\Delta x = (x^\alpha + (\Delta x)^\alpha)^{\frac{1}{\alpha}}$$

$$(x\{+\}\Delta x)^p = (x^\alpha + (\Delta x)^\alpha)^{\frac{p}{\alpha}}$$

$$(x\{+\}\Delta x)^p\{-\}x^p = ((x^\alpha + (\Delta x)^\alpha)^p - x^{p\alpha})^{\frac{1}{\alpha}}$$

$$= (x^{p\alpha} + px^{\alpha(p-1)}(\Delta x)^\alpha + o((\Delta x)^\alpha) - x^{p\alpha})^{\frac{1}{\alpha}}$$

$$= (px^{\alpha(p-1)}(\Delta x)^\alpha + o((\Delta x)^\alpha))^{\frac{1}{\alpha}}$$

因此

$$\lim_{\Delta x\to 0}\frac{(x\{+\}\Delta x)^p\{-\}x^p}{\Delta x} = \lim_{\Delta x\to 0}\left(\frac{px^{\alpha(p-1)}(\Delta x)^\alpha}{(\Delta x)^\alpha}\right)^{\frac{1}{\alpha}} = p^{\frac{1}{\alpha}}x^{p-1}$$

即有

$$\oplus\frac{dx^p}{dx} = p^{\frac{1}{\alpha}}x^{p-1}$$

(6) 求指数函数的导数$\oplus\frac{de^x}{dx}$,有

$$x\{+\}\Delta x = (x^\alpha + (\Delta x)^\alpha)^{\frac{1}{\alpha}}$$

$$= (x^{\alpha})^{\frac{1}{\alpha}} + \frac{1}{\alpha}(x^{\alpha})^{\frac{1}{\alpha}-1}(\Delta x)^{\alpha} + o((\Delta x)^{\alpha})$$

$$= x + \frac{1}{\alpha}x^{1-\alpha}(\Delta x)^{\alpha} + o((\Delta x)^{\alpha})$$

忽略高级无穷小,有

$$\frac{e^{x\{+\}\Delta x}\{-\}e^{x}}{\Delta x} = \frac{e^{x}(e^{\frac{1}{\alpha}x^{1-\alpha}(\Delta x)^{\alpha}}\{-\}1)}{\Delta x}$$

$$= \frac{e^{x}((e^{\frac{1}{\alpha}x^{1-\alpha}(\Delta x)^{\alpha}})^{\alpha} - 1)^{\frac{1}{\alpha}}}{\Delta x}$$

$$= \frac{e^{x}(e^{x^{1-\alpha}(\Delta x)^{\alpha}} - 1)^{\frac{1}{\alpha}}}{\Delta x}$$

注意到 $e^{x} = 1 + x + o(x)$,有

$$\frac{e^{x}(e^{x^{1-\alpha}(\Delta x)^{\alpha}} - 1)^{\frac{1}{\alpha}}}{\Delta x} = \frac{e^{x}(1 + x^{1-\alpha}(\Delta x)^{\alpha} - 1)^{\frac{1}{\alpha}}}{\Delta x}$$

$$= \frac{e^{x}x^{\frac{1-\alpha}{\alpha}}(\Delta x)}{\Delta x}$$

因此

$$\oplus\frac{de^{x}}{dx} = \lim_{\Delta x\to 0}\frac{e^{x\{+\}\Delta x}\{-\}e^{x}}{\Delta x} = \lim_{\Delta x\to 0}\frac{e^{x}x^{\frac{1-\alpha}{\alpha}}(\Delta x)}{\Delta x} = e^{x}x^{\frac{1-\alpha}{\alpha}}$$

即有导数公式

$$\oplus\frac{de^{x}}{dx} = e^{x}x^{\frac{1-\alpha}{\alpha}}$$

当 $\alpha = 1$ 时,$\oplus\frac{de^{x}}{dx} = e^{x}$;当 $\alpha \neq 1$ 时,$\oplus\frac{de^{x}}{dx}$ 是两个函数的乘积。

(7) 推导对数函数的导数$\oplus\frac{d\ln(x)}{dx}$,有

$$x\{+\}\Delta x = (x^{\alpha} + (\Delta x)^{\alpha})^{\frac{1}{\alpha}}$$

$$= (x^{\alpha})^{\frac{1}{\alpha}} + \frac{1}{\alpha}(x^{\alpha})^{\frac{1}{\alpha}-1}(\Delta x)^{\alpha} + o((\Delta x)^{\alpha})$$

$$= x + \frac{1}{\alpha}x^{1-\alpha}(\Delta x)^{\alpha} + o((\Delta x)^{\alpha})$$

忽略高级无穷小,有

$$\ln(x\{+\}\Delta x) = \ln(x + \frac{1}{\alpha}x^{1-\alpha}(\Delta x)^{\alpha})$$

$$= \ln(x(1+\frac{1}{\alpha}x^{-\alpha}(\Delta x)^{\alpha}))$$

$$= \ln(x) + \ln(1+\frac{1}{\alpha}x^{-\alpha}(\Delta x)^{\alpha})$$

由于有 $\ln(1+x) = x + o(x)$，我们有

$$\ln(x\{+\}\Delta x) = \ln(x) + \ln(1+\frac{1}{\alpha}x^{-\alpha}(\Delta x)^{\alpha})$$

$$= \ln(x) + \frac{1}{\alpha}x^{-\alpha}(\Delta x)^{\alpha}$$

有

$$\frac{\ln(x\{+\}\Delta x)\{-\}\ln(x)}{\Delta x}$$

$$= \frac{((\ln(x)+\frac{1}{\alpha}x^{-\alpha}(\Delta x)^{\alpha})^{\alpha} - (\ln(x))^{\alpha})^{\frac{1}{\alpha}}}{\Delta x}$$

$$= \frac{((\ln(x))^{\alpha} + \alpha(\ln(x))^{\alpha-1}\frac{1}{\alpha}x^{-\alpha}(\Delta x)^{\alpha} - (\ln(x))^{\alpha})^{\frac{1}{\alpha}}}{\Delta x}$$

$$= \frac{((\ln(x))^{\alpha-1}x^{-\alpha}(\Delta x)^{\alpha})^{\frac{1}{\alpha}}}{\Delta x}$$

$$= \frac{1}{x}(\ln(x))^{\frac{\alpha-1}{\alpha}}\frac{\Delta x}{\Delta x}$$

因此

$$\oplus\frac{\mathrm{d}\ln(x)}{\mathrm{d}x} = \lim_{\Delta x\to 0}\frac{\ln(x\{+\}\Delta x)\{-\}\ln(x)}{\Delta x}$$

$$= \lim_{\Delta x\to 0}\frac{1}{x}(\ln(x))^{\frac{\alpha-1}{\alpha}}\frac{\Delta x}{\Delta x}$$

$$= \frac{1}{x}(\ln(x))^{\frac{\alpha-1}{\alpha}}$$

即有导数公式

$$\oplus\frac{\mathrm{d}\ln(x)}{\mathrm{d}x} = \frac{1}{x}(\ln(x))^{\frac{\alpha-1}{\alpha}}$$

当 $\alpha = 1$ 时，$\oplus\frac{\mathrm{d}\ln(x)}{\mathrm{d}x} = \frac{1}{x}$；当 $\alpha \neq 1$ 时，$\oplus\frac{\mathrm{d}\ln(x)}{\mathrm{d}x}$ 是两个函数的乘积，比较复杂。

(8) 推导正弦函数的导数$\oplus\dfrac{\mathrm{d}\sin(x)}{\mathrm{d}x}$,有

$$\begin{aligned} x\{+\}\Delta x &= (x^{\alpha}+(\Delta x)^{\alpha})^{\frac{1}{\alpha}} \\ &= (x^{\alpha})^{\frac{1}{\alpha}}+\frac{1}{\alpha}(x^{\alpha})^{\frac{1}{\alpha}-1}(\Delta x)^{\alpha}+o((\Delta x)^{\alpha}) \\ &= x+\frac{1}{\alpha}x^{1-\alpha}(\Delta x)^{\alpha}+o((\Delta x)^{\alpha}) \end{aligned}$$

忽略高级无穷小,有

$$\begin{aligned} \sin(x\{+\}\Delta x) &= \sin(x+\frac{1}{\alpha}x^{1-\alpha}(\Delta x)^{\alpha}) \\ &= \sin(x)\cos(\frac{1}{\alpha}x^{1-\alpha}(\Delta x)^{\alpha})+\cos(x)\sin(\frac{1}{\alpha}x^{1-\alpha}(\Delta x)^{\alpha}) \end{aligned}$$

由于

$$\begin{aligned} \sin(x) &= x+o(x) \\ \cos(x) &= 1+o(x) \end{aligned}$$

我们有

$$\sin(x\{+\}\Delta x)=\sin(x)+\frac{1}{\alpha}x^{1-\alpha}(\Delta x)^{\alpha}\cos(x)$$

$$\begin{aligned} \frac{\sin(x\{+\}\Delta x)\{-\}\sin(x)}{\Delta x} &= \frac{\left((\sin(x)+\frac{1}{\alpha}x^{1-\alpha}(\Delta x)^{\alpha}\cos(x))^{\alpha}-(\sin(x))^{\alpha}\right)^{\frac{1}{\alpha}}}{\Delta x} \\ &= \frac{((\sin(x))^{\alpha}+\alpha(\sin(x))^{\alpha-1}\frac{1}{\alpha}x^{1-\alpha}(\Delta x)^{\alpha}\cos(x)-(\sin(x))^{\alpha})^{\frac{1}{\alpha}}}{\Delta x} \\ &= \frac{(\sin(x))^{\frac{\alpha-1}{\alpha}}x^{\frac{1-\alpha}{\alpha}}\Delta x(\cos(x))^{\frac{1}{\alpha}}}{\Delta x} \\ &= (\sin(x))^{\frac{\alpha-1}{\alpha}}x^{\frac{1-\alpha}{\alpha}}(\cos(x))^{\frac{1}{\alpha}}\frac{\Delta x}{\Delta x} \\ &= \left(\frac{\sin(x)}{x}\right)^{\frac{\alpha-1}{\alpha}}(\cos(x))^{\frac{1}{\alpha}}\frac{\Delta x}{\Delta x} \end{aligned}$$

因此

$$\begin{aligned} \oplus\frac{\mathrm{d}\sin(x)}{\mathrm{d}x} &= \lim_{\Delta x\to 0}\frac{\sin(x\{+\}\Delta x)\{-\}\sin(x)}{\Delta x} \\ &= \lim_{\Delta x\to 0}\left(\frac{\sin(x)}{x}\right)^{\frac{\alpha-1}{\alpha}}(\cos(x))^{\frac{1}{\alpha}}\frac{\Delta x}{\Delta x} \end{aligned}$$

$$= \left(\frac{\sin(x)}{x}\right)^{\frac{\alpha-1}{\alpha}}(\cos(x))^{\frac{1}{\alpha}}$$

即有导数公式

$$\oplus\frac{\mathrm{d}\sin(x)}{\mathrm{d}x} = \left(\frac{\sin(x)}{x}\right)^{\frac{\alpha-1}{\alpha}}(\cos(x))^{\frac{1}{\alpha}}$$

当 $\alpha = 1$ 时，$\oplus\frac{\mathrm{d}\sin(x)}{\mathrm{d}x} = \cos(x)$；当 $\alpha \neq 1$ 时，$\oplus\frac{\mathrm{d}\sin(x)}{\mathrm{d}x}$ 是两个函数的乘积，比较复杂。

（9）推导余弦函数的导数 $\oplus\frac{\mathrm{d}\cos(x)}{\mathrm{d}x}$，有

$$\begin{aligned} x\{+\}\Delta x &= (x^{\alpha} + (\Delta x)^{\alpha})^{\frac{1}{\alpha}} \\ &= (x^{\alpha})^{\frac{1}{\alpha}} + \frac{1}{\alpha}(x^{\alpha})^{\frac{1}{\alpha}-1}(\Delta x)^{\alpha} + o((\Delta x)^{\alpha}) \\ &= x + \frac{1}{\alpha}x^{1-\alpha}(\Delta x)^{\alpha} + o((\Delta x)^{\alpha}) \end{aligned}$$

忽略高级无穷小，有

$$\begin{aligned} \cos(x\{+\}\Delta x) &= \cos\left(x + \frac{1}{\alpha}x^{1-\alpha}(\Delta x)^{\alpha}\right) \\ &= \cos(x)\cos\left(\frac{1}{\alpha}x^{1-\alpha}(\Delta x)^{\alpha}\right) - \sin(x)\sin\left(\frac{1}{\alpha}x^{1-\alpha}(\Delta x)^{\alpha}\right) \end{aligned}$$

由于 $\sin(x) = x + o(x)$，$\cos(x) = 1 + o(x)$，我们有

$$\sin(x\{+\}\Delta x) = \cos(x) - \frac{1}{\alpha}x^{1-\alpha}(\Delta x)^{\alpha}\sin(x)$$

$$\begin{aligned} &\frac{\cos(x\{+\}\Delta x)\{-\}\cos(x)}{\Delta x} \\ &= \frac{\left((\cos(x) - \frac{1}{\alpha}x^{1-\alpha}(\Delta x)^{\alpha}\sin(x))^{\alpha} - (\cos(x))^{\alpha}\right)^{\frac{1}{\alpha}}}{\Delta x} \\ &= \frac{((\cos(x))^{\alpha} - \alpha(\cos(x))^{\alpha-1}\frac{1}{\alpha}x^{1-\alpha}(\Delta x)^{\alpha}\sin(x) - (\cos(x))^{\alpha})^{\frac{1}{\alpha}}}{\Delta x} \\ &= -\frac{(\cos(x))^{\frac{\alpha-1}{\alpha}}x^{\frac{1-\alpha}{\alpha}}\Delta x(\sin(x))^{\frac{1}{\alpha}}}{\Delta x} \\ &= -(\cos(x))^{\frac{\alpha-1}{\alpha}}x^{\frac{1-\alpha}{\alpha}}(\sin(x))^{\frac{1}{\alpha}}\frac{\Delta x}{\Delta x} \end{aligned}$$

$$= -\left(\frac{\cos(x)}{x}\right)^{\frac{\alpha-1}{\alpha}}(\sin(x))^{\frac{1}{\alpha}}\frac{\Delta x}{\Delta x}$$

因此

$$\oplus\frac{\mathrm{d}\cos(x)}{\mathrm{d}x} = \lim_{\Delta x\to 0}\frac{\cos(x\{+\}\Delta x)\{-\}\cos(x)}{\Delta x}$$
$$= \lim_{\Delta x\to 0} -\left(\frac{\cos(x)}{x}\right)^{\frac{\alpha-1}{\alpha}}(\sin(x))^{\frac{1}{\alpha}}\frac{\Delta x}{\Delta x}$$
$$= -\left(\frac{\cos(x)}{x}\right)^{\frac{\alpha-1}{\alpha}}(\sin(x))^{\frac{1}{\alpha}}$$

即有导数公式

$$\oplus\frac{\mathrm{d}\cos(x)}{\mathrm{d}x} = -\left(\frac{\cos(x)}{x}\right)^{\frac{\alpha-1}{\alpha}}(\sin(x))^{\frac{1}{\alpha}}$$

当$\alpha = 1$时，$\oplus\frac{\mathrm{d}\cos(x)}{\mathrm{d}x} = -\sin(x)$，当$\alpha \neq 1$时，$\oplus\frac{\mathrm{d}\cos(x)}{\mathrm{d}x}$是两个函数的乘积，比较复杂。

对于特殊的幂指数函数可以方便地导出其广义加法意义下的高阶导函数，具体如下

$$\oplus\frac{\mathrm{d}x^n}{\mathrm{d}x} = n^{\frac{1}{\alpha}}x^{n-1}$$

$$\oplus\frac{\mathrm{d}^2x^n}{\mathrm{d}x^2} = \oplus\frac{\mathrm{d}}{\mathrm{d}x}(n^{\frac{1}{\alpha}}x^{n-1}) = n^{\frac{1}{\alpha}}(n-1)^{\frac{1}{\alpha}}x^{n-2}$$

对于一般的$k < n$，有

$$\oplus\frac{\mathrm{d}^kx^n}{\mathrm{d}x^k} = n^{\frac{1}{\alpha}}(n-1)^{\frac{1}{\alpha}}\cdots(n-k+1)^{\frac{1}{\alpha}}x^{n-k}$$

还有

$$\oplus\frac{\mathrm{d}^nx^n}{\mathrm{d}x^n} = n^{\frac{1}{\alpha}}(n-1)^{\frac{1}{\alpha}}\cdots(n-k+1)^{\frac{1}{\alpha}}\cdot 2\cdot 1$$

对于一般的$m > n$，有

$$\oplus\frac{\mathrm{d}^mx^n}{\mathrm{d}x^m} = 0$$

从指数函数、对数函数、正弦函数和余弦函数的广义加法意义下的导函数的表达式可以知道，这些函数的广义加法意义下的一阶导数已经比较复杂了，高阶导函数的形式一定会更复杂。本书中只推导出一些函数的广义加法意义下

的一阶导函数，广义加法意义下的高阶导函数的推导留待以后再做。当然，如果将来发现广义加法意义下的高阶导函数有好的应用前景，那么推导出常用函数的广义加法意义下的高阶导函数就有意义，困难也就在所不惜。

5.3 广义加法意义下函数导数的运算法则

在本节中我们讨论广义加法意义下两个函数之和的导数、两个函数乘积的导数以及复合函数导数的运算法则。这些都是仿照已有的普通加法下导数的运算法则的内容而扩展至广义加法的情形。

定理 5.1 假设 $g(x)=f(x)\{+\}h(x)$，则有

$$\oplus\frac{\mathrm{d}g(x)}{\mathrm{d}x}=\oplus\frac{\mathrm{d}(f(x)\{+\}h(x))}{\mathrm{d}x}=\oplus\frac{\mathrm{d}f(x)}{\mathrm{d}x}\{+\}\oplus\frac{\mathrm{d}h(x)}{\mathrm{d}x}\tag{5.3}$$

证明 按照导数的定义，有

$$\oplus\frac{\mathrm{d}g(x)}{\mathrm{d}x}=\lim_{\Delta x\to 0}\frac{g(x\{+\}\Delta x)\{-\}g(x)}{\Delta x}$$

我们有

$$g(x\{+\}\Delta x)=f(x\{+\}\Delta x)\{+\}h(x\{+\}\Delta x)$$

由于广义加法满足结合律，因此

$$\begin{aligned}g(x\{+\}\Delta x)\{-\}g(x)&=(f(x\{+\}\Delta x)\{+\}h(x\{+\}\Delta x))\{-\}(f(x)\{+\}h(x))\\&=(f(x\{+\}\Delta x)\{-\}f(x))\{+\}(h(x\{+\}\Delta x)\{-\}h(x))\end{aligned}$$

我们有

$$\begin{aligned}\oplus\frac{\mathrm{d}g(x)}{\mathrm{d}x}&=\lim_{\Delta x\to 0}\frac{g(x\{+\}\Delta x)\{-\}g(x)}{\Delta x}\\&=\lim_{\Delta x\to 0}\frac{(f(x\{+\}\Delta x)\{-\}f(x))\{+\}(h(x\{+\}\Delta x)\{-\}h(x))}{\Delta x}\\&=\lim_{\Delta x\to 0}\left(\frac{f(x\{+\}\Delta x)\{-\}f(x)}{\Delta x}\{+\}\frac{h(x\{+\}\Delta x)\{-\}h(x)}{\Delta x}\right)\\&=\oplus\frac{\mathrm{d}f(x)}{\mathrm{d}x}\{+\}\oplus\frac{\mathrm{d}h(x)}{\mathrm{d}x}\end{aligned}$$

定理得证。

定理 5.2 假设 $g(x)=f(x)\times h(x)$，则有

$$\oplus\frac{\mathrm{d}g(x)}{\mathrm{d}x}=\oplus\frac{\mathrm{d}f(x)}{\mathrm{d}x}h(x)\{+\}\oplus\frac{\mathrm{d}h(x)}{\mathrm{d}x}f(x) \tag{5.4}$$

证明 按照广义加法意义下的导数的定义,有

$$\begin{aligned}
&\oplus\frac{\mathrm{d}g(x)}{\mathrm{d}x}\\
&=\lim_{\Delta x\to 0}\frac{f(x\{+\}\Delta x)h(x\{+\}\Delta x)\{-\}f(x)h(x)}{\Delta x}\\
&=\lim_{\Delta x\to 0}\frac{(f(x\{+\}\Delta x)h(x\{+\}\Delta x)\{-\}f(x)h(x\{+\}\Delta x))\{+\}(f(x)h(x\{+\}\Delta x)\{-\}f(x)h(x))}{\Delta x}\\
&=\lim_{\Delta x\to 0}\frac{(f(x\{+\}\Delta x)\{-\}f(x))h(x\{+\}\Delta x)}{\Delta x}\{+\}\\
&\quad\lim_{\Delta x\to 0}\frac{(h(x\{+\}\Delta x)\{-\}h(x))f(x)}{\Delta x}\\
&=\oplus\frac{\mathrm{d}f(x)}{\mathrm{d}x}h(x)\{+\}\oplus\frac{\mathrm{d}h(x)}{\mathrm{d}x}f(x)
\end{aligned}$$

定理得证。

定理 5.3 假设 $g(x)=Cf(x)$,则有

$$\oplus\frac{\mathrm{d}g(x)}{\mathrm{d}x}=\oplus\frac{\mathrm{d}Cf(x)}{\mathrm{d}x}=C\oplus\frac{\mathrm{d}f(x)}{\mathrm{d}x} \tag{5.5}$$

证明 取 $h(x)=C$,有

$$\oplus\frac{\mathrm{d}h(x)}{\mathrm{d}x}=\oplus\frac{\mathrm{d}C}{\mathrm{d}x}=0$$

根据定理 5.2,有

$$\begin{aligned}
\oplus\frac{\mathrm{d}Cf(x)}{\mathrm{d}x}&=\oplus\frac{\mathrm{d}f(x)}{\mathrm{d}x}C\{+\}\oplus\frac{\mathrm{d}C}{\mathrm{d}x}f(x)\\
&=C\oplus\frac{\mathrm{d}f(x)}{\mathrm{d}x}
\end{aligned}$$

定理得证。

定理 5.4 假设 $g(x)=f(u(x))$,则有

$$\oplus\frac{\mathrm{d}f(u(x))}{\mathrm{d}x}=\left(\oplus\frac{\mathrm{d}f(u)}{\mathrm{d}u}\right)\times\left(\oplus\frac{\mathrm{d}u(x)}{\mathrm{d}x}\right) \tag{5.6}$$

证明 按照广义加法意义下的导数的定义,有

$$\oplus\frac{\mathrm{d}f(u(x))}{\mathrm{d}x}=\lim_{\Delta\to 0}\frac{f(u(x\{+\}\Delta x))\{-\}f(u(x))}{\Delta x}$$

$$= \lim_{\Delta \to 0} \frac{f(u(x\{+\}\Delta x))\{-\}f(u(x))}{u(x\{+\}\Delta x)\{-\}u(x)} \times \frac{u(x\{+\}\Delta x)\{-\}u(x)}{\Delta x}$$

$$= \lim_{\Delta \to 0} \frac{f(u\{+\}\Delta u)\{-\}f(u)}{\Delta u} \times \frac{u(x\{+\}\Delta x)\{-\}u(x)}{\Delta x}$$

$$= \left(\oplus \frac{\mathrm{d}f(u)}{\mathrm{d}u}\right) \times \left(\oplus \frac{\mathrm{d}u(x)}{\mathrm{d}x}\right)$$

定理得证。

定理 5.5　假设 $g(x) = \dfrac{f(x)}{h(x)}$,则有

$$\oplus \frac{\mathrm{d}g(x)}{\mathrm{d}x} = \frac{\oplus \dfrac{\mathrm{d}f(x)}{\mathrm{d}x} h(x)\{-\} \oplus \dfrac{\mathrm{d}h(x)}{\mathrm{d}x} f(x)}{(h(x))^2} \tag{5.7}$$

证明　我们先来证明下式成立

$$\oplus \frac{\mathrm{d}}{\mathrm{d}x}\left(\frac{1}{h(x)}\right) = -\frac{1}{(h(x))^2} \oplus \frac{\mathrm{d}h(x)}{\mathrm{d}x}$$

根据广义加法意义下的导数的定义,有

$$\oplus \frac{\mathrm{d}}{\mathrm{d}x}\left(\frac{1}{h(x)}\right) = \lim_{\Delta x \to 0} \frac{\dfrac{1}{h(x\{+\}\Delta x)}\{-\}\dfrac{1}{h(x)}}{\Delta x}$$

$$= \lim_{\Delta x \to 0} \frac{\dfrac{1}{h(x\{+\}\Delta x)h(x)}(h(x)\{-\}h(x\{+\}\Delta x))}{\Delta x}$$

$$= \lim_{\Delta x \to 0} \frac{-1}{h(x\{+\}\Delta x)h(x)} \frac{(h(x\{+\}\Delta x)\{-\}h(x))}{\Delta x}$$

$$= -\frac{1}{(h(x))^2} \oplus \frac{\mathrm{d}h(x)}{\mathrm{d}x}$$

又根据定理 5.2,将 $g(x) = \dfrac{f(x)}{h(x)}$ 看成两个函数的乘积,有

$$\oplus \frac{\mathrm{d}g(x)}{\mathrm{d}x} = \oplus \frac{\mathrm{d}}{\mathrm{d}x} g(x) \frac{1}{h(x)}$$

$$= \oplus \frac{\mathrm{d}f(x)}{\mathrm{d}x} \frac{1}{h(x)}\{+\} - \frac{1}{(h(x))^2} \oplus \frac{\mathrm{d}h(x)}{\mathrm{d}x} f(x)$$

$$= \frac{\oplus \dfrac{\mathrm{d}f(x)}{\mathrm{d}x} h(x)\{-\} \oplus \dfrac{\mathrm{d}h(x)}{\mathrm{d}x} f(x)}{(h(x))^2}$$

定理得证。

定理 5.6　假设函数$f(x)$的反函数$f(x)$存在，即有$g(x)=f^{-1}(x)$，则有

$$\oplus\frac{\mathrm{d}g(x)}{\mathrm{d}x}=\frac{1}{\oplus\frac{\mathrm{d}f(x)}{\mathrm{d}x}} \tag{5.8}$$

定理5.6的证明略去，因为根据反函数的含义可以直接说明这个广义加法意义下的导数的公式是成立的。可以看出，普通加法意义下函数的求导数法则在形式上与广义加法意义下的求导数法则是相同的。

5.4　广义加法意义下的导数与普通加法意义下导数的关系

对于一个函数来说，按照广义加法的定义式进行求导数有些不方便，不同的函数需要使用不同的技巧，应对不同形式的极限。因为人们熟悉普通加法意义下求函数导数的技巧，而直接用定义求广义加法意义下的导数比较麻烦，还比较容易出错，所以我们希望能够建立一般函数的广义加法意义下的导数和普通加法意义下函数导数的理论关系，从而方便函数的求导数运算。为此我们有下面的定理。

定理 5.7　广义加法意义下的导数可以由普通加法意义下导数来表示，具体公式为

$$\oplus\frac{\mathrm{d}f(x)}{\mathrm{d}x}=\left(\frac{\mathrm{d}f(x)}{\mathrm{d}x}\right)^{\frac{1}{\alpha}}\left(\frac{f(x)}{x}\right)^{1-\frac{1}{\alpha}} \tag{5.9}$$

证明　根据广义加法意义下的导数的定义

$$\begin{aligned}\oplus\frac{\mathrm{d}f(x)}{\mathrm{d}x}&=\lim_{\Delta x\to 0}\frac{f(x\{+\}\Delta x)\{-\}f(x)}{\Delta x}\\&=\lim_{\Delta x\to 0}\frac{f((x^{\alpha}+\Delta x^{\alpha})^{\frac{1}{\alpha}})\{-\}f(x)}{\Delta x}\end{aligned}$$

其中

$$\begin{aligned}(x^{\alpha}+\Delta x^{\alpha})^{\frac{1}{\alpha}}&=\left(x^{\alpha}\left(1+\left(\frac{\Delta x}{x}\right)^{\alpha}\right)\right)^{\frac{1}{\alpha}}\\&=x\left(1+\left(\frac{\Delta x}{x}\right)^{\alpha}\right)^{\frac{1}{\alpha}}\end{aligned}$$

$$= x\left(1 + \frac{1}{\alpha}\left(\frac{\Delta x}{x}\right)^{\alpha} + o\left(\frac{\Delta x}{x}\right)\right)$$

$$\approx x + \frac{1}{\alpha}x\left(\frac{\Delta x}{x}\right)^{\alpha}$$

有

$$f((x^{\alpha} + \Delta x^{\alpha})^{\frac{1}{\alpha}}) \approx f\left(x + \frac{1}{\alpha}x\left(\frac{\Delta x}{x}\right)^{\alpha}\right)$$

将上面的函数在点 x 进行泰勒展开,有

$$f((x^{\alpha} + \Delta x^{\alpha})^{\frac{1}{\alpha}}) \approx f(x) + \frac{\mathrm{d}f(x)}{\mathrm{d}x}\frac{1}{\alpha}x\left(\frac{\Delta x}{x}\right)^{\alpha}$$

我们有

$$f((x^{\alpha} + \Delta x^{\alpha})^{\frac{1}{\alpha}})\{-\}f(x) \approx \left(f(x) + \frac{\mathrm{d}f(x)}{\mathrm{d}x}\frac{1}{\alpha}x\left(\frac{\Delta x}{x}\right)^{\alpha}\right)\{-\}f(x)$$

$$= \left(\left(f(x) + \frac{\mathrm{d}f(x)}{\mathrm{d}x}\frac{1}{\alpha}x\left(\frac{\Delta x}{x}\right)^{\alpha}\right)^{\alpha} - f^{\alpha}(x)\right)^{\frac{1}{\alpha}}$$

其中

$$\left(f(x) + \frac{\mathrm{d}f(x)}{\mathrm{d}x}\frac{1}{\alpha}x(\frac{\Delta x}{x})^{\alpha}\right)^{\alpha} = f^{\alpha}(x)\left(1 + \frac{1}{f(x)}\frac{\mathrm{d}f(x)}{\mathrm{d}x}\frac{1}{\alpha}x\left(\frac{\Delta x}{x}\right)^{\alpha}\right)^{\alpha}$$

$$\approx f^{\alpha}(x)\left(1 + \alpha\frac{1}{f(x)}\frac{\mathrm{d}f(x)}{\mathrm{d}x}\frac{1}{\alpha}x\left(\frac{\Delta x}{x}\right)^{\alpha}\right)$$

从而有

$$f((x^{\alpha} + \Delta x^{\alpha})^{\frac{1}{\alpha}})\{-\}f(x) \approx \left(f(x) + \frac{\mathrm{d}f(x)}{\mathrm{d}x}\frac{1}{\alpha}x\left(\frac{\Delta x}{x}\right)^{\alpha}\right)\{-\}f(x)$$

$$= \left(\left(f(x) + \frac{\mathrm{d}f(x)}{\mathrm{d}x}\frac{1}{\alpha}x\left(\frac{\Delta x}{x}\right)^{\alpha}\right)^{\alpha} - f^{\alpha}(x)\right)^{\frac{1}{\alpha}}$$

$$\approx \left(f^{\alpha}(x)\left(1 + \alpha\frac{1}{f(x)}\frac{\mathrm{d}f(x)}{\mathrm{d}x}\frac{1}{\alpha}x\left(\frac{\Delta x}{x}\right)^{\alpha} - f^{\alpha}(x)\right)\right)^{\frac{1}{\alpha}}$$

$$= \left(f^{\alpha-1}(x)\frac{\mathrm{d}f(x)}{\mathrm{d}x}x\right)^{\frac{1}{\alpha}}\frac{\Delta x}{x}$$

$$= \left(\frac{\mathrm{d}f(x)}{\mathrm{d}x}\right)^{\frac{1}{\alpha}}f^{\frac{\alpha-1}{\alpha}}(x)x^{\frac{1}{\alpha}-1}\Delta x$$

我们得到下面的公式

$$
\begin{aligned}
\oplus\frac{\mathrm{d}f(x)}{\mathrm{d}x} &= \lim_{\Delta x\to 0}\frac{f(x\{+\}\Delta x)\{-\}f(x)}{\Delta x} \\
&= \lim_{\Delta x\to 0}\frac{f((x^{\alpha}+\Delta x^{\alpha})^{\frac{1}{\alpha}})\{-\}f(x)}{\Delta x} \\
&= \lim_{\Delta x\to 0}\frac{\left(\frac{\mathrm{d}f(x)}{\mathrm{d}x}\right)^{\frac{1}{\alpha}}f^{\frac{\alpha-1}{\alpha}}(x)x^{\frac{1}{\alpha}-1}\Delta x}{\Delta x} \\
&= \left(\frac{\mathrm{d}f(x)}{\mathrm{d}x}\right)^{\frac{1}{\alpha}}f^{\frac{\alpha-1}{\alpha}}(x)x^{\frac{1}{\alpha}-1}
\end{aligned}
$$

对上式进行整理,得到

$$
\oplus\frac{\mathrm{d}f(x)}{\mathrm{d}x} = \left(\frac{\mathrm{d}f(x)}{\mathrm{d}x}\right)^{\frac{1}{\alpha}}\left(\frac{f(x)}{x}\right)^{1-\frac{1}{\alpha}}
$$

定理得证。

定理5.7的证明过程有些复杂,但是导出的数学公式比较简洁。不难验证,用导数定义推导出的广义加法意义下的导函数与用定理5.7的结论写出的广义加法意义下的导函数是相同的。由定理5.7可以方便地得到一般函数的广义加法意义下的导函数,从而建立比较完整的函数微分表,而不必按照导数的定义进行比较困难的推导。另外,由定理5.7可以得到特殊的参数α(比如$\alpha=2$或$\alpha=3$)对应的函数的导函数,这对于求取广义加法意义下的不定积分有较大的帮助,我们可以据此来寻找相对简单的函数的广义加法意义下的不定积分。

5.5 广义加法意义下一些初等函数的导函数

在本节中我们用定理5.7的结论推导一批初等函数的广义加法意义下的导函数,在推导过程中需要进行函数形式的化简,将两项乘积项中相同的部分归类合并,进行指数的相加或相减,得到最简单的函数表达式。

(1)求指数函数的导数$\oplus\frac{\mathrm{d}a^{x}}{\mathrm{d}x}$。

已知$\frac{\mathrm{d}a^{x}}{\mathrm{d}x}=a^{x}\ln a$,根据定理5.7,有

$$\oplus\frac{\mathrm{d}a^x}{\mathrm{d}x}=(a^x\ln a)^{\frac{1}{\alpha}}\left(\frac{a^x}{x}\right)^{1-\frac{1}{\alpha}}$$
$$=(\ln a)^{\frac{1}{\alpha}}a^{\frac{x}{\alpha}}a^{x-\frac{x}{\alpha}}x^{\frac{1}{\alpha}-1}$$
$$=(\ln a)^{\frac{1}{\alpha}}a^x x^{\frac{1}{\alpha}-1}$$

(2) 求对数函数的导数$\oplus\frac{\mathrm{d}\log_a(x)}{\mathrm{d}x}$。

已知$\frac{\mathrm{d}\log_a(x)}{\mathrm{d}x}=\frac{1}{x\ln a}$,根据定理5.7,有

$$\oplus\frac{\mathrm{d}\log_a(x)}{\mathrm{d}x}=\left(\frac{1}{x\ln a}\right)^{\frac{1}{\alpha}}(\log_a(x))^{1-\frac{1}{\alpha}}x^{\frac{1}{\alpha}-1}$$

注意到

$$\log_a(x)=\frac{\ln x}{\ln a}$$

有

$$\oplus\frac{\mathrm{d}\log_a(x)}{\mathrm{d}x}=\left(\frac{1}{x}\right)^{\frac{1}{\alpha}}\left(\frac{1}{\ln a}\right)^{\frac{1}{\alpha}}(\ln x)^{1-\frac{1}{\alpha}}(\ln a)^{\frac{1}{\alpha}-1}x^{\frac{1}{\alpha}-1}$$
$$=(\ln a)^{-1}(\ln x)^{1-\frac{1}{\alpha}}x^{-1}$$
$$=\frac{1}{x\ln a}(\ln x)^{1-\frac{1}{\alpha}}$$

(3) 求正切函数的导数$\oplus\frac{\mathrm{d}\tan(x)}{\mathrm{d}x}=\oplus\frac{\mathrm{d}}{\mathrm{d}x}\frac{\sin(x)}{\cos(x)}$。

根据定理5.5,有

$$\oplus\frac{\mathrm{d}}{\mathrm{d}x}\frac{\sin(x)}{\cos(x)}=\frac{\cos x\oplus\frac{\mathrm{d}}{\mathrm{d}x}\sin(x)\{-\}\sin x\oplus\frac{\mathrm{d}}{\mathrm{d}x}\cos(x)}{(\cos(x))^2}$$

我们有

$$\oplus\frac{\mathrm{d}\sin(x)}{\mathrm{d}x}=\left(\frac{\sin(x)}{x}\right)^{\frac{\alpha-1}{\alpha}}(\cos(x))^{\frac{1}{\alpha}}$$
$$\oplus\frac{\mathrm{d}\cos(x)}{\mathrm{d}x}=-\left(\frac{\cos(x)}{x}\right)^{\frac{\alpha-1}{\alpha}}(\sin(x))^{\frac{1}{\alpha}}$$

代入上式,有

$$\oplus\frac{\mathrm{d}}{\mathrm{d}x}\frac{\sin(x)}{\cos(x)}=\frac{\left(\frac{\sin(x)}{x}\right)^{\frac{\alpha-1}{\alpha}}(\cos(x))^{\frac{1}{\alpha}+1}\{+\}\left(\frac{\cos(x)}{x}\right)^{\frac{\alpha-1}{\alpha}}(\sin(x))^{\frac{1}{\alpha}+1}}{(\cos(x))^2}$$

$$= \frac{\left(\left(\frac{\sin(x)}{x}\right)^{\alpha-1}(\cos(x))^{\alpha+1} + \left(\frac{\cos(x)}{x}\right)^{\alpha-1}(\sin(x))^{\alpha+1}\right)^{\frac{1}{\alpha}}}{(\cos(x))^2}$$

这个导数公式是比较复杂的。

(4) 求余切函数的导数$\oplus\frac{\mathrm{d}\cot(x)}{\mathrm{d}x} = \oplus\frac{\mathrm{d}}{\mathrm{d}x}\frac{\cos(x)}{\sin(x)}$。

根据定理5.5,有

$$\oplus\frac{\mathrm{d}}{\mathrm{d}x}\frac{\cos(x)}{\sin(x)} = \frac{\sin x \oplus\frac{\mathrm{d}}{\mathrm{d}x}\cos(x)\{-\}\cos x \oplus\frac{\mathrm{d}}{\mathrm{d}x}\sin(x)}{(\sin(x))^2}$$

我们有

$$\oplus\frac{\mathrm{d}\sin(x)}{\mathrm{d}x} = \left(\frac{\sin(x)}{x}\right)^{\frac{\alpha-1}{\alpha}}(\cos(x))^{\frac{1}{\alpha}}$$

$$\oplus\frac{\mathrm{d}\cos(x)}{\mathrm{d}x} = -\left(\frac{\cos(x)}{x}\right)^{\frac{\alpha-1}{\alpha}}(\sin(x))^{\frac{1}{\alpha}}$$

代入上式,有

$$\oplus\frac{\mathrm{d}}{\mathrm{d}x}\frac{\cos(x)}{\sin(x)} = \frac{-\left(\frac{\cos(x)}{x}\right)^{\frac{\alpha-1}{\alpha}}(\sin(x))^{\frac{1}{\alpha}+1}\{-\}\left(\frac{\sin(x)}{x}\right)^{\frac{\alpha-1}{\alpha}}(\cos(x))^{\frac{1}{\alpha}+1}}{(\sin(x))^2}$$

$$= -\frac{\left(\left(\frac{\cos(x)}{x}\right)^{\alpha-1}(\sin(x))^{\alpha+1} + \left(\frac{\sin(x)}{x}\right)^{\alpha-1}(\cos(x))^{\alpha+1}\right)^{\frac{1}{\alpha}}}{(\sin(x))^2}$$

(5) 求双曲正弦函数的导数$\oplus\frac{\mathrm{d}\sinh(x)}{\mathrm{d}x} = \oplus\frac{\mathrm{d}}{\mathrm{d}x}\frac{\mathrm{e}^x - \mathrm{e}^{-x}}{2}$。

根据定理5.7,有

$$\oplus\frac{\mathrm{d}\sinh(x)}{\mathrm{d}x} = \left(\frac{\mathrm{e}^x + \mathrm{e}^{-x}}{2}\right)^{\frac{1}{\alpha}}\left(\frac{\mathrm{e}^x - \mathrm{e}^{-x}}{2x}\right)^{1-\frac{1}{\alpha}}$$

$$= (\cosh(x))^{\frac{1}{\alpha}}(\sinh(x))^{1-\frac{1}{\alpha}}x^{\frac{1}{\alpha}-1}$$

$$= \sinh(x)(\coth(x))^{\frac{1}{\alpha}}x^{\frac{1}{\alpha}-1}$$

(6) 求双曲余弦函数的导数$\oplus\frac{\mathrm{d}\cosh(x)}{\mathrm{d}x} = \oplus\frac{\mathrm{d}}{\mathrm{d}x}\frac{\mathrm{e}^x + \mathrm{e}^{-x}}{2}$。

根据定理5.7,有

$$\oplus\frac{\mathrm{d}\cosh(x)}{\mathrm{d}x} = \left(\frac{\mathrm{e}^x - \mathrm{e}^{-x}}{2}\right)^{\frac{1}{\alpha}}\left(\frac{\mathrm{e}^x + \mathrm{e}^{-x}}{2x}\right)^{1-\frac{1}{\alpha}}$$

$$= (\sinh(x))^{\frac{1}{\alpha}}(\cosh(x))^{1-\frac{1}{\alpha}}x^{\frac{1}{\alpha}-1}$$

$$= \cosh(x)(\tanh(x))^{\frac{1}{\alpha}}x^{\frac{1}{\alpha}-1}$$

(7) 求双曲正切函数的导数$\oplus\frac{\mathrm{d}\tanh(x)}{\mathrm{d}x} = \oplus\frac{\mathrm{d}}{\mathrm{d}x}\frac{\sinh(x)}{\cosh(x)}$。

根据定理5.7,有

$$\oplus\frac{\mathrm{d}}{\mathrm{d}x}\frac{\sinh(x)}{\cosh(x)} = \left(\frac{\cosh(x)\frac{\mathrm{d}\sinh(x)}{\mathrm{d}x} - \sinh(x)\frac{\mathrm{d}\cosh(x)}{\mathrm{d}x}}{(\cosh(x))^2}\right)^{\frac{1}{\alpha}}\left(\frac{\sinh(x)}{x\cosh(x)}\right)^{1-\frac{1}{\alpha}}$$

$$= \left(\frac{\cosh^2(x) - \sinh^2(x)}{\cosh^2(x)}\right)^{\frac{1}{\alpha}}\left(\frac{\sinh(x)}{x\cosh(x)}\right)^{1-\frac{1}{\alpha}}$$

对于双曲函数有 $\cosh^2(x) - \sinh^2(x) = 1$,因此

$$\oplus\frac{\mathrm{d}}{\mathrm{d}x}\frac{\sinh(x)}{\cosh(x)} = \left(\frac{1}{\cosh(x)}\right)^{\frac{2}{\alpha}}(\tanh(x))^{1-\frac{1}{\alpha}}x^{\frac{1}{\alpha}-1}$$

(8) 求双曲余切函数的导数$\oplus\frac{\mathrm{d}\coth(x)}{\mathrm{d}x} = \oplus\frac{\mathrm{d}}{\mathrm{d}x}\frac{\cosh(x)}{\sinh(x)}$。

根据定理5.7,有

$$\oplus\frac{\mathrm{d}}{\mathrm{d}x}\frac{\cosh(x)}{\sinh(x)} = \left(\frac{\sinh(x)\frac{\mathrm{d}\cosh(x)}{\mathrm{d}x} - \cosh(x)\frac{\mathrm{d}\sinh(x)}{\mathrm{d}x}}{(\sinh(x))^2}\right)^{\frac{1}{\alpha}}\left(\frac{\cosh(x)}{x\sinh(x)}\right)^{1-\frac{1}{\alpha}}$$

$$= \left(\frac{\sinh^2(x) - \cosh^2(x)}{\sinh^2(x)}\right)^{\frac{1}{\alpha}}\left(\frac{\cosh(x)}{x\sinh(x)}\right)^{1-\frac{1}{\alpha}}$$

对于双曲函数有 $\sinh^2(x) - \cosh^2(x) = -1$,因此

$$\oplus\frac{\mathrm{d}}{\mathrm{d}x}\frac{\cosh(x)}{\sinh(x)} = -\left(\frac{1}{\sinh(x)}\right)^{\frac{2}{\alpha}}(\coth(x))^{1-\frac{1}{\alpha}}x^{\frac{1}{\alpha}-1}$$

由于我们有了定理5.7,函数的广义加法意义下的导数的求取就比较简单了。可以说,定理5.7结合广义加法意义下导数的求导法则(定理5.1至定理5.6)为我们解决了所有函数的求取广义加法意义下导数的技术问题。

下面我们给出若干个函数的广义加法意义下的导函数。

(1) 若$f(x) = \arctan x$,有

$$f'(x) = \frac{1}{1 + x^2}$$

根据定理5.7,有

$$\oplus\frac{\mathrm{d}f(x)}{\mathrm{d}x}=\left(\frac{\mathrm{d}f(x)}{\mathrm{d}x}\right)^{\frac{1}{\alpha}}\left(\frac{f(x)}{x}\right)^{1-\frac{1}{\alpha}}$$

$$=\left(\frac{1}{1+x^2}\right)^{\frac{1}{\alpha}}\left(\frac{\arctan x}{x}\right)^{1-\frac{1}{\alpha}}$$

（2）若 $f(x)=\dfrac{1}{1+x^2}$，有

$$f'(x)=\frac{-2x}{(1+x^2)^2}$$

根据定理 5.7，有

$$\oplus\frac{\mathrm{d}f(x)}{\mathrm{d}x}=-\left(\frac{2x}{(1+x^2)^2}\right)^{\frac{1}{\alpha}}\left(\frac{1}{x(1+x^2)}\right)^{1-\frac{1}{\alpha}}$$

（3）若 $f(x)=\mathrm{e}^{\sin x}$，有

$$f'(x)=(\cos x)\mathrm{e}^{\sin x}$$

根据定理 5.7，有

$$\oplus\frac{\mathrm{d}f(x)}{\mathrm{d}x}=(\cos x\mathrm{e}^{\sin x})^{\frac{1}{\alpha}}\left(\frac{\mathrm{e}^{\sin x}}{x}\right)^{1-\frac{1}{\alpha}}$$

（4）若 $f(x)=\dfrac{1}{1+\sin^2 x}$，有

$$f'(x)=\frac{-2\sin x\cos x}{(1+\sin^2 x)^2}=\frac{-\sin^2 x}{(1+\sin^2 x)^2}$$

根据定理 5.7，有

$$\oplus\frac{\mathrm{d}f(x)}{\mathrm{d}x}=-\left(\frac{\sin 2x}{(1+\sin^2 x)^2}\right)^{\frac{1}{\alpha}}\left(\frac{1}{x(1+\sin^2 x)}\right)^{1-\frac{1}{\alpha}}$$

另外，对于由某函数在 0 点处按泰勒方式展开的幂级数来说，幂级数的系数与相应的高阶导数在 0 点的值密切相关。对于普通的幂级数函数有

$$f(x)=f(0)+f'(0)x+\frac{1}{2}f''(0)x^2+\cdots+\frac{1}{n!}f^{(n)}(0)x^n+\cdots$$

对于广义加法意义下的幂级数，这种幂级数的系数与相应的高阶导数值的关系也应该成立，但是函数的广义加法意义下的导数在 0 点的取值需要仔细考查。我们只看一阶导数的情况

$$\oplus\frac{\mathrm{d}f(x)}{\mathrm{d}x}=\left(\frac{\mathrm{d}f(x)}{\mathrm{d}x}\right)^{\frac{1}{\alpha}}\left(\frac{f(x)}{x}\right)^{1-\frac{1}{\alpha}}$$

若要上式可以直接计算 $x=0$ 处的值，则要求 $1-\frac{1}{\alpha}\leqslant 0$，因为当 $1-\frac{1}{\alpha}>0$ 时 $(\frac{1}{x})^{1-\frac{1}{\alpha}}$ 没有意义。这时要求 $\frac{1}{\alpha}\geqslant 1$，即 $\alpha\leqslant 1$。或者要求 $\lim\limits_{x\to 0}\frac{f(x)}{x}$ 有极限。在普通加法下的函数中没有这样的要求。因此，即使 $\frac{\mathrm{d}f(x)}{\mathrm{d}x}$ 在 $x=0$ 点的导数存在，$\oplus\frac{\mathrm{d}f(x)}{\mathrm{d}x}$ 在点 $x=0$ 的广义加法意义下的导数的值也不一定是有限值。

还有一个有趣的问题，那就是普通加法下的函数的稳定点（导数值取零值的点）在广义加法世界里是否依然是稳定点。从几何意义上来考查，这个结论应该是成立的。为此我们有下面的定理。

定理 5.8 设有一元可微函数 $f(x)$，闭区间 $[a,b]$ 不包括 0 点，则在闭区间 $[a,b]$ 中 $f(x)$ 在普通加法世界中的稳定点连同方程 $f(x)=0$ 的根都是 $f(x)$ 在广义加法世界中的稳定点。

证明 无论是在普通加法世界中还是在广义加法世界中，一元函数的稳定点都是导数值取零值的点。根据定理 5.7，有

$$\oplus\frac{\mathrm{d}f(x)}{\mathrm{d}x}=\left(\frac{\mathrm{d}f(x)}{\mathrm{d}x}\right)^{\frac{1}{\alpha}}\left(\frac{f(x)}{x}\right)^{1-\frac{1}{\alpha}}$$

根据定理的条件，$\alpha\neq 1$，因为闭区间 $[a,b]$ 不包括 0 点，所以函数 $(\frac{1}{x})^{1-\frac{1}{\alpha}}$ 在闭区间 $[a,b]$ 中取有限的值。从上面的导数表达式可以看出，$\frac{\mathrm{d}f(x)}{\mathrm{d}x}=0$ 连同 $f(x)=0$ 与 $\oplus\frac{\mathrm{d}f(x)}{\mathrm{d}x}=0$ 是等价的。或者说，方程 $f(x)=0$ 的根和方程 $\frac{\mathrm{d}f(x)}{\mathrm{d}x}=0$ 的根都是 $\oplus\frac{\mathrm{d}f(x)}{\mathrm{d}x}=0$ 的根，而方程 $\oplus\frac{\mathrm{d}f(x)}{\mathrm{d}x}=0$ 的根都是 $f(x)$ 在广义加法世界中的稳定点。定理得证。

对于普通加法下的二次函数 $f(x)=ax^2+bx+c$，根据定理 5.7，有

$$\oplus\frac{\mathrm{d}f(x)}{\mathrm{d}x}=(2ax+b)^{\frac{1}{\alpha}}\left(\frac{ax^2+bx+c}{x}\right)^{1-\frac{1}{\alpha}}$$

令 $\oplus\frac{\mathrm{d}f(x)}{\mathrm{d}x}=0$，有

$$2ax+b=0$$

或者

$$\frac{ax^2+bx+c}{x}=0$$

第一种情况有

$$x=-\frac{b}{2a}$$

第二种情况有

$$x=\frac{-b+\sqrt{b^2-4ac}}{2a} \text{和} x=\frac{-b-\sqrt{b^2-4ac}}{2a}$$

可见,对于同一个函数,在普通加法世界中的极值点要比广义加法世界中的极值点来得少些。定理 5.8 的结论与人们的直觉不符,这与广义加法世界中的几何学问题密切相关,这是一个值得进一步探讨的问题。

对于广义加法世界中的二次函数

$$f(x)=ax^2\{+\}bx\{+\}c$$

有

$$\oplus\frac{\mathrm{d}f(x)}{\mathrm{d}x}=2^{\frac{1}{\alpha}}ax\{+\}b$$

令$\oplus\frac{\mathrm{d}f(x)}{\mathrm{d}x}=0$,有$x=-\frac{b}{2^{\frac{1}{\alpha}}a}$。这是函数$f(x)=ax^2\{+\}bx\{+\}c$的唯一的极值点。

5.6 广义加法意义下多元函数的偏导数的定义

在本节中我们引进广义加法意义下多元函数的偏导数的定义。我们以二元函数为例。

定义 5.4 函数$f(x,y)$的广义加法意义下的对变量x的偏导数记为$\oplus\frac{\partial f(x,y)}{\partial x}$,$\oplus\frac{\partial f(x,y)}{\partial x}$由下面的极限确定

$$\oplus\frac{\partial f(x,y)}{\partial x} = \lim_{\Delta x\to 0}\frac{f(x\{+\}\Delta x,y)\{-\}f(x,y)}{\Delta x} \tag{5.10}$$

值得注意的是,定义式(5.10)中所有涉及加法或减法的地方都是广义加法,$\Delta x = x_{i+1}\{-\}x_i$,不能与通常意义的加法相混淆。

基于广义加法意义下偏导数的定义可以很容易引进高阶偏导数和混合偏导数的定义。对于 $n-1$ 阶偏导数再求偏导数就得到 n 阶偏导数,对 x 的偏导数函数再求对 y 的偏导数就得到函数的混合偏导数。我们有

$$\oplus\frac{\partial^n f(x,y)}{\partial x^n} = \oplus\frac{\partial}{\partial x}\left(\oplus\frac{\partial^{n-1}f(x,y)}{\partial x^{n-1}}\right) \tag{5.11}$$

$$\oplus\frac{\partial^2 f(x,y)}{\partial x\partial y} = \oplus\frac{\partial}{\partial y}\left(\oplus\frac{\partial f(x,y)}{\partial x}\right) = \oplus\frac{\partial}{\partial x}\left(\oplus\frac{\partial f(x,y)}{\partial y}\right) \tag{5.12}$$

广义加法意义下的偏导数的定义是普通加法意义下的偏导数定义的自然的推广。在本书后面关于广义加法意义下复变函数的探讨中会用到广义加法意义下的偏导数。

5.7　本章总结

1. 广义加法意义下函数导数的定义。

函数 $f(x)$ 的广义加法意义下的导数记为 $\oplus\frac{\mathrm{d}f(x)}{\mathrm{d}x}$, $\oplus\frac{\mathrm{d}f(x)}{\mathrm{d}x}$ 由下面的极限确定

$$\oplus\frac{\mathrm{d}f(x)}{\mathrm{d}x} = \lim_{\Delta x\to 0}\frac{f(x\{+\}\Delta x)\{-\}f(x)}{\Delta x}$$

其中 $\Delta x = x_{i+1}\{-\}x_i$。

2. 广义加法意义下函数的微分

$$\oplus\,\Delta f(x) = \oplus\frac{\mathrm{d}f(x)}{\mathrm{d}x}\Delta x$$

3. 一些基本初等函数的广义加法意义下的导函数(表5.1)。

表 5.1

函数	$f(x)$	$\oplus\frac{\mathrm{d}f(x)}{\mathrm{d}x}$
常数函数	$f(x)=a$	$\oplus\frac{\mathrm{d}a}{\mathrm{d}x}=0$
线性函数	$f(x)=x$	$\oplus\frac{\mathrm{d}x}{\mathrm{d}x}=1$
二次函数	$f(x)=x^2$	$\oplus\frac{\mathrm{d}x^2}{\mathrm{d}x}=2^{\frac{1}{\alpha}}x$
整数次幂函数	$f(x)=x^n,n>1$	$\oplus\frac{\mathrm{d}x^n}{\mathrm{d}x}=n^{\frac{1}{\alpha}}x^{n-1}$
一般的幂函数	$f(x)=x^p$,p 为非负实数	$\oplus\frac{\mathrm{d}x^p}{\mathrm{d}x}=p^{\frac{1}{\alpha}}x^{p-1}$
特殊指数函数	$f(x)=\mathrm{e}^x$	$\oplus\frac{\mathrm{d}\mathrm{e}^x}{\mathrm{d}x}=\mathrm{e}^x x^{\frac{1-\alpha}{\alpha}}$
特殊对数函数	$f(x)=\ln(x)$	$\oplus\frac{\mathrm{d}\ln(x)}{\mathrm{d}x}=\frac{1}{x}(\ln(x))^{\frac{\alpha-1}{\alpha}}$
正弦函数	$f(x)=\sin(x)$	$\oplus\frac{\mathrm{d}\sin(x)}{\mathrm{d}x}=\left(\frac{\sin(x)}{x}\right)^{\frac{\alpha-1}{\alpha}}(\cos(x))^{\frac{1}{\alpha}}$
余弦函数	$f(x)=\cos(x)$	$\oplus\frac{\mathrm{d}\cos(x)}{\mathrm{d}x}=-\left(\frac{\cos(x)}{x}\right)^{\frac{\alpha-1}{\alpha}}(\sin(x))^{\frac{1}{\alpha}}$

4. 广义加法意义下函数导数的运算法则

$$\oplus\frac{\mathrm{d}(f(x)\{+\}h(x))}{\mathrm{d}x}=\oplus\frac{\mathrm{d}f(x)}{\mathrm{d}x}\{+\}\oplus\frac{\mathrm{d}h(x)}{\mathrm{d}x}$$

$$\oplus\frac{\mathrm{d}(f(x)\times h(x))}{\mathrm{d}x}=\oplus\frac{\mathrm{d}f(x)}{\mathrm{d}x}h(x)\{+\}\oplus\frac{\mathrm{d}h(x)}{\mathrm{d}x}f(x)$$

$$\oplus\frac{\mathrm{d}f(u(x))}{\mathrm{d}x}=\left(\oplus\frac{\mathrm{d}f(u)}{\mathrm{d}u}\right)\times\left(\oplus\frac{\mathrm{d}u(x)}{\mathrm{d}x}\right)$$

$$\oplus\frac{\mathrm{d}}{\mathrm{d}x}\left(\frac{f(x)}{h(x)}\right)=\frac{\oplus\frac{\mathrm{d}f(x)}{\mathrm{d}x}h(x)\{-\}\oplus\frac{\mathrm{d}h(x)}{\mathrm{d}x}f(x)}{(h(x))^2}$$

5. 广义加法意义下的导数可以由普通加法意义下的导数来表示,具体公式为

$$\oplus\frac{\mathrm{d}f(x)}{\mathrm{d}x}=\left(\frac{\mathrm{d}f(x)}{\mathrm{d}x}\right)^{\frac{1}{\alpha}}\left(\frac{f(x)}{x}\right)^{1-\frac{1}{\alpha}}$$

6. 若干基本初等函数的广义加法意义下的导函数(表 5.2)。

表 5.2

函数	$f(x)$	$\oplus\frac{\mathrm{d}f(x)}{\mathrm{d}x}$
指数函数	$f(x)=a^x, a>0$	$\oplus\frac{\mathrm{d}a^x}{\mathrm{d}x}=(\ln a)^{\frac{1}{\alpha}}a^x x^{\frac{1}{\alpha}-1}$
对数函数	$f(x)=\log_a x, a>0$	$\oplus\frac{\mathrm{d}\log_a(x)}{\mathrm{d}x}=\frac{1}{x\ln a}(\ln x)^{1-\frac{1}{\alpha}}$
正切函数	$f(x)=\tan(x)=\frac{\sin(x)}{\cos(x)}$	$\oplus\frac{\mathrm{d}\tan(x)}{\mathrm{d}x}=$ $\frac{\left(\left(\frac{\sin(x)}{x}\right)^{\alpha-1}(\cos(x))^{\alpha+1}+\left(\frac{\cos(x)}{x}\right)^{\alpha-1}(\sin(x))^{\alpha+1}\right)^{\frac{1}{\alpha}}}{(\cos(x))^2}$
余切函数	$f(x)=\cot(x)=\frac{\cos(x)}{\sin(x)}$	$\oplus\frac{\mathrm{d}\cot(x)}{\mathrm{d}x}=$ $-\frac{\left(\left(\frac{\cos(x)}{x}\right)^{\alpha-1}(\sin(x))^{\alpha+1}+\left(\frac{\sin(x)}{x}\right)^{\alpha-1}(\cos(x))^{\alpha+1}\right)^{\frac{1}{\alpha}}}{(\sin(x))^2}$
双曲正弦函数	$f(x)=\sinh(x)=\frac{e^x-e^{-x}}{2}$	$\oplus\frac{\mathrm{d}\sinh(x)}{\mathrm{d}x}=\sinh(x)(\coth(x))^{\frac{1}{\alpha}}x^{\frac{1}{\alpha}-1}$
双曲余弦函数	$f(x)=\cosh(x)=\frac{e^x+e^{-x}}{2}$	$\oplus\frac{\mathrm{d}\cosh(x)}{\mathrm{d}x}=\cosh(x)(\tanh(x))^{\frac{1}{\alpha}}x^{\frac{1}{\alpha}-1}$
双曲正切函数	$f(x)=\tanh(x)=\frac{\sinh(x)}{\cosh(x)}$	$\oplus\frac{\mathrm{d}\tanh(x)}{\mathrm{d}x}=\left(\frac{1}{\cosh(x)}\right)^{\frac{2}{\alpha}}(\tanh(x))^{1-\frac{1}{\alpha}}x^{\frac{1}{\alpha}-1}$
双曲余切函数	$f(x)=\coth(x)=\frac{\cosh(x)}{\sinh(x)}$	$\oplus\frac{\mathrm{d}\coth(x)}{\mathrm{d}x}=-\left(\frac{1}{\sinh(x)}\right)^{\frac{2}{\alpha}}(\coth(x))^{1-\frac{1}{\alpha}}x^{\frac{1}{\alpha}-1}$

7. 设有一元可微函数$f(x)$，满足的条件是$f(x)$在闭区间$[a,b]$不包括0点，则在闭区间$[a,b]$中$f(x)$在普通加法世界中的稳定点连同方程$f(x)=0$的根都是$f(x)$在广义加法世界中的稳定点。

8. 函数$f(x,y)$的广义加法意义下的对变量x的偏导数记为$\oplus\frac{\partial f(x,y)}{\partial x}$，$\oplus\frac{\partial f(x,y)}{\partial x}$由下面的极限确定

$$\oplus\frac{\partial f(x,y)}{\partial x}=\lim_{\Delta x\to 0}\frac{f(x\{+\}\Delta x,y)\{-\}f(x,y)}{\Delta x}$$

定义式中所有涉及加法或减法的地方都是广义加法，$\Delta x=x_{i+1}\{-\}x_i$。

高阶偏导数和混合偏导数的定义

$$\oplus\frac{\partial^n f(x,y)}{\partial x^n}=\oplus\frac{\partial}{\partial x}\left(\oplus\frac{\partial^{n-1}f(x,y)}{\partial x^{n-1}}\right)$$

$$\oplus\frac{\partial^2 f(x,y)}{\partial x\partial y}=\oplus\frac{\partial}{\partial y}\left(\oplus\frac{\partial f(x,y)}{\partial x}\right)=\oplus\frac{\partial}{\partial x}\left(\oplus\frac{\partial f(x,y)}{\partial y}\right)$$

广义加法体系中的函数构造方法

第6章

在本章中我们探讨广义加法体系中的函数构造方法的相关问题,主要通过构造幂级数来生成广义加法世界中的函数。普通加法世界中的常用函数包括:指数函数,对数函数,三角函数,反三角函数,双曲函数,二项式函数,分式函数等。我们构造出与这些函数相对应的广义加法世界中的函数并证明这些函数的一些性质,特别是推导出广义加法世界中的三角函数和双曲函数满足的若干公式。我们建立了普通加法世界和广义加法世界中线性微分方程的解之间的数学联系。我们还给出了广义加法意义下二项式的展开公式。

6.1 用广义加法与传统的乘法构造幂级数

在广义加法和传统乘法的意义下,我们可以定义下面形式的幂级数

$$f(x) = a_0\{+\}a_1x\{+\}a_2x^2\{+\}\cdots\{+\}a_nx^n\{+\}\cdots \quad (6.1)$$

显然,幂级数(6.1)由它的各项系数唯一地确定。我把广义加法意义下的幂级数记成$\oplus\sum_{i=0}^{\infty}a_ix^i$,即

$$\oplus\sum_{i=0}^{\infty}a_ix^i = a_0\{+\}a_1x\{+\}a_2x^2\{+\}\cdots\{+\}a_nx^n\{+\}\cdots$$

对于确定的广义加法幂指数$\alpha>0$,上面表达式是x的函数。

我们来考查上面的幂级数函数的导数。由于广义加法符合结

合律,不难证明,在幂级数一致收敛的前提下广义加法意义下幂级数的求导可以对每一项进行求导,然后再求和(逐项微分)。由于有

$$\oplus\frac{\mathrm{d}x^n}{\mathrm{d}x} = n^{\frac{1}{\alpha}}x^{n-1}$$

因此

$$\oplus\frac{\mathrm{d}}{\mathrm{d}x}(\oplus\sum_{i=0}^{\infty}a_ix^i) = \oplus\sum_{i=1}^{\infty}i^{\frac{1}{\alpha}}a_ix^{i-1} \tag{6.2}$$

一般的有

$$\oplus\frac{\mathrm{d}^k}{\mathrm{d}x^k}(\oplus\sum_{i=0}^{\infty}a_ix^i) = \oplus\sum_{i=k}^{\infty}(i(i-1)\cdots(i-(k-1)))^{\frac{1}{\alpha}}a_ix^{i-k}$$

不难看出

$$f(0) = a_0$$

$$\begin{aligned}\oplus\frac{\mathrm{d}^kf(x)}{\mathrm{d}x^k}\Big|_{x=0} &= \oplus\frac{\mathrm{d}^k}{\mathrm{d}x^k}(\oplus\sum_{i=0}^{\infty}a_ix^i)\Big|_{x=0}\\ &= (k!)^{\frac{1}{\alpha}}a_k\end{aligned}$$

有

$$a_k = \frac{1}{(k!)^{\frac{1}{\alpha}}}\oplus\frac{\mathrm{d}^kf(x)}{\mathrm{d}x^k}\Big|_{x=0} \tag{6.3}$$

这是幂级数(6.1)的系数与高阶导数值的关系。

上面的幂级数可以按照广义加法的定义写成普通函数的形式,即

$$\oplus\sum_{i=0}^{\infty}a_ix^i = (\sum_{i=0}^{\infty}a_i^{\alpha}x^{\alpha i})^{\frac{1}{\alpha}}$$

$$\oplus\frac{\mathrm{d}}{\mathrm{d}x}\oplus\sum_{i=0}^{\infty}a_ix^i = (\sum_{i=0}^{\infty}ia_i^{\alpha}x^{\alpha(i-1)})^{\frac{1}{\alpha}}$$

在普通加法下的数学体系中,幂级数主要是由已知函数的泰勒展开式确定的。对函数进行泰勒展开要知道函数在某点处的各阶导数的取值。对于普通加法下的一些常用函数来说,函数的各阶导数容易求取,比如 e^x, $\sin x$, $\cos x$ 等,因此这些函数的幂级数较容易确定。对于我们提出的广义加法意义下的数学体系,求函数的高阶导数一般比较困难,因此通过求高阶导数的方法来构造幂级数有较大的困难。

有一种方法可以尝试,那就是在已有的一些常用函数的普通加法下的幂级

数表达式的基础上，通过合理改造幂级数的系数来构造相应的广义加法意义下的幂级数函数，考查这样得到的幂级数函数的各种性质。我们的一个目的是寻找广义加法世界中的基本函数和常用函数。

考虑普通加法下的指数函数 $f(x) = \mathrm{e}^x$，该函数也常写成 $\exp(x)$，该函数的特征是 $\frac{\mathrm{d}}{\mathrm{d}x}\mathrm{e}^x = \mathrm{e}^x$，函数 $f(x) = \mathrm{e}^x$ 的幂级数的形式如下

$$\mathrm{e}^x = 1 + x + \frac{1}{2!}x^2 + \frac{1}{3!}x^3 + \cdots + \frac{1}{n!}x^n + \cdots$$

我们已经知道下面的广义加法意义下幂函数的导数公式

$$\oplus\frac{\mathrm{d}}{\mathrm{d}x}x^n = n^{\frac{1}{\alpha}}x^{n-1}$$

我们基于函数 $f(x) = \mathrm{e}^x$ 的幂级数表达式构造下面的广义加法意义下的幂级数函数

$$G\exp(x) = 1\{+\}x\{+\}\left(\frac{1}{2!}\right)^{\frac{1}{\alpha}}x^2\{+\}\left(\frac{1}{3!}\right)^{\frac{1}{\alpha}}x^3\{+\}\cdots\{+\}\left(\frac{1}{n!}\right)^{\frac{1}{\alpha}}x^n\{+\}\cdots \tag{6.4}$$

函数 $G\exp(x)$ 中的 G 表示广义加法的意思。上面的幂级数的一般项为 $\left(\frac{1}{n!}\right)^{\frac{1}{\alpha}}x^n$，我们有

$$\begin{aligned}\oplus\frac{\mathrm{d}}{\mathrm{d}x}\left(\frac{1}{n!}\right)^{\frac{1}{\alpha}}x^n &= \left(\frac{1}{n!}\right)^{\frac{1}{\alpha}}n^{\frac{1}{\alpha}}x^{n-1}\\ &= \left(\frac{1}{(n-1)!}\right)^{\frac{1}{\alpha}}x^{n-1}\end{aligned}$$

而且对于常数 C 有

$$\oplus\frac{\mathrm{d}C}{\mathrm{d}x} = 0$$

不难看出，函数 $G\exp(x)$ 具有下面的性质

$$\oplus\frac{\mathrm{d}}{\mathrm{d}x}G\exp(x) = G\exp(x)$$

可见，函数 $G\exp(x)$ 在广义加法世界中的地位就像函数 $\exp(x) = \mathrm{e}^x$ 在普通加法系统中的地位一样。

将函数 $G\exp(x)$ 按广义加法的定义写成普通加法系统中的函数形式，有

$$
\begin{aligned}
G\exp(x) &= \left(\sum_{n=0}^{\infty}\frac{1}{n!}x^{\alpha n}\right)^{\frac{1}{\alpha}} \\
&= (e^{x^{\alpha}})^{\frac{1}{\alpha}} \\
&= e^{\frac{x^{\alpha}}{\alpha}}
\end{aligned}
$$

当 $\alpha=1$ 时，$G\exp(x)$ 就是 $\exp(x)=e^{x}$。

我们来看正弦函数 $f(x)=\sin x$ 和余弦函数 $f(x)=\cos x$，其幂级数形式分别为

$$
\sin x = x-\frac{1}{3!}x^{3}+\frac{1}{5!}x^{5}-\cdots+(-1)^{k}\frac{1}{(2k+1)!}x^{2k+1}+\cdots
$$

$$
\cos x = 1-\frac{1}{2!}x^{2}+\frac{1}{4!}x^{4}-\cdots+(-1)^{k}\frac{1}{(2k)!}x^{2k}+\cdots
$$

正弦函数的性质如下

$$
\frac{\mathrm{d}}{\mathrm{d}x}\sin x = \cos x
$$

$$
\frac{\mathrm{d}^{2}}{\mathrm{d}x^{2}}\sin x = -\sin x
$$

余弦函数的性质如下

$$
\frac{\mathrm{d}}{\mathrm{d}x}\cos x = -\sin x
$$

$$
\frac{\mathrm{d}^{2}}{\mathrm{d}x^{2}}\cos x = -\cos x
$$

我们构建下面的广义加法意义下的幂级数函数 $G\sin(x)$ 和 $G\cos(x)$

$$
\begin{aligned}
G\sin(x) = {} & x\{-\}\left(\frac{1}{3!}\right)^{\frac{1}{\alpha}}x^{3}\{+\}\left(\frac{1}{5!}\right)^{\frac{1}{\alpha}}x^{5}\{-\}\cdots\{+\} \\
& (-1)^{k}\left(\frac{1}{(2k+1)!}\right)^{\frac{1}{\alpha}}x^{2k+1}\{+\}\cdots
\end{aligned}
$$

$$
G\cos(x) = 1\{-\}\left(\frac{1}{2!}\right)^{\frac{1}{\alpha}}x^{2}\{+\}\left(\frac{1}{4!}\right)^{\frac{1}{\alpha}}x^{4}\{-\}\cdots\{+\}(-1)^{k}\left(\frac{1}{(2k)!}\right)^{\frac{1}{\alpha}}x^{2k}\{+\}\cdots \tag{6.5}
$$

不难看出

$$
\oplus\frac{\mathrm{d}}{\mathrm{d}x}(-1)^{k}\left(\frac{1}{(2k+1)!}\right)^{\frac{1}{\alpha}}x^{2k+1} = (-1)^{k}\left(\frac{1}{(2k)!}\right)^{\frac{1}{\alpha}}x^{2k}
$$

上式是 $G\cos(x)$ 的通项。我们又有

$$\oplus\frac{\mathrm{d}}{\mathrm{d}x}(-1)^k\left(\frac{1}{(2k)!}\right)^{\frac{1}{\alpha}}x^{2k}=(-1)^k\left(\frac{1}{(2k-1)!}\right)^{\frac{1}{\alpha}}x^{2k-1}$$

上式是 $-G\sin(x)$ 的通项。不难看出下面的关系式成立

$$\oplus\frac{\mathrm{d}}{\mathrm{d}x}G\sin(x)=G\cos(x)$$

$$\oplus\frac{\mathrm{d}}{\mathrm{d}x}G\cos(x)=-G\sin(x)$$

$$\oplus\frac{\mathrm{d}^2}{\mathrm{d}x^2}G\sin(x)\{+\}G\sin(x)=0$$

$$\oplus\frac{\mathrm{d}^2}{\mathrm{d}x^2}G\cos(x)\{+\}G\cos(x)=0$$

可以看出，在广义加法世界中的函数 $G\sin(x)$ 相当于普通加法体系中的 $\sin(x)$，广义加法世界中的函数 $G\cos(x)$ 相当于普通加法体系中的 $\cos(x)$。

我们规定广义加法世界中的正切函数 $G\tan(x)$ 和余切函数 $G\cot(x)$ 如下

$$G\tan(x)=\frac{G\sin(x)}{G\cos(x)}$$

$$G\cot(x)=\frac{G\cos(x)}{G\sin(x)}\tag{6.6}$$

可见，广义加法世界中的正切函数 $G\tan(x)$ 和余切函数 $G\cot(x)$ 不是通过幂级数来确定的。

用同样的方法，我们可以定义与普通加法下的双曲正弦 $\sinh(x)$ 和双曲余弦 $\cosh(x)$ 相对应的广义加法意义下的双曲正弦函数 $G\sinh(x)$ 和双曲余弦函数 $G\cosh(x)$，公式如下

$$G\sinh(x)=x\{+\}\left(\frac{1}{3!}\right)^{\frac{1}{\alpha}}x^3\{+\}\left(\frac{1}{5!}\right)^{\frac{1}{\alpha}}x^5\{+\}\cdots\{+\}\left(\frac{1}{(2k+1)!}\right)^{\frac{1}{\alpha}}x^{2k+1}+\cdots$$

$$G\cosh(x)=1\{+\}\left(\frac{1}{2!}\right)^{\frac{1}{\alpha}}x^2\{+\}\left(\frac{1}{4!}\right)^{\frac{1}{\alpha}}x^4\{+\}\cdots\{+\}\left(\frac{1}{(2k)!}\right)^{\frac{1}{\alpha}}x^{2k}+\cdots\tag{6.7}$$

容易证明下面的关系式成立

$$\oplus\frac{\mathrm{d}}{\mathrm{d}x}G\sinh(x)=G\cosh(x)$$

$$\oplus\frac{\mathrm{d}}{\mathrm{d}x}G\cosh(x) = G\sinh(x)$$

$$\oplus\frac{\mathrm{d}^2}{\mathrm{d}x^2}G\sinh(x)\{-\}G\sinh(x) = 0$$

$$\oplus\frac{\mathrm{d}^2}{\mathrm{d}x^2}G\cosh(x)\{-\}G\cosh(x) = 0$$

这些关系式与普通加法下的双曲函数满足的关系式是相同的。

我们规定广义加法世界中的双曲正切函数 $G\tanh(x)$ 和双曲正切函数 $G\coth(x)$ 如下

$$G\tanh(x) = \frac{G\sinh(x)}{G\cosh(x)}$$

$$G\coth(x) = \frac{G\cosh(x)}{G\sinh(x)} \tag{6.8}$$

关于这些广义加法意义下的三角函数和双曲函数的性质在本章的后面还有详细的讨论。

这种在广义加法意义下构造幂级数的方法是比较有趣味的,我们只是以这几个函数为例,有许多普通加法下的幂级数函数可以用上面描述的方法移植到广义加法体系中来。

我们有熟悉的等比级数

$$1 + x + x^2 + \cdots + x^n + \cdots$$

以及等比级数

$$1 - x + x^2 - \cdots + (-1)^n x^n + \cdots$$

对于普通的加法系统,有

$$\frac{1}{1-x} = 1 + x + x^2 + \cdots + x^n + \cdots$$

$$\frac{1}{1+x} = 1 - x + x^2 - \cdots + (-1)^n x^n + \cdots$$

在广义加法世界中,我们构造下面的两个幂级数

$$1\{+\}x\{+\}x^2\{+\}\cdots\{+\}x^n + \cdots$$

$$1\{-\}x\{+\}x^2\{-\}\cdots\{+\}(-1)^n x^n + \cdots$$

不难证明,当上面两个幂级数收敛时下面的等式成立

$$\frac{1}{1\{-\}x}=1\{+\}x\{+\}x^2\{+\}\cdots\{+\}x^n+\cdots \tag{6.9}$$

$$\frac{1}{1\{+\}x}=1\{-\}x\{+\}x^2\{-\}\cdots\{+\}(-1)^n x^n+\cdots \tag{6.10}$$

这只须证明 $0<x<1$ 时下面的等式成立

$$(1\{-\}x)(1\{+\}x\{+\}x^2\{+\}\cdots\{+\}x^n+\cdots)=1$$

$$(1\{+\}x)(1\{-\}x\{+\}x^2\{-\}\cdots\{+\}(-1)^n x^n+\cdots)=1$$

由于广义加法与乘法符合分配律和结合律，将上面的乘积乘开，注意到 $\lim\limits_{n\to\infty}x^n=0$，合并化简后就可以证明等式成立。

我们构造广义加法意义下的幂级数

$$1\{+\}\oplus\sum_{n=1}^{\infty}\left(\frac{1}{n}\right)^{\frac{1}{\alpha}}x^n=1\{+\}(\frac{1}{1})^{\frac{1}{\alpha}}x\{+\}\left(\frac{1}{2}\right)^{\frac{1}{\alpha}}x^2\{+\}\cdots\{+\}\left(\frac{1}{n}\right)^{\frac{1}{\alpha}}x^n\{+\}\cdots$$

这个幂级数是从下面的普通加法下的幂级数改造而来

$$1+\sum_{n=1}^{\infty}\frac{1}{n}x^n=1+x+\frac{1}{2}x^2+\cdots+\frac{1}{n}x^n+\cdots$$

对上面的幂级数求取导数，有

$$\frac{\mathrm{d}}{\mathrm{d}x}(1+\sum_{n=1}^{\infty}\frac{1}{n}x^n)=1+x+x^2+\cdots+x^n+\cdots$$

相应的，对于用广义加法构造的幂级数，有

$$\oplus\frac{\mathrm{d}}{\mathrm{d}x}(1\{+\}\oplus\sum_{n=1}^{\infty}\left(\frac{1}{n}\right)^{\frac{1}{\alpha}}x^n)=1\{+\}x\{+\}x^2\{+\}\cdots\{+\}x^n\{+\}\cdots$$

$$=\frac{1}{1\{-\}x}$$

我们将在后面的章节讨论广义加法意义下的定积分和原函数，我们在这里提前使用相关的符号，我们有

$$\oplus\int\frac{1}{1\{-\}x}\mathrm{d}x=1\{+\}\oplus\sum_{n=1}^{\infty}\left(\frac{1}{n}\right)^{\frac{1}{\alpha}}x^n$$

从幂级数出发，通过规定幂级数的系数可以定义一系列广义加法世界中的函数。当然，幂级数系数的规定要参照普通加法系统中函数的幂级数系数。本书只是选择指数函数、三角函数、双曲函数和等比级数为例给出一些结果，这方面可以导出的结果会非常多。

6.2　广义加法意义下几个重要函数的反函数

在上一节我们构造了广义加法意义下几个重要的函数，本节给出这几个函数的反函数。对于 $G\exp(x)$，有

$$\begin{aligned}G\exp(x) &= 1\{+\}x\{+\}\left(\frac{1}{2!}\right)^{\frac{1}{\alpha}}x^2\{+\}\left(\frac{1}{3!}\right)^{\frac{1}{\alpha}}x^3\{+\}\cdots\{+\}\left(\frac{1}{n!}\right)^{\frac{1}{\alpha}}x^n+\cdots\\&=\left(\sum_{n=0}^{\infty}\frac{1}{n!}x^{\alpha n}\right)^{\frac{1}{\alpha}}\\&=\left(e^{x^\alpha}\right)^{\frac{1}{\alpha}}\end{aligned}$$

我们有

$$(G\exp(x))^\alpha = e^{x^\alpha}$$

两边取对数

$$\ln(G\exp(x))^\alpha = x^\alpha$$

我们有

$$x = (\alpha\ln(G\exp(x)))^{\frac{1}{\alpha}}$$

根据反函数的定义，函数 $y = G\exp(x)$ 的反函数为

$$y = G\exp^{-1}(x) = (\alpha\ln(x))^{\frac{1}{\alpha}}$$

按照习惯，我们把函数 $y = G\exp(x)$ 的反函数记为 $y = G\ln(x)$，即有

$$G\ln(x) = (\alpha\ln(x))^{\frac{1}{\alpha}}$$

对于 $G\sin(x)$，有

$$\begin{aligned}G\sin(x) = x\{-\}\left(\frac{1}{3!}\right)^{\frac{1}{\alpha}}x^3\{+\}\left(\frac{1}{5!}\right)^{\frac{1}{\alpha}}x^5\{-\}\cdots\{+\}\\(-1)^k\left(\frac{1}{(2k+1)!}\right)^{\frac{1}{\alpha}}x^{2k+1}\{+\}\cdots\end{aligned}$$

按照广义加法的定义，有

$$\begin{aligned}G\sin(x) &= x\{-\}\left(\frac{1}{3!}\right)^{\frac{1}{\alpha}}x^3\{+\}\left(\frac{1}{5!}\right)^{\frac{1}{\alpha}}x^5\{-\}\cdots\{+\}(-1)^k\left(\frac{1}{(2k+1)!}\right)^{\frac{1}{\alpha}}x^{2k+1}\{+\}\cdots\\&=\left(x^\alpha-\frac{1}{3!}x^{3\alpha}+\frac{1}{5!}x^{5\alpha}-\cdots+(-1)^k\frac{1}{(2k+1)!}x^{(2k+1)\alpha}+\cdots\right)^{\frac{1}{\alpha}}\end{aligned}$$

$$= (\sin(x^{\alpha}))^{\frac{1}{\alpha}}$$

我们得到

$$(G\sin(x))^{\alpha} = \sin(x^{\alpha})$$

整理有

$$x = (\arcsin(G\sin(x))^{\alpha})^{\frac{1}{\alpha}}$$

根据反函数的定义,函数 $y = G\sin(x)$ 的反函数为

$$G\arcsin(x) = (\arcsin(x^{\alpha}))^{\frac{1}{\alpha}}$$

对于 $G\cos(x)$,有

$$G\cos(x) = 1\{-\}\left(\frac{1}{2!}\right)^{\frac{1}{\alpha}}x^2\{+\}\left(\frac{1}{4!}\right)^{\frac{1}{\alpha}}x^4\{-\}\cdots\{+\}(-1)^k\left(\frac{1}{(2k)!}\right)^{\frac{1}{\alpha}}x^{2k}\{+\}\cdots$$

按照广义加法的定义,有

$$\begin{aligned} G\cos(x) &= 1\{-\}\left(\frac{1}{2!}\right)^{\frac{1}{\alpha}}x^2\{+\}\left(\frac{1}{4!}\right)^{\frac{1}{\alpha}}x^4\{-\}\cdots\{+\}(-1)^k\left(\frac{1}{(2k)!}\right)^{\frac{1}{\alpha}}x^{2k}\{+\}\cdots \\ &= \left(1 - \frac{1}{2!}x^{2\alpha} + \frac{1}{4!}x^{4\alpha} - \cdots + (-1)^k\frac{1}{(2k)!}x^{2k\alpha} + \cdots\right)^{\frac{1}{\alpha}} \\ &= (\cos(x^{\alpha}))^{\frac{1}{\alpha}} \end{aligned}$$

我们得到

$$(G\cos(x))^{\alpha} = \cos(x^{\alpha})$$

整理有

$$x = (\arccos(G\cos(x))^{\alpha})^{\frac{1}{\alpha}}$$

根据反函数的定义,函数 $y = G\cos(x)$ 的反函数为

$$G\arccos(x) = (\arccos(x^{\alpha}))^{\frac{1}{\alpha}}$$

从 $G\sin(x) = (\sin(x^{\alpha}))^{\frac{1}{\alpha}}$ 和 $G\cos(x) = (\cos(x^{\alpha}))^{\frac{1}{\alpha}}$ 可以知道,函数 $y = G\sin(x)$ 和函数 $y = G\cos(x)$ 的周期是$(2\pi)^{\frac{1}{\alpha}}$。

对于 $G\sinh(x)$,有

$$G\sinh(x) = x\{+\}\left(\frac{1}{3!}\right)^{\frac{1}{\alpha}}x^3\{+\}\left(\frac{1}{5!}\right)^{\frac{1}{\alpha}}x^5\{+\}\cdots\{+\}\left(\frac{1}{(2k+1)!}\right)^{\frac{1}{\alpha}}x^{2k+1}\{+\}\cdots$$

按照广义加法的定义,有

$$\begin{aligned} G\sinh(x) &= x\{+\}\left(\frac{1}{3!}\right)^{\frac{1}{\alpha}}x^3\{+\}\left(\frac{1}{5!}\right)^{\frac{1}{\alpha}}x^5\{+\}\cdots\{+\}\left(\frac{1}{(2k+1)!}\right)^{\frac{1}{\alpha}}x^{2k+1}\{+\}\cdots \\ &= \left(x^{\alpha} + \frac{1}{3!}x^{3\alpha} + \frac{1}{5!}x^{5\alpha} + \cdots + \frac{1}{(2k+1)!}x^{(2k+1)\alpha} + \cdots\right)^{\frac{1}{\alpha}} \end{aligned}$$

$$= (\sinh(x^{\alpha}))^{\frac{1}{\alpha}}$$

我们得到

$$(G\sinh(x))^{\alpha} = \sinh(x^{\alpha})$$

整理有

$$x = (\operatorname{arcsinh}(G\sinh(x))^{\alpha})^{\frac{1}{\alpha}}$$

根据反函数的定义,函数 $y = G\sinh(x)$ 的反函数为

$$G\operatorname{arcsinh}(x) = (\operatorname{arcsinh}(x^{\alpha}))^{\frac{1}{\alpha}}$$

对于 $G\cosh(x)$,有

$$G\cosh(x) = 1\{+\}\left(\frac{1}{2!}\right)^{\frac{1}{\alpha}}x^{2}\{+\}\left(\frac{1}{4!}\right)^{\frac{1}{\alpha}}x^{4}\{+\}\cdots\{+\}\left(\frac{1}{(2k)!}\right)^{\frac{1}{\alpha}}x^{2k}\{+\}\cdots$$

按照广义加法的定义,有

$$\begin{aligned} G\cosh(x) &= 1\{+\}\left(\frac{1}{2!}\right)^{\frac{1}{\alpha}}x^{2}\{+\}\left(\frac{1}{4!}\right)^{\frac{1}{\alpha}}x^{4}\{+\}\cdots\{+\}\left(\frac{1}{(2k)!}\right)^{\frac{1}{\alpha}}x^{2k}\{+\}\cdots \\ &= \left(1 + \frac{1}{2!}x^{2\alpha} + \frac{1}{4!}x^{4\alpha} + \cdots + \frac{1}{(2k)!}x^{2k\alpha} + \cdots\right)^{\frac{1}{\alpha}} \\ &= (\cosh(x^{\alpha}))^{\frac{1}{\alpha}} \end{aligned}$$

我们得到

$$(G\cosh(x))^{\alpha} = \cosh(x^{\alpha})$$

整理有

$$x = (\operatorname{arccosh}(G\cosh(x))^{\alpha})^{\frac{1}{\alpha}}$$

根据反函数的定义,函数 $y = G\cosh(x)$ 的反函数为

$$G\operatorname{arccosh}(x) = (\operatorname{arccosh}(x^{\alpha}))^{\frac{1}{\alpha}}$$

如果数的广义加法体系逐渐被人们熟悉,并且广义加法在许多领域中找到了较多恰当的应用,那么广义加法意义下可以选择的常用函数就是一个需要仔细解决的问题。我们知道,普通加法体系中函数的获得方式较多,包括从几何学、代数学、应用问题、函数方程、微分方程、参数积分、基本函数的复合、幂级数等方面获得函数的表达式。从理论上讲,这些函数都可以在广义加法体系中使用。但是,在广义加法世界中根据广义加法的特点构造专属于广义加法世界的函数无疑是非常必要的。

广义加法体系中获得函数的方式应该包括以下几个方面:一是改造普通加

法体系中的函数,特别是当普通加法体系中的函数有简单的幂级数表达式时,可以将幂级数的系数进行适当的改造而生成新的函数。二是用幂级数法求解广义加法意义下的线性微分方程而获得,主要通过待定系数法,利用广义加法和乘法的运算规则以及利用导数的规则求幂级数的解,从而得到相应的函数。三是直接根据某些特殊要求规定幂级数的各项系数。第四种方法是求解特殊的函数方程而得到新的函数,比如方程 $f(x\{+\}y)=f(x)f(y)$。第五种方式,通过已知函数的导数、积分、参数积分等确定函数。第六种方式是由具体的应用模型推导出新的函数。第七种方式是利用广义加法的代数表达式获得函数,包括多项式函数和有理分式函数,如 $(3\{-\}7x)/(1\{+\}3x\{+\}5x^2)$。第八种方式是用复合函数手段获得函数,如 $G\sin(G\exp(x^2\{+\}3x\{+\}2))$。第九种方式是用已知函数的反函数得到新函数。

6.3 广义加法意义下的二项式展开公式

还有一个重要的数学公式需要研究,那就是著名的二项和的 n 次幂的展开式,即

$$(a+b)^n = a^n + \mathrm{C}_n^1 a^{n-1}b + \mathrm{C}_n^2 a^{n-2}b^2 + \cdots + \mathrm{C}_n^{n-1}ab^{n-1} + b^n$$

这个展开式中的系数是合并同类项时相同项的个数。在广义加法中不能简单地进行合并。比如,对于 $n=2$,我们有

$$\begin{aligned}(a\{+\}b)^2 &= (a\{+\}b)(a\{+\}b)\\ &= a^2\{+\}ab\{+\}ab\{+\}b^2\\ &= a^2\{+\}ab(1\{+\}1)\{+\}b^2\\ &= a^2\{+\}2^{\frac{1}{\alpha}}ab\{+\}b^2\end{aligned}$$

对于 $n=3$,我们有

$$\begin{aligned}(a\{+\}b)^3 &= (a\{+\}b)(a\{+\}b)(a\{+\}b)\\ &= (a^2\{+\}ab\{+\}ab\{+\}b^2)(a\{+\}b)\\ &= a^3\{+\}a^2b(1\{+\}1\{+\}1)\{+\}ab^2(1\{+\}1\{+\}1)\{+\}b^3\\ &= a^3\{+\}3^{\frac{1}{\alpha}}a^2b\{+\}3^{\frac{1}{\alpha}}ab^2\{+\}b^3\end{aligned}$$

上面展开式中的系数与普通加法下的二项式展开式中的系数不相同。对于

一般的 n，由于广义加法符合分配律和结合律，所以不难验证下面的等式成立

$$(a\{+\}b)^n = a^n\{+\}(C_n^1)^{\frac{1}{\alpha}}a^{n-1}b\{+\}(C_n^2)^{\frac{1}{\alpha}}a^{n-2}b^2\{+\}\cdots\{+\}(C_n^{n-1})^{\frac{1}{\alpha}}ab^{n-1}\{+\}b^n \tag{6.11}$$

其中 $(C_n^2)^{\frac{1}{\alpha}}$ 是 C_n^2 个 1 的广义加法和，因为 m 个 1 的广义加法和为 $(m)^{\frac{1}{\alpha}}$。

对于一般的实数 p，我们定义下面的幂级数

$$(1\{+\}x)^p = 1^n\{+\}\binom{p}{1}^{\frac{1}{\alpha}}x\{+\}\binom{p}{2}^{\frac{1}{\alpha}}x^2\{+\}\cdots\{+\}\binom{p}{k}^{\frac{1}{\alpha}}x^k\{+\}\cdots \tag{6.12}$$

这是著名的牛顿（Newton）二项级数在广义加法系统的形式。按照广义加法的定义，有

$$\begin{aligned}(1\{+\}x)^p &= 1^n\{+\}\binom{p}{1}^{\frac{1}{\alpha}}x\{+\}\binom{p}{2}^{\frac{1}{\alpha}}x^2\{+\}\cdots\{+\}\binom{p}{k}^{\frac{1}{\alpha}}x^k\{+\}\cdots \\ &= \left(1+\binom{p}{1}x^\alpha+\binom{p}{2}x^{2\alpha}+\cdots+\binom{p}{k}x^{k\alpha}+\cdots\right)^{\frac{1}{\alpha}} \\ &= ((1+x^\alpha)^p)^{\frac{1}{\alpha}}\end{aligned}$$

关于这个级数的解析性质还有待深入研究。

6.4 广义加法意义下线性微分方程的解

我们在本节中考虑一个有趣的问题，假设普通加法下的某个线性微分方程有幂级数形式的解，那么这个线性微分方程的解和相同形式的广义加法意义下的线性微分方程的解之间有怎样的关系。实际上我们前面利用普通加法下的幂级数的改造而给出广义加法意义下的函数形式的方法有很好的启发意义。比如函数 $f(x) = e^x$，该函数的特征是 $\frac{d}{dx}e^x = e^x$，函数 $\exp(x) = e^x$ 的幂级数的形式如下

$$e^x = 1 + x + \frac{1}{2!}x^2 + \frac{1}{3!}x^3 + \cdots + \frac{1}{n!}x^n + \cdots$$

该函数满足的微分方程是

$$\frac{d}{dx}f(x) = f(x)$$

相应地,我们构造了广义加法意义下的函数

$$G\exp(x) = 1\{+\}x\{+\}\left(\frac{1}{2!}\right)^{\frac{1}{\alpha}}x^2\{+\}\left(\frac{1}{3!}\right)^{\frac{1}{\alpha}}x^3\{+\}\cdots\{+\}\left(\frac{1}{n!}\right)^{\frac{1}{\alpha}}x^n + \cdots$$

该函数满足的微分方程是

$$\oplus\frac{df(x)}{dx} = f(x)$$

又比如,正弦函数 $f(x) = \sin x$,其幂级数形式如下

$$\sin x = x - \frac{1}{3!}x^3 + \frac{1}{5!}x^5 - \cdots + (-1)^k\frac{1}{(2k+1)!}x^{2k+1} + \cdots$$

函数 $f(x) = \sin x$ 满足下面的微分方程

$$\frac{d^2f(x)}{dx^2} + f(x) = 0$$

我们构建下面的广义加法意义下的幂级数函数 $G\sin(x)$

$$G\sin(x) = x\{-\}\left(\frac{1}{3!}\right)^{\frac{1}{\alpha}}x^3\{+\}\left(\frac{1}{5!}\right)^{\frac{1}{\alpha}}x^5\{-\}\cdots\{+\}$$

$$(-1)^k\left(\frac{1}{(2k+1)!}\right)^{\frac{1}{\alpha}}x^{2k+1} + \cdots$$

该函数满足的微分方程是

$$\oplus\frac{d^2f(x)}{dx^2}\{+\}f(x) = 0$$

对于一般的情况,我们有下面的定理。

定理 6.1 考查下面的线性微分方程

$$a(x)\frac{d^2f(x)}{dx^2} + b(x)\frac{df(x)}{dx} + c(x)f(x) = 0$$

假设该方程有幂级数形式的解,写成下面的形式

$$h(x) = a_0 + a_1x + a_2x^2 + a_3x^3 + \cdots + a_nx^n + \cdots$$

则构造下面的广义加法意义下的线性微分方程

$$(a(x^\alpha))^{\frac{1}{\alpha}}\oplus\frac{d^2f(x)}{dx^2}\{+\}(b(x^\alpha))^{\frac{1}{\alpha}}\oplus\frac{df(x)}{dx}\{+\}(c(x^\alpha))^{\frac{1}{\alpha}}f(x) = 0 \tag{6.13}$$

α 为广义加法定义中的幂指数,则该方程有幂级数形式的解,解的表达式为

$Gh(x) =$

$$(a_0)^{\frac{1}{\alpha}}\{+\}(a_1)^{\frac{1}{\alpha}}x\{+\}(a_2)^{\frac{1}{\alpha}}x^2\{+\}(a_3)^{\frac{1}{\alpha}}x^3\{+\}\cdots\{+\}(a_n)^{\frac{1}{\alpha}}x^n\{+\}\cdots$$

其中微分方程中和系数函数中的幂指数函数$(f(x))^{\frac{1}{\alpha}}$与广义加法定义中使用的幂指数函数是相同的,是整个实数轴上定义的奇函数。

证明 将微分方程的幂级数解用求和号写成表达式

$$h(x) = a_0 + a_1x + a_2x^2 + a_3x^3 + \cdots + a_nx^n + \cdots$$
$$= \sum_{i=0}^{\infty} a_ix^i$$

导函数为

$$\frac{\mathrm{d}h(x)}{\mathrm{d}x} = \sum_{i=0}^{\infty}(i+1)a_{i+1}x^i$$

二阶导数为

$$\frac{\mathrm{d}^2h(x)}{\mathrm{d}x^2} = \sum_{i=0}^{\infty}(i+2)(i+1)a_{i+2}x^i$$

代入微分方程,有

$$a(x)\sum_{i=0}^{\infty}(i+2)(i+1)a_{i+2}x^i + b(x)\sum_{i=0}^{\infty}(i+1)a_{i+1}x^i + c(x)\sum_{i=0}^{\infty}a_ix^i = 0$$

整理得

$$\sum_{i=0}^{\infty}[a(x)(i+2)(i+1)a_{i+2} + b(x)(i+1)a_{i+1} + c(x)a_i]x^i = 0$$

等式左端是一个恒等于0的函数,我们记

$$M(x) = \sum_{i=0}^{\infty}[a(x)(i+2)(i+1)a_{i+2} + b(x)(i+1)a_{i+1} + c(x)a_i]x^i \tag{6.14}$$

将广义加法意义下的幂级数解的表达式写成求和形式

$$Gh(x) = (a_0)^{\frac{1}{\alpha}}\{+\}(a_1)^{\frac{1}{\alpha}}x\{+\}(a_2)^{\frac{1}{\alpha}}x^2\{+\}(a_3)^{\frac{1}{\alpha}}x^3\{+\}\cdots\{+\}(a_n)^{\frac{1}{\alpha}}x^n\{+\}\cdots$$
$$= \oplus\sum_{i=0}^{\infty}(a_i)^{\frac{1}{\alpha}}x^i$$

我们希望证明函数 $Gh(x)$ 是广义加法意义下的微分方程(6.13)的解。函数 $Gh(x)$ 的广义加法意义下的导函数为

$$\oplus\frac{\mathrm{d}Gh(x)}{\mathrm{d}x} = \oplus\sum_{i=0}^{\infty}((i+1)a_{i+1})^{\frac{1}{\alpha}}x^i$$

二阶导数为

$$\oplus\frac{\mathrm{d}^2 Gh(x)}{\mathrm{d}x^2} = \oplus\sum_{i=0}^{\infty}((i+2)(i+1)a_{i+2})^{\frac{1}{\alpha}}x^i$$

微分方程式的左端记为 L,将上面的广义加法意义下的一阶导数和二阶导数的表达式代入微分方程(6.13),有

$$L = (a(x^\alpha))^{\frac{1}{\alpha}} \oplus\sum_{i=0}^{\infty}((i+2)(i+1)a_{i+2})^{\frac{1}{\alpha}}x^i\{+\}$$

$$(b(x^\alpha))^{\frac{1}{\alpha}} \oplus\sum_{i=0}^{\infty}((i+1)a_{i+1})^{\frac{1}{\alpha}}x^i\{+\}$$

$$(c(x^\alpha))^{\frac{1}{\alpha}} \oplus\sum_{i=0}^{\infty}(a_i)^{\frac{1}{\alpha}}x^i$$

整理得

$$L = \oplus\sum_{i=0}^{\infty}((a(x^\alpha)(i+2)(i+1)a_{i+2})^{\frac{1}{\alpha}}x^i\{+\}$$

$$(b(x^\alpha)(i+1)a_{i+1})^{\frac{1}{\alpha}}x^i\{+\}(c(x^\alpha)a_i)^{\frac{1}{\alpha}}x^i)$$

按照广义加法的定义式,有

$$L = (\sum_{i=0}^{\infty}(a(x^\alpha)((i+2)(i+1)a_{i+2}) + b(x^\alpha)((i+1)a_{i+1}) + c(x^\alpha)a_i)x^{i\alpha})^{\frac{1}{\alpha}}$$

根据得到的表达式(6.14),有

$$L = (M(x^\alpha))^{\frac{1}{\alpha}}$$

这意味着 L 的值恒等于 0,这说明函数 $Gh(x)$ 是广义加法意义下的微分方程(6.13)的解。定理得证。

根据定理 6.1 的结论,我们在理论上可以将普通加法下的许多有用的实函数移植到广义加法体系中,这样的结论对于将来广义加法的应用有重要的意义。定理 6.1 的结论很容易推广至一般的 n 阶线性微分方程的情形。另外,若取 $a(x) = 0$,则定理 6.1 的结论可用于一阶线性微分方程。可以期待,利用定理 6.1 可以构造出足够多的广义加法世界中的函数。

6.5 广义加法意义下三角函数的性质

在本节中我们来考查广义加法世界中的三角函数的性质,这里要用到 6.2

节中导出的两个三角公式

$$G\sin\theta = (\sin\theta^{\alpha})^{\frac{1}{\alpha}}$$

$$G\cos\theta = (\cos\theta^{\alpha})^{\frac{1}{\alpha}}$$

因为在广义加法世界中 $\theta\{+\}\theta = 2^{\frac{1}{\alpha}}\theta$，所以普通加法世界中的 2 倍在广义加法世界中是 $2^{\frac{1}{\alpha}}$ 倍。我们看正弦函数的倍角公式

$$\begin{aligned} G\sin 2^{\frac{1}{\alpha}}\theta &= (\sin(2^{\frac{1}{\alpha}}\theta)^{\alpha})^{\frac{1}{\alpha}} \\ &= (\sin 2\theta^{\alpha})^{\frac{1}{\alpha}} \\ &= (2\sin\theta^{\alpha}\cos\theta^{\alpha})^{\frac{1}{\alpha}} \end{aligned}$$

而 $\sin\theta^{\alpha} = (G\sin\theta)^{\alpha}$，$\cos\theta^{\alpha} = (G\cos\theta)^{\alpha}$，故有下面的等式成立

$$G\sin 2^{\frac{1}{\alpha}}\theta = 2^{\frac{1}{\alpha}}G\sin\theta G\cos\theta \qquad \Delta$$

由于导出的公式数量较多，我们不统一编号，只是在导出的最终公式的右侧标记上符号 Δ。这个公式与普通加法世界中的倍角公式形式相似，只是 2 换成了 $2^{\frac{1}{\alpha}}$。

我们看余弦函数的倍角公式

$$\begin{aligned} G\cos 2^{\frac{1}{\alpha}}\theta &= (\cos(2^{\frac{1}{\alpha}}\theta)^{\alpha})^{\frac{1}{\alpha}} \\ &= (\cos 2\theta^{\alpha})^{\frac{1}{\alpha}} \\ &= ((\cos\theta^{\alpha})^2 - (\sin\theta^{\alpha})^2)^{\frac{1}{\alpha}} \end{aligned}$$

而 $\sin\theta^{\alpha} = (G\sin\theta)^{\alpha}$，$\cos\theta^{\alpha} = (G\cos\theta)^{\alpha}$，故有下面的等式成立

$$\begin{aligned} G\cos 2^{\frac{1}{\alpha}}\theta &= ((\cos\theta^{\alpha})^2 - (\sin\theta^{\alpha})^2)^{\frac{1}{\alpha}} \\ &= ((G\cos\theta)^{2\alpha} - (G\sin\theta)^{2\alpha})^{\frac{1}{\alpha}} \end{aligned}$$

上式恰好可以写成广义加法的形式，有

$$G\cos 2^{\frac{1}{\alpha}}\theta = (G\cos\theta)^2\{-\}(G\sin\theta)^2 \qquad \Delta$$

这个表达式与普通加法世界中的倍角公式相同，只是使用广义加法意义下的减法。

下面我们推导正弦函数的半角公式

$$\begin{aligned} \left(G\sin\left(\frac{1}{2}\right)^{\frac{1}{\alpha}}\theta\right)^2 &= \left(\sin\left(\left(\frac{1}{2}\right)^{\frac{1}{\alpha}}\theta\right)^{\alpha}\right)^{\frac{2}{\alpha}} \\ &= \left(\sin\left(\frac{1}{2}\theta^{\alpha}\right)\right)^{\frac{2}{\alpha}} \\ &= \left(\frac{1}{2}(1 - \cos\theta^{\alpha})\right)^{\frac{1}{\alpha}} \end{aligned}$$

$$= \left(\frac{1}{2}\right)^{\frac{1}{\alpha}}(1 - \cos\theta^{\alpha})^{\frac{1}{\alpha}}$$

我们有 $\cos\theta^{\alpha} = (G\cos\theta)^{\alpha}$,故有

$$\begin{aligned}(1 - \cos\theta^{\alpha})^{\frac{1}{\alpha}} &= (1^{\alpha} - (G\cos\theta)^{\alpha})^{\frac{1}{\alpha}} \\ &= 1\{-\}G\cos\theta\end{aligned}$$

我们得到

$$\left(G\sin\left(\frac{1}{2}\right)^{\frac{1}{\alpha}}\theta\right)^{2} = \left(\frac{1}{2}\right)^{\frac{1}{\alpha}}(1\{-\}G\cos\theta) \qquad \Delta$$

我们推导余弦函数的半角公式

$$\begin{aligned}\left(G\cos\left(\frac{1}{2}\right)^{\frac{1}{\alpha}}\theta\right)^{2} &= \left(\cos\left(\left(\left(\frac{1}{2}\right)^{\frac{1}{\alpha}}\theta\right)^{\alpha}\right)\right)^{\frac{2}{\alpha}} \\ &= \left(\cos\left(\frac{1}{2}\theta^{\alpha}\right)\right)^{\frac{2}{\alpha}} \\ &= \left(\frac{1}{2}(1 + \cos\theta^{\alpha})\right)^{\frac{1}{\alpha}} \\ &= \left(\frac{1}{2}\right)^{\frac{1}{\alpha}}(1 + \cos\theta^{\alpha})^{\frac{1}{\alpha}}\end{aligned}$$

我们有 $\cos\theta^{\alpha} = (G\cos\theta)^{\alpha}$,故有

$$\begin{aligned}(1 + \cos\theta^{\alpha})^{\frac{1}{\alpha}} &= (1^{\alpha} + (G\cos\theta)^{\alpha})^{\frac{1}{\alpha}} \\ &= 1\{+\}G\cos\theta\end{aligned}$$

我们得到

$$\left(G\cos\left(\frac{1}{2}\right)^{\frac{1}{\alpha}}\theta\right)^{2} = \left(\frac{1}{2}\right)^{\frac{1}{\alpha}}(1\{+\}G\cos\theta) \qquad \Delta$$

下面我们推导广义加法世界中三角函数的积化和差公式。对于 $G\sin xG\sin y$ 有

$$\begin{aligned}G\sin xG\sin y &= (\sin x^{\alpha})^{\frac{1}{\alpha}}(\sin y^{\alpha})^{\frac{1}{\alpha}} \\ &= (\sin x^{\alpha}\sin y^{\alpha})^{\frac{1}{\alpha}} \\ &= \left(\frac{1}{2}(\cos(x^{\alpha} - y^{\alpha}) - \cos(x^{\alpha} + y^{\alpha}))\right)^{\frac{1}{\alpha}} \\ &= \left(\frac{1}{2}(\cos(x\{-\}y)^{\alpha} - \cos(x\{+\}y)^{\alpha})\right)^{\frac{1}{\alpha}}\end{aligned}$$

我们有

$$\cos(x\{-\}y)^{\alpha} = (G\cos(x\{-\}y))^{\alpha}$$

$$\cos(x\{+\}y)^{\alpha} = (G\cos(x\{+\}y))^{\alpha}$$

代入上式,整理有

$$G\sin xG\sin y = \left(\frac{1}{2}\right)^{\frac{1}{\alpha}}(G\cos(x\{-\}y)\{-\}G\cos(x\{+\}y)) \qquad \Delta$$

对于 $G\cos xG\cos y$,我们有

$$\begin{aligned} G\cos xG\cos y &= (\cos x^{\alpha})^{\frac{1}{\alpha}}(\cos y^{\alpha})^{\frac{1}{\alpha}} \\ &= (\cos x^{\alpha}\cos y^{\alpha})^{\frac{1}{\alpha}} \\ &= \left(\frac{1}{2}(\cos(x^{\alpha}-y^{\alpha})+\cos(x^{\alpha}+y^{\alpha}))\right)^{\frac{1}{\alpha}} \\ &= \left(\frac{1}{2}(\cos(x\{-\}y)^{\alpha}+\cos(x\{+\}y)^{\alpha})\right)^{\frac{1}{\alpha}} \end{aligned}$$

我们有

$$\cos(x\{-\}y)^{\alpha} = (G\cos(x\{-\}y))^{\alpha}$$

$$\cos(x\{+\}y)^{\alpha} = (G\cos(x\{+\}y))^{\alpha}$$

代入上式,整理有

$$G\cos xG\cos y = \left(\frac{1}{2}\right)^{\frac{1}{\alpha}}(G\cos(x\{-\}y)\{+\}G\cos(x\{+\}y)) \qquad \Delta$$

对于 $G\sin xG\cos y$,我们有

$$\begin{aligned} G\sin xG\cos y &= (\sin x^{\alpha})^{\frac{1}{\alpha}}(\cos y^{\alpha})^{\frac{1}{\alpha}} \\ &= (\sin x^{\alpha}\cos y^{\alpha})^{\frac{1}{\alpha}} \\ &= \left(\frac{1}{2}(\sin(x^{\alpha}-y^{\alpha})+\sin(x^{\alpha}+y^{\alpha}))\right)^{\frac{1}{\alpha}} \\ &= \left(\frac{1}{2}(\sin(x\{-\}y)^{\alpha}+\sin(x\{+\}y)^{\alpha})\right)^{\frac{1}{\alpha}} \end{aligned}$$

我们有

$$\sin(x\{-\}y)^{\alpha} = (G\sin(x\{-\}y))^{\alpha}$$

$$\sin(x\{+\}y)^{\alpha} = (G\sin(x\{+\}y))^{\alpha}$$

代入上式,整理有

$$G\sin xG\cos y = \left(\frac{1}{2}\right)^{\frac{1}{\alpha}}(G\sin(x\{-\}y)\{+\}G\sin(x\{+\}y)) \qquad \Delta$$

下面我们推导广义加法世界中三角函数的和差化积公式。令 $u = x\{+\}y$,

$v = x\{-\}y$，有

$$x = \left(\frac{1}{2}\right)^{\frac{1}{\alpha}}(u\{+\}v)$$

$$y = \left(\frac{1}{2}\right)^{\frac{1}{\alpha}}(v\{-\}u)$$

我们有

$$G\sin xG\sin y = \left(\frac{1}{2}\right)^{\frac{1}{\alpha}}(G\cos(x\{-\}y)\{-\}G\cos(x\{+\}y))$$

即

$$G\sin\left(\left(\frac{1}{2}\right)^{\frac{1}{\alpha}}(u\{+\}v)\right)G\sin\left(\left(\frac{1}{2}\right)^{\frac{1}{\alpha}}(v\{-\}u)\right) = \left(\frac{1}{2}\right)^{\frac{1}{\alpha}}(G\cos u\{-\}G\cos v)$$

整理有

$$G\cos u\{-\}G\cos v = 2^{\frac{1}{\alpha}}\left(G\sin\left(\left(\frac{1}{2}\right)^{\frac{1}{\alpha}}(u\{+\}v)\right)G\sin\left(\left(\frac{1}{2}\right)^{\frac{1}{\alpha}}(v\{-\}u)\right)\right) \quad \Delta$$

我们又有

$$G\cos xG\cos y = \left(\frac{1}{2}\right)^{\frac{1}{\alpha}}(G\cos(x\{-\}y)\{+\}G\cos(x\{+\}y))$$

即

$$G\cos\left(\left(\frac{1}{2}\right)^{\frac{1}{\alpha}}(u\{+\}v)\right)G\cos\left(\left(\frac{1}{2}\right)^{\frac{1}{\alpha}}(v\{-\}u)\right) = \left(\frac{1}{2}\right)^{\frac{1}{\alpha}}(G\cos u\{+\}G\cos v)$$

整理有

$$G\cos u\{+\}G\cos v = 2^{\frac{1}{\alpha}}\left(G\cos\left(\left(\frac{1}{2}\right)^{\frac{1}{\alpha}}(u\{+\}v)\right)G\cos\left(\left(\frac{1}{2}\right)^{\frac{1}{\alpha}}(v\{-\}u)\right)\right) \quad \Delta$$

我们又有

$$G\sin xG\cos y = \left(\frac{1}{2}\right)^{\frac{1}{\alpha}}(G\sin(x\{-\}y)\{+\}G\sin(x\{+\}y))$$

即

$$G\sin\left(\left(\frac{1}{2}\right)^{\frac{1}{\alpha}}(u\{+\}v)\right)G\cos\left(\left(\frac{1}{2}\right)^{\frac{1}{\alpha}}(v\{-\}u)\right) = \left(\frac{1}{2}\right)^{\frac{1}{\alpha}}(G\sin u\{+\}G\sin v)$$

整理有

$$G\sin u\{+\}G\sin v = 2^{\frac{1}{\alpha}}\left(G\sin\left(\left(\frac{1}{2}\right)^{\frac{1}{\alpha}}(u\{+\}v)\right)G\cos\left(\left(\frac{1}{2}\right)^{\frac{1}{\alpha}}(v\{-\}u)\right)\right) \quad \Delta$$

下面我们推导广义加法世界中正弦函数和余弦函数的两角和与两角差的

公式。我们已知的普通加法世界中正弦函数和余弦函数的两角和与两角差的公式为

$$\sin(x \pm y) = \sin x\cos y \pm \cos x\sin y$$

$$\cos(x \pm y) = \cos x\cos y \mp \sin x\sin y$$

我们有

$$\begin{aligned} G\sin(x\{\pm\}y) &= (\sin(x\{\pm\}y)^{\alpha})^{\frac{1}{\alpha}} \\ &= (\sin(x^{\alpha} \pm y^{\alpha}))^{\frac{1}{\alpha}} \\ &= (\sin x^{\alpha}\cos y^{\alpha} \pm \cos x^{\alpha}\sin y^{\alpha})^{\frac{1}{\alpha}} \\ &= ((G\sin x)^{\alpha}(G\cos y)^{\alpha} \pm (G\cos x)^{\alpha}(G\sin y)^{\alpha})^{\frac{1}{\alpha}} \\ &= (G\sin x)(G\cos y)\{\pm\}(G\cos x)(G\sin y) \end{aligned}$$

我们得到

$$G\sin(x\{\pm\}y) = (G\sin x)(G\cos y)\{\pm\}(G\cos x)(G\sin y) \qquad \Delta$$

我们有

$$\begin{aligned} G\cos(x\{\pm\}y) &= (\cos(x\{\pm\}y)^{\alpha})^{\frac{1}{\alpha}} \\ &= (\cos(x^{\alpha} \pm y^{\alpha}))^{\frac{1}{\alpha}} \\ &= (\cos x^{\alpha}\cos y^{\alpha} \mp \sin x^{\alpha}\sin y^{\alpha})^{\frac{1}{\alpha}} \\ &= ((G\cos x)^{\alpha}(G\cos y)^{\alpha} \mp (G\sin x)^{\alpha}(G\sin y)^{\alpha})^{\frac{1}{\alpha}} \\ &= (G\cos x)(G\cos y)\{\mp\}(G\sin x)(G\sin y) \end{aligned}$$

我们得到

$$G\cos(x\{\pm\}y) = (G\cos x)(G\cos y)\{\mp\}(G\sin x)(G\sin y) \qquad \Delta$$

下面我们推导广义加法世界中正切函数和余切函数的两角和与两角差的公式。我们已知的普通加法世界中正切函数和余切函数的两角和与两角差公式为

$$\tan(x \pm y) = \frac{\tan x \pm \tan y}{1 \mp \tan x\tan y}$$

$$\cot(x \pm y) = \frac{\cot x\cot y \mp 1}{\cot y \pm \cot x}$$

我们有

$$G\tan(x\{\pm\}y) = \frac{G\sin(x\{\pm\}y)}{G\cos(x\{\pm\}y)}$$

$$= \left(\frac{\sin(x\{\pm\}y)^{\alpha}}{\cos(x\{\pm\}y)^{\alpha}}\right)^{\frac{1}{\alpha}}$$

$$= (\tan(x\{\pm\}y)^{\alpha})^{\frac{1}{\alpha}}$$

$$= (\tan(x^{\alpha} \pm y^{\alpha}))^{\frac{1}{\alpha}}$$

$$= \left(\frac{\tan x^{\alpha} \pm \tan y^{\alpha}}{1 \mp \tan x^{\alpha}\tan y^{\alpha}}\right)^{\frac{1}{\alpha}}$$

$$= \frac{(\tan x^{\alpha})^{\frac{1}{\alpha}}\{\pm\}(\tan y^{\alpha})^{\frac{1}{\alpha}}}{1\{\mp\}(\tan x^{\alpha})^{\frac{1}{\alpha}}(\tan y^{\alpha})^{\frac{1}{\alpha}}}$$

而$(\tan x^{\alpha})^{\frac{1}{\alpha}} = G\tan x$,我们得到

$$G\tan(x\{\pm\}y) = \frac{G\tan x\{\pm\}G\tan y}{1\{\mp\}G\tan xG\tan y} \qquad \Delta$$

我们有

$$G\cot(x\{\pm\}y) = \frac{G\cos(x\{\pm\}y)}{G\sin(x\{\pm\}y)}$$

$$= \left(\frac{\cos(x\{\pm\}y)^{\alpha}}{\sin(x\{\pm\}y)^{\alpha}}\right)^{\frac{1}{\alpha}}$$

$$= (\cot(x\{\pm\}y)^{\alpha})^{\frac{1}{\alpha}}$$

$$= (\cot(x^{\alpha} \pm y^{\alpha}))^{\frac{1}{\alpha}}$$

$$= \left(\frac{\cot x^{\alpha}\cot y^{\alpha} \mp 1}{\cot y^{\alpha} \pm \cot x^{\alpha}}\right)^{\frac{1}{\alpha}}$$

$$= \frac{(\cot x^{\alpha})^{\frac{1}{\alpha}}(\cot y^{\alpha})^{\frac{1}{\alpha}}\{\mp\}1}{(\cot y^{\alpha})^{\frac{1}{\alpha}}\{\pm\}(\cot x^{\alpha})}$$

而$(\cot x^{\alpha})^{\frac{1}{\alpha}} = G\cot x$,我们得到

$$G\cot(x\{\pm\}y) = \frac{G\cot xG\cot y\{\mp\}1}{G\cot y\{\pm\}G\cot x} \qquad \Delta$$

这是广义加法世界中正切函数和余切函数的两角和的公式。

特别取 $x = y$ 时,有下面的倍角公式成立

$$G\tan 2^{\frac{1}{\alpha}}x = \frac{2^{\frac{1}{\alpha}}G\tan x}{1\{-\}(G\tan x)^2} \qquad \Delta$$

$$G\cot 2^{\frac{1}{\alpha}}x = \frac{(G\cot x)^2\{-\}1}{2^{\frac{1}{\alpha}}G\cot x} \qquad \Delta$$

下面我们推导广义加法世界中正切函数和余切函数的半角公式。我们已知

的普通加法世界中正切函数和余切函数的半角公式为

$$\tan\frac{x}{2}=\frac{\sin x}{1+\cos x}$$

$$\cot\frac{x}{2}=\frac{\sin x}{1-\cos x}$$

我们有

$$G\tan\left(\frac{1}{2}\right)^{\frac{1}{\alpha}}x=\left(\tan\left(\left(\left(\frac{1}{2}\right)^{\frac{1}{\alpha}}x\right)^{\alpha}\right)\right)^{\frac{1}{\alpha}}$$

$$=\left(\tan\left(\frac{1}{2}x^{\alpha}\right)\right)^{\frac{1}{\alpha}}$$

$$=\left(\frac{\sin x^{\alpha}}{1+\cos x^{\alpha}}\right)^{\frac{1}{\alpha}}$$

我们得到

$$G\tan\left(\frac{1}{2}\right)^{\frac{1}{\alpha}}x=\frac{G\sin x}{1\{+\}G\cos x} \qquad \Delta$$

我们有

$$G\cot\left(\frac{1}{2}\right)^{\frac{1}{\alpha}}x=\left(\cot\left(\left(\left(\frac{1}{2}\right)^{\frac{1}{\alpha}}x\right)^{\alpha}\right)\right)^{\frac{1}{\alpha}}$$

$$=\left(\cot\left(\frac{1}{2}x^{\alpha}\right)\right)^{\frac{1}{\alpha}}$$

$$=\left(\frac{\sin x^{\alpha}}{1-\cos x^{\alpha}}\right)^{\frac{1}{\alpha}}$$

我们得到

$$G\cot\left(\frac{1}{2}\right)^{\frac{1}{\alpha}}x=\frac{G\sin x}{1\{-\}G\cos x} \qquad \Delta$$

下面我们推导广义加法世界中正切函数与余切函数的和的公式。我们已知的普通加法世界中的正切函数与余切函数的公式为

$$\tan x\pm\tan y=\frac{\sin(x\pm y)}{\cos x\cos y}$$

$$\cot x\pm\cot y=\pm\frac{\sin(x\pm y)}{\sin x\sin y}$$

$$\tan x+\cot y=\frac{\cos(x-y)}{\cos x\sin y}$$

$$\cot x-\tan y=\frac{\cos(x+y)}{\sin x\cos y}$$

我们有

$$
\begin{aligned}
G\tan x\{\pm\}G\tan y &= (\tan x^{\alpha} \pm \tan y^{\alpha})^{\frac{1}{\alpha}} \\
&= \left(\frac{\sin(x^{\alpha} \pm y^{\alpha})}{\cos x^{\alpha}\cos y^{\alpha}}\right)^{\frac{1}{\alpha}} \\
&= \left(\frac{\sin(x\{\pm\}y)^{\alpha}}{\cos x^{\alpha}\cos y^{\alpha}}\right)^{\frac{1}{\alpha}}
\end{aligned}
$$

我们得到

$$
G\tan x\{\pm\}G\tan y = \frac{G\sin(x\{\pm\}y)}{G\cos x G\cos y} \qquad \Delta
$$

我们有

$$
\begin{aligned}
G\cot x\{\pm\}G\cot y &= (\cot x^{\alpha} \pm \cot y^{\alpha})^{\frac{1}{\alpha}} \\
&= \mp\left(\frac{\sin(x^{\alpha} + y^{\alpha})}{\sin x^{\alpha}\sin y^{\alpha}}\right)^{\frac{1}{\alpha}} \\
&= \mp\left(\frac{\sin(x\{+\}y)^{\alpha}}{\sin x^{\alpha}\sin y^{\alpha}}\right)^{\frac{1}{\alpha}}
\end{aligned}
$$

我们得到

$$
G\cot x\{\pm\}G\cot y = \frac{G\sin(x\{+\}y)}{G\sin x G\sin y} \qquad \Delta
$$

我们有

$$
\begin{aligned}
G\tan x\{+\}G\cot y &= (\tan x^{\alpha} + \cot y^{\alpha})^{\frac{1}{\alpha}} \\
&= \left(\frac{\cos(x^{\alpha} - y^{\alpha})}{\cos x^{\alpha}\sin y^{\alpha}}\right)^{\frac{1}{\alpha}} \\
&= \left(\frac{\cos(x\{-\}y)^{\alpha}}{\cos x^{\alpha}\sin y^{\alpha}}\right)^{\frac{1}{\alpha}}
\end{aligned}
$$

我们得到

$$
G\tan x\{+\}G\cot y = \frac{G\cos(x\{-\}y)}{G\cos x G\sin y} \qquad \Delta
$$

我们有

$$
\begin{aligned}
G\cot x\{-\}G\tan y &= (\cot x^{\alpha} - \tan y^{\alpha})^{\frac{1}{\alpha}} \\
&= \left(\frac{\cos(x^{\alpha} + y^{\alpha})}{\sin x^{\alpha}\cos y^{\alpha}}\right)^{\frac{1}{\alpha}} \\
&= \left(\frac{\cos(x\{+\}y)^{\alpha}}{\sin x^{\alpha}\cos y^{\alpha}}\right)^{\frac{1}{\alpha}}
\end{aligned}
$$

我们得到

$$G\cot x\{-\}G\tan y = \frac{G\cos(x\{+\}y)}{G\sin xG\cos y} \qquad \Delta$$

用类似的方法可以推导出更多的广义加法世界中的三角函数公式，在此只列出这些典型的三角函数公式。

还有一些广义加法世界中的三角函数的性质将在第 12 章中给出，因为在复变函数理论中三角函数具有重要的作用。

6.6　广义加法意义下双曲函数的性质

在本节中我们来考查广义加法世界中的双曲函数的性质，这里要用到 6.2 节中导出的两个双曲函数公式

$$G\sinh\theta = (\sinh\theta^{\alpha})^{\frac{1}{\alpha}}$$

$$G\cosh\theta = (\cosh\theta^{\alpha})^{\frac{1}{\alpha}}$$

我们规定广义加法世界中的双曲正切函数和双曲余切函数的形式如下

$$G\tanh\theta = \frac{(\sinh x^{\alpha})^{\frac{1}{\alpha}}}{(\cosh x^{\alpha})^{\frac{1}{\alpha}}} = (\tanh x^{\alpha})^{\frac{1}{\alpha}}$$

$$G\coth\theta = \frac{(\cosh x^{\alpha})^{\frac{1}{\alpha}}}{(\sinh x^{\alpha})^{\frac{1}{\alpha}}} = (\coth x^{\alpha})^{\frac{1}{\alpha}}$$

我们有

$$\begin{aligned}(G\cosh x)^{2}\{-\}(G\sinh x)^{2} &= (\cosh x^{\alpha})^{\frac{2}{\alpha}}\{-\}(\sinh x^{\alpha})^{\frac{2}{\alpha}} \\ &= ((\cosh x^{\alpha})^{2} - (\sinh x^{\alpha})^{2})^{\frac{1}{\alpha}}\end{aligned}$$

根据双曲函数的性质，我们得到

$$(G\cosh x)^{2}\{-\}(G\sinh x)^{2} = 1 \qquad \Delta$$

因为在广义加法世界中 $\theta\{+\}\theta = 2^{\frac{1}{\alpha}}\theta$，所以普通加法世界中的 2 倍在广义加法世界中是 $2^{\frac{1}{\alpha}}$ 倍。我们有

$$\begin{aligned}G\sinh 2^{\frac{1}{\alpha}}\theta &= (\sinh(2^{\frac{1}{\alpha}}\theta)^{\alpha})^{\frac{1}{\alpha}} \\ &= (\sinh 2\theta^{\alpha})^{\frac{1}{\alpha}} \\ &= (2\sinh\theta^{\alpha}\cosh\theta^{\alpha})^{\frac{1}{\alpha}}\end{aligned}$$

而 $\sinh\theta^{\alpha} = (G\sinh\theta)^{\alpha}$，$\cosh\theta^{\alpha} = (G\cosh\theta)^{\alpha}$，故有下面的等式成立

$$G\sinh 2^{\frac{1}{\alpha}}\theta = 2^{\frac{1}{\alpha}}G\sinh\theta G\cosh\theta \qquad \Delta$$

我们有

$$\begin{aligned} G\cosh 2^{\frac{1}{\alpha}}\theta &= (\cosh(2^{\frac{1}{\alpha}}\theta)^{\alpha})^{\frac{1}{\alpha}} \\ &= (\cosh 2\theta^{\alpha})^{\frac{1}{\alpha}} \\ &= ((\cosh\theta^{\alpha})^{2} + (\sinh\theta^{\alpha})^{2})^{\frac{1}{\alpha}} \end{aligned}$$

而 $\sinh\theta^{\alpha} = (G\sinh\theta)^{\alpha}$，$\cosh\theta^{\alpha} = (G\cosh\theta)^{\alpha}$，故有下面的等式成立

$$\begin{aligned} G\cosh 2^{\frac{1}{\alpha}}\theta &= ((\cosh\theta^{\alpha})^{2} + (\sinh\theta^{\alpha})^{2})^{\frac{1}{\alpha}} \\ &= ((G\cosh\theta)^{2\alpha} + (G\sinh\theta)^{2\alpha})^{\frac{1}{\alpha}} \end{aligned}$$

写成广义加法的形式，有

$$G\cosh 2^{\frac{1}{\alpha}}\theta = (G\cosh\theta)^{2}\{+\}(G\sinh\theta)^{2} \qquad \Delta$$

这个表达式与普通加法世界中的倍角公式相同。

下面我们推导半角公式

$$\begin{aligned} \left(G\sinh\left(\frac{1}{2}\right)^{\frac{1}{\alpha}}\theta\right)^{2} &= \left(\sinh\left(\left(\frac{1}{2}\right)^{\frac{1}{\alpha}}\theta\right)^{\alpha}\right)^{\frac{2}{\alpha}} \\ &= \left(\sinh\left(\frac{1}{2}\theta^{\alpha}\right)\right)^{\frac{2}{\alpha}} \\ &= \left(\frac{1}{2}(\cosh\theta^{\alpha} - 1)\right)^{\frac{1}{\alpha}} \\ &= \left(\frac{1}{2}\right)^{\frac{1}{\alpha}}(\cosh\theta^{\alpha} - 1)^{\frac{1}{\alpha}} \end{aligned}$$

我们有 $\cosh\theta^{\alpha} = (G\cosh\theta)^{\alpha}$，故有

$$\begin{aligned} (\cosh\theta^{\alpha} - 1)^{\frac{1}{\alpha}} &= ((G\cosh\theta)^{\alpha} - 1^{\alpha})^{\frac{1}{\alpha}} \\ &= G\cosh\theta\{-\}1 \end{aligned}$$

我们得到

$$\left(G\sinh\left(\frac{1}{2}\right)^{\frac{1}{\alpha}}\theta\right)^{2} = \left(\frac{1}{2}\right)^{\frac{1}{\alpha}}(G\cosh\theta\{-\}1) \qquad \Delta$$

我们有

$$\begin{aligned} \left(G\cosh\left(\frac{1}{2}\right)^{\frac{1}{\alpha}}\theta\right)^{2} &= \left(\cosh\left(\left(\frac{1}{2}\right)^{\frac{1}{\alpha}}\theta\right)^{\alpha}\right)^{\frac{2}{\alpha}} \\ &= \left(\cosh\left(\frac{1}{2}\theta^{\alpha}\right)\right)^{\frac{2}{\alpha}} \end{aligned}$$

$$= \left(\frac{1}{2}(1 + \cosh\theta^{\alpha})\right)^{\frac{1}{\alpha}}$$

$$= \left(\frac{1}{2}\right)^{\frac{1}{\alpha}}(1 + \cosh\theta^{\alpha})^{\frac{1}{\alpha}}$$

我们有 $\cosh\theta^{\alpha} = (G\cosh\theta)^{\alpha}$,故有

$$(1 + \cosh\theta^{\alpha})^{\frac{1}{\alpha}} = (1^{\alpha} + (G\cosh\theta)^{\alpha})^{\frac{1}{\alpha}}$$
$$= 1\{+\}G\cosh\theta$$

我们得到

$$\left(G\cosh\left(\frac{1}{2}\right)^{\frac{1}{\alpha}}\theta\right)^{2} = \left(\frac{1}{2}\right)^{\frac{1}{\alpha}}(1\{+\}G\cosh\theta) \qquad \Delta$$

下面我们推导广义加法世界中双曲函数的积化和差公式

$$G\sinh x G\sinh y = (\sinh x^{\alpha})^{\frac{1}{\alpha}}(\sinh y^{\alpha})^{\frac{1}{\alpha}}$$
$$= (\sinh x^{\alpha}\sinh y^{\alpha})^{\frac{1}{\alpha}}$$
$$= \left(\frac{1}{2}(\cosh(x^{\alpha} - y^{\alpha}) - \cosh(x^{\alpha} + y^{\alpha}))\right)^{\frac{1}{\alpha}}$$
$$= \left(\frac{1}{2}(\cosh(x\{-\}y)^{\alpha} - \cosh(x\{+\}y)^{\alpha})\right)^{\frac{1}{\alpha}}$$

我们有

$$\cosh(x\{-\}y)^{\alpha} = (G\cosh(x\{-\}y))^{\alpha}$$
$$\cosh(x\{+\}y)^{\alpha} = (G\cosh(x\{+\}y))^{\alpha}$$

代入上式,整理有

$$G\sinh x G\sinh y = \left(\frac{1}{2}\right)^{\frac{1}{\alpha}}(G\cosh(x\{-\}y)\{-\}\cosh(x\{+\}y)) \qquad \Delta$$

我们有

$$G\cosh x G\cosh y = (\cosh x^{\alpha})^{\frac{1}{\alpha}}(\cosh y^{\alpha})^{\frac{1}{\alpha}}$$
$$= (\cosh x^{\alpha}\cosh y^{\alpha})^{\frac{1}{\alpha}}$$
$$= \left(\frac{1}{2}(\cosh(x^{\alpha} - y^{\alpha}) + \cosh(x^{\alpha} + y^{\alpha}))\right)^{\frac{1}{\alpha}}$$
$$= \left(\frac{1}{2}(\cosh(x\{-\}y)^{\alpha} + \cosh(x\{+\}y)^{\alpha})\right)^{\frac{1}{\alpha}}$$

我们有

$$\cosh(x\{-\}y)^{\alpha} = (G\cosh(x\{-\}y))^{\alpha}$$

$$\cosh(x\{+\}y)^{\alpha} = (G\cosh(x\{+\}y))^{\alpha}$$

代入上式,整理有

$$G\cosh xG\cosh y = \left(\frac{1}{2}\right)^{\frac{1}{\alpha}}(G\cosh(x\{-\}y)\{+\}\cosh(x\{+\}y)) \qquad \Delta$$

我们有

$$\begin{aligned} G\sinh xG\cosh y &= (\sinh x^{\alpha})^{\frac{1}{\alpha}}(\cosh y^{\alpha})^{\frac{1}{\alpha}} \\ &= (\sinh x^{\alpha}\cosh y^{\alpha})^{\frac{1}{\alpha}} \\ &= \left(\frac{1}{2}(\sinh(x^{\alpha}-y^{\alpha})+\sinh(x^{\alpha}+y^{\alpha}))\right)^{\frac{1}{\alpha}} \\ &= \left(\frac{1}{2}(\sinh(x\{-\}y)^{\alpha}+\sinh(x\{+\}y)^{\alpha})\right)^{\frac{1}{\alpha}} \end{aligned}$$

我们有

$$\sinh(x\{-\}y)^{\alpha} = (G\sinh(x\{-\}y))^{\alpha}$$

$$\sinh(x\{+\}y)^{\alpha} = (G\sinh(x\{+\}y))^{\alpha}$$

代入上式,整理有

$$G\sinh xG\cosh y = \left(\frac{1}{2}\right)^{\frac{1}{\alpha}}(G\sinh(x\{-\}y)\{+\}G\sinh(x\{+\}y)) \qquad \Delta$$

下面我们推导广义加法世界中双曲函数的和差化积公式。令 $u = x\{+\}y$, $v = x\{-\}y$,有

$$x = \left(\frac{1}{2}\right)^{\frac{1}{\alpha}}(u\{+\}v)$$

$$y = \left(\frac{1}{2}\right)^{\frac{1}{\alpha}}(v\{-\}u)$$

我们有

$$G\sinh xG\sinh y = \left(\frac{1}{2}\right)^{\frac{1}{\alpha}}(G\cosh(x\{-\}y)\{-\}G\cosh(x\{+\}y))$$

即

$$G\sinh\left(\left(\frac{1}{2}\right)^{\frac{1}{\alpha}}(u\{+\}v)\right)G\sinh\left(\left(\frac{1}{2}\right)^{\frac{1}{\alpha}}(v\{-\}u)\right) = \left(\frac{1}{2}\right)^{\frac{1}{\alpha}}(G\cosh u\{-\}G\cosh v)$$

整理有

$$G\cosh u\{-\}G\cosh v = 2^{\frac{1}{\alpha}}\left(G\sinh\left(\left(\frac{1}{2}\right)^{\frac{1}{\alpha}}(u\{+\}v)\right)G\sinh\left(\left(\frac{1}{2}\right)^{\frac{1}{\alpha}}(v\{-\}u)\right)\right) \quad \Delta$$

我们又有

$$G\cosh x G\cosh y = \left(\frac{1}{2}\right)^{\frac{1}{\alpha}}(G\cosh(x\{-\}y)\{+\}G\cosh(x\{+\}y))$$

即

$$G\cosh\left(\left(\frac{1}{2}\right)^{\frac{1}{\alpha}}(u\{+\}v)\right)G\cosh\left(\left(\frac{1}{2}\right)^{\frac{1}{\alpha}}(v\{-\}u)\right) = \left(\frac{1}{2}\right)^{\frac{1}{\alpha}}(G\cosh u\{+\}G\cosh v)$$

整理有

$$G\cosh u\{+\}G\cosh v = 2^{\frac{1}{\alpha}}\left(G\cosh\left(\left(\frac{1}{2}\right)^{\frac{1}{\alpha}}(u\{+\}v)\right)G\cosh\left(\left(\frac{1}{2}\right)^{\frac{1}{\alpha}}(v\{-\}u)\right)\right) \quad \Delta$$

我们又有

$$G\sinh x G\cosh y = \left(\frac{1}{2}\right)^{\frac{1}{\alpha}}(G\sinh(x\{-\}y)\{+\}G\sinh(x\{+\}y))$$

即

$$G\sinh\left(\left(\frac{1}{2}\right)^{\frac{1}{\alpha}}(u\{+\}v)\right)G\cosh\left(\left(\frac{1}{2}\right)^{\frac{1}{\alpha}}(v\{-\}u)\right) = \left(\frac{1}{2}\right)^{\frac{1}{\alpha}}(G\sinh u\{+\}G\sinh v)$$

整理有

$$G\sinh u\{+\}G\sinh v = 2^{\frac{1}{\alpha}}\left(G\sinh\left(\left(\frac{1}{2}\right)^{\frac{1}{\alpha}}(u\{+\}v)\right)G\cosh\left(\left(\frac{1}{2}\right)^{\frac{1}{\alpha}}(v\{-\}u)\right)\right) \quad \Delta$$

下面我们推导广义加法世界中双曲正弦函数和双曲余弦函数的公式。我们已知的普通加法世界中的双曲正弦函数和双曲余弦函数的公式为

$$\sinh(x \pm y) = \sinh x\cosh y \pm \cosh x\sinh y$$

$$\cosh(x \pm y) = \cosh x\cosh y \pm \sinh x\sinh y$$

我们有

$$\begin{aligned}
G\sinh(x\{\pm\}y) &= (\sinh(x\{\pm\}y)^{\alpha})^{\frac{1}{\alpha}} \\
&= (\sinh(x^{\alpha} \pm y^{\alpha}))^{\frac{1}{\alpha}} \\
&= (\sinh x^{\alpha}\cosh y^{\alpha} \pm \cosh x^{\alpha}\sinh y^{\alpha})^{\frac{1}{\alpha}} \\
&= ((G\sinh x)^{\alpha}(G\cosh y)^{\alpha} \pm (G\cosh x)^{\alpha}(G\sinh y)^{\alpha})^{\frac{1}{\alpha}} \\
&= (G\sinh x)(G\cosh y)\{\pm\}(G\cosh x)(G\sinh y)
\end{aligned}$$

我们得到

$$G\sinh(x\{\pm\}y) = (G\sinh x)(G\cosh y)\{\pm\}(G\cosh x)(G\sinh y) \quad \Delta$$

我们有

$$
\begin{aligned}
G\cosh(x\{\pm\}y) &= (\cosh(x\{\pm\}y)^{\alpha})^{\frac{1}{\alpha}} \\
&= (\cosh(x^{\alpha} \pm y^{\alpha}))^{\frac{1}{\alpha}} \\
&= (\cosh x^{\alpha}\cosh y^{\alpha} \pm \sinh x^{\alpha}\sinh y^{\alpha})^{\frac{1}{\alpha}} \\
&= ((G\cosh x)^{\alpha}(G\cosh y)^{\alpha} \pm (G\sinh x)^{\alpha}(G\sinh y)^{\alpha})^{\frac{1}{\alpha}} \\
&= (G\cosh x)(G\cosh y)\{\pm\}(G\sinh x)(G\sinh y)
\end{aligned}
$$

我们得到

$$
G\cosh(x\{\pm\}y) = (G\cosh x)(G\cosh y)\{\pm\}(G\sinh x)(G\sinh y) \qquad \Delta
$$

下面我们推导广义加法世界中双曲正切函数和双曲余切函数的公式。我们已知的普通加法世界中的双曲正切函数和双曲余切函数的公式为

$$
\tanh(x \pm y) = \frac{\tanh x \pm \tanh y}{1 \pm \tanh x \tanh y}
$$

$$
\coth(x \pm y) = \frac{1 \pm \coth x \coth y}{\coth y \pm \coth x}
$$

我们有

$$
\begin{aligned}
G\tanh(x\{\pm\}y) &= \left(\frac{\sinh(x\{\pm\}y)^{\alpha}}{\cosh(x\{\pm\}y)^{\alpha}}\right)^{\frac{1}{\alpha}} \\
&= (\tanh(x\{\pm\}y)^{\alpha})^{\frac{1}{\alpha}} \\
&= (\tanh(x^{\alpha} \pm y^{\alpha}))^{\frac{1}{\alpha}} \\
&= \left(\frac{\tanh x^{\alpha} \pm \tanh y^{\alpha}}{1 \pm \tanh x^{\alpha}\tanh y^{\alpha}}\right)^{\frac{1}{\alpha}} \\
&= \frac{(\tanh x^{\alpha})^{\frac{1}{\alpha}}\{\pm\}(\tanh y^{\alpha})^{\frac{1}{\alpha}}}{1\{\pm\}(\tanh x^{\alpha})^{\frac{1}{\alpha}}(\tanh y^{\alpha})^{\frac{1}{\alpha}}}
\end{aligned}
$$

而$(\tanh x^{\alpha})^{\frac{1}{\alpha}} = G\tanh x$，我们得到

$$
G\tanh(x\{\pm\}y) = \frac{G\tanh x\{\pm\}G\tanh y}{1\{\pm\}G\tanh x G\tanh y} \qquad \Delta
$$

我们有

$$
\begin{aligned}
G\coth(x\{\pm\}y) &= \left(\frac{\cosh(x\{\pm\}y)^{\alpha}}{\sinh(x\{\pm\}y)^{\alpha}}\right)^{\frac{1}{\alpha}} \\
&= (\coth(x\{\pm\}y)^{\alpha})^{\frac{1}{\alpha}} \\
&= (\coth(x^{\alpha} \pm y^{\alpha}))^{\frac{1}{\alpha}}
\end{aligned}
$$

$$= \left(\frac{1 \pm \coth x^{\alpha} \coth y^{\alpha}}{\coth y^{\alpha} \pm \coth x^{\alpha}} \right)^{\frac{1}{\alpha}}$$

$$= \frac{1\{\pm\}(\coth x^{\alpha})^{\frac{1}{\alpha}}(\coth y^{\alpha})^{\frac{1}{\alpha}}}{(\coth y^{\alpha})^{\frac{1}{\alpha}}\{\pm\}(\coth x^{\alpha})}$$

而$(\coth x^{\alpha})^{\frac{1}{\alpha}} = G\coth x$,我们得到

$$G\coth(x\{\pm\}y) = \frac{1\{\pm\}G\coth xG\coth y}{G\coth y\{\pm\}G\coth x} \qquad \Delta$$

这是广义加法世界中双曲正切函数和双曲余切函数的两角和的公式。特别取$x = y$时,有下面的倍角公式成立

$$G\tanh 2^{\frac{1}{\alpha}}x = \frac{2^{\frac{1}{\alpha}}G\tanh x}{1\{+\}(G\tanh x)^2} \qquad \Delta$$

$$G\coth 2^{\frac{1}{\alpha}}x = \frac{(G\coth x)^2\{+\}1}{2^{\frac{1}{\alpha}}G\coth x} \qquad \Delta$$

下面我们推导广义加法世界中正切函数和余切函数的半角公式。我们已知的普通加法世界中三角函数的半角公式为

$$\tanh \frac{x}{2} = \frac{\sinh x}{1 + \cosh x}$$

$$\coth \frac{x}{2} = \frac{\sinh x}{\cosh x - 1}$$

我们有

$$G\tanh\left(\frac{1}{2}\right)^{\frac{1}{\alpha}}x = \left(\tanh\left(\left(\left(\frac{1}{2}\right)^{\frac{1}{\alpha}}x\right)^{\alpha}\right)\right)^{\frac{1}{\alpha}}$$

$$= \left(\tanh\left(\frac{1}{2}x^{\alpha}\right)\right)^{\frac{1}{\alpha}}$$

$$= \left(\frac{\sinh x^{\alpha}}{1 + \cosh x^{\alpha}}\right)^{\frac{1}{\alpha}}$$

我们得到

$$G\tanh\left(\frac{1}{2}\right)^{\frac{1}{\alpha}}x = \frac{G\sinh x}{1\{+\}G\cosh x} \qquad \Delta$$

我们有

$$G\coth\left(\frac{1}{2}\right)^{\frac{1}{\alpha}}x = \left(\coth\left(\left(\left(\frac{1}{2}\right)^{\frac{1}{\alpha}}x\right)^{\alpha}\right)\right)^{\frac{1}{\alpha}}$$

$$= \left(\coth\left(\frac{1}{2}x^{\alpha}\right)\right)^{\frac{1}{\alpha}}$$

$$= \left(\frac{\sinh x^{\alpha}}{\cosh x^{\alpha} - 1}\right)^{\frac{1}{\alpha}}$$

我们得到

$$G\coth\left(\frac{1}{2}\right)^{\frac{1}{\alpha}} x = \frac{G\sinh x}{G\cosh x\{-\}1} \qquad \Delta$$

下面我们推导广义加法世界中双曲正切函数与双曲余切函数的和的公式。我们已知的普通加法世界中双曲正切函数与双曲余切函数的公式为

$$\tanh x \pm \tanh y = \frac{\sinh(x \pm y)}{\cosh x\cosh y}$$

我们有

$$\begin{aligned} G\tanh x\{\pm\}G\tanh y &= (\tanh x^{\alpha} \pm \tanh y^{\alpha})^{\frac{1}{\alpha}} \\ &= \left(\frac{\sinh(x^{\alpha} \pm y^{\alpha})}{\cosh x^{\alpha}\cosh y^{\alpha}}\right)^{\frac{1}{\alpha}} \\ &= \left(\frac{\sinh(x\{\pm\}y)^{\alpha}}{\cosh x^{\alpha}\cosh y^{\alpha}}\right)^{\frac{1}{\alpha}} \end{aligned}$$

我们得到

$$G\tanh x\{\pm\}G\tanh y = \frac{G\sinh(x\{\pm\}y)}{G\cosh xG\cosh y} \qquad \Delta$$

用类似的方法可以推导出更多的广义加法世界中的双曲函数公式,在此只列出这些典型的双曲函数公式。

6.7 本章总结

1. 用广义加法与传统的乘法构造广义加法世界中的幂级数。

(1)

$$G\exp(x) = 1\{+\}x\{+\}\left(\frac{1}{2!}\right)^{\frac{1}{\alpha}}x^{2}\{+\}\left(\frac{1}{3!}\right)^{\frac{1}{\alpha}}x^{3}\{+\}\cdots\{+\}\left(\frac{1}{n!}\right)^{\frac{1}{\alpha}}x^{n} + \cdots$$

满足性质

$$\oplus\frac{\mathrm{d}}{\mathrm{d}x}G\exp(x) = G\exp(x)$$

(2)

$$G\sin(x) = x\{-\}\left(\frac{1}{3!}\right)^{\frac{1}{\alpha}}x^3\{+\}\left(\frac{1}{5!}\right)^{\frac{1}{\alpha}}x^5\{-\}\cdots\{+\}(-1)^k\left(\frac{1}{(2k+1)!}\right)^{\frac{1}{\alpha}}x^{2k+1} + \cdots$$

$$G\cos(x) = 1\{-\}\left(\frac{1}{2!}\right)^{\frac{1}{\alpha}}x^2\{+\}\left(\frac{1}{4!}\right)^{\frac{1}{\alpha}}x^4\{-\}\cdots\{+\}(-1)^k\left(\frac{1}{(2k)!}\right)^{\frac{1}{\alpha}}x^{2k} + \cdots$$

满足性质

$$\oplus\frac{\mathrm{d}}{\mathrm{d}x}G\sin(x) = G\cos(x)$$

$$\oplus\frac{\mathrm{d}}{\mathrm{d}x}G\cos(x) = -G\sin(x)$$

$$\oplus\frac{\mathrm{d}^2}{\mathrm{d}x^2}G\sin(x)\{+\}G\sin(x) = 0$$

$$\oplus\frac{\mathrm{d}^2}{\mathrm{d}x^2}G\cos(x)\{+\}G\cos(x) = 0$$

(3)

$$G\sinh(x) = x\{+\}\left(\frac{1}{3!}\right)^{\frac{1}{\alpha}}x^3\{+\}\left(\frac{1}{5!}\right)^{\frac{1}{\alpha}}x^5\{+\}\cdots\{+\}\left(\frac{1}{(2k+1)!}\right)^{\frac{1}{\alpha}}x^{2k+1} + \cdots$$

$$G\cosh(x) = 1\{+\}\left(\frac{1}{2!}\right)^{\frac{1}{\alpha}}x^2\{+\}\left(\frac{1}{4!}\right)^{\frac{1}{\alpha}}x^4\{+\}\cdots\{+\}\left(\frac{1}{(2k)!}\right)^{\frac{1}{\alpha}}x^{2k} + \cdots$$

满足性质

$$\oplus\frac{\mathrm{d}}{\mathrm{d}x}G\sinh(x) = G\cosh(x)$$

$$\oplus\frac{\mathrm{d}}{\mathrm{d}x}G\cosh(x) = G\sinh(x)$$

$$\oplus\frac{\mathrm{d}^2}{\mathrm{d}x^2}G\sinh(x)\{-\}G\sinh(x) = 0$$

$$\oplus\frac{\mathrm{d}^2}{\mathrm{d}x^2}G\cosh(x)\{-\}G\cosh(x) = 0$$

(4)

$$\frac{1}{1\{-\}x} = 1\{+\}x\{+\}x^2\{+\}\cdots\{+\}x^n + \cdots$$

$$\frac{1}{1\{+\}x} = 1\{-\}x\{+\}x^2\{-\}\cdots\{+\}(-1)^n x^n + \cdots$$

(5)

$$1\{+\}\oplus\sum_{n=1}^{\infty}\left(\frac{1}{n}\right)^{\frac{1}{\alpha}}x^n = 1\{+\}\left(\frac{1}{1}\right)^{\frac{1}{\alpha}}x\{+\}\left(\frac{1}{2}\right)^{\frac{1}{\alpha}}x^2\{+\}\cdots\{+\}\left(\frac{1}{n}\right)^{\frac{1}{\alpha}}x^n\{+\}\cdots$$

满足性质

$$\oplus\frac{\mathrm{d}}{\mathrm{d}x}\left(1\{+\}\oplus\sum_{n=1}^{\infty}\left(\frac{1}{n}\right)^{\frac{1}{\alpha}}x^n\right) = 1\{+\}x\{+\}x^2\{+\}\cdots\{+\}x^n\{+\}\cdots$$

$$\oplus\int\frac{1}{1\{-\}x}\mathrm{d}x = 1\{+\}\oplus\sum_{n=1}^{\infty}\left(\frac{1}{n}\right)^{\frac{1}{\alpha}}x^n$$

2. 广义加法世界中的若干函数的反函数。

(1) 函数 $y = G\exp(x)$ 的反函数为

$$G\ln(x) = (\alpha\ln(x))^{\frac{1}{\alpha}}$$

(2) 函数 $y = G\sin(x)$ 的反函数为

$$G\arcsin(x) = (\arcsin(x^{\alpha}))^{\frac{1}{\alpha}}$$

(3) 函数 $y = G\cos(x)$ 的反函数为

$$G\arccos(x) = (\arccos(x^{\alpha}))^{\frac{1}{\alpha}}$$

(4) 函数 $y = G\sinh(x)$ 的反函数为

$$G\mathrm{arcsinh}(x) = (\mathrm{arcsinh}(x^{\alpha}))^{\frac{1}{\alpha}}$$

(5) 函数 $y = G\cosh(x)$ 的反函数为

$$G\mathrm{arccosh}(x) = (\mathrm{arccosh}(x^{\alpha}))^{\frac{1}{\alpha}}$$

3. 广义加法意义下的二项式展开公式

$$(a\{+\}b)^n = a^n\{+\}(\mathrm{C}_n^1)^{\frac{1}{\alpha}}a^{n-1}b\{+\}(\mathrm{C}_n^2)^{\frac{1}{\alpha}}a^{n-2}b^2\{+\}\cdots\{+\}(\mathrm{C}_n^{n-1})^{\frac{1}{\alpha}}ab^{n-1}\{+\}b^n$$

$$(1\{+\}x)^p = 1^n\{+\}\binom{p}{1}^{\frac{1}{\alpha}}x\{+\}\binom{p}{2}^{\frac{1}{\alpha}}x^2\{+\}\cdots\{+\}\binom{p}{k}^{\frac{1}{\alpha}}x^k\{+\}\cdots$$

4. 假设下面的线性微分方程有幂级数形式的解。微分方程为

$$a(x)\frac{\mathrm{d}^2f(x)}{\mathrm{d}x^2} + b(x)\frac{\mathrm{d}f(x)}{\mathrm{d}x} + c(x)f(x) = 0$$

幂级数形式的解为

$$h(x) = a_0 + a_1x + a_2x^2 + a_3x^3 + \cdots + a_nx^n + \cdots$$

则下面的广义加法意义下的线性微分方程有幂级数形式的解。微分方程为

$$(a(x^{\alpha}))^{\frac{1}{\alpha}}\oplus\frac{\mathrm{d}^2f(x)}{\mathrm{d}x^2}\{+\}(b(x^{\alpha}))^{\frac{1}{\alpha}}\oplus\frac{\mathrm{d}f(x)}{\mathrm{d}x}\{+\}(c(x^{\alpha}))^{\frac{1}{\alpha}}f(x) = 0$$

幂级数形式的解为

$$Gh(x) = (a_0)^{\frac{1}{\alpha}}\{+\}(a_1)^{\frac{1}{\alpha}}x\{+\}(a_2)^{\frac{1}{\alpha}}x^2\{+\}(a_3)^{\frac{1}{\alpha}}x^3\{+\}\cdots\{+\}(a_n)^{\frac{1}{\alpha}}x^n\{+\}\cdots$$

5. 广义加法世界中的三角函数公式(表 6.1)。

表 6.1

公式名称	数学公式
三角函数的倍角公式	$G\sin 2^{\frac{1}{\alpha}}\theta = 2^{\frac{1}{\alpha}} G\sin\theta G\cos\theta$ $G\sin 2^{\frac{1}{\alpha}}\theta = (G\cos\theta)^2\{-\}(G\sin\theta)^2$ $G\tan 2^{\frac{1}{\alpha}}x = \dfrac{2^{\frac{1}{\alpha}} G\tan x}{1\{-\}(G\tan x)^2}$ $G\cot 2^{\frac{1}{\alpha}}x = \dfrac{(G\cot x)^2\{-\}1}{2^{\frac{1}{\alpha}} G\cot x}$
三角函数的半角公式	$\left(G\sin\left(\frac{1}{2}\right)^{\frac{1}{\alpha}}\theta\right)^2 = \left(\frac{1}{2}\right)^{\frac{1}{\alpha}}(1\{-\}G\cos\theta)$ $\left(G\cos\left(\frac{1}{2}\right)^{\frac{1}{\alpha}}\theta\right)^2 = \left(\frac{1}{2}\right)^{\frac{1}{\alpha}}(1\{+\}G\cos\theta)$ $G\tan\left(\frac{1}{2}\right)^{\frac{1}{\alpha}}x = \dfrac{G\sin x}{1\{+\}G\cos x}$ $G\cot\left(\frac{1}{2}\right)^{\frac{1}{\alpha}}x = \dfrac{G\sin x}{1\{-\}G\cos x}$
三角函数 和差化积的公式	$G\cos u\{-\}G\cos v = 2^{\frac{1}{\alpha}}\left(G\sin\left(\left(\frac{1}{2}\right)^{\frac{1}{\alpha}}(u\{+\}v)\right)G\sin\left(\left(\frac{1}{2}\right)^{\frac{1}{\alpha}}(v\{-\}u)\right)\right)$ $G\cos u\{+\}G\cos v = 2^{\frac{1}{\alpha}}\left(G\cos\left(\left(\frac{1}{2}\right)^{\frac{1}{\alpha}}(u\{+\}v)\right)G\cos\left(\left(\frac{1}{2}\right)^{\frac{1}{\alpha}}(v\{-\}u)\right)\right)$ $G\sin u\{+\}G\sin v = 2^{\frac{1}{\alpha}}\left(G\sin\left(\left(\frac{1}{2}\right)^{\frac{1}{\alpha}}(u\{+\}v)\right)G\cos\left(\left(\frac{1}{2}\right)^{\frac{1}{\alpha}}(v\{-\}u)\right)\right)$ $G\tan x\{\pm\}G\tan y = \dfrac{G\sin(x\{\pm\}y)}{G\cos xG\cos y}$ $G\cot x\{\pm\}G\cot y = \dfrac{G\sin(x\{+\}y)}{G\sin xG\sin y}$ $G\tan x\{+\}G\cot y = \dfrac{G\cos(x\{-\}y)}{G\cos xG\sin y}$ $G\cot x\{-\}G\tan y = \dfrac{G\cos(x\{+\}y)}{G\sin xG\cos y}$
三角函数积化 和差的公式	$G\sin xG\sin y = \left(\frac{1}{2}\right)^{\frac{1}{\alpha}}(G\cos(x\{-\}y)\{-\}\cos(x\{+\}y))$ $G\cos xG\cos y = \left(\frac{1}{2}\right)^{\frac{1}{\alpha}}(G\cos(x\{-\}y)\{+\}\cos(x\{+\}y))$ $G\sin xG\cos y = \left(\frac{1}{2}\right)^{\frac{1}{\alpha}}(G\sin(x\{-\}y)\{+\}\sin(x\{+\}y))$
正切函数 两角和的公式	$G\sin(x\{\pm\}y) = (G\sin x)(G\cos y)\{\pm\}(G\cos x)(G\sin y)$ $G\cos(x\{\pm\}y) = (G\cos x)(G\cos y)\{\mp\}(G\sin x)(G\sin y)$ $G\tan(x\{\pm\}y) = \dfrac{G\tan x\{\pm\}G\tan y}{1\{\mp\}G\tan xG\tan y}$ $G\cot(x\{\pm\}y) = \dfrac{G\cot xG\cot y\{\mp\}1}{G\cot y\{\pm\}G\cot x}$

6. 广义加法世界中的双曲函数公式(表 6.2)。

表 6.2

公式名称	数学公式
平方差公式	$(G\cosh x)^2\{-\}(G\sinh x)^2 = 1$
双曲函数的倍角公式	$G\sinh 2^{\frac{1}{\alpha}}\theta = 2^{\frac{1}{\alpha}} G\sinh\theta G\cosh\theta$ $G\sinh 2^{\frac{1}{\alpha}}\theta = (G\cosh\theta)^2\{+\}(G\sinh\theta)^2$ $G\tanh 2^{\frac{1}{\alpha}}x = \dfrac{2^{\frac{1}{\alpha}} G\tanh x}{1\{+\}(G\tanh x)^2}$ $G\coth 2^{\frac{1}{\alpha}}x = \dfrac{(G\coth x)^2\{+\}1}{2^{\frac{1}{\alpha}} G\coth x}$
双曲函数的半角公式	$\left(G\sinh\left(\frac{1}{2}\right)^{\frac{1}{\alpha}}\theta\right)^2 = \left(\frac{1}{2}\right)^{\frac{1}{\alpha}}(G\cosh\theta\{-\}1)$ $\left(G\cosh\left(\frac{1}{2}\right)^{\frac{1}{\alpha}}\theta\right)^2 = \left(\frac{1}{2}\right)^{\frac{1}{\alpha}}(1\{+\}G\cosh\theta)$ $G\tanh\left(\frac{1}{2}\right)^{\frac{1}{\alpha}}x = \dfrac{G\sinh x}{1\{+\}G\cosh x}$ $G\coth\left(\frac{1}{2}\right)^{\frac{1}{\alpha}}x = \dfrac{G\sinh x}{G\cosh x\{-\}1}$
双曲函数和差化积的公式	$G\cosh u\{-\}G\cosh v = 2^{\frac{1}{\alpha}}\left(G\sinh\left(\left(\frac{1}{2}\right)^{\frac{1}{\alpha}}(u\{+\}v)\right)G\sinh\left(\left(\frac{1}{2}\right)^{\frac{1}{\alpha}}(v\{-\}u)\right)\right)$ $G\cosh u\{+\}G\cosh v = 2^{\frac{1}{\alpha}}\left(G\cosh\left(\left(\frac{1}{2}\right)^{\frac{1}{\alpha}}(u\{+\}v)\right)G\cosh\left(\left(\frac{1}{2}\right)^{\frac{1}{\alpha}}(v\{-\}u)\right)\right)$ $G\sinh u\{+\}G\sinh v = 2^{\frac{1}{\alpha}}\left(G\sinh\left(\left(\frac{1}{2}\right)^{\frac{1}{\alpha}}(u\{+\}v)\right)G\cosh\left(\left(\frac{1}{2}\right)^{\frac{1}{\alpha}}(v\{-\}u)\right)\right)$ $G\tanh x\{\pm\}G\tanh y = \dfrac{G\sinh(x\{\pm\}y)}{G\cosh x G\cosh y}$
双曲函数积化和差的公式	$G\sinh x G\sinh y = \left(\frac{1}{2}\right)^{\frac{1}{\alpha}}(G\cosh(x\{-\}y)\{-\}\cosh(x\{+\}y))$ $G\cosh x G\cosh y = \left(\frac{1}{2}\right)^{\frac{1}{\alpha}}(G\cosh(x\{-\}y)\{+\}\cosh(x\{+\}y))$ $G\sinh x G\cosh y = \left(\frac{1}{2}\right)^{\frac{1}{\alpha}}(G\sinh(x\{-\}y)\{+\}\sinh(x\{+\}y))$
双曲函数两角和的公式	$G\sinh(x\{\pm\}y) = (G\sinh x)(G\cosh y)\{\pm\}(G\cosh x)(G\sinh y)$ $G\cosh(x\{\pm\}y) = (G\cosh x)(G\cosh y)\{\pm\}(G\sinh x)(G\sinh y)$ $G\tanh(x\{\pm\}y) = \dfrac{G\tanh x\{\pm\}G\tanh y}{1\{\pm\}G\tanh x G\tanh y}$ $G\coth(x\{\pm\}y) = \dfrac{1\{\pm\}G\coth x G\coth y}{G\coth y\{\pm\}G\coth x}$

混合使用广义加法和普通加法的函数导数

第7章

在本章中我们研究一个特殊的问题。这个问题在一些实际应用问题建立数学模型时会遇到,在深入考查广义加法的导数定义时也会考虑到,那就是在定义一个函数的导数时混合使用了广义加法和普通加法。具体来说,我们可以让自变量的变化使用普通加法,而让函数值的变化使用广义加法;我们也可以让自变量的变化使用广义加法,而让函数值的变化使用普通加法。这个想法的确有些奇特,在已有的数学知识中还没有与之相对应的内容,但是仔细思考这个问题可以发现,这是一个既有理论意义又有应用意义的问题,所以是值得研究的。我们引进这些特殊导数的定义,并讨论这些导数的性质。

7.1 混合使用广义加法和普通加法的函数导数的定义

在对实际应用问题建立数学模型时,我们已经习惯了使用普通加法下的自变量增量。比如,自变量是时间 t,Δt 是时间的增量;又比如自变量 r 是球的半径,Δr 是球的半径的增量。Δt 和 Δr 是用普通加法计算的。为了区别普通加法和广义加法意义下的自变量增量的不同,我们用 Δx_C 表示普通加法下的自变量增量,即 $\Delta x_C = x_{i+1} - x_i$。而广义加法意义下的导数定义中使用的自变量增量 Δx 是广义加法意义下的自变量增量,是用广义加法表示的,即 $\Delta x = x_{i+1} \{-\} x_i$。我们先引进自变量的增量使用普通加法而函数值的增量使用广义加法的函数导数的概念。

定义 7.1　自变量的增量使用普通加法，函数值的增量使用广义加法，得到的函数导数为混合使用广义加法和普通加法的导数。函数 $f(x)$ 的这种混合使用广义加法和普通加法的导数记为 $\frac{+}{\oplus}\frac{\mathrm{d}f(x)}{\mathrm{d}x}$。为了方便，我们称这种导数为混合导数一，$\frac{+}{\oplus}\frac{\mathrm{d}f(x)}{\mathrm{d}x}$ 由下面的极限确定

$$\frac{+}{\oplus}\frac{\mathrm{d}f(x)}{\mathrm{d}x}=\lim_{\Delta x_C\to 0}\frac{f(x+\Delta x_C)\{-\}f(x)}{(\Delta x_C)^{\frac{1}{\alpha}}} \tag{7.1}$$

其中，Δx_C 是普通加法下的自变量增量，若用 $[x_{i+1},x_i]$ 表示变动的小区间，则 $\Delta x_C=x_{i+1}-x_i$，$f(x+\Delta x_C)$ 中自变量的增量用普通加法计算；导数记号中 $\frac{+}{\oplus}$ 的上面的 + 表示自变量的加法规则为普通加法，而 $\frac{+}{\oplus}$ 的下面的 $\oplus$ 表示函数值的加法规则为广义加法；α 是广义加法定义中的幂指数。

按照导数和微分的关系，有

$$\frac{+}{\oplus}\Delta f(x)=f(x+\Delta x_C)\{-\}f(x)=\frac{+}{\oplus}\frac{\mathrm{d}f(x)}{\mathrm{d}x}(\Delta x_C)^{\frac{1}{\alpha}}$$

其中，$\Delta x_C=x_{i+1}-x_i$。定义式(7.1)与传统的导数的定义有明显的差别，体现在分母是自变量改变量的幂指数函数。

我们再引进自变量的增量使用广义加法而函数值的增量使用普通加法的函数导数的概念。

定义 7.2　自变量的增量使用广义加法，函数值的增量使用普通加法，得到的函数导数也是一种混合使用广义加法和普通加法的导数。函数 $f(x)$ 的这种混合使用广义加法和普通加法的导数记为 $\frac{\oplus}{+}\frac{\mathrm{d}f(x)}{\mathrm{d}x}$。为了方便，我们称这种导数为混合导数二，$\frac{\oplus}{+}\frac{\mathrm{d}f(x)}{\mathrm{d}x}$ 由下面的极限确定

$$\frac{\oplus}{+}\frac{\mathrm{d}f(x)}{\mathrm{d}x}=\lim_{\Delta x\to 0}\frac{f(x\{+\}\Delta x)-f(x)}{(\Delta x)^{\alpha}} \tag{7.2}$$

其中，Δx 是广义加法意义下的自变量增量，是用广义加法表示的，即 $\Delta x=x_{i+1}\{-\}x_i$，函数值的增量用普通加法计算；导数记号 $\frac{\oplus}{+}$ 中下面的 + 表示函数值

的加法规则为普通加法，上面的⊕表示自变量的加法规则为广义加法；α 是广义加法定义中的幂指数。

按照导数和微分的关系，有

$$\underset{+}{\overset{\oplus}{}}\Delta f(x) = f(x\{+\}\Delta x) - f(x) = \underset{+}{\overset{\oplus}{}}\frac{\mathrm{d}f(x)}{\mathrm{d}x}(\Delta x)^{\alpha}$$

其中，$\Delta x = x_{i+1}\{-\}x_i$。定义式(7.2)与传统的导数的定义有明显的差别，体现在分母是自变量改变量的幂指数函数。定义7.1和定义7.2引入的导数都是混合使用广义加法和普通加法的导数，但两者是不同的导数。差异体现在名称上，一个称为混合导数一，一个称为混合导数二；差异还体现在导数符号上，一个是 $\underset{\oplus}{\overset{+}{}}\frac{\mathrm{d}f(x)}{\mathrm{d}x}$，另一个是 $\underset{+}{\overset{\oplus}{}}\frac{\mathrm{d}f(x)}{\mathrm{d}x}$；当然最主要的差异是定义的数学表达式的差异。

7.2　应用问题中关于混合使用广义加法和普通加法的导数的例子

例1　在第3章3.4节中我们曾经推导出球形容器半径与容器内气体的密度之间的关系，具体形式如下

$$\Delta D = \frac{3M}{4\pi}\left(\left(\frac{1}{(r+\Delta r)^3} - \frac{1}{r^3}\right)^{\frac{1}{3}}\right)^3$$

ΔD 是气体密度的改变量，Δr 是用普通加法表示的半径的改变量，M 是气体总质量。上式可以写成

$$\Delta D = \frac{3M}{4\pi}\left(\left(\frac{1}{r+\Delta r}\{-\}\frac{1}{r}\right)\right)^3$$

而 $\left(\frac{1}{r+\Delta r}\{-\}\frac{1}{r}\right)$ 是函数 $\frac{1}{r}$ 的广义加法意义下的差分，自变量的增量是普通加法意义的，我们有

$$\frac{\Delta D}{\Delta r} = \frac{3M}{4\pi}\left(\frac{\frac{1}{r+\Delta r}\{-\}\frac{1}{r}}{(\Delta r)^{\frac{1}{3}}}\right)^3$$

下面我们证明上式右端的极限存在，进而说明混合导数一的定义式的合理性

$$\frac{1}{r+\Delta r}\{-\}\frac{1}{r}=\left(\left(\frac{1}{r+\Delta r}\right)^3-\left(\frac{1}{r}\right)^3\right)^{\frac{1}{3}}$$

$$=\left(\Delta\left(\frac{1}{r}\right)^3\right)^{\frac{1}{3}}$$

上面的差分是普通加法下的差分,我们有

$$\frac{\mathrm{d}}{\mathrm{d}r}\left(\frac{1}{r}\right)^3=-3r^{-4}$$

故有

$$\frac{1}{r+\Delta r}\{-\}\frac{1}{r}=(-3r^{-4}\Delta r)^{\frac{1}{3}}$$

从而有

$$\frac{\frac{1}{r+\Delta r}\{-\}\frac{1}{r}}{(\Delta r)^{\frac{1}{3}}}=(-3r^{-4})^{\frac{1}{3}}$$

从这点看,下面的极限式有意义

$$\lim_{\Delta r\to 0}\frac{\frac{1}{r+\Delta r}\{-\}\frac{1}{r}}{(\Delta r)^{\frac{1}{3}}}$$

上面的极限正是本章中定义的混合使用广义加法和普通加法的函数的导数,即混合导数一,有

$$\frac{\mathrm{d}D}{\mathrm{d}r}=\frac{3M}{4\pi}\left(\frac{+}{\oplus}\frac{\mathrm{d}}{\mathrm{d}r}\frac{1}{r}\right)^3$$

这个表达式非常简洁。

例2　在第3章3.4节中我们曾经推导出水库流量与水面高度之间的函数关系,具体如下

$$h(t+\Delta t)\{-\}h(t)=\left(-\frac{3V(t)\Delta t}{\pi\tan^2\theta}\right)^{\frac{1}{3}}$$

h 是水面高度,$V(t)$ 是瞬时流量,t 是时间。上式可以写成

$$\frac{h(t+\Delta t)\{-\}h(t)}{(\Delta t)^{\frac{1}{3}}}=\left(-\frac{3V(t)}{\pi\tan^2\theta}\right)^{\frac{1}{3}}$$

上式左端的极限正是本章中定义的混合使用广义加法和普通加法的函数的导数,即混合导数一,有

$$\frac{+}{\oplus}\frac{\mathrm{d}h(t)}{\mathrm{d}t}=\left(-\frac{3V(t)}{\pi\tan^2\theta}\right)^{\frac{1}{3}}$$

当流量 $V(t)$ 不随时间变化时，$\frac{+}{\oplus}\frac{\mathrm{d}h(t)}{\mathrm{d}t}$ 为常数。因为水库的底部呈倒立的圆锥形态，所以对于固定不变的流出量，$h(t)$ 随时间必然是改变的。水面越低，$h(t)$ 的变化越大。但是我们得出的模型说明，$\frac{+}{\oplus}\frac{\mathrm{d}h(t)}{\mathrm{d}t}$ 取常数值。这个表达式也非常简洁。

例 3　在第 3 章 3.4 节中我们曾经推导出人体体重与腰围的函数关系，具体如下

$$L(t+\Delta t)\{-\}L(t)=\left(\frac{4\pi}{Hd}\Delta W\right)^{\frac{1}{2}}$$

其中，L 为腰围，W 为体重，h 是身高，d 是人体比重，有

$$\frac{L(t+\Delta t)\{-\}L(t)}{(\Delta W)^{\frac{1}{2}}}=\left(\frac{4\pi}{Hd}\right)^{\frac{1}{2}}$$

上式左端的极限正是本章中定义的混合使用广义加法和普通加法的函数的导数，即有

$$\frac{+}{\oplus}\frac{\mathrm{d}L(t)}{\mathrm{d}W}=\left(\frac{4\pi}{H\mathrm{d}}\right)^{\frac{1}{2}}$$

体重与腰围的关系是非线性的，因为体重越小时，体重变化可以引起较大的腰围变化，而体重越大时，体重变化只能引起较小的腰围变化。但是上面导出的模型说明，在混合使用广义加法和普通加法的函数导数的意义上，腰围的改变对体重改变的变化率为常数。

上面三个例子都是符合混合导数一的定义式的，自变量的改变取普通加法，而函数值的改变用广义加法，看来混合使用广义加法和普通加法的函数的导数$\frac{+}{\oplus}\frac{\mathrm{d}f(x)}{\mathrm{d}x}$的定义式是合理的，并且在实际应用中可能有着较广阔的前景。

7.3　混合使用广义加法和普通加法的导数的求导规则一

本节中我们讨论混合使用广义加法和普通加法的导数的运算法则，这是

关于混合导数一的求导规则。这些都是仿照已有的普通加法下导数的运算法则的内容而扩展至广义加法的情形。

定理 7.1 假设 $g(x)=f(x)\{+\}h(x)$，则有

$$\frac{+}{\oplus}\frac{\mathrm{d}g(x)}{\mathrm{d}x}=\frac{+}{\oplus}\frac{\mathrm{d}f(x)}{\mathrm{d}x}\{+\}\frac{+}{\oplus}\frac{\mathrm{d}h(x)}{\mathrm{d}x} \tag{7.3}$$

证明 按照导数的定义，有

$$\frac{+}{\oplus}\frac{\mathrm{d}g(x)}{\mathrm{d}x}=\lim_{\Delta x_C\to 0}\frac{g(x+\Delta x_C)\{-\}g(x)}{(\Delta x_C)^{\frac{1}{\alpha}}}$$

我们有

$$g(x+\Delta x_C)=f(x+\Delta x_C)\{+\}h(x+\Delta x_C)$$
$$g(x)=f(x)\{+\}h(x)$$

根据广义加法的结合律，有

$$\begin{aligned}g(x+\Delta x_C)\{-\}g(x)&=(f(x+\Delta x_C)\{+\}h(x+\Delta x_C))\{-\}(f(x)\{+\}h(x))\\&=(f(x+\Delta x_C)\{-\}f(x))\{+\}(h(x+\Delta x_C)\{-\}h(x))\end{aligned}$$

所以有

$$\begin{aligned}\frac{+}{\oplus}\frac{\mathrm{d}g(x)}{\mathrm{d}x}&=\lim_{\Delta x_C\to 0}\frac{g(x+\Delta x_C)\{-\}g(x)}{(\Delta x_C)^{\frac{1}{\alpha}}}\\&=\lim_{\Delta x_C\to 0}\frac{(f(x+\Delta x_C)\{-\}f(x))\{+\}(h(x+\Delta x_C)\{-\}h(x))}{(\Delta x_C)^{\frac{1}{\alpha}}}\\&=\lim_{\Delta x_C\to 0}\left(\frac{f(x+\Delta x_C)\{-\}f(x)}{(\Delta x_C)^{\frac{1}{\alpha}}}\{+\}\frac{h(x+\Delta x_C)\{-\}h(x)}{(\Delta x_C)^{\frac{1}{\alpha}}}\right)\\&=\frac{+}{\oplus}\frac{\mathrm{d}f(x)}{\mathrm{d}x}\{+\}\frac{+}{\oplus}\frac{\mathrm{d}h(x)}{\mathrm{d}x}\end{aligned}$$

定理得证。

定理 7.2 假设 $g(x)=f(x)\times h(x)$，则有

$$\frac{+}{\oplus}\frac{\mathrm{d}g(x)}{\mathrm{d}x}=\frac{+}{\oplus}\frac{\mathrm{d}f(x)}{\mathrm{d}x}h(x)\{+\}\frac{+}{\oplus}\frac{\mathrm{d}h(x)}{\mathrm{d}x}f(x) \tag{7.4}$$

证明 按照广义加法意义下的导数的定义，有

$$\frac{+}{\oplus}\frac{\mathrm{d}g(x)}{\mathrm{d}x}=\lim_{\Delta x_C\to 0}\frac{f(x+\Delta x_C)h(x+\Delta x_C)\{-\}f(x)h(x)}{(\Delta x_C)^{\frac{1}{\alpha}}}$$

$$= \lim_{\Delta x_C \to 0} \frac{f(x+\Delta x_C)h(x+\Delta x_C)\{-\}f(x)h(x+\Delta x_C)}{(\Delta x_C)^{\frac{1}{\alpha}}}\{+\}$$

$$\frac{f(x)h(x+\Delta x_C)\{-\}f(x)h(x)}{(\Delta x_C)^{\frac{1}{\alpha}}}$$

$$= \lim_{\Delta x_C \to 0} \frac{(f(x+\Delta x_C)\{-\}f(x))h(x+\Delta x_C)}{(\Delta x_C)^{\frac{1}{\alpha}}}\{+\}$$

$$\lim_{\Delta x_C \to 0} \frac{(h(x+\Delta x_C)\{-\}h(x))f(x)}{(\Delta x_C)^{\frac{1}{\alpha}}}$$

$$= \frac{+}{\oplus}\frac{\mathrm{d}f(x)}{\mathrm{d}x}h(x)\{+\}\frac{+}{\oplus}\frac{\mathrm{d}h(x)}{\mathrm{d}x}f(x)$$

定理得证。

定理 7.3　假设 $g(x) = Cf(x)$,则有

$$\frac{+}{\oplus}\frac{\mathrm{d}g(x)}{\mathrm{d}x} = C\frac{+}{\oplus}\frac{\mathrm{d}f(x)}{\mathrm{d}x} \tag{7.5}$$

证明　取 $h(x) = C$,有

$$\frac{+}{\oplus}\frac{\mathrm{d}h(x)}{\mathrm{d}x} = \frac{+}{\oplus}\frac{\mathrm{d}C}{\mathrm{d}x} = 0$$

根据定理 7.2,有

$$\frac{+}{\oplus}\frac{\mathrm{d}Cf(x)}{\mathrm{d}x} = \frac{+}{\oplus}\frac{\mathrm{d}f(x)}{\mathrm{d}x}C\{+\}\frac{+}{\oplus}\frac{\mathrm{d}C}{\mathrm{d}x}f(x)$$

$$= C\frac{+}{\oplus}\frac{\mathrm{d}f(x)}{\mathrm{d}x}$$

定理得证。

定理 7.4　假设 $g(x) = f(u(x))$,则有

$$\frac{+}{\oplus}\frac{\mathrm{d}f(u(x))}{\mathrm{d}x} = (u(x))^{\frac{\alpha}{\alpha-1}}\left(\frac{+}{\oplus}\frac{\mathrm{d}f(u)}{\mathrm{d}u}\right)\times\left(\frac{+}{\oplus}\frac{\mathrm{d}u(x)}{\mathrm{d}x}\right) \tag{7.6}$$

证明　按照广义加法意义下的导数的定义,有

$$\frac{+}{\oplus}\frac{\mathrm{d}f(u(x))}{\mathrm{d}x} = \lim_{\Delta x_C \to 0} \frac{f(u(x+\Delta x_C))\{-\}f(u(x))}{(\Delta x_C)^{\frac{1}{\alpha}}}$$

$$= \lim_{\Delta x_C \to 0} \frac{f(u(x+\Delta x_C))\{-\}f(u(x))}{u(x+\Delta x_C)\{-\}u(x)} \times \frac{u(x+\Delta x_C)\{-\}u(x)}{(\Delta x_C)^{\frac{1}{\alpha}}}$$

其中

$$\lim_{\Delta x_C \to 0} \frac{u(x+\Delta x_C)\{-\}u(x)}{(\Delta x_C)^{\frac{1}{\alpha}}} = \frac{+}{\oplus}\frac{\mathrm{d}u(x)}{\mathrm{d}x}$$

我们来看表达式 $u(x+\Delta x_C)\{-\}u(x)$,有

$$\begin{aligned} u(x+\Delta x_C)\{-\}u(x) &\approx \left(u(x)+\frac{\mathrm{d}u}{\mathrm{d}x}\Delta x_C\right)\{-\}u(x) \\ &= \left(\left(u(x)+\frac{\mathrm{d}u}{\mathrm{d}x}\Delta x_C\right)^{\alpha} - (u(x))^{\alpha}\right)^{\frac{1}{\alpha}} \\ &\approx \left((u(x))^{\alpha} + (u(x))^{\alpha-1}\frac{\mathrm{d}u}{\mathrm{d}x}\Delta x_C - (u(x))^{\alpha}\right)^{\frac{1}{\alpha}} \\ &= (u(x))^{\frac{\alpha-1}{\alpha}}\left(\frac{\mathrm{d}u}{\mathrm{d}x}\Delta x_C\right)^{\frac{1}{\alpha}} \\ &= (u(x))^{\frac{\alpha-1}{\alpha}}(\Delta u_C)^{\frac{1}{\alpha}} \end{aligned}$$

所以有

$$\begin{aligned} \lim_{\Delta x_C \to 0}\frac{f(u(x+\Delta x_C))\{-\}f(u(x))}{u(x+\Delta x_C)\{-\}u(x)} &= \lim_{\Delta x_C \to 0}\frac{f(u(x+\Delta x_C))\{-\}f(u(x))}{(u(x))^{\frac{\alpha-1}{\alpha}}(\Delta u_C)^{\frac{1}{\alpha}}} \\ &= (u(x))^{\frac{\alpha}{\alpha-1}}\frac{+}{\oplus}\frac{\mathrm{d}f(u)}{\mathrm{d}u} \end{aligned}$$

我们得到

$$\begin{aligned} \frac{+}{\oplus}\frac{\mathrm{d}f(u(x))}{\mathrm{d}x} &= \lim_{\Delta x_C \to 0}\frac{f(u(x+\Delta x_C))\{-\}f(u(x))}{(\Delta x_C)^{\frac{1}{\alpha}}} \\ &= \lim_{\Delta x_C \to 0}\frac{f(u(x+\Delta x_C))\{-\}f(u(x))}{u(x+\Delta x_C)\{-\}u(x)} \times \frac{u(x+\Delta x_C)\{-\}u(x)}{(\Delta x_C)^{\frac{1}{\alpha}}} \\ &= (u(x))^{\frac{\alpha}{\alpha-1}}\left(\frac{+}{\oplus}\frac{\mathrm{d}f(u)}{\mathrm{d}u}\right)\times\left(\frac{+}{\oplus}\frac{\mathrm{d}u(x)}{\mathrm{d}x}\right) \end{aligned}$$

定理得证。

这个结论与通常的复合函数求导数的数学公式有所不同。

定理 7.5 假设 $g(x) = \dfrac{f(x)}{h(x)}$,则有

$$\frac{+}{\oplus}\frac{\mathrm{d}g(x)}{\mathrm{d}x} = \frac{\frac{+}{\oplus}\frac{\mathrm{d}f(x)}{\mathrm{d}x}h(x)\{-\}\frac{+}{\oplus}\frac{\mathrm{d}h(x)}{\mathrm{d}x}f(x)}{(h(x))^2} \tag{7.7}$$

证明 我们先来证明下式成立

$$\frac{+}{\oplus}\frac{\mathrm{d}}{\mathrm{d}x}\left(\frac{1}{h(x)}\right)=-\frac{1}{(h(x))^{2}}\frac{+}{\oplus}\frac{\mathrm{d}h(x)}{\mathrm{d}x}$$

根据广义加法意义下的导数的定义,有

$$\frac{+}{\oplus}\frac{\mathrm{d}}{\mathrm{d}x}\left(\frac{1}{h(x)}\right)=\lim_{\Delta x_C\to 0}\frac{\dfrac{1}{h(x+\Delta x_C)}\{-\}\dfrac{1}{h(x)}}{(\Delta x)^{\frac{1}{\alpha}}}$$

$$=\lim_{\Delta x_C\to 0}\frac{\dfrac{1}{h(x+\Delta x_C)h(x)}(h(x)\{-\}h(x+\Delta x_C))}{(\Delta x)^{\frac{1}{\alpha}}}$$

$$=\lim_{\Delta x_C\to 0}\frac{-1}{h(x+\Delta x_C)h(x)}\frac{(h(x+\Delta x_C)\{-\}h(x))}{(\Delta x)^{\frac{1}{\alpha}}}$$

$$=-\frac{1}{(h(x))^{2}}\frac{+}{\oplus}\frac{\mathrm{d}h(x)}{\mathrm{d}x}$$

又根据定理 7.2,将 $g(x)=\dfrac{f(x)}{h(x)}$ 看成两个函数的乘积,有

$$\frac{+}{\oplus}\frac{\mathrm{d}g(x)}{\mathrm{d}x}=\frac{+}{\oplus}\frac{\mathrm{d}}{\mathrm{d}x}g(x)\frac{1}{h(x)}$$

$$=\frac{+}{\oplus}\frac{\mathrm{d}f(x)}{\mathrm{d}x}\frac{1}{h(x)}\{+\}-\frac{1}{(h(x))^{2}}\frac{+}{\oplus}\frac{\mathrm{d}h(x)}{\mathrm{d}x}f(x)$$

$$=\frac{\dfrac{+}{\oplus}\dfrac{\mathrm{d}f(x)}{\mathrm{d}x}h(x)\{-\}\dfrac{+}{\oplus}\dfrac{\mathrm{d}h(x)}{\mathrm{d}x}f(x)}{(h(x))^{2}}$$

定理得证。

定理 7.6 假设函数 $f(x)$ 的反函数 $f(x)$ 存在,即有 $g(x)=f^{-1}(x)$,则有

$$\frac{+}{\oplus}\frac{\mathrm{d}g(x)}{\mathrm{d}x}=\frac{1}{\dfrac{+}{\oplus}\dfrac{\mathrm{d}f(x)}{\mathrm{d}x}} \tag{7.8}$$

定理 7.6 的证明略去,因为根据反函数的含义可以直接说明这个广义加法意义下的导数的公式是成立的。可以看出,除了复合函数求导法则之外,普通加法意义下函数的求导数法则在形式上与广义加法意义下的求导数法则是相同的。

7.4 混合使用广义加法和普通加法的导数的求导规则二

在本节中我们讨论广义加法意义下两个函数的和的导数,两个函数的乘积的导数以及复合函数的导数的运算法则。这是关于混合导数二的求导规则。这些都是仿照已有的普通加法下导数的运算法则的内容而扩展至广义加法的情形。为此,我们有下面的定理。

定理 7.7 假设 $f(x) = g(x)\{+\}h(x)$,则有

$$\frac{\oplus}{+}\frac{\mathrm{d}(g(x)\{+\}h(x))}{\mathrm{d}x} = \frac{1}{\alpha}x^{1-\alpha}(g^{\alpha}(x)+h^{\alpha}(x))^{\frac{1}{\alpha}-1}\cdot \left(g^{\alpha-1}(x)\frac{\mathrm{d}g(x)}{\mathrm{d}x}+h^{\alpha-1}(x)\frac{\mathrm{d}h(x)}{\mathrm{d}x}\right) \tag{7.9}$$

证明 按照导数的定义,有

$$\frac{\oplus}{+}\frac{\mathrm{d}f(x)}{\mathrm{d}x} = \lim_{\Delta x\to 0}\frac{f(x\{+\}\Delta x)-f(x)}{(\Delta x)^{\alpha}}$$

$$= \lim_{\Delta x\to 0}\frac{g(x\{+\}\Delta x)\{+\}h(x\{+\}\Delta x)-(g(x)\{+\}h(x))}{(\Delta x)^{\alpha}}$$

考查表达式 $g(x\{+\}\Delta x)\{+\}h(x\{+\}\Delta x)$,下面的推导中忽略高阶无穷小

$$\begin{aligned}
g(x\{+\}\Delta x) &= g((x^{\alpha}+(\Delta x)^{\alpha})^{\frac{1}{\alpha}}) \\
&= g\left(x+\frac{1}{\alpha}x^{\alpha(\frac{1}{\alpha}-1)}(\Delta x)^{\alpha}\right) \\
&= g(x)+\frac{1}{\alpha}g'(x)x^{1-\alpha}(\Delta x)^{\alpha} \\
&= g(x)+\frac{1}{\alpha}(xg'(x))^{1-\alpha}(g'(x)\Delta x)^{\alpha} \\
&= g(x)+\frac{1}{\alpha}(xg'(x))^{1-\alpha}(\Delta g)^{\alpha}
\end{aligned}$$

同理,我们有

$$h(x\{+\}\Delta x) = h((x^{\alpha}+(\Delta x)^{\alpha})^{\frac{1}{\alpha}})$$

$$= h\left(x + \frac{1}{\alpha}x^{\alpha(\frac{1}{\alpha}-1)}(\Delta x)^{\alpha}\right)$$

$$= h(x) + \frac{1}{\alpha}h'(x)x^{1-\alpha}(\Delta x)^{\alpha}$$

$$= h(x) + \frac{1}{\alpha}(xh'(x))^{1-\alpha}(h'(x)\Delta x)^{\alpha}$$

$$= h(x) + \frac{1}{\alpha}(xh'(x))^{1-\alpha}(\Delta h)^{\alpha}$$

我们有

$$g(x\{+\}\Delta x)\{+\}h(x\{+\}\Delta x)$$

$$= \left(\left(g(x) + \frac{1}{\alpha}(xg'(x))^{1-\alpha}(\Delta g)^{\alpha}\right)^{\alpha} +\right.$$

$$\left.\left(h(x) + \frac{1}{\alpha}(xh'(x))^{1-\alpha}(\Delta h)^{\alpha}\right)^{\alpha}\right)^{\frac{1}{\alpha}}$$

$$= \left(g^{\alpha}(x) + \alpha\frac{1}{\alpha}g^{\alpha-1}(x)(xg'(x))^{1-\alpha}(\Delta g)^{\alpha} +\right.$$

$$\left.h^{\alpha}(x) + \alpha\frac{1}{\alpha}h^{\alpha-1}(x)(xh'(x))^{1-\alpha}(\Delta h)^{\alpha}\right)^{\frac{1}{\alpha}}$$

$$= (g^{\alpha}(x) + h^{\alpha}(x) + g^{\alpha-1}(x)(xg'(x))^{1-\alpha}(\Delta g)^{\alpha} +$$

$$h^{\alpha-1}(x)(xh'(x))^{1-\alpha}(\Delta h)^{\alpha})^{\frac{1}{\alpha}}$$

$$= (g^{\alpha}(x) + h^{\alpha}(x))^{\frac{1}{\alpha}} + (g^{\alpha}(x) + h^{\alpha}(x))^{\frac{1}{\alpha}-1}\cdot$$

$$\frac{1}{\alpha}x^{1-\alpha}(g^{\alpha-1}(x)(g'(x))^{1-\alpha}(\Delta g)^{\alpha} + h^{\alpha-1}(x)(h'(x))^{1-\alpha}(\Delta h)^{\alpha})$$

注意到

$$g(x)\{+\}h(x) = (g^{\alpha}(x) + h^{\alpha}(x))^{\frac{1}{\alpha}}$$

所以有

$$\frac{\oplus}{+}\frac{\mathrm{d}f(x)}{\mathrm{d}x} = \lim_{\Delta x\to 0}\frac{f(x\{+\}\Delta x) - f(x)}{(\Delta x)^{\alpha}}$$

$$= \lim_{\Delta x\to 0}\frac{g(x\{+\}\Delta x)\{+\}h(x\{+\}\Delta x) - (g(x)\{+\}h(x))}{(\Delta x)^{\alpha}}$$

$$= \lim_{\Delta x\to 0}\frac{(g^{\alpha}(x) + h^{\alpha}(x))^{\frac{1}{\alpha}-1}}{(\Delta x)^{\alpha}}\cdot$$

$$\frac{1}{\alpha}x^{1-\alpha}(g^{\alpha-1}(x)(g'(x))^{1-\alpha}(\Delta g)^{\alpha}+h^{\alpha-1}(x)(h'(x))^{1-\alpha}(\Delta h)^{\alpha})$$

$$=(g^{\alpha}(x)+h^{\alpha}(x))^{\frac{1}{\alpha}-1}\frac{1}{\alpha}x^{1-\alpha}(g^{\alpha-1}(x)(g'(x))^{1-\alpha}(g'(x))^{\alpha}+h^{\alpha-1}(x)(h'(x))^{1-\alpha}(h'(x))^{\alpha})$$

$$=\frac{1}{\alpha}x^{1-\alpha}(g^{\alpha}(x)+h^{\alpha}(x))^{\frac{1}{\alpha}-1}(g^{\alpha-1}(x)g'(x)+h^{\alpha-1}(x)h'(x))$$

定理得证。

定理 7.7 的结论是用普通加法下的导数 $g'(x)$ 和 $h'(x)$ 表达 $g(x)\{+\}h(x)$ 的混合导数二,后面我们会证明$\underset{+}{\oplus}\frac{\mathrm{d}f(x)}{\mathrm{d}x}$与$\frac{\mathrm{d}f(x)}{\mathrm{d}x}$有简单的关系,代入后可以得到$\underset{+}{\oplus}\frac{\mathrm{d}(g(x)\{+\}h(x))}{\mathrm{d}x}$与$\underset{+}{\oplus}\frac{\mathrm{d}g(x)}{\mathrm{d}x}$和$\underset{+}{\oplus}\frac{\mathrm{d}h(x)}{\mathrm{d}x}$的函数关系。

定理 7.8 假设 $g(x)=f(x)+h(x)$,则有

$$\underset{+}{\oplus}\frac{\mathrm{d}g(x)}{\mathrm{d}x}=\underset{+}{\oplus}\frac{\mathrm{d}(f(x)+h(x))}{\mathrm{d}x}=\underset{+}{\oplus}\frac{\mathrm{d}f(x)}{\mathrm{d}x}+\underset{+}{\oplus}\frac{\mathrm{d}h(x)}{\mathrm{d}x}\tag{7.10}$$

证明 按照导数的定义,有

$$\underset{+}{\oplus}\frac{\mathrm{d}g(x)}{\mathrm{d}x}=\lim_{\Delta x\to 0}\frac{g(x\{+\}\Delta x)-g(x)}{(\Delta x)^{\alpha}}$$

我们有

$$g(x\{+\}\Delta x)=f(x\{+\}\Delta x)+h(x\{+\}\Delta x)$$

$$\begin{aligned}g(x\{+\}\Delta x)-g(x)&=g(x\{+\}\Delta x)\\&=f(x\{+\}\Delta x)+h(x\{+\}\Delta x)-(f(x)+h(x))\end{aligned}$$

所以有

$$g(x\{+\}\Delta x)-g(x)=(f(x\{+\}\Delta x)-f(x))+(h(x\{+\}\Delta x)-h(x))$$

$$\begin{aligned}\underset{+}{\oplus}\frac{\mathrm{d}g(x)}{\mathrm{d}x}&=\lim_{\Delta x\to 0}\frac{g(x\{+\}\Delta x)-g(x)}{(\Delta x)^{\alpha}}\\&=\lim_{\Delta x\to 0}\frac{(f(x\{+\}\Delta x)-f(x))+(h(x\{+\}\Delta x)-h(x))}{(\Delta x)^{\alpha}}\\&=\lim_{\Delta x\to 0}(\frac{f(x\{+\}\Delta x)-f(x)}{(\Delta x)^{\alpha}}+\frac{h(x\{+\}\Delta x)-h(x)}{(\Delta x)^{\alpha}})\end{aligned}$$

$$=\underset{+}{\oplus}\frac{\mathrm{d}f(x)}{\mathrm{d}x}+\underset{+}{\oplus}\frac{\mathrm{d}h(x)}{\mathrm{d}x}$$

定理得证。

定理 7.9　假设 $g(x)=f(x)\times h(x)$，则有

$$\underset{+}{\oplus}\frac{\mathrm{d}g(x)}{\mathrm{d}x}=\underset{+}{\oplus}\frac{\mathrm{d}f(x)}{\mathrm{d}x}h(x)+\underset{+}{\oplus}\frac{\mathrm{d}h(x)}{\mathrm{d}x}f(x) \tag{7.11}$$

证明　按照广义加法意义下的导数的定义，有

$$\underset{+}{\oplus}\frac{\mathrm{d}g(x)}{\mathrm{d}x}=\lim_{\Delta x\to 0}\frac{f(x\{+\}\Delta x)h(x\{+\}\Delta x)-f(x)h(x)}{(\Delta x)^{\alpha}}$$

$$=\lim_{\Delta x\to 0}\frac{f(x\{+\}\Delta x)h(x\{+\}\Delta x)-f(x)h(x\{+\}\Delta x)+f(x)h(x\{+\}\Delta x)-f(x)h(x)}{(\Delta x)^{\alpha}}$$

$$=\lim_{\Delta x\to 0}\frac{(f(x\{+\}\Delta x)-f(x))h(x\{+\}\Delta x)}{(\Delta x)^{\alpha}}+$$

$$\lim_{\Delta x\to 0}\frac{(h(x\{+\}\Delta x)-h(x))f(x)}{(\Delta x)^{\alpha}}$$

$$=\underset{+}{\oplus}\frac{\mathrm{d}f(x)}{\mathrm{d}x}h(x)+\underset{+}{\oplus}\frac{\mathrm{d}h(x)}{\mathrm{d}x}f(x)$$

定理得证。

定理 7.10　假设 $g(x)=Cf(x)$，则有

$$\underset{+}{\oplus}\frac{\mathrm{d}g(x)}{\mathrm{d}x}=C\underset{+}{\oplus}\frac{\mathrm{d}f(x)}{\mathrm{d}x} \tag{7.12}$$

证明　取 $h(x)=C$，有

$$\underset{+}{\oplus}\frac{\mathrm{d}h(x)}{\mathrm{d}x}=\underset{+}{\oplus}\frac{\mathrm{d}C}{\mathrm{d}x}=0$$

根据定理 7.9，有

$$\underset{+}{\oplus}\frac{\mathrm{d}Cf(x)}{\mathrm{d}x}=\underset{+}{\oplus}\frac{\mathrm{d}f(x)}{\mathrm{d}x}C+\underset{+}{\oplus}\frac{\mathrm{d}C}{\mathrm{d}x}f(x)$$

$$=C\underset{+}{\oplus}\frac{\mathrm{d}f(x)}{\mathrm{d}x}$$

定理得证。

定理 7.11 假设 $g(x)=f(u(x))$,则有

$$\mathop{\oplus}_{+}\frac{\mathrm{d}f(u(x))}{\mathrm{d}x}=\alpha\left(x\frac{\mathrm{d}u}{\mathrm{d}x}\right)^{\alpha-1}\left(\mathop{\oplus}_{+}\frac{\mathrm{d}f(u)}{\mathrm{d}u}\right)\times\left(\mathop{\oplus}_{+}\frac{\mathrm{d}u(x)}{\mathrm{d}x}\right)\tag{7.13}$$

证明 按照广义加法意义下的导数的定义,有

$$\begin{aligned}\mathop{\oplus}_{+}\frac{\mathrm{d}f(u(x))}{\mathrm{d}x}&=\lim_{\Delta x\to0}\frac{f(u(x\{+\}\Delta x))-f(u(x))}{(\Delta x)^{\alpha}}\\&=\lim_{\Delta x\to0}\frac{f(u(x\{+\}\Delta x))-f(u(x))}{u(x\{+\}\Delta x)-u(x)}\times\frac{u(x\{+\}\Delta x)-u(x)}{(\Delta x)^{\alpha}}\end{aligned}$$

我们来看 $u(x\{+\}\Delta x)-u(x)$,有

$$\begin{aligned}u(x\{+\}\Delta x)-u(x)&=u((x^{\alpha}+(\Delta x)^{\alpha})^{\frac{1}{\alpha}})-u(x)\\&=u(x+\frac{1}{\alpha}x^{\alpha(\frac{1}{\alpha}-1)}(\Delta x)^{\alpha})-u(x)\\&=u(x)+\frac{1}{\alpha}u'(x)x^{1-\alpha}(\Delta x)^{\alpha}-u(x)\\&=\frac{1}{\alpha}(xu'(x))^{1-\alpha}(u'(x)\Delta x)^{\alpha}\\&=\frac{1}{\alpha}(xu'(x))^{1-\alpha}(\Delta u)^{\alpha}\end{aligned}$$

我们有

$$\begin{aligned}\mathop{\oplus}_{+}\frac{\mathrm{d}f(u(x))}{\mathrm{d}x}&=\lim_{\Delta x\to0}\frac{f(u\{+\}\Delta u)-f(u)}{\frac{1}{\alpha}(xu'(x))^{1-\alpha}(\Delta u)^{\alpha}}\times\frac{u(x\{+\}\Delta x)-u(x)}{(\Delta x)^{\alpha}}\\&=\alpha\left(x\frac{\mathrm{d}u}{\mathrm{d}x}\right)^{\alpha-1}\left(\mathop{\oplus}_{+}\frac{\mathrm{d}f(u)}{\mathrm{d}u}\right)\times\left(\mathop{\oplus}_{+}\frac{\mathrm{d}u(x)}{\mathrm{d}x}\right)\end{aligned}$$

定理得证。

定理 7.12 假设 $g(x)=\dfrac{f(x)}{h(x)}$,则有

$$\mathop{\oplus}_{+}\frac{\mathrm{d}g(x)}{\mathrm{d}x}=\frac{\mathop{\oplus}\limits_{+}\dfrac{\mathrm{d}f(x)}{\mathrm{d}x}h(x)-\mathop{\oplus}\limits_{+}\dfrac{\mathrm{d}h(x)}{\mathrm{d}x}f(x)}{(h(x))^{2}}\tag{7.14}$$

证明 我们先来证明下式成立

$$\mathop{\oplus}_{+}\frac{\mathrm{d}}{\mathrm{d}x}\left(\frac{1}{h(x)}\right)=-\frac{1}{(h(x))^{2}}\mathop{\oplus}_{+}\frac{\mathrm{d}h(x)}{\mathrm{d}x}$$

根据广义加法意义下的导数的定义,有

$$\underset{+}{\oplus}\frac{\mathrm{d}}{\mathrm{d}x}\left(\frac{1}{h(x)}\right)=\lim_{\Delta x\to 0}\frac{\dfrac{1}{h(x\{+\}\Delta x)}-\dfrac{1}{h(x)}}{(\Delta x)^{\alpha}}$$

$$=\lim_{\Delta x\to 0}\frac{\dfrac{1}{h(x\{+\}\Delta x)h(x)}(h(x)-h(x\{+\}\Delta x))}{(\Delta x)^{\alpha}}$$

$$=\lim_{\Delta x\to 0}\frac{-1}{h(x\{+\}\Delta x)h(x)}\frac{(h(x\{+\}\Delta x)-h(x))}{(\Delta x)^{\alpha}}$$

$$=-\frac{1}{(h(x))^{2}}\underset{+}{\oplus}\frac{\mathrm{d}h(x)}{\mathrm{d}x}$$

又根据定理 7. 8,将 $g(x)=\dfrac{f(x)}{h(x)}$ 看成两个函数的乘积,有

$$\underset{+}{\oplus}\frac{\mathrm{d}g(x)}{\mathrm{d}x}=\underset{+}{\oplus}\frac{\mathrm{d}}{\mathrm{d}x}g(x)\frac{1}{h(x)}$$

$$=\underset{+}{\oplus}\frac{\mathrm{d}f(x)}{\mathrm{d}x}\frac{1}{h(x)}-\frac{1}{(h(x))^{2}}\underset{+}{\oplus}\frac{\mathrm{d}h(x)}{\mathrm{d}x}f(x)$$

$$=\frac{\underset{+}{\oplus}\dfrac{\mathrm{d}f(x)}{\mathrm{d}x}h(x)-\underset{+}{\oplus}\dfrac{\mathrm{d}h(x)}{\mathrm{d}x}f(x)}{(h(x))^{2}}$$

定理得证。

定理 7. 13　假设函数 $f(x)$ 的反函数 $f(x)$ 存在,即有 $g(x)=f^{-1}(x)$,则有

$$\underset{+}{\oplus}\frac{\mathrm{d}g(x)}{\mathrm{d}x}=\frac{1}{\underset{+}{\oplus}\dfrac{\mathrm{d}f(x)}{\mathrm{d}x}} \tag{7.15}$$

定理 7. 13 的证明略去,因为根据反函数的含义可以直接说明这个广义加法意义下的导数的公式是成立的。可以看出,大部分的普通加法意义下函数的求导数法则在形式上与广义加法意义下的求导数法则是相同的,而两个函数的广义加法和的混合导数二与复合函数的混合导数二的求导法则有不一样的结果。

7.5 混合使用广义加法和普通加法的导数与普通加法下导数的关系

能否使用普通加法下函数的导数来表示混合使用广义加法和普通加法的导数,或者能否使用广义加法意义下函数的导数来表示混合使用广义加法和普通加法的导数,这是一个值得关心的问题,关于这个问题我们有下面的定理。

定理 7.14 在求取实函数 $f(x)$ 的广义加法意义下的导数时,自变量的增量用普通加法时表示成 $\Delta x_C = x_{i+1} - x_i$,关于混合导数一成立下面的关系

$$\frac{+}{\oplus}\frac{\mathrm{d}f(x)}{\mathrm{d}x} = \alpha^{\frac{1}{\alpha}} x^{1-\frac{1}{\alpha}} \oplus \frac{\mathrm{d}f(x)}{\mathrm{d}x} \tag{7.16}$$

证明 令 $x_i + \Delta x_C = x_i\{+\}\Delta x_M = x_{i+1}$,则有

$$x_i + \Delta x_C = (x_i^{\alpha} + \Delta x_M^{\alpha})^{\frac{1}{\alpha}}$$

从上式解出 Δx_M,有

$$\begin{aligned}\Delta x_M &= ((x_i + \Delta x_C)^{\alpha} - x_i^{\alpha})^{\frac{1}{\alpha}} \\ &= (x_i + \Delta x_C)\{-\}x_i\end{aligned}$$

注意到 $\Delta x_C = x_{i+1} - x_i$,代入上式有

$$\Delta x_M = x_{i+1}\{-\}x_i = \Delta x$$

即有

$$f(x\{+\}\Delta x)\{-\}f(x) = f(x + \Delta x_C)\{-\}f(x)$$

再考虑 Δx_C 的表达式

$$x_i + \Delta x_C = x_i\{+\}\Delta x$$

$$\begin{aligned}\Delta x_C &= (x_i^{\alpha} + \Delta x^{\alpha})^{\frac{1}{\alpha}} - x_i \\ &= (x_i^{\alpha})^{\frac{1}{\alpha}} + \frac{1}{\alpha}(x_i^{\alpha})^{\frac{1}{\alpha}-1}\Delta x^{\alpha} + o(\Delta x^{\alpha}) - x_i \\ &= \frac{1}{\alpha}x_i^{(1-\alpha)}\Delta x^{\alpha} + o(\Delta x^{\alpha})\end{aligned}$$

我们有

$$\lim_{\Delta x_C \to 0}\frac{f(x + \Delta x_C)\{-\}f(x)}{(\Delta x_C)^{\frac{1}{\alpha}}} = \lim_{\Delta x \to 0}\frac{f(x\{+\}\Delta x)\{-\}f(x)}{(\Delta x_C)^{\frac{1}{\alpha}}}$$

$$= \lim_{\Delta x \to 0} \frac{f(x\{+\}\Delta x)\{-\}f(x)}{\left(\frac{1}{\alpha}x_i^{(1-\alpha)}\right)^{\frac{1}{\alpha}}\Delta x + o(\Delta x)}$$

$$= \frac{\alpha^{\frac{1}{\alpha}}}{x^{\frac{1-\alpha}{\alpha}}} \lim_{\Delta x \to 0} \frac{f(x\{+\}\Delta x)\{-\}f(x)}{\Delta x}$$

我们得到

$$\lim_{\Delta x_C \to 0} \frac{f(x + \Delta x_C)\{-\}f(x)}{(\Delta x_C)^{\frac{1}{\alpha}}} = \alpha^{\frac{1}{\alpha}} x^{1-\frac{1}{\alpha}} \lim_{\Delta x \to 0} \frac{f(x\{+\}\Delta x)\{-\}f(x)}{\Delta x}$$

根据广义加法意义下导数的定义和混合使用广义加法和普通加法的导数的定义7.1，我们知道

$$\oplus \frac{\mathrm{d}f(x)}{\mathrm{d}x} = \lim_{\Delta x \to 0} \frac{f(x\{+\}\Delta x)\{-\}f(x)}{\Delta x}$$

$$\frac{+}{\oplus} \frac{\mathrm{d}f(x)}{\mathrm{d}x} = \lim_{\Delta x_C \to 0} \frac{f(x + \Delta x_C)\{-\}f(x)}{(\Delta x_C)^{\frac{1}{\alpha}}}$$

所以上面的结论可以表示成

$$\frac{+}{\oplus} \frac{\mathrm{d}f(x)}{\mathrm{d}x} = \alpha^{\frac{1}{\alpha}} x^{1-\frac{1}{\alpha}} \oplus \frac{\mathrm{d}f(x)}{\mathrm{d}x}$$

定理得证。

这是用广义加法意义下的导数$\oplus \frac{\mathrm{d}f(x)}{\mathrm{d}x}$来表示的混合使用广义加法和普通加法的导数$\frac{+}{\oplus} \frac{\mathrm{d}f(x)}{\mathrm{d}x}$的公式。根据第5章中的定理5.7，我们有

$$\oplus \frac{\mathrm{d}f(x)}{\mathrm{d}x} = \left(\frac{\mathrm{d}f(x)}{\mathrm{d}x}\right)^{\frac{1}{\alpha}} \left(\frac{f(x)}{x}\right)^{1-\frac{1}{\alpha}}$$

代入上面的表达式并进行简化，我们得到用普通加法下的导数表示的混合使用广义加法和普通加法的函数导数（混合导数一）的公式如下

$$\frac{+}{\oplus} \frac{\mathrm{d}f(x)}{\mathrm{d}x} = \left(\alpha \frac{\mathrm{d}f(x)}{\mathrm{d}x}\right)^{\frac{1}{\alpha}} (f(x))^{1-\frac{1}{\alpha}} \tag{7.17}$$

定理 7.15 在求取实函数$f(x)$的广义加法意义下的导数时，自变量的增量用广义加法时表示成$\Delta x = x_{i+1}\{-\}x_i$，函数值的增量用普通加法，关于混合导数二有下面的公式成立

$$\underset{+}{\oplus}\frac{\mathrm{d}f(x)}{\mathrm{d}x} = \frac{1}{\alpha}x^{1-\alpha}\frac{\mathrm{d}f(x)}{\mathrm{d}x} \tag{7.18}$$

证明　先来看 $x\{+\}\Delta x$,按定义有

$$\begin{aligned} x\{+\}\Delta x &= (x^\alpha + \Delta x^\alpha)^{\frac{1}{\alpha}} \\ &= (x^\alpha)^{\frac{1}{\alpha}} + \frac{1}{\alpha}(x^\alpha)^{\frac{1}{\alpha}-1}\Delta x^\alpha + o(\Delta x^\alpha) \\ &= x + \frac{1}{\alpha}x^{1-\alpha}\Delta x^\alpha + o(\Delta x^\alpha) \end{aligned}$$

我们有

$$\begin{aligned} f(x\{+\}\Delta x) &= f\left(x + \frac{1}{\alpha}x^{1-\alpha}\Delta x^\alpha + o(\Delta x^\alpha)\right) \\ &= f(x) + \frac{\mathrm{d}f(x)}{\mathrm{d}x}\left(\frac{1}{\alpha}x^{1-\alpha}\Delta x^\alpha\right) + o(\Delta x^\alpha) \end{aligned}$$

所以有

$$\begin{aligned} \lim_{\Delta x\to 0}\frac{f(x\{+\}\Delta x) - f(x)}{\Delta x^\alpha} &= \lim_{\Delta x\to 0}\frac{\frac{\mathrm{d}f(x)}{\mathrm{d}x}\left(\frac{1}{\alpha}x^{1-\alpha}\Delta x^\alpha\right) + o(\Delta x^\alpha)}{\Delta x^\alpha} \\ &= \frac{1}{\alpha}x^{1-\alpha}\frac{\mathrm{d}f(x)}{\mathrm{d}x} \end{aligned}$$

我们得到用普通导数表示的混合使用广义加法和普通加法的函数导数(混合导数二)的公式如下

$$\underset{+}{\oplus}\frac{\mathrm{d}f(x)}{\mathrm{d}x} = \frac{1}{\alpha}x^{1-\alpha}\frac{\mathrm{d}f(x)}{\mathrm{d}x}$$

定理得证。

由式(7.18)可得

$$\frac{\mathrm{d}f(x)}{\mathrm{d}x} = \alpha x^{\alpha-1}\underset{+}{\oplus}\frac{\mathrm{d}f(x)}{\mathrm{d}x}$$

将上式代入式(7.9),有

$$\begin{aligned} \underset{+}{\oplus}\frac{\mathrm{d}(g(x)\{+\}h(x))}{\mathrm{d}x} &= \frac{1}{\alpha}x^{1-\alpha}(g^\alpha(x) + h^\alpha(x))^{\frac{1}{\alpha}-1}\cdot \\ &\left(g^{\alpha-1}(x)\alpha x^{\alpha-1}\underset{+}{\oplus}\frac{\mathrm{d}g(x)}{\mathrm{d}x} + h^{\alpha-1}(x)\alpha x^{\alpha-1}\underset{+}{\oplus}\frac{\mathrm{d}h(x)}{\mathrm{d}x}\right) \end{aligned}$$

整理上式,我们得到

$$\underset{+}{\oplus}\frac{\mathrm{d}(g(x)\{+\}h(x))}{\mathrm{d}x}=(g^{\alpha}(x)+h^{\alpha}(x))^{\frac{1}{\alpha}-1}\cdot\left(g^{\alpha-1}(x)\underset{+}{\oplus}\frac{\mathrm{d}g(x)}{\mathrm{d}x}+h^{\alpha-1}(x)\underset{+}{\oplus}\frac{\mathrm{d}h(x)}{\mathrm{d}x}\right)\tag{7.19}$$

这是定理7.7的结论的另一种表示形式。

理论上讲,利用公式(7.17)和(7.18)可以求取任意函数的混合使用广义加法和普通加法的函数导函数。从定理7.14和定理7.15的证明过程我们知道,为了保证导数表达式中的分子部分是函数值的差分形式(定义7.1的分子部分是广义减法,定义7.2的分子部分是普通减法),并且要保证极限的存在,分母的自变量增量部分必须要选择幂指数函数的形式(定义7.1中为$(\Delta x_C)^{\frac{1}{\alpha}}$以及定义7.2中为$\Delta x^{\alpha}$),这种形式的导数定义式与传统的导数定义式不同。关于混合使用广义加法和普通加法的导函数(混合导数一和混合导数二)的深入研究必须要结合原函数以及定积分的研究进行,本书将在第11章中继续研究这个问题。

7.6 函数求导数的几个例子

定理7.14和定理7.15告诉我们

$$\underset{\oplus}{+}\frac{\mathrm{d}f(x)}{\mathrm{d}x}=\left(\alpha\frac{\mathrm{d}f(x)}{\mathrm{d}x}\right)^{\frac{1}{\alpha}}(f(x))^{1-\frac{1}{\alpha}}$$

$$\underset{+}{\oplus}\frac{\mathrm{d}f(x)}{\mathrm{d}x}=\frac{1}{\alpha}x^{1-\alpha}\frac{\mathrm{d}f(x)}{\mathrm{d}x}$$

下面我们给出几个利用定理7.14和7.15求取函数的混合使用广义加法和普通加法的函数导函数的例子。

(1) 求$f(x)=x^n$的混合导数,我们知道

$$f'(x)=nx^{n-1}$$

对于混合导数一,有

$$\begin{aligned}\underset{\oplus}{+}\frac{\mathrm{d}f(x)}{\mathrm{d}x}&=(\alpha nx^{n-1})^{\frac{1}{\alpha}}x^{n(1-\frac{1}{\alpha})}\\&=(\alpha)^{\frac{1}{\alpha}}n^{\frac{1}{\alpha}}x^{n-\frac{1}{\alpha}}\end{aligned}$$

成立下面的微分表达式

$$f(x+\Delta x)\{-\}f(x) \approx \frac{+}{\oplus}\frac{\mathrm{d}f(x)}{\mathrm{d}x}(\Delta x)^{\frac{1}{\alpha}}$$

$$= (\alpha)^{\frac{1}{\alpha}} n^{\frac{1}{\alpha}} x^{n-\frac{1}{\alpha}} (\Delta x)^{\frac{1}{\alpha}}$$

对于混合导数二,有

$$\frac{\oplus}{+}\frac{\mathrm{d}f(x)}{\mathrm{d}x} = \frac{1}{\alpha} x^{1-\alpha} n x^{n-1}$$

$$= \frac{n}{\alpha} x^{n-\alpha}$$

成立下面的微分表达式

$$f(x\{+\}\Delta x) - f(x) \approx \frac{\oplus}{+}\frac{\mathrm{d}f(x)}{\mathrm{d}x}(\Delta x)^{\alpha}$$

$$= \frac{n}{\alpha} x^{n-\alpha} (\Delta x)^{\alpha}$$

求 x^n 的混合导数的结果表明,混合导数一不再是 x 的整数次幂,混合导数二则可以出现 x 的负数次幂,这意味着广义加法意义下的多项式的混合导数一般不再是多项式函数。

(2) 求 $f(x) = \mathrm{e}^x$ 的混合导数,我们知道

$$f'(x) = \mathrm{e}^x$$

对于混合导数一,有

$$\frac{+}{\oplus}\frac{\mathrm{d}f(x)}{\mathrm{d}x} = (\alpha \mathrm{e}^x)^{\frac{1}{\alpha}} \mathrm{e}^{x(1-\frac{1}{\alpha})}$$

$$= (\alpha)^{\frac{1}{\alpha}} \mathrm{e}^x$$

成立下面的微分表达式

$$f(x+\Delta x)\{-\}f(x) \approx \frac{+}{\oplus}\frac{\mathrm{d}f(x)}{\mathrm{d}x}(\Delta x)^{\frac{1}{\alpha}}$$

$$= (\alpha)^{\frac{1}{\alpha}} \mathrm{e}^x (\Delta x)^{\frac{1}{\alpha}}$$

对于混合导数二,有

$$\frac{\oplus}{+}\frac{\mathrm{d}f(x)}{\mathrm{d}x} = \frac{1}{\alpha} x^{1-\alpha} \mathrm{e}^x$$

成立下面的微分表达式

$$f(x\{+\}\Delta x) - f(x) \approx \frac{\oplus}{+}\frac{\mathrm{d}f(x)}{\mathrm{d}x}(\Delta x)^{\alpha}$$

$$= \frac{1}{\alpha} x^{1-\alpha} e^{x} (\Delta x)^{\alpha}$$

(3) 求 $f(x) = \ln x$ 的混合导数,我们知道

$$f'(x) = \frac{1}{x}$$

对于混合导数一,有

$$\frac{+}{\oplus} \frac{df(x)}{dx} = \left(\frac{\alpha}{x}\right)^{\frac{1}{\alpha}} (\ln x)^{(1-\frac{1}{\alpha})}$$

成立下面的微分表达式

$$f(x + \Delta x) \{-\} f(x) \approx \frac{+}{\oplus} \frac{df(x)}{dx} (\Delta x)^{\frac{1}{\alpha}}$$
$$= \left(\frac{\alpha}{x}\right)^{\frac{1}{\alpha}} (\ln x)^{(1-\frac{1}{\alpha})} (\Delta x)^{\frac{1}{\alpha}}$$

对于混合导数二,有

$$\frac{\oplus}{+} \frac{df(x)}{dx} = \frac{1}{\alpha} x^{1-\alpha} \frac{1}{x}$$
$$= \frac{1}{\alpha x^{\alpha}}$$

成立下面的微分表达式

$$f(x \{+\} \Delta x) - f(x) \approx \frac{\oplus}{+} \frac{df(x)}{dx} (\Delta x)^{\alpha}$$
$$= \frac{1}{\alpha x^{\alpha}} (\Delta x)^{\alpha}$$

(4) 求 $f(x) = \sin x$ 的混合导数,我们知道

$$f'(x) = \cos x$$

对于混合导数一,有

$$\frac{+}{\oplus} \frac{df(x)}{dx} = (\alpha \cos x)^{\frac{1}{\alpha}} (\sin x)^{(1-\frac{1}{\alpha})}$$
$$= \alpha^{\frac{1}{\alpha}} (\cot x)^{\frac{1}{\alpha}} \sin x$$

成立下面的微分表达式

$$f(x + \Delta x) \{-\} f(x) \approx \frac{+}{\oplus} \frac{df(x)}{dx} (\Delta x)^{\frac{1}{\alpha}}$$
$$= \alpha^{\frac{1}{\alpha}} (\cot x)^{\frac{1}{\alpha}} (\sin x) (\Delta x)^{\frac{1}{\alpha}}$$

对于混合导数二,有

$$\frac{\oplus}{+}\frac{\mathrm{d}f(x)}{\mathrm{d}x}=\frac{1}{\alpha}x^{1-\alpha}\cos x$$

成立下面的微分表达式

$$\begin{aligned}f(x\{+\}\Delta x)-f(x)&\approx\frac{\oplus}{+}\frac{\mathrm{d}f(x)}{\mathrm{d}x}(\Delta x)^{\alpha}\\&=\frac{1}{\alpha}x^{1-\alpha}(\cos x)(\Delta x)^{\alpha}\end{aligned}$$

(5) 求$f(x)=\cos x$的混合导数,我们知道

$$f'(x)=-\sin x$$

对于混合导数一,有

$$\begin{aligned}\frac{+}{\oplus}\frac{\mathrm{d}f(x)}{\mathrm{d}x}&=-(\alpha\sin x)^{\frac{1}{\alpha}}(\cos x)^{(1-\frac{1}{\alpha})}\\&=-\alpha^{\frac{1}{\alpha}}(\tan x)^{\frac{1}{\alpha}}\cos x\end{aligned}$$

成立下面的微分表达式

$$\begin{aligned}f(x+\Delta x)\{-\}f(x)&\approx\frac{+}{\oplus}\frac{\mathrm{d}f(x)}{\mathrm{d}x}(\Delta x)^{\frac{1}{\alpha}}\\&=-\alpha^{\frac{1}{\alpha}}(\tan x)^{\frac{1}{\alpha}}(\cos x)(\Delta x)^{\frac{1}{\alpha}}\end{aligned}$$

对于混合导数二,有

$$\frac{\oplus}{+}\frac{\mathrm{d}f(x)}{\mathrm{d}x}=-\frac{1}{\alpha}x^{1-\alpha}\sin x$$

成立下面的微分表达式

$$\begin{aligned}f(x\{+\}\Delta x)-f(x)&\approx\frac{\oplus}{+}\frac{\mathrm{d}f(x)}{\mathrm{d}x}(\Delta x)^{\alpha}\\&=-\frac{1}{\alpha}x^{1-\alpha}(\sin x)(\Delta x)^{\alpha}\end{aligned}$$

这里只是举几个求导数的例子,按照定理7.14和7.15求取函数的混合使用广义加法和普通加法的导函数是方便的。

7.7 本章总结

1. 函数$f(x)$的混合使用广义加法和普通加法的导数记为$\frac{+}{\oplus}\frac{\mathrm{d}f(x)}{\mathrm{d}x}$,我们称

这种导数为混合导数一，$\frac{+}{\oplus}\frac{\mathrm{d}f(x)}{\mathrm{d}x}$由下面的极限确定

$$\frac{+}{\oplus}\frac{\mathrm{d}f(x)}{\mathrm{d}x}=\lim_{\Delta x_C\to 0}\frac{f(x+\Delta x_C)\{-\}f(x)}{(\Delta x_C)^{\frac{1}{\alpha}}}$$

2. 函数$f(x)$的混合使用广义加法和普通加法的导数记为$\frac{\oplus}{+}\frac{\mathrm{d}f(x)}{\mathrm{d}x}$，我们称这种导数为混合导数二，$\frac{\oplus}{+}\frac{\mathrm{d}f(x)}{\mathrm{d}x}$由下面的极限确定

$$\frac{\oplus}{+}\frac{\mathrm{d}f(x)}{\mathrm{d}x}=\lim_{\Delta x\to 0}\frac{f(x\{+\}\Delta x)-f(x)}{(\Delta x)^{\alpha}}$$

3. 第3章3.4节中的实际应用模型都可以用混合导数一来表述。

4. 混合导数一的求导法则

$$\frac{+}{\oplus}\frac{\mathrm{d}(f(x)\{+\}h(x))}{\mathrm{d}x}=\frac{+}{\oplus}\frac{\mathrm{d}f(x)}{\mathrm{d}x}\{+\}\frac{+}{\oplus}\frac{\mathrm{d}h(x)}{\mathrm{d}x}$$

$$\frac{+}{\oplus}\frac{\mathrm{d}f(x)h(x)}{\mathrm{d}x}=\frac{+}{\oplus}\frac{\mathrm{d}f(x)}{\mathrm{d}x}h(x)\{+\}\frac{+}{\oplus}\frac{\mathrm{d}h(x)}{\mathrm{d}x}f(x)$$

$$\frac{+}{\oplus}\frac{\mathrm{d}Cf(x)}{\mathrm{d}x}=C\frac{+}{\oplus}\frac{\mathrm{d}f(x)}{\mathrm{d}x}$$

$$\frac{+}{\oplus}\frac{\mathrm{d}f(u(x))}{\mathrm{d}x}=(u(x))^{\frac{\alpha}{\alpha-1}}\left(\frac{+}{\oplus}\frac{\mathrm{d}f(u)}{\mathrm{d}u}\right)\times\left(\frac{+}{\oplus}\frac{\mathrm{d}u(x)}{\mathrm{d}x}\right)$$

$$\frac{+}{\oplus}\frac{\mathrm{d}}{\mathrm{d}x}\frac{f(x)}{h(x)}=\frac{\frac{+}{\oplus}\frac{\mathrm{d}f(x)}{\mathrm{d}x}h(x)\{-\}\frac{+}{\oplus}\frac{\mathrm{d}h(x)}{\mathrm{d}x}f(x)}{(h(x))^2}$$

5. 混合导数二的求导法则

$$\begin{aligned}\frac{\oplus}{+}\frac{\mathrm{d}(g(x)\{+\}h(x))}{\mathrm{d}x}&=\frac{1}{\alpha}x^{1-\alpha}(g^{\alpha}(x)+h^{\alpha}(x))^{\frac{1}{\alpha}-1}\cdot\\&\quad\left(g^{\alpha-1}(x)\frac{\mathrm{d}g(x)}{\mathrm{d}x}+h^{\alpha-1}(x)\frac{\mathrm{d}h(x)}{\mathrm{d}x}\right)\\&=(g^{\alpha}(x)+h^{\alpha}(x))^{\frac{1}{\alpha}-1}\cdot\\&\quad\left(g^{\alpha-1}(x)\frac{\oplus}{+}\frac{\mathrm{d}g(x)}{\mathrm{d}x}+h^{\alpha-1}(x)\frac{\oplus}{+}\frac{\mathrm{d}h(x)}{\mathrm{d}x}\right)\end{aligned}$$

$$\frac{\oplus}{+}\frac{\mathrm{d}(f(x)+h(x))}{\mathrm{d}x}=\frac{\oplus}{+}\frac{\mathrm{d}f(x)}{\mathrm{d}x}+\frac{\oplus}{+}\frac{\mathrm{d}h(x)}{\mathrm{d}x}$$

$$\frac{\oplus}{+}\frac{\mathrm{d}f(x)h(x)}{\mathrm{d}x}=\frac{\oplus}{+}\frac{\mathrm{d}f(x)}{\mathrm{d}x}h(x)+\frac{\oplus}{+}\frac{\mathrm{d}h(x)}{\mathrm{d}x}f(x)$$

$$\frac{\oplus}{+}\frac{\mathrm{d}Cf(x)}{\mathrm{d}x}=C\frac{\oplus}{+}\frac{\mathrm{d}f(x)}{\mathrm{d}x}$$

$$\frac{\oplus}{+}\frac{\mathrm{d}f(u(x))}{\mathrm{d}x}=\alpha\left(x\frac{\mathrm{d}u}{\mathrm{d}x}\right)^{\alpha-1}\left(\frac{\oplus}{+}\frac{\mathrm{d}f(u)}{\mathrm{d}u}\right)\times\left(\frac{\oplus}{+}\frac{\mathrm{d}u(x)}{\mathrm{d}x}\right)$$

$$\frac{\oplus}{+}\frac{\mathrm{d}}{\mathrm{d}x}\frac{f(x)}{h(x)}=\frac{\frac{\oplus}{+}\frac{\mathrm{d}f(x)}{\mathrm{d}x}h(x)-\frac{\oplus}{+}\frac{\mathrm{d}h(x)}{\mathrm{d}x}f(x)}{(h(x))^2}$$

6. 用普通加法下的导数表示的混合导数一的公式如下

$$\frac{+}{\oplus}\frac{\mathrm{d}f(x)}{\mathrm{d}x}=\left(\alpha\frac{\mathrm{d}f(x)}{\mathrm{d}x}\right)^{\frac{1}{\alpha}}(f(x))^{1-\frac{1}{\alpha}}$$

7. 用普通加法下的导数表示的混合导数二的公式如下

$$\frac{\oplus}{+}\frac{\mathrm{d}f(x)}{\mathrm{d}x}=\frac{1}{\alpha}x^{1-\alpha}\frac{\mathrm{d}f(x)}{\mathrm{d}x}$$

8. 部分函数的混合导数(表 7.1)。

表 7.1

函数	混合导数一	混合导数二
$f(x)=x^n$	$\frac{+}{\oplus}\frac{\mathrm{d}f(x)}{\mathrm{d}x}=(\alpha)^{\frac{1}{\alpha}}n^{\frac{1}{\alpha}}x^{n-\frac{1}{\alpha}}$	$\frac{\oplus}{+}\frac{\mathrm{d}f(x)}{\mathrm{d}x}=\frac{n}{\alpha}x^{n-\alpha}$
$f(x)=\mathrm{e}^x$	$\frac{+}{\oplus}\frac{\mathrm{d}f(x)}{\mathrm{d}x}=(\alpha)^{\frac{1}{\alpha}}\mathrm{e}^x$	$\frac{\oplus}{+}\frac{\mathrm{d}f(x)}{\mathrm{d}x}=\frac{1}{\alpha}x^{1-\alpha}\mathrm{e}^x$
$f(x)=\ln x$	$\frac{+}{\oplus}\frac{\mathrm{d}f(x)}{\mathrm{d}x}=\left(\frac{\alpha}{x}\right)^{\frac{1}{\alpha}}(\ln x)^{(1-\frac{1}{\alpha})}$	$\frac{\oplus}{+}\frac{\mathrm{d}f(x)}{\mathrm{d}x}=\frac{1}{\alpha x^{\alpha}}$
$f(x)=\sin x$	$\frac{+}{\oplus}\frac{\mathrm{d}f(x)}{\mathrm{d}x}=\alpha^{\frac{1}{\alpha}}(\cot x)^{\frac{1}{\alpha}}\sin x$	$\frac{\oplus}{+}\frac{\mathrm{d}f(x)}{\mathrm{d}x}=\frac{1}{\alpha}x^{1-\alpha}\cos x$
$f(x)=\cos x$	$\frac{+}{\oplus}\frac{\mathrm{d}f(x)}{\mathrm{d}x}=-\alpha^{\frac{1}{\alpha}}(\tan x)^{\frac{1}{\alpha}}\cos x$	$\frac{\oplus}{+}\frac{\mathrm{d}f(x)}{\mathrm{d}x}=-\frac{1}{\alpha}x^{1-\alpha}\sin x$

9. 广义加法意义下的多项式的混合导数一般不再是多项式函数。

广义加法意义下函数的积分

第8章

在本章中,我们将探讨广义加法意义下的积分学问题,包括不定积分和定积分。从原函数的意义出发寻找广义加法意义下的原函数,确定原函数满足的方程,给出相应的求解原函数的方法。我们证明了广义加法意义下关于定积分的牛顿 - 莱布尼兹(Newton - Leibniz)公式仍然成立。我们从定积分的定义出发推导广义加法意义下的定积分与函数的普通定积分的关系。我们还引进广义加法意义下的重积分和曲线积分的概念并讨论这些积分的性质。

8.1 广义加法意义下的函数的原函数

在本节中我们讨论在广义加法意义下的函数的积分学问题,我们引进下面的定义。

定义 8.1 若 $F(x)$ 的广义加法意义下的导函数是 $f(x)$,即有

$$\oplus\frac{\mathrm{d}F(x)}{\mathrm{d}x}=f(x)$$

则称 $F(x)$ 是广义加法意义下函数 $f(x)$ 的原函数。$F(x)$ 是 $f(x)$ 的不定积分,记为

$$F(x)=\oplus\int f(x)\,\mathrm{d}x \tag{8.1}$$

在微积分理论体系中,原函数是一个重要的概念,函数的定

积分的计算公式需要知道被积分函数的原函数。在广义加法意义下,求取函数的原函数是一个比较困难的问题。

根据表5.1中的函数微分表,经过简单的处理可以得到表8.1中几个函数的原函数表。从表8.1中可以看出,在广义加法意义下的原函数比普通加法意义下的原函数要复杂一些。

表8.1　一些函数的广义加法意义下的原函数

函数名称	函数$f(x)$	广义加法意义下的原函数 $F(x)=\oplus\int f(x)\mathrm{d}x$
常数函数	$f(x)=0$	$\oplus\int 0\mathrm{d}x=C$
线性函数	$f(x)=1$	$\oplus\int 1\mathrm{d}x=x$
二次函数	$f(x)=x$	$\oplus\int x\mathrm{d}x=2^{\frac{-1}{\alpha}}x^2$
正数次幂函数	$f(x)=x^n,n>1$	$\oplus\int x^n\mathrm{d}x=(n+1)^{\frac{-1}{\alpha}}x^{n+1}$
一般的幂函数	$f(x)=x^p$,p为非负实数	$\oplus\int x^p\mathrm{d}x=(p+1)^{\frac{-1}{\alpha}}x^{p+1}$
指数函数	$f(x)=\mathrm{e}^x x^{\frac{1-\alpha}{\alpha}}$	$\oplus\int \mathrm{e}^x x^{\frac{1-\alpha}{\alpha}}\mathrm{d}x=\mathrm{e}^x$
对数函数	$f(x)=\frac{1}{x}(\ln(x))^{\frac{\alpha-1}{\alpha}}$	$\oplus\int\frac{1}{x}(\ln(x))^{\frac{\alpha-1}{\alpha}}\mathrm{d}x=\ln(x)$
正弦函数	$f(x)=\left(\frac{\sin(x)}{x}\right)^{\frac{\alpha-1}{\alpha}}(\cos(x))^{\frac{1}{\alpha}}$	$\oplus\int\left(\frac{\sin(x)}{x}\right)^{\frac{\alpha-1}{\alpha}}(\cos(x))^{\frac{1}{\alpha}}\mathrm{d}x$ $=\sin(x)$
余弦函数	$f(x)=-\left(\frac{\cos(x)}{x}\right)^{\frac{\alpha-1}{\alpha}}(\sin(x))^{\frac{1}{\alpha}}$	$\oplus\int-\left(\frac{\cos(x)}{x}\right)^{\frac{\alpha-1}{\alpha}}(\sin(x))^{\frac{1}{\alpha}}\mathrm{d}x$ $=\cos(x)$

表8.1中,关于指数函数、对数函数、正弦函数、余弦函数的原函数的结果难以使用,因为求$f(x)=\left(\frac{\sin(x)}{x}\right)^{\frac{\alpha-1}{\alpha}}(\cos(x))^{\frac{1}{\alpha}}$的原函数的问题难以出现,我们真正关心的是$f(x)=\mathrm{e}^x$,$f(x)=\sin(x)$,$f(x)=\cos(x)$这样一些基本函数的广义加法意义下的原函数,这些问题似乎有很大的难度。

表8.2列出了广义加法世界中若干函数的原函数,这些函数都是在第6章中给出的。

表 8.2　广义加法世界中一些函数的原函数

函数名称	函数 $f(x)$	广义加法意义下的原函数 $F(x) = \oplus\int f(x)\mathrm{d}x$
指数函数	$f(x) = G\exp x$	$\oplus\int G\exp(x)\mathrm{d}x = G\exp(x)$
正弦函数	$f(x) = G\sin x$	$\oplus\int G\sin(x)\mathrm{d}x = -G\cos(x)$
余弦函数	$f(x) = G\cos x$	$\oplus\int G\cos(x)\mathrm{d}x = G\sin(x)$
双曲正弦函数	$f(x) = G\sinh x$	$\oplus\int G\sinh(x)\mathrm{d}x = G\cosh(x)$
双曲余弦函数	$f(x) = G\cosh x$	$\oplus\int G\cosh(x)\mathrm{d}x = G\sinh(x)$
分式函数	$f(x) = \frac{1}{1\{-\}x}$	$\oplus\int \frac{1}{1\{-\}x}\mathrm{d}x = 1\{+\}\oplus\sum_{n=1}^{\infty}\left(\frac{1}{n}\right)^{\frac{1}{\alpha}}x^{n}$

8.2　广义加法意义下的不定积分的运算规则

(1) 加法规则。

$f(x)\{+\}g(x)$ 的原函数为

$$\oplus\int f(x)\mathrm{d}x\{+\}\oplus\int g(x)\mathrm{d}x$$

根据定义

$$\oplus\frac{\mathrm{d}}{\mathrm{d}x}\oplus\int f(x)\mathrm{d}x = f(x)$$

$$\oplus\frac{\mathrm{d}}{\mathrm{d}x}\oplus\int g(x)\mathrm{d}x = g(x)$$

又根据求导法则有

$$\begin{aligned}&\oplus\frac{\mathrm{d}}{\mathrm{d}x}\left(\oplus\int f(x)\mathrm{d}x\{+\}\oplus\int g(x)\mathrm{d}x\right)\\&=\oplus\frac{\mathrm{d}}{\mathrm{d}x}\oplus\int f(x)\mathrm{d}x\{+\}\oplus\frac{\mathrm{d}}{\mathrm{d}x}\oplus\int g(x)\mathrm{d}x\\&=f(x)\{+\}g(x)\end{aligned}$$

所以$\oplus\int f(x)\mathrm{d}x\{+\}\oplus\int g(x)\mathrm{d}x$ 为$f(x)\{+\}g(x)$ 的原函数,即有

$$\oplus\int(f(x)\{+\}g(x))\mathrm{d}x = \oplus\int f(x)\mathrm{d}x\{+\}\oplus\int g(x)\mathrm{d}x \tag{8.2}$$

(2) 常数乘法规则。

设$f(x)$ 的广义加法意义下的原函数为 $G(x)$,即

$$\oplus\frac{\mathrm{d}}{\mathrm{d}x}G(x) = f(x)$$

根据求导法则,对于常数 C,有

$$\oplus\frac{\mathrm{d}}{\mathrm{d}x}CG(x) = C\oplus\frac{\mathrm{d}}{\mathrm{d}x}G(x) = Cf(x)$$

根据原函数的定义,$CG(x)$ 是 $Cf(x)$ 的原函数

$$\oplus\int Cf(x)\mathrm{d}x = C\oplus\int f(x)\mathrm{d}x \tag{8.3}$$

(3) 分部积分公式。

根据广义加法意义下函数乘积的求导法则,有

$$\oplus\frac{\mathrm{d}}{\mathrm{d}x}(f(x)g(x)) = g(x)\oplus\frac{\mathrm{d}}{\mathrm{d}x}f(x)\{+\}f(x)\oplus\frac{\mathrm{d}}{\mathrm{d}x}g(x)$$

也可以写成

$$\oplus\int\mathrm{d}(f(x)g(x)) = g(x)\oplus\int\mathrm{d}f(x)\{+\}f(x)\oplus\int\mathrm{d}g(x)$$

根据原函数的定义,有

$$f(x)g(x) = \oplus\int g(x)\oplus\frac{\mathrm{d}f(x)}{\mathrm{d}x}\mathrm{d}x\{+\}\oplus\int f(x)\oplus\frac{\mathrm{d}g(x)}{\mathrm{d}x}\mathrm{d}x$$

移项整理,有

$$\oplus\int g(x)\oplus\frac{\mathrm{d}f(x)}{\mathrm{d}x}\mathrm{d}x = f(x)g(x)\{-\}\oplus\int f(x)\oplus\frac{\mathrm{d}g(x)}{\mathrm{d}x}\mathrm{d}x \tag{8.4}$$

其中,$\oplus\frac{\mathrm{d}f(x)}{\mathrm{d}x}$是函数$f(x)$ 的广义加法意义下的导数,$\oplus\int g(x)\oplus\frac{\mathrm{d}f(x)}{\mathrm{d}x}\mathrm{d}x$是函数 $g(x)\oplus\frac{\mathrm{d}f(x)}{\mathrm{d}x}$的广义加法意义下的原函数。

(4) 代换公式。

根据广义加法意义下复合函数的求导法则,有

$$\oplus\frac{\mathrm{d}F(u(x))}{\mathrm{d}x}=\oplus\frac{\mathrm{d}F(x)}{\mathrm{d}u}\oplus\frac{\mathrm{d}u(x)}{\mathrm{d}x}$$

设 $F(u)$ 是 $f(u)$ 的一个广义加法意义下的原函数,即

$$\oplus\frac{\mathrm{d}F(u)}{\mathrm{d}u}=f(u)$$

做变量代换 $u=u(x)$,上式两边取广义加法意义下的以 x 为自变量的原函数,有

$$F(u(x))=\oplus\int\oplus\frac{\mathrm{d}F(u)}{\mathrm{d}u}\oplus\frac{\mathrm{d}u(x)}{\mathrm{d}x}\mathrm{d}x$$

而$\oplus\frac{\mathrm{d}F(u)}{\mathrm{d}u}=f(u)$,故有

$$\oplus\int f(u(x))\,\mathrm{d}x=\oplus\int f(u(x))\oplus\frac{\mathrm{d}u(x)}{\mathrm{d}x}\mathrm{d}x \tag{8.5}$$

这些关于原函数的运算规则与普通加法下的求原函数的规则几乎是相同的。

8.3　使用不定积分的运算规则求取广义加法意义下的不定积分

例 1　求函数 $f(x)=x^{n-1}\{+\}\mathrm{e}^{x}x^{\frac{1-\alpha}{\alpha}}$ 的广义加法意义下的原函数。

我们知道

$$\oplus\frac{\mathrm{d}x^{n}}{\mathrm{d}x}=n^{\frac{1}{\alpha}}x^{n-1}$$

也可以写成

$$\oplus\frac{\mathrm{d}n^{\frac{-1}{\alpha}}x^{n}}{\mathrm{d}x}=x^{n-1}$$

还有

$$\oplus\frac{\mathrm{d}\mathrm{e}^{x}}{\mathrm{d}x}=\mathrm{e}^{x}x^{\frac{1-\alpha}{\alpha}}$$

根据求原函数的加法原理,函数 $x^{n-1}\{+\}\mathrm{e}^{x}x^{\frac{1-\alpha}{\alpha}}$ 的广义加法意义下的原函数是 x^{n-1} 的原函数与 $\mathrm{e}^{x}x^{\frac{1-\alpha}{\alpha}}$ 的原函数的广义加法和,即有

$$\oplus\int(x^{n-1}\{+\}\mathrm{e}^{x}x^{\frac{1-\alpha}{\alpha}})\,\mathrm{d}x=n^{\frac{-1}{\alpha}}x^{n}\{+\}\mathrm{e}^{x}$$

例 2 求函数 $f(x)=\mathrm{e}^{x}x^{\frac{1}{\alpha}}$ 的广义加法意义下的原函数。

$f(x)=\mathrm{e}^{x}x^{\frac{1}{\alpha}}=x\mathrm{e}^{x}x^{\frac{1-\alpha}{\alpha}}$。

我们知道

$$\oplus\frac{\mathrm{d}\mathrm{e}^{x}}{\mathrm{d}x}=\mathrm{e}^{x}x^{\frac{1-\alpha}{\alpha}}$$

根据分部积分法

$$\oplus\int u(x)\oplus\frac{\mathrm{d}v(x)}{\mathrm{d}x}\mathrm{d}x=u(x)v(x)\{-\}\oplus\int v(x)\oplus\frac{\mathrm{d}u(x)}{\mathrm{d}x}\mathrm{d}x$$

在我们的问题中,$u(x)=x,v(x)=\mathrm{e}^{x}$,代入上式,有

$$\oplus\int x\oplus\frac{\mathrm{d}\mathrm{e}^{x}}{\mathrm{d}x}\mathrm{d}x=\oplus\int x\mathrm{e}^{x}x^{\frac{1-\alpha}{\alpha}}\mathrm{d}x=x\mathrm{e}^{x}\{-\}\oplus\int\mathrm{e}^{x}\mathrm{d}x$$

我们有

$$\oplus\int\mathrm{e}^{x}x^{\frac{1}{\alpha}}\mathrm{d}x=x\mathrm{e}^{x}\{-\}\oplus\int\mathrm{e}^{x}\mathrm{d}x$$

只要求出$\oplus\int\mathrm{e}^{x}\mathrm{d}x$ 就可以得到所求的原函数。

例 3 求函数 $f(x)=\mathrm{e}^{3x\{+\}1}(3x\{+\}1)^{\frac{1-\alpha}{\alpha}}$ 的广义加法意义下的原函数。

我们知道

$$\oplus\frac{\mathrm{d}\mathrm{e}^{u}}{\mathrm{d}u}=\mathrm{e}^{u}u^{\frac{1-\alpha}{\alpha}}$$

令 $u=3x\{+\}1,\oplus\frac{\mathrm{d}u}{\mathrm{d}x}=3$。根据求不定积分的换元公式,有

$$F(u(x))=\oplus\int F(u(x))\oplus\frac{\mathrm{d}u}{\mathrm{d}x}\mathrm{d}x$$

其中 $F(u)=\mathrm{e}^{u}$,所求的原函数满足

$$\mathrm{e}^{3x\{+\}1}=\oplus\int\mathrm{e}^{3x\{+\}1}(3x\{+\}1)^{\frac{1-\alpha}{\alpha}}\oplus\frac{\mathrm{d}u}{\mathrm{d}x}\mathrm{d}x=3\oplus\int\mathrm{e}^{3x\{+\}1}(3x\{+\}1)^{\frac{1-\alpha}{\alpha}}\mathrm{d}x$$

所以有

$$\oplus\int\mathrm{e}^{3x\{+\}1}(3x\{+\}1)^{\frac{1-\alpha}{\alpha}}\mathrm{d}x=\frac{1}{3}\mathrm{e}^{3x\{+\}1}$$

广义加法意义下的不定积分求取的分部积分方法和换元法使用起来有些费周折,这是因为许多简单函数的广义加法意义下的原函数会比较复杂。

8.4　广义加法意义下的函数的定积分的定义

在本节中我们引进广义加法意义下的定积分的定义，并证明相应的一些性质，这些性质与普通微积分中的性质的表述是相同的。

定义 8.2　设函数 $f(x)$ 是区间 $[a,b]$ 上的有界函数，将区间 $[a,b]$ 分成 n 个小段

$$a < x_1 < x_2 < \cdots < x_n = b$$

$$\Delta x_i = x_i\{-\}x_{i-1}, \mu = \max_{1\leqslant i\leqslant n}\{\Delta x_i\}$$

在每一个小段 $[x_i, x_{i-1}]$ 上任取一个点 ξ_i，做广义加法意义下的和

$$\oplus\sum_{i=1}^{n} f(\xi_i)\Delta x_i$$

若下面的极限存在

$$\lim_{\mu\to 0}\oplus\sum_{i=1}^{n} f(\xi_i)\Delta x_i$$

则上式的极限值称为函数 $f(x)$ 在广义加法意义下的定积分，记为

$$\oplus\int_a^b f(x)\,\mathrm{d}x = \lim_{\mu\to 0}\oplus\sum_{i=1}^{n} f(\xi_i)\Delta x_i \tag{8.6}$$

在第3章的3.4节中有两个实际例子(问题5和问题6)最后导出的模型完全符合本节给出的广义加法意义下的定积分的定义。广义加法意义下的定积分的定义有些不寻常，因为其中的自变量的改变量 $\Delta x_i = x_i\{-\}x_{i-1}$ 是用广义加法，同时 $f(\xi_i)\Delta x_i$ 的求和也要用广义加法，所以问题似乎很复杂，需要进行仔细深入的分析。

下面按广义加法意义下的定积分的定义给出几个算例。

例 1　被积函数为 $f(x) = 1$。求 $\oplus\int_a^b 1\,\mathrm{d}x$。

由

$$\begin{aligned}\oplus\int_a^b 1\,\mathrm{d}x &= \lim_{\Delta x\to 0}\oplus\sum_{i=1}^{n}\Delta x_i \\ &= \lim_{\Delta x\to 0}((x_1\{-\}x_0)\{+\}(x_2\{-\}x_1)\{+\}(x_3\{-\}x_2)\{+\}\cdots\{+\}(x_n\{-\}x_{n-1}))\end{aligned}$$

根据广义加法运算的结合律，展开括号，合并同类项，除了 x_0 和 x_n 外所有的项都是正负抵消，所以有

$$\oplus\int_a^b 1\mathrm{d}x = \lim_{\Delta x\to 0}(x_n\{-\}x_0) = x_n\{-\}x_0 = b\{-\}a$$

对于普通加法下的定积分，函数 1 的原函数为 x，有

$$\int_a^b 1\mathrm{d}x = b - a$$

而对于广义加法意义下的定积分，有 $\oplus\int_a^b 1\mathrm{d}x = b\{-\}a$。数值不同，但是结果表达式的形式是相同的。实际上，函数1 的广义加法意义下的原函数为 $F(x) = x$，所以有下式成立

$$\oplus\int_a^b 1\mathrm{d}x = F(b)\{-\}F(a)$$

这与著名的牛顿 - 莱布尼兹公式是相同的。

例 2　被积函数为 $f(x) = x$。求 $\oplus\int_0^1 x\mathrm{d}x$。

由

$$\oplus\int_0^1 x\mathrm{d}x = \lim_{\Delta x\to 0}\oplus\sum_{i=1}^{n} x_i\Delta x_i$$

为了方便积分和的计算，我们特殊设计区间[0,1] 的分割点，取为 $\left(\frac{i}{n}\right)^{\frac{1}{\alpha}}$，当 i 从 0 变到 n 时，分割点从 0 变到 1，有

$$\begin{aligned}\oplus\sum_{i=1}^{n} x_i\Delta x_i &= \oplus\sum_{i=1}^{n}\left(\frac{i}{n}\right)^{\frac{1}{\alpha}}\left(\left(\frac{i+1}{n}\right)^{\frac{1}{\alpha}}\{-\}\left(\frac{i}{n}\right)^{\frac{1}{\alpha}}\right)\\ &= \oplus\sum_{i=1}^{n}\left(\frac{i}{n}\right)^{\frac{1}{\alpha}}\left(\frac{i+1}{n}-\frac{i}{n}\right)^{\frac{1}{\alpha}}\\ &= \left(\frac{i}{n}\right)^{\frac{1}{\alpha}}\oplus\sum_{i=1}^{n}\left(\frac{i}{n}\right)^{\frac{1}{\alpha}}\\ &= \left(\frac{i}{n}\right)^{\frac{1}{\alpha}}\left(\sum_{i=1}^{n}\left(\frac{i}{n}\right)\right)^{\frac{1}{\alpha}}\\ &= \left(\frac{i}{n}\right)^{\frac{1}{\alpha}}\left(\frac{i}{n}\right)^{\frac{1}{\alpha}}\left(\frac{n(n+1)}{2}\right)^{\frac{1}{\alpha}}\end{aligned}$$

$$= \left(\frac{n(n+1)}{2n^2}\right)^{\frac{1}{\alpha}}$$

故有

$$\oplus\int_0^1 x\mathrm{d}x = \lim_{\Delta x\to 0} \oplus \sum_{i=1}^{n} x_i \Delta x_i$$

$$= \lim_{n\to\infty}\left(\frac{n(n+1)}{2n^2}\right)^{\frac{1}{\alpha}}$$

$$= \left(\frac{1}{2}\right)^{\frac{1}{\alpha}}$$

我们知道,函数$f(x) = x$的广义加法意义下的原函数为$F(x) = \left(\frac{1}{2}\right)^{\frac{1}{\alpha}} x^2$,恰好有

$$\oplus\int_0^1 x\mathrm{d}x = F(1)\{-\}F(0) = \left(\frac{1}{2}\right)^{\frac{1}{\alpha}}$$

用定义求取函数$f(x) = x$的广义加法意义下的定积分需要使用特殊的技巧来确定合适的区间分割,若简单地用$\frac{i}{n}, i = 1,2,\cdots,n$来作为区间分割,则和式的化简将难以进行。可以体会到,若能够证明在广义加法意义下的牛顿 - 莱布尼兹公式成立,则是非常重要的,这个定理也为寻找广义加法意义下函数的原函数提供重要的支持。

8.5 广义加法意义下定积分的性质

定义 8.2 在形式上与普通函数的定积分的定义是相同的。需要注意,此时的加法和减法都是在广义加法意义下的加法和减法。为了推导在广义加法意义下的定积分的牛顿 - 莱布尼兹公式,我们有下面的定理。

定理 8.1 若实函数$f(x)$在$[a,b]$上连续,则有下面的在广义加法意义下的关系式成立

$$\oplus\frac{\mathrm{d}}{\mathrm{d}x}\left(\oplus\int_a^x f(u)\mathrm{d}u\right) = f(x) \tag{8.7}$$

证明 记$R(x) = \oplus\int_a^x f(u)\mathrm{d}u$。不妨设$f(x) > 0$,因此$R(x)$是增函数,有

$$\oplus\frac{\mathrm{d}R(x)}{\mathrm{d}x}=\lim_{\Delta x\to 0}\frac{R(x\{+\}\Delta x)\{-\}R(x)}{\Delta x}$$

$$=\lim_{\Delta x\to 0}\frac{\left(\oplus\int_a^{x\{+\}\Delta x}f(u)\,\mathrm{d}u\right)\{-\}\left(\oplus\int_a^x f(u)\,\mathrm{d}u\right)}{\Delta x}$$

$$=\lim_{\Delta x\to 0}\frac{\oplus\int_x^{x\{+\}\Delta x}f(u)\,\mathrm{d}u}{\Delta x}$$

这是因为

$$\oplus\int_x^{x\{+\}\Delta x}f(u)\,\mathrm{d}u=\oplus\int_a^{x\{+\}\Delta x}f(u)\,\mathrm{d}u\{-\}\oplus\int_a^x f(u)\,\mathrm{d}u$$

由于$f(x)$是连续函数,存在区间$[x,x+\Delta x]$中的点ξ,使得下式成立

$$\frac{R(x\{+\}\Delta x)\{-\}R(x)}{\Delta x}=\frac{(x\{+\}\Delta x\{-\}\Delta x)f(\xi)}{\Delta x}$$

而

$$x\{+\}\Delta x\{-\}\Delta x=((x\{+\}\Delta x)^\alpha-x^\alpha)^{\frac{1}{\alpha}}$$

$$=(((x^\alpha+(\Delta x)^\alpha)^{\frac{1}{\alpha}})^\alpha-x^\alpha)^{\frac{1}{\alpha}}$$

$$=(x^\alpha+(\Delta x)^\alpha-x^\alpha)^{\frac{1}{\alpha}}$$

$$=\Delta x$$

所以

$$\lim_{\Delta x\to 0}\frac{R(x\{+\}\Delta x)\{-\}R(x)}{\Delta x}=\lim_{\Delta x\to 0}\frac{\Delta x f(\xi)}{\Delta x}=f(x)$$

定理得证。

定理 8.2(牛顿-莱布尼兹公式) 如果实函数$f(x)$在$[a,b]$上连续,$F(x)$是$f(x)$在广义加法意义下的一个原函数,即$\oplus\frac{\mathrm{d}F(x)}{\mathrm{d}x}=f(x)$,那么下面的公式成立

$$\oplus\int_a^b f(x)\,\mathrm{d}x=F(b)\{-\}F(a) \tag{8.8}$$

证明 根据定理8.1,$\oplus\int_a^x f(\xi)\,\mathrm{d}\xi$是$f(x)$的一个在广义加法意义下的原函数,因此$f(x)$的任何一个在广义加法意义下的原函数$F(x)$可以写成

$$F(x)=\oplus\int_a^x f(\xi)\,\mathrm{d}\xi\{+\}C$$

其中 C 是一个常数，注意有

$$\oplus\int_a^a f(\xi)\mathrm{d}\xi = 0$$

代入上式，有

$$C = F(a)$$

故有

$$F(x) = \oplus\int_a^x f(\xi)\mathrm{d}\xi\{+\}F(a)$$

再令 $x = b$，有

$$F(b) = \oplus\int_a^b f(\xi)\mathrm{d}\xi\{+\}F(a)$$

故有

$$\oplus\int_a^b f(\xi)\mathrm{d}\xi = F(b)\{-\}F(a)$$

定理得证。

由此可以知道，微积分中著名的牛顿－莱布尼兹公式在广义加法意义下仍然成立，牛顿－莱布尼兹公式将函数积分和函数导数联系起来，是数学理论研究和数学应用研究的一个重要的定理。

我们知道函数 $f(x) = x^n$ 的广义加法意义下的原函数如下

$$\oplus\int x^n\mathrm{d}x = \left(\frac{1}{n+1}\right)^{\frac{1}{\alpha}} x^{n+1}$$

所以有

$$\oplus\int_a^b x^n\mathrm{d}x = \left(\frac{1}{n+1}\right)^{\frac{1}{\alpha}}(b^{n+1}\{-\}a^{n+1})$$

8.6 广义加法意义下函数的重积分和曲线积分

在本节中我们引进广义加法意义下的重积分和曲线积分的定义，并证明相应的一些性质，这些性质与普通微积分中的性质的表述是相同的。

定义 8.3 设二元函数 $f(x,y)$ 是某平面区域 G 上的有界函数，将该区域分成很多的长方形的小区域，第 i 个小长方形区域的四个角点的坐标为

$$(x_i, y_i), (x_{i+1}, y_i), (x_i, y_{i+1}), (x_{i+1}, y_{i+1})$$

$$\Delta x_i = x_i \{-\} x_{i-1}, \Delta y_j = y_j \{-\} y_{j-1}, \mu = \max_{1 \leqslant i \leqslant n} \{\Delta x_i \{+\} \Delta y_i\}$$

在每一个小长方形区域中任取一个点(ξ_i, η_i),做广义加法意义下的和

$$\oplus \sum_{i=1}^{n} f(\xi_i, \eta_i) \Delta x_i \Delta y_i \tag{8.9}$$

若下面的极限存在

$$\lim_{\mu \to 0} \oplus \sum_{i=1}^{n} f(\xi_i, \eta_i) \Delta x_i \Delta y_i$$

则上式的极限值称为函数$f(x,y)$ 在广义加法意义下的二重积分,记为

$$\oplus \iint_{(x,y) \in G} f(x,y) \mathrm{d}x\mathrm{d}y = \lim_{\mu \to 0} \oplus \sum_{i=1}^{n} f(\xi_i, \eta_i) \Delta x_i \Delta y_i \tag{8.10}$$

定义 8.4　设二元函数$f(x,y)$ 是某平面区域 G 上的有界函数,L 为区域内的一条曲线,将该曲线分成很多的小的曲线段,曲线上按顺序排列的各点为

$$l_0, l_1, l_2, \cdots, l_n$$

l_i 到 l_{i+1} 段曲线的长度为 Δs_i,点 l_i 的坐标为(x_i, y_i),点 l_{i+1} 的坐标为(x_{i+1}, y_{i+1}),则根据第 4 章中关于广义加法意义下两点间的距离的定义,有

$$\Delta s_i = ((x_{i+1} \{-\} x_i)^2 \{+\} (y_{i+1} \{-\} y_i)^2)^{\frac{1}{2}} \tag{8.11}$$

在每一个小段$[l_i, l_{i-1}]$ 上任取一个点(ξ_i, η_i),$\mu = \max\limits_{1 \leqslant i \leqslant n} \{\Delta s_i\}$,做广义加法意义下的和

$$\oplus \sum_{i=1}^{n} f(\xi_i, \eta_i) \Delta s_i$$

若下面的极限存在

$$\lim_{\mu \to 0} \oplus \sum_{i=1}^{n} f(\xi_i, \eta_i) \Delta s_i$$

则上式的极限值称为函数$f(x,y)$ 在广义加法意义下的第一类曲线积分,记为

$$\oplus \int_L f(x,y) \mathrm{d}s = \lim_{\mu \to 0} \oplus \sum_{i=1}^{n} f(\xi_i, \eta_i) \Delta s_i \tag{8.12}$$

定义 8.5　设二元函数$f(x,y)$ 是某平面区域上的有界函数,L 为区域内的一条曲线,设曲线的方程为

$$\begin{cases} x = x(t) \\ y = y(t) \end{cases}$$

将该曲线分成很多的小的曲线段，曲线上按顺序排列的各点为

$$l_0, l_1, l_2, \cdots, l_n$$

点 l_i 的坐标为 $(x(t_i), y(t_i))$，在每一个小段 $[l_i, l_{i-1}]$ 上任取一个点 (ξ_i, η_i)，$\mu = \max\limits_{1 \leqslant i \leqslant n} \{\Delta x(t_i)\}$，做广义加法意义下的和

$$\oplus \sum_{i=1}^{n} f(\xi_i, \eta_i)(x(t_i)\{-\}x(t_{i-1})) = \oplus \sum_{i=1}^{n} f(\xi_i, \eta_i)\Delta x(t_i)$$

若下面的极限存在

$$\lim_{\mu \to 0} \oplus \sum_{i=1}^{n} f(\xi_i, \eta_i)\Delta x(t_i)$$

则上式的极限值称为函数 $f(x,y)$ 在广义加法意义下的第二类曲线积分，记为

$$\oplus \int_L f(x,y)\,\mathrm{d}x = \lim_{\mu \to 0} \oplus \sum_{i=1}^{n} f(\xi_i, \eta_i)\Delta x(t_i) \tag{8.13}$$

变量 x 和 y 是对称的，对变量 y 的第二类曲线积分可以由定义 8.5 给出，为了更为清晰，我们单独给出相应的定义。

定义 8.6 设二元函数 $f(x,y)$ 是某平面区域上的有界函数，L 为区域内的一条曲线，设曲线的方程为

$$\begin{cases} x = x(t) \\ y = y(t) \end{cases}$$

将该曲线分成很多的小的曲线段，曲线上按顺序排列的各点为

$$l_0, l_1, l_2, \cdots, l_n$$

点 l_i 的坐标为 $(x(t_i), y(t_i))$，在每一个小段 $[l_i, l_{i-1}]$ 上任取一个点 (ξ_i, η_i)，$\mu = \max\limits_{1 \leqslant i \leqslant n} \{\Delta y(t_i)\}$，做广义加法意义下的和

$$\oplus \sum_{i=1}^{n} f(\xi_i, \eta_i)(y(t_i)\{-\}y(t_{i-1})) = \oplus \sum_{i=1}^{n} f(\xi_i, \eta_i)\Delta y(t_i)$$

若下面的极限存在

$$\lim_{\mu \to 0} \oplus \sum_{i=1}^{n} f(\xi_i, \eta_i)\Delta y(t_i)$$

则上式的极限值称为函数 $f(x,y)$ 在广义加法意义下的第二类曲线积分，记为

$$\oplus \int_L f(x,y)\,\mathrm{d}y = \lim_{\mu \to 0} \oplus \sum_{i=1}^{n} f(\xi_i, \eta_i)\Delta y(t_i) \tag{8.14}$$

8.7 广义加法意义下函数的重积分和曲线积分的性质

由于广义加法运算符合结合律，积分和式可以先固定 y 而按 x 增加的方向求广义加法和，再按 y 增加的方向将 x 方向求得的广义加法和结果求广义加法和；或者，积分和式可以先固定 x 而按 y 增加的方向求广义加法和，再按 x 方向将 y 增加的方向求得的广义加法和结果求广义加法和。就像求一个矩阵中所有元素的和一样，可以先按行求和再按列求和，或者先按列求和再按行求和，结果都是一样的。所以，广义加法意义下的二重积分可以化为累次积分来计算。对于简单的积分区域 $G, a \leqslant x \leqslant b, c \leqslant y \leqslant d$，有

$$\oplus\iint_{(x,y)\in G} f(x,y)\,\mathrm{d}x\mathrm{d}y = \oplus\int_a^b \mathrm{d}x\left(\oplus\int_c^d f(x,y)\,\mathrm{d}y\right) \tag{8.15}$$

同样也有

$$\oplus\iint_{(x,y)\in G} f(x,y)\,\mathrm{d}x\mathrm{d}y = \oplus\int_c^d \mathrm{d}y\left(\oplus\int_a^b f(x,y)\,\mathrm{d}x\right) \tag{8.16}$$

而单变量函数的定积分则可以由被积函数的广义加法意义下的原函数来计算。

对于第一类曲线积分，假设曲线方程为

$$\begin{cases} x = x(t) \\ y = y(t) \end{cases}$$

$t \in [0,T]$，则对于广义加法意义下的差分 Δx 和 Δy，有

$$\Delta s = ((\Delta x)^2 \{+\} (\Delta y)^2)^{\frac{1}{2}}$$

又有

$$\Delta x = \oplus\frac{\mathrm{d}x}{\mathrm{d}t}\Delta t$$

$$\Delta y = \oplus\frac{\mathrm{d}y}{\mathrm{d}t}\Delta t$$

可以得到

$$\Delta s = \left(\left(\oplus\frac{\mathrm{d}x}{\mathrm{d}t}\right)^2 \{+\} \left(\oplus\frac{\mathrm{d}y}{\mathrm{d}t}\right)^2\right)^{\frac{1}{2}}\Delta t$$

所以有

$$\oplus\int_L f(x,y)\,\mathrm{d}s = \oplus\int_0^T f(x(t),y(t))\left(\left(\oplus\frac{\mathrm{d}x}{\mathrm{d}t}\right)^2\{+\}\left(\oplus\frac{\mathrm{d}y}{\mathrm{d}t}\right)^2\right)^{\frac{1}{2}}\mathrm{d}t \quad (8.17)$$

特别当曲线写成$(x,y(x))$时，$x\in[a,b]$，有

$$\oplus\int_L f(x,y)\,\mathrm{d}s = \oplus\int_a^b f(x,y(x))\left(1\{+\}\left(\oplus\frac{\mathrm{d}y}{\mathrm{d}x}\right)^2\right)^{\frac{1}{2}}\mathrm{d}x \quad (8.18)$$

这个表达式与普通加法下曲线积分公式的形式几乎是相同的。

下面我们来证明在微积分中重要的格林(Green)公式在广义加法意义下仍然成立，我们有下面的定理。

定理8.3 假设D是平面上以光滑曲线L为边界的单连通区域，函数$P(x,y)$和$Q(x,y)$在D以及L上连续，并且具有广义加法意义下的连续的偏导数，则有下面的公式成立

$$\oplus\iint_D\left(\oplus\frac{\partial Q}{\partial x}\{-\}\oplus\frac{\partial P}{\partial y}\right)\mathrm{d}x\mathrm{d}y = \oplus\oint_L P\mathrm{d}x\{+\}Q\mathrm{d}y \quad (8.19)$$

证明 设L由两条曲线围成，上曲线为$y=y_2(x)$，下曲线为$y=y_1(x)$

$$y=y_1(x),\ y=y_2(x)$$

$$a\leqslant x\leqslant b,\ y_1(x)\leqslant y_2(x)$$

或者从另一个角度看，L由下面两条曲线围成，左曲线为$x=x_1(y)$，右曲线为$x=x_2(y)$

$$x=x_1(y),\ x=x_2(y)$$

$$c\leqslant y\leqslant d,\ x_1(y)\leqslant x_2(y)$$

因为$\oplus\frac{\partial P}{\partial y}$连续，所以

$$\begin{aligned}\oplus\iint_D\oplus\frac{\partial P}{\partial y}\mathrm{d}x\mathrm{d}y &= \oplus\int_a^b\mathrm{d}x\left(\oplus\int_{y_1(x)}^{y_2(x)}\oplus\frac{\partial P}{\partial y}\mathrm{d}y\right)\\ &= \oplus\int_a^b(P(x,y_2(x))\{-\}P(x,y_1(x)))\,\mathrm{d}x\\ &= \oplus\int_{l_1}P(x,y)\,\mathrm{d}x\{-\}\oplus\int_{l_2}P(x,y)\,\mathrm{d}x\end{aligned}$$

其中l_1是D的上曲线，l_2是D的下曲线。按右手法则作闭曲线积分，则l_1需要反向，等价于积分要变符号。故有

$$\oplus\iint_D \oplus\frac{\partial P}{\partial y}\mathrm{d}x\mathrm{d}y = -\oplus\int_{-l_1} P(x,y)\,\mathrm{d}x\{-\}\oplus\int_{l_2} P(x,y)\,\mathrm{d}x$$

$$= -\oplus\oint_L P(x,y)\,\mathrm{d}x$$

我们再看$\oplus\frac{\partial Q}{\partial x}$的二重积分

$$\oplus\iint_D \oplus\frac{\partial Q}{\partial x}\mathrm{d}x\mathrm{d}y = \oplus\int_c^d \mathrm{d}y\left(\oplus\int_{x_1(y)}^{x_2(y)} \oplus\frac{\partial Q}{\partial x}\mathrm{d}x\right)$$

$$= \oplus\int_c^d (Q(x_2(y),y)\{-\}Q(x_1(y),y))\,\mathrm{d}y$$

$$= \oplus\int_{l_3} Q(x,y)\,\mathrm{d}y\{-\}\oplus\int_{l_4} Q(x,y)\,\mathrm{d}y$$

其中,l_3是D的右曲线,l_4是D的左曲线。按右手法则作闭曲线积分,则l_4需要反向,等价于积分要变符号,故有

$$\oplus\iint_D \oplus\frac{\partial Q}{\partial x}\mathrm{d}x\mathrm{d}y = \oplus\int_{l_3} Q(x,y)\,\mathrm{d}y\{+\}\oplus\int_{-l_4} Q(x,y)\,\mathrm{d}y$$

$$= \oplus\oint_L Q(x,y)\,\mathrm{d}y$$

将上面得到的两个式子相加,有

$$\oplus\iint_D\left(\oplus\frac{\partial Q}{\partial x}\{-\}\oplus\frac{\partial P}{\partial y}\right)\mathrm{d}x\mathrm{d}y = \oplus\oint_L P\mathrm{d}x\{+\}Q\mathrm{d}y$$

定理得证。

定理8.3的结论表明,在广义加法意义下,二元函数的关于闭曲线的积分与二元函数在闭曲线包围区域的二重积分关系的格林公式仍然成立,只是偏导数和积分以及加法都是广义加法意义的。

如果在D上成立

$$\oplus\frac{\partial Q}{\partial x} = \oplus\frac{\partial P}{\partial y} \tag{8.20}$$

那么二重积分中的被积函数恒等于0,因此这时有

$$\oplus\oint_L P\mathrm{d}x\{+\}Q\mathrm{d}y = 0 \tag{8.21}$$

这个表达式与普通加法下的相应结论的形式是相同的。

8.8 本章总结

1. 若 $F(x)$ 的广义加法意义下的导函数是 $f(x)$，即有

$$\oplus\frac{\mathrm{d}F(x)}{\mathrm{d}x}=f(x)$$

则称 $F(x)$ 是广义加法意义下函数 $f(x)$ 的原函数。$F(x)$ 是 $f(x)$ 的不定积分，记为

$$F(x)=\oplus\int f(x)\mathrm{d}x$$

2. 广义加法意义下不定积分的运算规则

$$\oplus\int(f(x)\{+\}g(x))\mathrm{d}x=\oplus\int f(x)\mathrm{d}x\{+\}\oplus\int g(x)\mathrm{d}x$$

$$\oplus\int Cf(x)\mathrm{d}x=C\oplus\int f(x)\mathrm{d}x$$

$$\oplus\int g(x)\oplus\frac{\mathrm{d}f(x)}{\mathrm{d}x}\mathrm{d}x=f(x)g(x)\{-\}\oplus\int f(x)\oplus\frac{\mathrm{d}g(x)}{\mathrm{d}x}\mathrm{d}x$$

$$\oplus\int f(u(x))\mathrm{d}x=\oplus\int F(u(x))\oplus\frac{\mathrm{d}u(x)}{\mathrm{d}x}\mathrm{d}x$$

3. 设函数 $f(x)$ 是区间 $[a,b]$ 上的有界函数，将区间 $[a,b]$ 分成 n 个小段

$$a<x_1<x_2<\cdots<x_n=b$$

$$\Delta x_i=x_i\{-\}x_{i-1},\mu=\max_{1\leqslant i\leqslant n}\{\Delta x_i\}$$

在每一个小段 $[x_i,x_{i-1}]$ 上任取一个点 ξ_i，做广义加法意义下的和

$$\oplus\sum_{i=1}^{n}f(\xi_i)\Delta x_i$$

若下面的极限存在

$$\lim_{\mu\to0}\oplus\sum_{i=1}^{n}f(\xi_i)\Delta x_i$$

则上式的极限值称为函数 $f(x)$ 在广义加法意义下的定积分，记为

$$\oplus\int_a^b f(x)\mathrm{d}x=\lim_{\mu\to0}\oplus\sum_{i=1}^{n}f(\xi_i)\Delta x_i$$

4. 如果实函数$f(x)$在$[a,b]$上连续，那么有下面的在广义加法意义下的关系式成立

$$\oplus\frac{\mathrm{d}}{\mathrm{d}x}\left(\oplus\int_a^x f(u)\,\mathrm{d}u\right)=f(x)$$

5. (牛顿-莱布尼兹公式)如果实函数$f(x)$在$[a,b]$上连续，$F(x)$是$f(x)$在广义加法意义下的一个原函数，即$\oplus\frac{\mathrm{d}F(x)}{\mathrm{d}x}=f(x)$，那么下面的公式成立

$$\oplus\int_a^b f(x)\,\mathrm{d}x=F(b)\{-\}F(a)$$

6. 设二元函数$f(x,y)$是某平面区域G上的有界函数，将该区域分成很多的长方形的小区域，第i个小长方形区域的四个角点的坐标为

$$(x_i,y_i),(x_{i+1},y_i),(x_i,y_{i+1}),(x_{i+1},y_{i+1})$$

$$\Delta x_i=x_i\{-\}x_{i-1},\Delta y_j=y_j\{-\}y_{j-1},\mu=\max_{1\leqslant i\leqslant n}\{\Delta x_i\{+\}\Delta y_i\}$$

在每一个小长方形区域中任取一个点(ξ_i,η_i)，做广义加法意义下的和

$$\oplus\sum_{i=1}^{n}f(\xi_i,\eta_i)\Delta x_i\Delta y_i$$

若下面的极限存在

$$\lim_{\mu\to 0}\oplus\sum_{i=1}^{n}f(\xi_i,\eta_i)\Delta x_i\Delta y_i$$

则上式的极限值称为函数$f(x,y)$在广义加法意义下的二重积分，记为

$$\oplus\iint_{(x,y)\in G}f(x,y)\,\mathrm{d}x\mathrm{d}y=\lim_{\mu\to 0}\oplus\sum_{i=1}^{n}f(\xi_i,\eta_i)\Delta x_i\Delta y_i$$

7. 设二元函数$f(x,y)$是某平面区域G上的有界函数，L为区域内的一条曲线，将该曲线分成很多的小的曲线段，曲线上按顺序排列的各点为

$$l_0,l_1,l_2,\cdots,l_n$$

l_i到l_{i+1}段曲线的长度为Δs_i，点l_i的坐标为(x_i,y_i)，点l_{i+1}的坐标为(x_{i+1},y_{i+1})，则根据广义加法意义下两点间的距离的定义，有

$$\Delta s_i=((x_{i+1}\{-\}x_i)^2\{+\}(y_{i+1}\{-\}y_i)^2)^{\frac{1}{2}}$$

在每一个小段$[l_i,l_{i-1}]$上任取一个点(ξ_i,η_i)，$\mu=\max\limits_{1\leqslant i\leqslant n}\{\Delta s_i\}$，做广义加法意义下的和

$$\oplus\sum_{i=1}^{n}f(\xi_i,\eta_i)\Delta s_i$$

若下面的极限存在

$$\lim_{\mu\to0}\oplus\sum_{i=1}^{n}f(\xi_i,\eta_i)\Delta s_i$$

则上式的极限值称为函数$f(x,y)$在广义加法意义下的第一类曲线积分，记为

$$\oplus\int_L f(x,y)\,\mathrm{d}s=\lim_{\mu\to0}\oplus\sum_{i=1}^{n}f(\xi_i,\eta_i)\Delta s_i$$

8. 设二元函数$f(x,y)$是某平面区域上的有界函数，L为区域内的一条曲线，设曲线的方程为

$$\begin{cases}x=x(t)\\y=y(t)\end{cases}$$

将该曲线分成很多的小的曲线段，曲线上按顺序排列的各点为

$$l_0,l_1,l_2,\cdots,l_n$$

点l_i的坐标为$(x(t_i),y(t_i))$，在每一个小段$[l_i,l_{i-1}]$上任取一个点(ξ_i,η_i)，$\mu=\max\limits_{1\leqslant i\leqslant n}\{\Delta x(t_i)\}$，做广义加法意义下的和

$$\oplus\sum_{i=1}^{n}f(\xi_i,\eta_i)(x(t_i)\{-\}x(t_{i-1}))=\oplus\sum_{i=1}^{n}f(\xi_i,\eta_i)\Delta x(t_i)$$

若下面的极限存在

$$\lim_{\mu\to0}\oplus\sum_{i=1}^{n}f(\xi_i,\eta_i)\Delta x(t_i)$$

则上式的极限值称为函数$f(x,y)$在广义加法意义下的第二类曲线积分，记为

$$\oplus\int_L f(x,y)\,\mathrm{d}x=\lim_{\mu\to0}\oplus\sum_{i=1}^{n}f(\xi_i,\eta_i)\Delta x(t_i)$$

9. 广义加法意义下的二重积分可以化为累次积分来计算。对于简单的积分区域G，$a\leqslant x\leqslant b$，$c\leqslant y\leqslant d$，有

$$\oplus\iint_{(x,y)\in G}f(x,y)\,\mathrm{d}x\mathrm{d}y=\oplus\int_a^b\mathrm{d}x\left(\oplus\int_c^d f(x,y)\,\mathrm{d}y\right)$$

同样也有

$$\oplus\iint_{(x,y)\in G}f(x,y)\,\mathrm{d}x\mathrm{d}y=\oplus\int_c^d\mathrm{d}y\left(\oplus\int_a^b f(x,y)\,\mathrm{d}x\right)$$

10. 对于第一类曲线积分,假设曲线方程为

$$\begin{cases} x = x(t) \\ y = y(t) \end{cases}$$

则对于广义加法意义下的差分 Δx 和 Δy,有

$$\Delta s = \left(\left(\oplus\frac{\mathrm{d}x}{\mathrm{d}t}\right)^2 \{+\} \left(\oplus\frac{\mathrm{d}y}{\mathrm{d}t}\right)^2\right)^{\frac{1}{2}} \Delta t$$

$$\oplus\int_L f(x,y)\,\mathrm{d}s = \oplus\int_0^T f(x(t),y(t))\left(\left(\oplus\frac{\mathrm{d}x}{\mathrm{d}t}\right)^2 \{+\} \left(\oplus\frac{\mathrm{d}y}{\mathrm{d}t}\right)^2\right)^{\frac{1}{2}} \mathrm{d}t$$

特别当曲线写成$(x,y(x))$时,$x \in [a,b]$,有

$$\oplus\int_L f(x,y)\,\mathrm{d}s = \oplus\int_a^b f(x,y(x))\left(1 \{+\} \left(\oplus\frac{\mathrm{d}y}{\mathrm{d}x}\right)^2\right)^{\frac{1}{2}} \mathrm{d}x$$

11. (格林公式) 假设 D 是平面上以光滑曲线 L 为边界的单连通区域,函数 $P(x,y)$ 和 $Q(x,y)$ 在 D 以及 L 上连续,并且具有广义加法意义下的连续的偏导数,则有下面的公式成立

$$\oplus\iint_D \left(\oplus\frac{\partial Q}{\partial x} \{-\} \oplus\frac{\partial P}{\partial y}\right)\mathrm{d}x\mathrm{d}y = \oplus\oint_L P\mathrm{d}x \{+\} Q\mathrm{d}y$$

广义加法世界的几何学问题

第9章

在本章中我们仔细讨论了广义加法世界中的几何学问题,涉及线段长度、圆的周长和面积、三角函数的定义、相交直线的夹角、向量的运算、曲线的曲率、二次曲线、曲面方程等。这些内容本身就是广义加法在数学中的合理扩展,而且这些内容为广义加法在复变函数领域的扩展提供了必要的支持。

9.1 广义加法意义下有关几何学的几点说明

在本节中我们讨论广义加法意义下的若干几何学问题,或者说,我们讨论广义加法世界中的几何学问题。对这些问题的仔细讨论有助于我们认识广义加法意义下的几何学问题的特点,还有利于我们讨论广义加法意义下的重积分问题和曲线积分问题。在实数域中引入广义加法,在此基础上可以方便地建立代数表达式,从而方便地使用函数,继而研究函数的导数和积分的性质,这样的研究是顺理成章的,也是相对比较容易的。数或者向量与空间点的坐标相对应,数或者向量的集合与空间中的几何图形相对应,而对空间性质的探讨则是几何学的任务。人类生活在真实的三维空间,真实的三维空间极为近似于数学中的三维欧氏空间。而在广义加法的世界中,几何学的研究注定是困难的。不同点之间的距离用广义加法建立,与人们的常识不符。人们常用几何直观来表达几何学的特点,而在广义加法意义下建立这种直观已经非常困难。但是数学注定是形与数的科学,广义加法意义下的几何学问题毫无疑问是重要的。我们应该从不同的方面去研究几何图形这个神秘的对象,大致有三种途径:一是从困难的几何直观出发,二是将欧氏空间的几何性质移植到广义加法体系中,三是用代数学方法研究广义加法意义下的几何学。

(1) 关于长方形面积。

在普通加法下,长方形的面积就是长乘以宽。在广义加法意义下长方形的面积是怎样的计算公式需要研究。假设在二维坐标系中有一个长方形,区域为 $a \leqslant x \leqslant b, c \leqslant y \leqslant d$,在 x 轴方向的边长为 $b\{-\}a$,在 y 轴方向的边长为 $d\{-\}c$。因为广义加法意义下乘法仍使用普通乘法,所以这个长方形的广义加法意义下的面积应该是

$$S = (b\{-\}a)(d\{-\}c)$$

从另一个角度,当把这个长方形剖分为很多小的长方形时,整个面积应该是小长方形面积的广义加法和。比如做如下的剖分

$$a = x_0 < x_1 < x_2 < \cdots < x_n = b$$

$$c = y_0 < y_1 < y_2 < \cdots < y_m = d$$

小长方形区域 $x_i \leqslant x \leqslant x_{i+1}, y_j \leqslant y \leqslant y_{j+1}$ 的面积为

$$(x_{i+1}\{-\}x_i)(y_{j+1}\{-\}y_j)$$

整个面积应该是

$$S = \oplus\sum_{i=0}^{n} \oplus\sum_{j=0}^{m} (x_{i+1}\{-\}x_i)(y_{j+1}\{-\}y_j)$$

我们有

$$b\{-\}a = (x_1\{-\}x_0) \oplus (x_2\{-\}x_1) \oplus (x_3\{-\}x_2) \oplus \cdots \oplus (x_n\{-\}x_{n-1})$$

$$= \oplus\sum_{i=0}^{n} (x_{i+1}\{-\}x_i)$$

$$d\{-\}c = (y_1\{-\}y_0) \oplus (y_2\{-\}y_1) \oplus (y_3\{-\}y_2) \oplus \cdots \oplus (y_m\{-\}y_{m-1})$$

$$= \oplus\sum_{j=0}^{m} (y_{j+1}\{-\}y_j)$$

我们知道

$$\left(\oplus\sum_{i=0}^{n} (x_{i+1}\{-\}x_i)\right)\left(\oplus\sum_{j=0}^{m} (y_{j+1}\{-\}y_j)\right)$$

$$= \oplus\sum_{i=0}^{n} \oplus\sum_{j=0}^{m} (x_{i+1}\{-\}x_i)(y_{j+1}\{-\}y_j)$$

也就是

$$(b\{-\}a)(d\{-\}c) = \oplus\sum_{i=0}^{n} \oplus\sum_{j=0}^{m} (x_{i+1}\{-\}x_i)(y_{j+1}\{-\}y_j) \tag{9.1}$$

得到的结论是,广义加法意义下长方形面积的计算公式是两个边长的乘积,边长用广义减法。当把长方形剖分为若干个小的长方形时,对小长方形求广义加法意义下的面积,再对这些小的面积值求广义加法和就得到大长方形的面积。这样的结论与我们对长方形面积的认识是一致的。

(2) 关于三维空间的体积以及一般的 n 维空间的体积。

设三维空间区域为

$$a \leqslant x \leqslant b, c \leqslant y \leqslant d, e \leqslant z \leqslant f$$

则广义加法意义下的三维体积为

$$V = (b\{-\}a)(d\{-\}c)(f\{-\}e)$$

可以说明,把大的体积进行剖分,用广义加法计算的小体积的广义加法和的结果得到大的三维体积。

对于一般的 n 维空间的体积,设区域为

$$A_1 \leqslant x_1 \leqslant B_1, A_2 \leqslant x_2 \leqslant B_2, \cdots, A_n \leqslant x_n \leqslant B_n$$

则 n 维空间的超立方体的广义加法意义下的体积为

$$V_n = \prod_{i=1}^{n} (B_i\{-\}A_i) \tag{9.2}$$

(3) 关于广义加法意义下正方形面积的再讨论。

在欧氏空间中,边长为 L 的正方形的面积为 L^2,无论这个正方形位于平面空间的位置在哪里,这是几何学里讲的平移不变性。我们来看一下在广义加法意义下会出现什么情况。先看正方形 $0 \leqslant x \leqslant L, 0 \leqslant y \leqslant L$,广义加法意义下的面积为

$$(L\{-\}0)(L\{-\}0) = L^2$$

这个结果与欧氏空间的结果一样。

再看正方形 $100 \leqslant x \leqslant 100 + L, 100 \leqslant y \leqslant 100 + L$,这是将原点处的正方形沿着 x 轴右移 100,沿着 y 轴上移 100,广义加法意义下的面积为

$$\begin{aligned} S &= ((100 + L)\{-\}100)((100 + L)\{-\}100) \\ &= ((100 + L)^{\alpha} - 100^{\alpha})^{\frac{1}{\alpha}}((100 + L)^{\alpha} - 100^{\alpha})^{\frac{1}{\alpha}} \end{aligned}$$

具体取 $L=1,\alpha=2$，有

$$S=(101^2-100^2)^{\frac{1}{2}}(101^2-100^2)^{\frac{1}{2}}$$
$$=201$$

而在欧氏空间的面积为 1，相差甚多。

再看正方形 $0\leqslant x\leqslant 1,100\leqslant y\leqslant 101$，这是将原点处的正方形沿着 y 轴上移 100，广义加法意义下的面积($\alpha=2$) 为

$$S=(1\{-\}0)(101\{-\}100)$$
$$=(101^2-100^2)^{\frac{1}{2}}$$
$$=\sqrt{201}$$

这两个算例说明，要想透彻理解广义加法意义下空间的几何性质还需要从不同的方面进行深入的分析。上面关于正方形面积的讨论中，我们把一个正方形平移到另一处，则在广义加法意义下正方形的面积有变化，这有些让人疑惑。实际上我们所说的平移是在普通加法意义下的，比如让 x 坐标增加 100，又比如让 x 坐标和 y 坐标均增加 100。这里的增加指在原来的基础上加 100，是普通加法。这是典型的将广义加法与普通加法混合在一起思考问题的例子，是极容易出错的。我们应该始终在广义加法意义下来讨论，用一个比较形象的说法，我们的思维应该始终在“广义加法的世界”之中。

假设一个正方形的四个顶点为

$$(0,0),(0,10),(10,0),(10,10)$$

在广义加法意义下，正方形的边长为 $10\{-\}0=10$，正方形的面积为 $10\times 10=100$。我们把正方形向右平移 100，注意这是广义加法意义下的平移，新的正方形的四个顶点为

$$(0,0\{+\}100),(0,10\{+\}100),(10,0\{+\}100),(10,10\{+\}100)$$

新的正方形的边长，横向看为

$$(10\{+\}100)\{-\}(0\{+\}100)=10$$

纵向看为

$$(10\{+\}100)\{-\}(0\{+\}100)=10$$

所以面积为 100，正方形的平移没有引起面积发生变化。可见，只要始终在广义加法的世界之中，正方形的面积的确是平移不变量。

(4) 广义加法是否与一种特殊的变量代换相联系。

或许存在一个特殊的变量代换 $z = u(x)$,在 x 空间的普通加法对应着 z 空间的广义加法,即

$$x_1 \to u(x_1)$$

$$x_2 \to u(x_2)$$

$$x_1 + x_2 \to u(x_1 + x_2) = u(x_1)\{+\}u(x_2)$$

实际上这个 $z = u(x)$ 可以找到。以 $\alpha = 2$ 为例,函数 $z = u(x)$ 的定义式如下

$$u(x) = \begin{cases} \sqrt{x}, x \geqslant 0 \\ -\sqrt{-x}, x < 0 \end{cases} \tag{9.3}$$

假设 $x_1 \geqslant 0, x_2 \geqslant 0$,有

$$\begin{aligned} u(x_1)\{+\}u(x_2) &= ((\sqrt{x_1})^2 + (\sqrt{x_2})^2)^{\frac{1}{2}} \\ &= \sqrt{x_1 + x_2} \\ &= u(x_1 + x_2) \end{aligned}$$

对于 x_1, x_2 一正一负,或均为负数,注意到广义加法中的特殊的幂函数 $(x)^\alpha$ 是整个实数轴上的奇函数,不难证明对于任意的实数 x_1, x_2 下式成立

$$u(x_1 + x_2) = u(x_1)\{+\}u(x_2) \tag{9.4}$$

对于一般的 $\alpha > 0$ 的情况,只须取

$$u(x) = \begin{cases} x^{\frac{1}{\alpha}}, x \geqslant 0 \\ -(-x)^{\frac{1}{\alpha}}, x < 0 \end{cases} \tag{9.5}$$

可以证明下式成立

$$u(x_1 + x_2) = u(x_1)\{+\}u(x_2)$$

这个结果对于理解广义加法的代数意义有一定帮助,至于这个结果有怎样的更为深刻的意义尚不清楚。

9.2 广义加法世界中圆的周长和面积的计算公式

广义加法意义下圆的方程应该是下面的形式

$$(x\{-\}A)^2\{+\}(y\{-\}B)^2 = R^2$$

然而,对于广义加法世界中的圆的性质我们还不了解,包括圆的周长与半径的关系,圆的面积与半径的关系,广义加法世界中的角度应该如何定义等,这些问题当然是重要的。我们先考查最简单的圆,即半径为 1 的圆心在原点的圆,相应的方程为

$$x^2\{+\}y^2 = 1$$

若以 x 为参数,则第一象限中圆曲线的方程为

$$y = \sqrt{1\{-\}x^2}$$

在第一象限,圆是整个圆的四分之一,这一段圆曲线的长度是由下面的广义加法意义下的积分确定的

$$\oplus\int_0^1 (1\{+\}(\oplus\frac{\mathrm{d}}{\mathrm{d}x}\sqrt{1\{-\}x^2})^2)^{\frac{1}{2}}\mathrm{d}x \tag{9.6}$$

求这个积分的解析解有些困难。

我们利用数值方法来求解这个广义加法意义下的定积分问题。取曲线上的离散点$(x_i,\sqrt{1\{-\}x_i^2})$,一种取法是

$$(x_0,x_1,x_2,\cdots,x_i,x_{99},x_{100}) = (0,0.01,0.02,\cdots,0.01i,\cdots,0.99,1)$$

这是 100 个离散点的方案。或者,更为密集一些的离散点

$$(x_0,x_1,x_2,\cdots,x_i,x_{999},x_{1\,000}) = (0,0.001,0.002,\cdots,0.001i,\cdots,0.999,1)$$

我们就取 1 000 个离散点的方案。这样的离散点的间距,在普通欧氏平面空间中是等间距的,而在广义加法世界中不是等间距的。曲线上离散点处的纵坐标值为$\sqrt{1\{-\}x_i^2}$,具体有

$$\sqrt{1\{-\}x_i^2} = (1 - x_i^{2\alpha})^{\frac{1}{2\alpha}}$$

所以,曲线上离散点处的坐标为$(x_i,y_i) = (x_i,(1 - x_i^{2\alpha})^{\frac{1}{2\alpha}})$。每一小段曲线用两点连线的直线段代替,直线段的长度记为 L_i,$i = 0,1,2,\cdots,1\,000$,有

$$\begin{aligned} L_i &= ((x_{i+1}\{-\}x_i)^2 \oplus (y_{i+1}\{-\}y_i)^2)^{\frac{1}{2}} \\ &= ((x_{i+1}\{-\}x_i)^2 \oplus ((1 - x_{i+1}^{2\alpha})^{\frac{1}{2\alpha}}\{-\}(1 - x_i^{2\alpha})^{\frac{1}{2\alpha}})^2)^{\frac{1}{2}} \end{aligned}$$

具体计算时,需要按照广义加法的定义式将上式写成普通加法的代数表达式。所求广义加法意义下曲线的长度为

$$\oplus\sum_{i=1}^{1\,000} L_i = (\sum_{i=1}^{1\,000} L_i^{\alpha})^{\frac{1}{\alpha}}$$

用计算机程序计算曲线长度,需要对不同的 α 分别计算,我们得到的计算结果是

$$\oplus\sum_{i=1}^{1\,000}L_i=\left(\sum_{i=1}^{1\,000}L_i^{\alpha}\right)^{\frac{1}{\alpha}}$$
$$=\left(\frac{\pi}{2}\right)^{\frac{1}{\alpha}}$$

这个结果是数值计算结果,不是严格的理论证明,但是计算结果是精确的,结果值 $\left(\frac{\pi}{2}\right)^{\frac{1}{\alpha}}$ 不是统计意义的,因此我们坚信这个表达式是正确的。

在广义加法的世界里,圆的周长应该是 $\left(\frac{\pi}{2}\right)^{\frac{1}{\alpha}}$ 的 4 倍,具体是

$$\left(\frac{\pi}{2}\right)^{\frac{1}{\alpha}}(1\{+\}1\{+\}1\{+\}1)=\left(\frac{\pi}{2}\right)^{\frac{1}{\alpha}}(4)^{\frac{1}{\alpha}}$$
$$=(2\pi)^{\frac{1}{\alpha}} \tag{9.7}$$

普通的欧氏空间中单位圆的周长为 2π,计算结果表明,在广义加法世界中单位圆的周长为 $(2\pi)^{\frac{1}{\alpha}}$。

我们再考查半径为 2 的圆心在原点的圆,相应的方程为

$$x^2\{+\}y^2=2^2$$

若以 x 为参数,则参数形式的方程为

$$(x,\sqrt{4\{-\}x^2})$$

在第一象限,圆是整个圆的四分之一,这一段圆曲线的长度是由下面的广义加法意义下的积分确定的

$$\oplus\int_0^1\left(1\{+\}\left(\oplus\frac{\mathrm{d}}{\mathrm{d}x}\sqrt{4\{-\}x^2}\right)^2\right)^{\frac{1}{2}}\mathrm{d}x$$

求这个积分的解析解有些困难,我们利用数值方法来求解这个问题。取曲线上的离散点 $(x_i,\sqrt{4\{-\}x_i^2})$,我们就取 1 000 个离散点的方案

$$(x_0,x_1,x_2,\cdots,x_i,x_{999},x_{1\,000})=(0,0.002,0.004,\cdots,0.002i,\cdots,1.998,2)$$

曲线上离散点处的纵坐标值为 $\sqrt{4\{-\}x_i^2}$,具体有

$$\sqrt{4\{-\}x_i^2}=(4^{\alpha}-x_i^{2\alpha})^{\frac{1}{2\alpha}}$$

因此,曲线上离散点处的坐标为 $(x_i,y_i)=(x_i,(4^{\alpha}-x_i^{2\alpha})^{\frac{1}{2\alpha}})$。每一小段曲线用

两点连线的直线段代替,直线段的长度记为 L_i,$i=0,1,2,\cdots,1\,000$,有

$$L_i = ((x_{i+1}\{-\}x_i)^2 \oplus (y_{i+1}\{-\}y_i)^2)^{\frac{1}{2}}$$
$$= ((x_{i+1}\{-\}x_i)^2 \oplus ((4^\alpha - x_{i+1}^{2\alpha})^{\frac{1}{2\alpha}}\{-\}(4^\alpha - x_i^{2\alpha})^{\frac{1}{2\alpha}})^2)^{\frac{1}{2}}$$

具体计算时,需要按照广义加法的定义式将上式写成普通加法的代数表达式。所求曲线的广义加法意义下的长度为

$$\oplus\sum_{i=1}^{1\,000} L_i = \left(\sum_{i=1}^{1\,000} L_i{}^\alpha\right)^{\frac{1}{\alpha}}$$

用计算机程序计算曲线长度,对于不同的 α,我们得到的计算结果是

$$\oplus\sum_{i=1}^{1\,000} L_i = \left(\sum_{i=1}^{1\,000} L_i{}^\alpha\right)^{\frac{1}{\alpha}}$$
$$= 2\left(\frac{\pi}{2}\right)^{\frac{1}{\alpha}}$$

在广义加法的世界里,圆的周长应该是

$$2\left(\frac{\pi}{2}\right)^{\frac{1}{\alpha}}(1\{+\}1\{+\}1\{+\}1) = 2\left(\frac{\pi}{2}\right)^{\frac{1}{\alpha}}(4)^{\frac{1}{\alpha}}$$
$$= 2(2\pi)^{\frac{1}{\alpha}} \tag{9.8}$$

我们对于不同的半径值 R 进行了数值计算,得到了广义加法世界中圆的周长 L 的计算公式

$$L = (2\pi)^{\frac{1}{\alpha}} R \tag{9.9}$$

还可以写成

$$L = (\pi)^{\frac{1}{\alpha}}(R \oplus R) \tag{9.10}$$

$R \oplus R$ 正是广义加法意义下圆的直径。如果我们把 $(\pi)^{\frac{1}{\alpha}}$ 当作是广义加法世界中的圆周率,那么圆的周长是直径与圆周率的乘积。

下面我们来考查广义加法世界中圆的面积,我们取半径为 2 的圆心在原点的圆,相应的方程为

$$x^2\{+\}y^2 = 2^2$$

若以 x 为参数,则参数形式的方程为

$$(x, \sqrt{4\{-\}x^2})$$

在第一象限,圆是整个圆的四分之一,圆的这一区域的面积是由下面的广义加法意义下的积分确定的

$$\oplus\int_0^1 \sqrt{4\{-\}x^2}\,\mathrm{d}x$$

求这个积分的解析解有些困难，我们利用数值方法来求解这个问题。取曲线上的离散点$(x_i,\sqrt{4\{-\}x_i^2})$，我们就取 1 000 个离散点的方案

$$(x_0,x_1,x_2,\cdots,x_i,x_{999},x_{1\,000})=(0,0.002,0.004,\cdots,0.002i,\cdots,1.998,2)$$

曲线上离散点处的纵坐标值为$\sqrt{4\{-\}x_i^2}$，具体有

$$\sqrt{4\{-\}x_i^2}=(4^\alpha-x_i^{2\alpha})^{\frac{1}{2\alpha}}$$

因此，曲线上离散点处的坐标为$(x_i,y_i)=(x_i,(4^\alpha-x_i^{2\alpha})^{\frac{1}{2\alpha}})$。区间$(x_i,x_{i+1})$的面积记为$S_i$，$i=1,2,\cdots,1\,000$，有

$$\begin{aligned}S_i&=(x_{i+1}\{-\}x_i)y_i\\&=(x_{i+1}\{-\}x_i)\sqrt{4\{-\}x_i^2}\\&=(x_{i+1}^\alpha-x_i^\alpha)^{\frac{1}{\alpha}}(4^\alpha-x_{i+1}^{2\alpha})^{\frac{1}{2\alpha}}\end{aligned}$$

所求第一象限的圆的面积为

$$\oplus\sum_{i=1}^{1\,000}S_i=\left(\sum_{i=1}^{1\,000}S_i^\alpha\right)^{\frac{1}{\alpha}}$$

用计算机程序计算面积，对于不同的α，我们得到的计算结果是

$$\begin{aligned}\oplus\sum_{i=1}^{1\,000}S_i&=\left(\sum_{i=1}^{1\,000}S_i^\alpha\right)^{\frac{1}{\alpha}}\\&=4^{1-\frac{1}{\alpha}}(\pi)^{\frac{1}{\alpha}}\end{aligned}$$

在广义加法的世界里，半径为 2 的圆的面积应该是

$$4^{1-\frac{1}{\alpha}}(\pi)^{\frac{1}{\alpha}}(1\{+\}1\{+\}1\{+\}1)=4(\pi)^{\frac{1}{\alpha}}$$

对于不同的半径R，计算结果显示的圆的面积应该是

$$R^2(\pi)^{\frac{1}{\alpha}}$$

我们把$(\pi)^{\frac{1}{\alpha}}$当作是广义加法世界中的圆周率，圆的面积S是半径的平方与圆周率的乘积，即有

$$S=R^2(\pi)^{\frac{1}{\alpha}} \tag{9.11}$$

上面关于广义加法世界中圆的周长和圆的面积的计算过程和计算结果对

于我们有很好的启发意义，那就是是否存在一些数学方面的理论问题，这些问题用严格的逻辑推理方法难以证明其正确性，甚至有的问题还没有明确的关于结论的数学表达式，如果可以借助于数值计算的方法在一定的意义上得到所期待的数学公式并证明相应的理论问题，这样的证明有怎样的可信度呢？就像广义加法世界中圆的周长和圆的面积的数学公式，在暂时还不能够证明相应数学公式的形式以及不能够证明猜测的数学公式为正确的情况下，通过数值计算的结果建立并证明公式的正确性。

对于广义加法世界中圆的周长的数学公式，显然这个数学公式中必然有常数 π，而且数学公式中必然有广义加法定义式中的幂指数 α，但是具体的公式形式还不清楚。根据对广义加法世界中圆的周长的数值计算结果可以比较方便地猜测出所希望得到的公式的数学形式。一旦希望得到的数学公式的形式被确定，那接下来的工作就是提高计算的精度来确认结果的正确性。

如何能够根据数值计算结果来确认数学公式的正确性是一个新的理论问题，这个问题有点像计量经济学中的回归分析方法。在计量经济学模型参数的确定过程中需要充分的样本数据，而我们的数值计算中得到的大量的结果数据就相当于是样本数据。在计量经济学模型中，数学模型不能精确地表达所有的样本数据，所以得到的模型是统计意义的数学公式。我们所说的数值方法与此不同，如果猜测的数学公式的形式是正确的，那么数值计算结果必然是精确的。或者，如果数值计算结果精确地符合某个数学公式，是否意味着公式在某种意义上是正确的。我们应该深入探讨这个问题，研究出一个统一的步骤，按照这样的步骤进行公式形式的设定、制定离散化策略、进行数值计算、对计算结果结合公式形式进行评估等，最后得到可靠的数学结论。以广义加法世界中圆的周长的数学公式为例，对于不同的 R 以及不同的 α，我们均得到精确的数值结果 $R(\pi)^{\frac{1}{\alpha}}$，我们确信这个公式是正确的。

在纯数学理论问题中，我们所说的用数值计算方法证明数学命题的方法可以用于研究各种形式的参数积分。许多参数积分的理论结果是比较难以得到的，比如各种类别的椭圆函数。如果借助于猜测的数学表达式，再使用强大的计算机计算能力得到高精度的计算结果，以此来得到高度可靠的数学公式，这项研究无疑有着可期待的前景。当然还有一些相关的理论问题需要解决。

9.3 广义加法世界中角度的规定

在普通加法下，一个圆周角为 360 度，数学上更为常用的是用单位圆的弧长定义角度。单位圆的周长为 2π，所以规定一个完整的圆周角为 2π 弧度。当使用弧度作为角度的度量指标时，三角函数有着简洁的表达式。

在上一节中我们用数值计算的方法证明了广义加法世界中单位圆的周长为 $(2\pi)^{\frac{1}{\alpha}}$，所以我们规定广义加法世界中一个完整的圆周角为 $(2\pi)^{\frac{1}{\alpha}}$ 弧度。这意味着，在广义加法世界中的三角函数的周期为 $(2\pi)^{\frac{1}{\alpha}}$，关于这一点后面还有仔细的说明。我们期待，当使用弧度作为角度的度量指标时在广义加法世界中三角函数也有着简洁的表达式。

在第 6 章中我们构建下面的广义加法意义下的三角函数 $G\sin(x)$ 和 $G\cos(x)$

$$G\sin(x) = x\{-\}\left(\frac{1}{3!}\right)^{\frac{1}{\alpha}}x^3\{+\}\left(\frac{1}{5!}\right)^{\frac{1}{\alpha}}x^5\{-\}\cdots\{+\}$$
$$(-1)^k\left(\frac{1}{(2k+1)!}\right)^{\frac{1}{\alpha}}x^{2k+1} + \cdots$$

$$G\cos(x) = 1\{-\}\left(\frac{1}{2!}\right)^{\frac{1}{\alpha}}x^2\{+\}\left(\frac{1}{4!}\right)^{\frac{1}{\alpha}}x^4\{-\}\cdots\{+\}(-1)^k\left(\frac{1}{(2k)!}\right)^{\frac{1}{\alpha}}x^{2k} + \cdots$$

按照广义加法的定义，我们有

$$\begin{aligned} G\sin(x) &= x\{-\}\left(\frac{1}{3!}\right)^{\frac{1}{\alpha}}x^3\{+\}\left(\frac{1}{5!}\right)^{\frac{1}{\alpha}}x^5\{-\}\cdots\{+\} \\ &\quad (-1)^k\left(\frac{1}{(2k+1)!}\right)^{\frac{1}{\alpha}}x^{2k+1} + \cdots \\ &= \left(x^\alpha - \frac{1}{3!}x^{3\alpha} + \frac{1}{5!}x^{5\alpha} - \cdots + (-1)^k\frac{1}{(2k+1)!}x^{(2k+1)\alpha} + \cdots\right)^{\frac{1}{\alpha}} \\ &= (\sin x^\alpha)^{\frac{1}{\alpha}} \end{aligned}$$

同样地,按照广义加法的定义,我们有

$$
\begin{aligned}
G\cos(x) &= 1\{-\}\left(\frac{1}{2!}\right)^{\frac{1}{\alpha}}x^{2}\{+\}\left(\frac{1}{4!}\right)^{\frac{1}{\alpha}}x^{4}\{-\}\cdots\{+\}(-1)^{k}\left(\frac{1}{(2k)!}\right)^{\frac{1}{\alpha}}x^{2k}+\cdots \\
&= \left(1^{\alpha}-\frac{1}{2!}x^{2\alpha}+\frac{1}{4!}x^{4\alpha}-\cdots+(-1)^{k}\frac{1}{(2k)!}x^{2k\alpha}+\cdots\right)^{\frac{1}{\alpha}} \\
&= (\cos x^{\alpha})^{\frac{1}{\alpha}}
\end{aligned}
$$

容易看出,函数 $G\sin(x)$ 和函数 $G\cos(x)$ 的周期的确是$(2\pi)^{\frac{1}{\alpha}}$,这与广义加法世界中的单位圆的周长的公式 $L=(2\pi)^{\frac{1}{\alpha}}$ 是一致的。

在广义加法世界,角度的弧度值是夹角对应的单位圆的弧长,具体如下

$$
\begin{gathered}
\text{整个圆周为}(2\pi)^{\frac{1}{\alpha}}\text{弧度} \\
180\text{ 度角为}(\pi)^{\frac{1}{\alpha}}\text{弧度} \qquad (9.12) \\
90\text{ 度角为}\left(\frac{\pi}{2}\right)^{\frac{1}{\alpha}}\text{弧度}
\end{gathered}
$$

在几何学中,经常遇到倍数或等分的问题,如曲线的若干等分,角度的若干等分,又如面积的若干倍数等。在广义加法的世界里,一个数的 n 倍意味着这个数与自身做 $n-1$ 次广义加法。这个数记为 A,A 的 n 倍就是

$$
\begin{aligned}
A\{+\}A\{+\}A\{+\}\cdots\{+\}A &= A(1\{+\}1\{+\}1\{+\}\cdots\{+\}1) \\
&= A\times n^{\frac{1}{\alpha}} \qquad (9.13)
\end{aligned}
$$

我们的结论是,在广义加法的世界里,数 A 的 n 倍就是 $A\times n^{\frac{1}{\alpha}}$,而不能用普通加法的思维认为数 A 的 n 倍就应该是 $A\times n$。

相似地,在广义加法的世界里,一个数 A 的 n 分之一记为 B,意味着这个数 B 与自身做 $n-1$ 次广义加法和为 A。根据上面推导的关系式,有

$$
\begin{aligned}
A &= n^{\frac{-1}{\alpha}}(A\{+\}A\{+\}A\{+\}\cdots\{+\}A) \\
&= n^{\frac{-1}{\alpha}}A\{+\}n^{\frac{-1}{\alpha}}A\{+\}n^{\frac{-1}{\alpha}}A\{+\}\cdots\{+\}n^{\frac{-1}{\alpha}}A
\end{aligned}
$$

可以知道 $B=n^{\frac{-1}{\alpha}}A$,也就是说,在广义加法的世界里,数 A 的 n 分之一就是 $A\times n^{\frac{-1}{\alpha}}$,或者写成

$$
A\times\left(\frac{1}{n}\right)^{\frac{1}{\alpha}} \qquad (9.14)
$$

而不能用普通加法的思维认为数 A 的 n 分之一就应该是 $A\times\frac{1}{n}$。

9.4　广义加法意义下的几何学的若干定义式

在广义加法世界中研究几何学问题注定是困难的，因为人们看到的平面空间和三维空间都是普通加法下的平直的空间。但是几何学又是数学研究不可回避的课题，我们只能想办法从不同的侧面来研究这个问题。一个主要的途径就是使用代数学方法，也就是仿照解析几何的理论方法来研究广义加法世界中的几何学问题，用代数方程的解来代表曲线或曲面，用代数方程解的性质来说明相应的曲线或曲面的性质。

(1) 广义加法意义下空间中两点间的距离。

在第4章中我们曾经定义了广义加法意义下 n 维空间两点之间的距离的计算公式，在这里我们更深入地讨论这个问题。两个数 x_2,x_1 的广义减法就是两个数对应的实数轴上的点之间的广义加法意义下的距离 $d(x_2,x_1)$，即

$$d(x_2,x_1)=|x_2\{-\}x_1|$$

当我们考查 n 维空间($n\geqslant 2$)中任意不在坐标轴上的两个点之间的广义加法意义下的距离时，简单的广义减法不能胜任。在广义加法意义下仍然用勾股定理来决定两点之间的距离。假设平面上两个点为 $A=(x_1,x_2)$，$B=(y_1,y_2)$，用 $d(A,B)$ 表示两点之间的广义加法意义下的距离，规定

$$d(A,B)=((y_1\{-\}x_1)^2\{+\}(y_2\{-\}x_2)^2)^{\frac{1}{2}}$$

这个规定中的平方和开平方都是普通意义下的，即 $x^2\geqslant 0$，与广义加法定义中的 $(x)^2$ 不同。所以有 $d(A,B)\geqslant 0$，并且 $d(A,B)=0$ 当且仅当 $A=B$。有了二维空间两点间距离的定义就可以定义和计算任意的线段以及任意曲线的长度了。

对于 n 维空间($n\geqslant 2$)中任意不在坐标轴上的两个点

$$A=(x_1,x_2,\cdots,x_n),B=(y_1,y_2,\cdots,y_n)$$

规定在广义加法意义下 A,B 两点之间的距离为

$$d(A,B)=(\oplus\sum_{i=1}^{n}(y_i\{-\}x_i)^2)^{\frac{1}{2}}$$

这样我们就给出了在广义加法意义下空间点之间距离的定义。

(2) 广义加法意义下空间中矢量的数量积、向量积和混合积。

假设两个矢量为

$$\boldsymbol{A}=(x_1,x_2,\cdots,x_n),\boldsymbol{B}=(y_1,y_2,\cdots,y_n)$$

矢量 $\boldsymbol{A}$ 与 $\boldsymbol{B}$ 的内积记为$\oplus\boldsymbol{A}\cdot\boldsymbol{B}$,规定矢量 $\boldsymbol{A}$ 与 $\boldsymbol{B}$ 的内积为

$$\oplus\boldsymbol{A}\cdot\boldsymbol{B}=\oplus\sum_{i=1}^{n}x_iy_i \tag{9.15}$$

若$\oplus\boldsymbol{A}\cdot\boldsymbol{B}=0$,则称矢量 $\boldsymbol{A}$ 与 $\boldsymbol{B}$ 正交。

对于二维矢量,$\boldsymbol{A}=(x_1,x_2)$,$\boldsymbol{B}=(y_1,y_2)$,矢量$\boldsymbol{A}$与$\boldsymbol{B}$在普通空间中正交,即

$$x_1y_1=-x_2y_2$$

则有

$$x_1y_1\{+\}x_2y_2=(-x_2y_2)\{+\}x_2y_2=0$$

所以对于二维矢量,在广义加法意义下矢量 $\boldsymbol{A}$ 与 $\boldsymbol{B}$ 也正交,反之亦然。

仿照普通加法世界中的矢量代数学,我们规定在广义加法世界中三维空间的两个矢量的向量积。两个矢量为(a_1,a_2,a_3),(b_1,b_2,b_3),它们的向量积记为$\oplus(a_1,a_2,a_3)\times(b_1,b_2,b_3)$,有

$$\begin{aligned}\oplus(a_1,a_2,a_3)\times(b_1,b_2,b_3)&=(a_2b_3\{-\}a_3b_2,a_3b_1\{-\}a_1b_3,a_1b_2\{-\}a_2b_1)\\&=\oplus\begin{vmatrix}\boldsymbol{i}&\boldsymbol{j}&\boldsymbol{k}\\a_1&a_2&a_3\\b_1&b_2&b_3\end{vmatrix}\end{aligned}$$

合理的矢量的向量积应该满足正交条件。我们先看$\oplus(a_1,a_2,a_3)\times(b_1,b_2,b_3)$与$(a_1,a_2,a_3)$,做这两个向量的广义加法意义下的内积,有

$$\begin{aligned}&\oplus((a_1,a_2,a_3)\cdot\oplus(a_1,a_2,a_3)\times(b_1,b_2,b_3))\\&=(a_2b_3\{-\}a_3b_2)a_1\{+\}(a_3b_1\{-\}a_1b_3)a_2\{+\}(a_1b_2\{-\}a_2b_1)a_3\end{aligned}$$

$= 0$

同样有

$$\oplus((b_1,b_2,b_3)\cdot\oplus(a_1,a_2,a_3)\times(b_1,b_2,b_3))$$
$$=(a_2b_3\{-\}a_3b_2)b_1\{+\}(a_3b_1\{-\}a_1b_3)b_2\{+\}(a_1b_2\{-\}a_2b_1)b_3$$
$$=0$$

这说明$\oplus(a_1,a_2,a_3)\times(b_1,b_2,b_3)$与$(a_1,a_2,a_3)$正交,$\oplus(a_1,a_2,a_3)\times(b_1,b_2,b_3)$与$(b_1,b_2,b_3)$正交。

仿照普通加法世界中的矢量代数学,我们规定在广义加法世界中三维空间的三个矢量的混合积。三个矢量为$\boldsymbol{A}=(a_1,a_2,a_3)$,$\boldsymbol{B}=(b_1,b_2,b_3)$,$\boldsymbol{C}=(c_1,c_2,c_3)$,它们的混合积定义式如下

$$\oplus(\boldsymbol{ABC})=\oplus\begin{vmatrix}a_1 & a_2 & a_3\\ b_1 & b_2 & b_3\\ c_1 & c_2 & c_3\end{vmatrix}$$

上面的行列式按照广义加法进行计算。

(3) 广义加法意义下的直线和平面方程。

先给出直线方程,给定两个矢量$\boldsymbol{A}=(x_1,x_2,\cdots,x_n)$,$\boldsymbol{B}=(y_1,y_2,\cdots,y_n)$,点$\boldsymbol{A}$是直线经过的点,$\boldsymbol{B}$是方向矢量,点斜式方程的形式为

$$y=\boldsymbol{A}\{+\}\boldsymbol{B}x=(x_1,x_2,\cdots,x_n)\{+\}(y_1,y_2,\cdots,y_n)x$$

下面给出平面方程,给定三个点

$$\boldsymbol{A}=(x_1,x_2,\cdots,x_n),\boldsymbol{B}=(y_1,y_2,\cdots,y_n),\boldsymbol{C}=(z_1,z_2,\cdots,z_n)$$

点$\boldsymbol{A}$是平面经过的点,$\boldsymbol{B}$,$\boldsymbol{C}$是方向矢量,平面方程的一种形式为

$$z=\boldsymbol{A}\{+\}\boldsymbol{B}x\{+\}\boldsymbol{C}y=(x_1,x_2,\cdots,x_n)\{+\}(y_1,y_2,\cdots,y_n)x\{+\}(z_1,z_2,\cdots,z_n)y$$

当$\boldsymbol{A}$,$\boldsymbol{B}$,$\boldsymbol{C}$均是平面上的点时,平面方程可以写成下面的形式

$$z=\boldsymbol{A}\{+\}(\boldsymbol{B}-\boldsymbol{A})x\{+\}(\boldsymbol{C}-\boldsymbol{A})y$$

我们给出三维空间带法向量的平面方程,平面过点$\boldsymbol{A}=(x_1,x_2,x_3)$,法向量为$(n_1,n_2,n_3)$,动点$(x,y,z)$和点$\boldsymbol{A}$的差与法向量$(n_1,n_2,n_3)$正交,利用矢量的内积关系,平面方程为

$$n_1(x\{-\}x_1)\{+\}n_2(y\{-\}x_2)\{+\}n_3(z\{-\}x_3)=0 \tag{9.16}$$

这完全是仿照普通三维空间的平面方程改写的广义加法意义下的平面方程形式。

(4) 广义加法意义下的二次曲线。

广义加法意义下圆的方程

$$(x\{-\}A)^2\{+\}(y\{-\}B)^2 = R^2 \tag{9.17}$$

广义加法意义下椭圆的方程

$$(a(x\{-\}A))^2\{+\}(b(y\{-\}B))^2 = R^2 \tag{9.18}$$

其中,$a > 0, b > 0$。

广义加法意义下抛物线的方程

$$y = ax^2\{+\}bx\{+\}c \tag{9.19}$$

广义加法意义下双曲线的方程

$$(a(x\{-\}A))^2\{-\}(b(y\{-\}B))^2 = R^2 \tag{9.20}$$

其中,$a > 0, b > 0$。对这些二次曲线的解析性质的研究将是一个有趣的理论问题。

(5) 广义加法世界中的直线。

过零点的直线,方程为

$$y\{-\}kx = 0$$

有

$$(y^\alpha - (kx)^\alpha)^{\frac{1}{\alpha}} = 0$$

可以推得

$$y = kx$$

在广义加法世界中,过零点的直线与欧氏空间中的过零点的直线相同。

水平直线和垂直直线。水平直线方程为 $y\{-\}a = 0$,有 $y = a$。垂直直线方程为 $x\{-\}b = 0$,有 $x = b$。因此,欧氏平面中的水平线、垂直线和过原点的射线均是广义加法世界中的直线。

一般的直线方程为

$$y = a\{+\}bx$$

其中 $a \neq 0$,按照广义加法的定义,有

$$y = (a^\alpha + (bx)^\alpha)^{\frac{1}{\alpha}}$$

整理有

$$y^\alpha = a^\alpha + b^\alpha x^\alpha$$

为了分析广义加法世界中的直线方程对应的曲线的性质,对上面的方程求导

数,有

$$\frac{\mathrm{d}y}{\mathrm{d}x} = b^{\alpha}\left(\frac{x}{y}\right)^{\alpha-1} \tag{9.21}$$

在欧氏空间中,在$\frac{x}{y}$取不同值的点,曲线的斜率不同。$\frac{x}{y}$取值越大,越靠近x轴,曲线越陡;$\frac{x}{y}$取值越小,越靠近y轴,曲线越平。$\frac{x}{y}$取常数值时,$a = 0$有$y = bx$,是过原点的直线,这时$\frac{\mathrm{d}y}{\mathrm{d}x}$取常数值,是欧氏空间的直线。

(6) 广义加法世界中三角形的内角和。

对于广义加法世界中的三角形,需要由空间中的三个点来唯一确定。假设三个顶点为$\boldsymbol{A}$,$\boldsymbol{B}$,$\boldsymbol{C}$,两两连线产生三个线段,这三个线段就构成一个三角形。过$\boldsymbol{A}$,$\boldsymbol{B}$的直线方程为

$$y = \boldsymbol{A} + (\boldsymbol{B} - \boldsymbol{A})\lambda \quad (\lambda \in [0,1])$$

过$\boldsymbol{B}$,$\boldsymbol{C}$的直线方程为

$$y = \boldsymbol{B} + (\boldsymbol{C} - \boldsymbol{B})\lambda \quad (\lambda \in [0,1])$$

过$\boldsymbol{A}$,$\boldsymbol{C}$的直线方程为

$$y = \boldsymbol{A} + (\boldsymbol{C} - \boldsymbol{A})\lambda \quad (\lambda \in [0,1])$$

在广义加法世界里,一个圆周角为$(2\pi)^{\frac{1}{\alpha}}$弧度。我们猜测,在广义加法世界里三角形的内角和为$(\pi)^{\frac{1}{\alpha}}$弧度,四边形的内角和为$(2\pi)^{\frac{1}{\alpha}}$弧度。

(7) 广义加法世界中的平行线的性质。

在二维广义加法世界里,两条平行的直线可以由方程来表示

$$L_1: y = a\{+\}bx$$

$$L_2: y = c\{+\}bx$$

其中$a \neq c$。联立两个方程,有

$$a\{+\}bx = c\{+\}bx$$

有$a = c$,这与$a \neq c$的假设相矛盾。因此,两条直线不可能相交,两条直线必然是平行的。我们猜测,在广义加法世界里两条平行直线被第三条直线所截,同位角必然相等,这是欧氏几何学中的常识。

(8) 广义加法世界中两条直线垂直的条件。

我们来看二维广义加法世界中两条直线相互垂直的条件,两条直线的方程为

$$L_1: y = a\{+\}bx$$

$$L_2: y = c\{+\}\mathrm{d}x$$

b 是直线 L_1 的斜率，d 是直线 L_2 的斜率。我们要在 L_1 上取一个向量，先取两个点，即 $(0,a)$ 和 $(1,a\{+\}b)$，做差确定向量 $(1,a\{+\}b\{-\}a)=(1,b)$。在 L_2 上取一个向量，先取两个点，即 $(0,c)$ 和 $(1,c\{+\}d)$，做差确定向量 $(1,c\{+\}d\{-\}c)=(1,d)$。取两个向量的广义加法意义下的内积，有

$$(1,b)\cdot(1,d)=1\{+\}bd$$

向量垂直的充要条件是向量的内积取零值，有

$$1\{+\}bd=0$$

故有

$$b=-\frac{1}{d}$$

这个条件与普通加法世界中的垂直条件是相同的。

在广义加法世界里，若一个三角形中有两条边相互垂直，则这个三角形就称为直角三角形。我们猜测，在广义加法世界里勾股定理成立。若 a,b 为直角边，c 为斜边，则有

$$a^2\{+\}b^2=c^2$$

平面几何学中有大量的定理，理论上都可以将这些定理移植到广义加法世界中来。

(9) 广义加法世界中曲线的曲率公式。

设曲线方程为 $\boldsymbol{r}=(x(t),y(t))$，根据曲率的定义，曲率 K 的公式为

$$K=\frac{\mathrm{d}^2\boldsymbol{r}}{\mathrm{d}s^2}$$

其中 s 为弧长参数。我们规定，在广义加法世界里曲率的定义式为

$$K=\oplus\frac{\mathrm{d}^2\boldsymbol{r}}{\mathrm{d}s^2}$$

根据曲率的定义式和广义加法世界中导数的定义和运算规则，与普通加法世界中的曲率公式的推导过程相同，有

$$K=\frac{((\oplus x')^2\{+\}(\oplus y')^2)((\oplus x'')^2\{+\}(\oplus y'')^2)\{-\}(\oplus x'\oplus x''\{+\}\oplus y'\oplus y'')}{((\oplus x')^2\{+\}(\oplus y')^2)^{\frac{3}{2}}}$$

这里

$$\oplus x'=\oplus\frac{\mathrm{d}x(t)}{\mathrm{d}t},\oplus x''=\oplus\frac{\mathrm{d}^2x(t)}{\mathrm{d}t^2}$$

$$\oplus y'=\oplus\frac{\mathrm{d}y(t)}{\mathrm{d}t},\oplus y''=\oplus\frac{\mathrm{d}^2y(t)}{\mathrm{d}t^2}$$

9.5 广义加法意义下的三角函数的几何背景

在广义加法世界里,三角函数有怎样的几何含义值得考虑。有几个数学关系可以作为讨论的基础:一是广义加法世界中半径为 1 的圆的周长为$(2\pi)^{\frac{1}{\alpha}}$,相同的一个夹角在普通加法世界中是 θ,而在广义加法世界中是$(\theta)^{\frac{1}{\alpha}}$,同样地,广义加法世界中的角度 θ 对应的普通加法世界中的角度是 θ^{α};二是广义加法世界中的正弦函数 $G\sin(\theta)$ 和余弦函数 $G\cos(\theta)$,前面曾给出这两个函数的用广义加法构造的幂级数形式的定义,而且导出了用普通函数 $\sin\theta$ 和 $\cos\theta$ 表达的数学公式。具体如下

$$G\sin(\theta) = (\sin\theta^{\alpha})^{\frac{1}{\alpha}}$$

$$G\cos(\theta) = (\cos\theta^{\alpha})^{\frac{1}{\alpha}}$$

在此基础上我们来考查函数正弦函数 $G\sin(\theta)$ 和余弦函数 $G\cos(\theta)$ 的几何学问题。普通加法世界中的角度 θ 在广义加法世界中变成$(\theta)^{\frac{1}{\alpha}}$,而角度是由单位圆上的弧长确定的,所以角度与直线段或曲线段的长度对应。在普通加法世界中,若一个直角三角形的斜边长为 1,则两个直角边的长度分别为 $\sin\theta$ 和 $\cos\theta$。按照相似形的原理,若一个直角三角形的斜边长为 r,则两个直角边的长度分别为 $r\sin\theta$ 和 $r\cos\theta$。将这个普通加法世界中的直角三角形放在广义加法世界中仍然是一个直角三角形,直角$\frac{\pi}{2}$变成$\left(\frac{\pi}{2}\right)^{\frac{1}{\alpha}}$,角度 θ 变成$(\theta)^{\frac{1}{\alpha}}$,按照类比推理的原则,直角三角形的边长应变成$(1)^{\frac{1}{\alpha}}$,$(\sin\theta)^{\frac{1}{\alpha}}$,$(\cos\theta)^{\frac{1}{\alpha}}$,或者$(r)^{\frac{1}{\alpha}}$,$(r\sin\theta)^{\frac{1}{\alpha}}$,$(r\cos\theta)^{\frac{1}{\alpha}}$。在广义加法的世界里我们要用一个角度变量 x,即 $x = (\theta)^{\frac{1}{\alpha}}$,则有 $\theta = x^{\alpha}$。因此,若 x 是广义加法的世界里的角度变量,则直角三角形的边长应变成$(1)^{\frac{1}{\alpha}}$,$(\sin x^{\alpha})^{\frac{1}{\alpha}}$,$(\cos x^{\alpha})^{\frac{1}{\alpha}}$,或者$(r)^{\frac{1}{\alpha}}$,$(r\sin x^{\alpha})^{\frac{1}{\alpha}}$,$(r\cos x^{\alpha})^{\frac{1}{\alpha}}$。

先看广义加法世界里关于直角三角形的勾股定理是否成立。我们有

$$\sqrt{(((r\sin x^{\alpha})^{\frac{1}{\alpha}})^{2}\{+\}((r\cos x^{\alpha})^{\frac{1}{\alpha}})^{2}} = \sqrt{((r\sin x^{\alpha})^{2} + (r\cos x^{\alpha})^{2})^{\frac{1}{\alpha}}} = (r)^{\frac{1}{\alpha}}$$

所以广义加法世界里关于直角三角形的勾股定理仍然成立。在普通加法世界

里，三角函数的定义为

$$\sin\theta = \frac{\theta\text{ 角的对边}}{\theta\text{ 角的斜边}}$$

$$\cos\theta = \frac{\theta\text{ 角的邻边}}{\theta\text{ 角的斜边}}$$

我们规定，在广义加法世界里上面的定义式仍然成立，即

$$G\sin(\theta) = \frac{(r\sin x^{\alpha})^{\frac{1}{\alpha}}}{(r)^{\frac{1}{\alpha}}} = (\sin x^{\alpha})^{\frac{1}{\alpha}}$$

$$G\cos(\theta) = \frac{(r\cos x^{\alpha})^{\frac{1}{\alpha}}}{(r)^{\frac{1}{\alpha}}} = (\cos x^{\alpha})^{\frac{1}{\alpha}}$$

$$G\tan(\theta) = \frac{(r\sin x^{\alpha})^{\frac{1}{\alpha}}}{(r\cos x^{\alpha})^{\frac{1}{\alpha}}} = (\tan x^{\alpha})^{\frac{1}{\alpha}}$$

$$G\cot(\theta) = \frac{(r\cos x^{\alpha})^{\frac{1}{\alpha}}}{(r\sin x^{\alpha})^{\frac{1}{\alpha}}} = (\cot x^{\alpha})^{\frac{1}{\alpha}}$$

上面的数学表达式与由幂级数导出的表达式是相同的。这说明可以依据几何学意义来定义广义加法世界中的正弦函数、余弦函数、正切函数和余切函数。

广义加法世界是比较神奇的，x 轴上从原点出发的线段的长度与普通加法世界中相应的线段的长度相同。同样，y 轴上从原点出发的线段的长度与普通加法世界中相应的线段的长度相同。但是对于不平行于坐标轴且不过原点的直线段的长度，在两个不同的加法世界中有不同的长度，x 轴上不从原点出发的线段的长度与普通加法世界中相应的线段的长度不相同。但是在定义广义加法世界中的三角函数时，我们规定了三角形的所有的边都做相同的变换，即普通加法世界中的长度 d 变成广义加法世界中的$(d)^{\frac{1}{\alpha}}$。如此看来，直接通过几何直观来研究广义加法世界中的三角函数有较大的困难。

9.6 广义加法意义下的几何与椭圆几何和双曲几何的比较

我们知道，除了欧几里得几何学之外还有非欧几何学，包括非欧椭圆几何学和非欧双曲几何学，而我们在本书中又建立了基于广义加法的几何学。讨论这些几何学之间的关系是一个有趣的问题。

对于平面欧氏几何和一般的 n 维欧氏空间几何来说，有一系列重要的性

质，这些性质反映了平面（或者平直空间）的本质属性，所以人们自然要求其他的几何学应该具有相类似的性质。比如，三角形的内角和等于常数 π（或 180°），对于直角三角形勾股定理成立，空间两点之间的各种连线中直线具有最小距离，直线方程和平面方程是关于直角坐标的线性函数，椭圆、双曲线和抛物线是关于直角坐标的二次函数，直线和平面的高斯曲率等于零，对于任意的角度 θ 成立 $\sin^2\theta + \cos^2\theta = 1$，等等。

非欧椭圆几何学的恰当例子是三维球面上的几何学。在这里，直线是球面上的大圆，两条直线的夹角是大圆间的夹角。在非欧椭圆几何学中，欧几里得几何学中的平行公理不再成立。在非欧椭圆几何空间中，给定任意一条直线 l 和直线外的一个点 P，可以引唯一一条过点 P 的直线与 l 平行。但是，任意两条平行线必然相交。在非欧椭圆几何学中，许多与欧氏平面几何中的定理相似的性质都可以被证明是成立的，特别是可以得到关于三角函数和双曲函数的许多数学关系。值得注意的是，在非欧椭圆几何学中三角形的内角和大于 π，而且内角和的数值与三角形的面积有关，不再是一个常数。另外，在非欧椭圆几何学中圆的周长和圆的面积的数学公式以及勾股定理的形式与平面欧氏几何的数学公式有较大的不同。

在非欧双曲几何学中，给定任意一条直线 l 和直线外的一个点 P，可以引无数条过点 P 的直线与 l 平行。这些直线与直线 l 不相交。在非欧双曲几何学中，许多与欧氏平面几何的定理相似的性质都可以被证明是成立的，包括关于三角函数和双曲函数的许多数学关系。值得注意的是，在非欧双曲几何学中三角形的内角和小于 π，而且内角和的数值与三角形的面积有关，不再是一个常数。与非欧椭圆几何学的情况一样，在非欧双曲几何学中圆的周长和圆的面积的数学公式以及勾股定理的形式与平面欧氏几何的数学公式有较大的不同。

我们在本书中基于广义加法建立了一套新的数学体系，尽管本书中关于广义加法意义下的几何学的讨论还不够深入，也不够系统，但是我们仍然证明了一系列的性质。我们证明了广义加法意义下的几何空间中的三角形的内角和为 $\pi^{\frac{1}{\alpha}}$，圆周角为 $(2\pi)^{\frac{1}{\alpha}}$，半径为 R 的圆周长的数学公式为 $(2\pi)^{\frac{1}{\alpha}}R$，半径为 R 的圆面积的数学公式为 $\pi^{\frac{1}{\alpha}}R^2$，在引入了广义加法意义下的三角函数 $G\sin(\theta)$ 和 $G\cos(\theta)$ 后我们证明了下式成立

$$G\sin^2(\theta)\{+\}G\cos^2(\theta) = 1$$

这些数学公式与欧氏平面几何公式的形式是极为相似的。

当 $\alpha > 1$ 时，$\pi^{\frac{1}{\alpha}} < \pi$，所以当广义加法中的参数 $\alpha > 1$ 时，相应的几何中的

三角形的内角和小于 π;当 $\alpha < 1$ 时,$\pi^{\frac{1}{\alpha}} > \pi$,所以当广义加法中的参数$\alpha < 1$ 时,相应的几何中的三角形的内角和大于 π。在广义加法意义下,三角形的内角和是常数。广义加法世界中的直线和平面的代数方程都是直角坐标的线性方程,圆、椭圆和抛物线的代数方程是直角坐标的二次方程,大部分欧氏几何中的三角函数公式都可以在广义加法意义下被证明成立。尽管广义加法意义下的几何学的直观性不足,但是与非欧椭圆几何学和非欧双曲几何学相比,广义加法意义下的几何学更像是一个完整的几何学。

9.7 广义加法意义下的几何图形

在广义加法世界中可以建立直角坐标系,在直角坐标系中考查广义加法世界中的几何图形是直观了解广义加法的一个有效途径。下面我们用广义加法意义下的直线、圆、三角形的方程来描绘直角坐标系中相应的图形。先看广义加法世界中的平行线,如图 9.1 至图 9.3 所示。可以看出,不过点(0,0) 并且斜率不等于0 的直线在直角坐标系中是曲线,当 $\alpha > 1$ 时曲线呈下凹形态,当 $\alpha < 1$ 时曲线呈上凸形态。

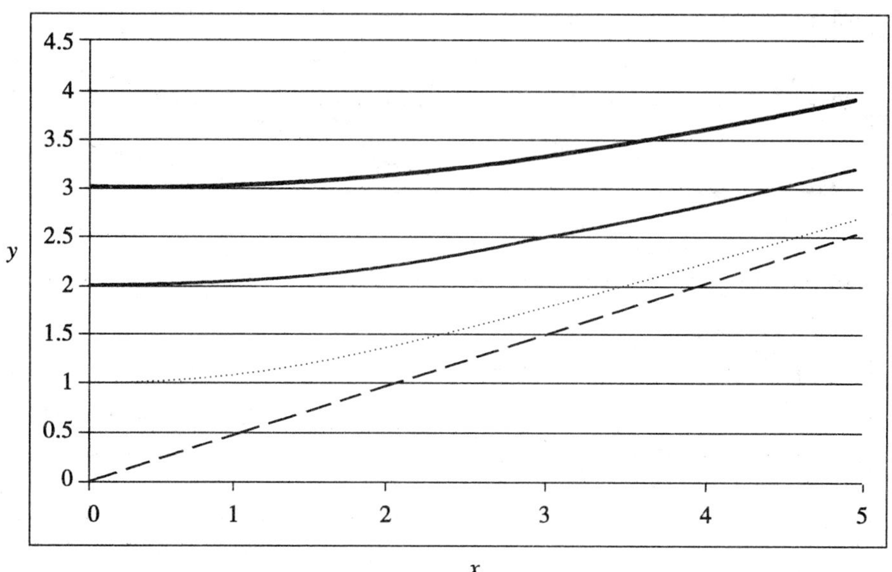

图 9.1　广义加法世界中 $\alpha = 2$ 时的四条平行线

$$\left(y = c\{+\}\frac{1}{2}x, c = 0,1,2,3, x \in [0,5]\right)$$

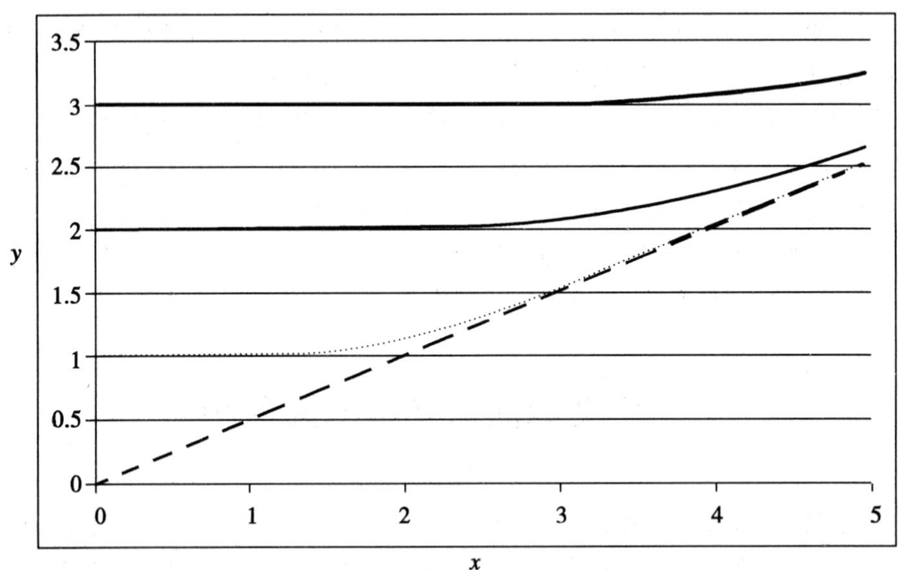

图 9.2　广义加法世界中 $\alpha = 5$ 时的四条平行线

$$\left(y = c\{+\}\frac{1}{2}x, c = 0,1,2,3, x \in [0,5]\right)$$

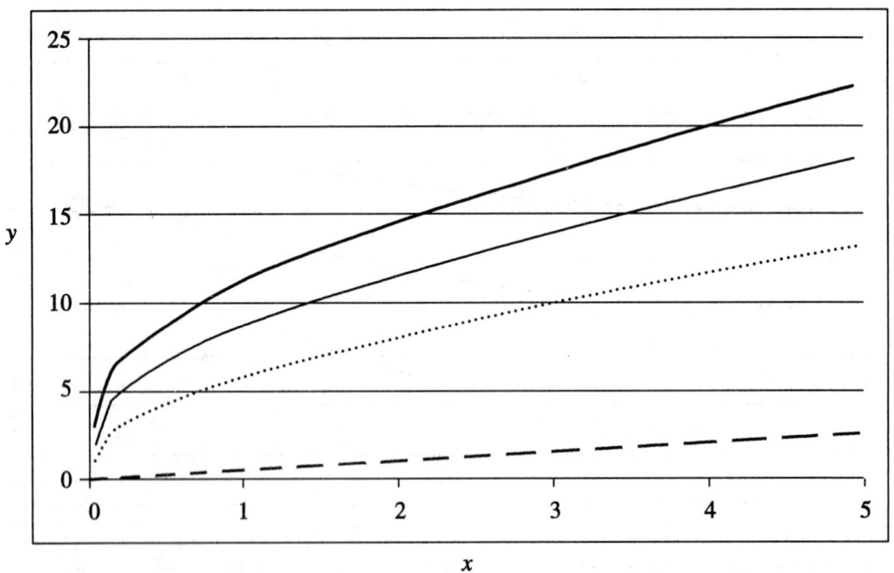

图 9.3　广义加法世界中 $\alpha = \frac{1}{3}$ 时的四条平行线

$$\left(y = c\{+\}\frac{1}{2}x, c = 0,1,2,3, x \in [0,5]\right)$$

我们再来看广义加法世界中的圆，如图9.4和图9.5所示。与欧氏空间中的圆的形态相比，当$\alpha>1$时广义加法世界中的圆呈凸胀形态，当$\alpha<1$时广义加法世界中的圆呈凹瘪形态。

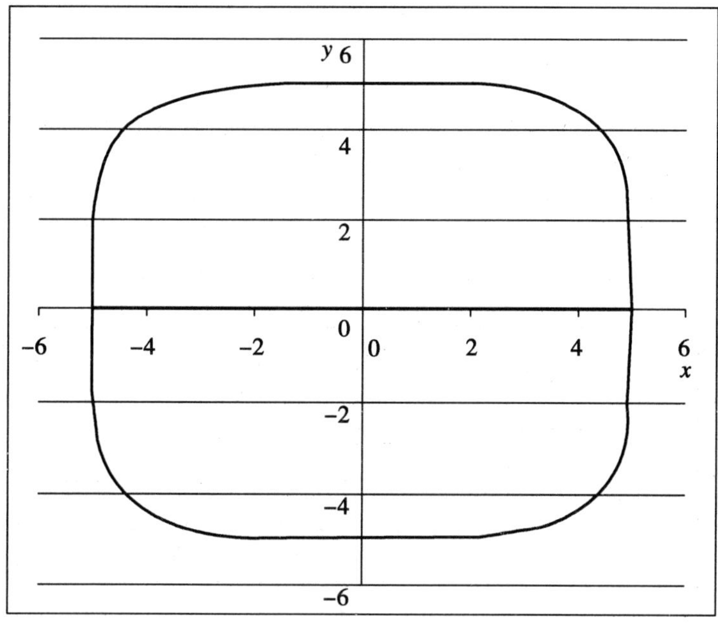

图9.4　广义加法世界中$\alpha=2$时的圆($y^2\{+\}x^2=5^2$)

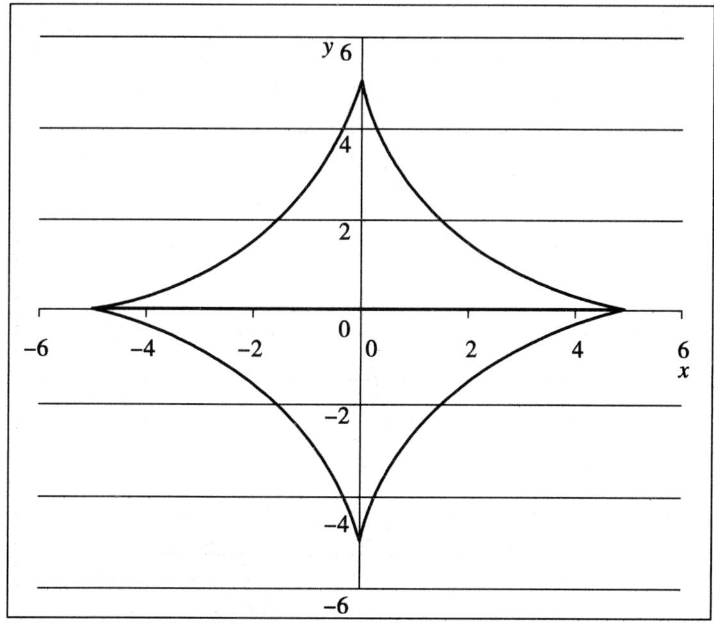

图9.5　广义加法世界中$\alpha=\frac{1}{3}$时的圆($y^2\{+\}x^2=5^2$)

我们再来看广义加法世界中的三角形，取直角坐标系中的三个点(2,0)，(－2,0)，(0,4)，在广义加法世界中这三个点两两连线可以确定唯一一个三角形。三条直线的方程分别为

$$y = 2x\{+\}4$$

$$y = -2x\{+\}4$$

$$y = 0$$

三角形如图9.6和图9.7所示。与欧氏空间中的圆的形态相比，当 $\alpha > 1$ 时三角形呈凸胀形态，当 $\alpha < 1$ 时三角形呈凹瘪形态。

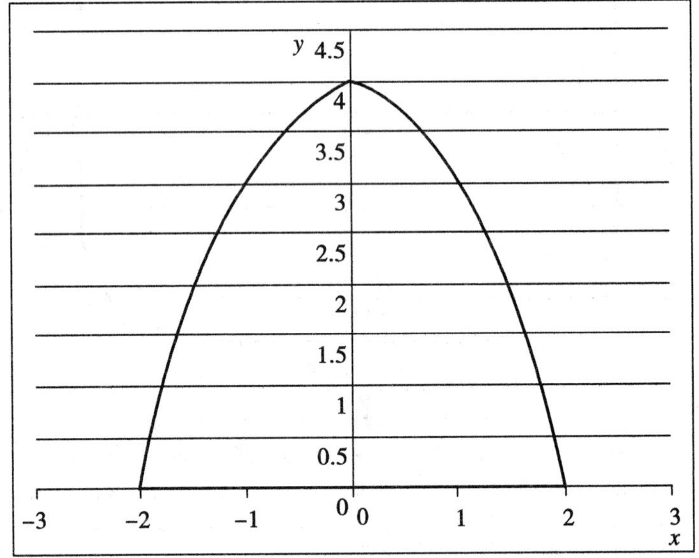

图9.6　广义加法世界中 $\alpha = 1.5$ 时的三角形

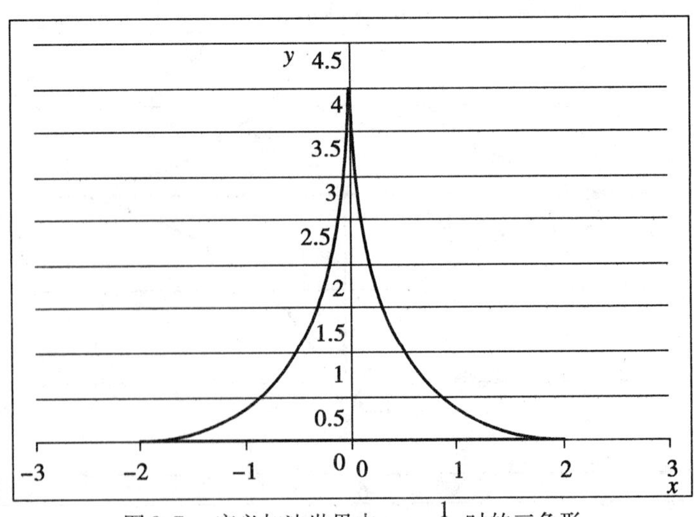

图9.7　广义加法世界中 $\alpha = \frac{1}{2}$ 时的三角形

从上面的广义加法世界的若干平面几何图形可以知道,在广义加法世界中研究几何学问题已经很难通过几何直观来提出问题,我们只好从曲线和曲面的代数方程出发,借鉴欧氏几何学的知识以及解析几何学方法和微积分方法来进行定理和命题的证明。

9.8 本章总结

1. $\alpha = 2$ 时,函数 $z = u(x)$ 的定义式如下

$$u(x) = \begin{cases} \sqrt{x}, x \geqslant 0 \\ -\sqrt{-x}, x < 0 \end{cases}$$

对于任意的实数 x_1, x_2 下式成立

$$u(x_1 + x_2) = u(x_1)\{+\}u(x_2)$$

对于一般的 $\alpha > 0$ 的情况,取

$$u(x) = \begin{cases} x^{\frac{1}{\alpha}}, x \geqslant 0 \\ -(-x)^{\frac{1}{\alpha}}, x < 0 \end{cases}$$

可以证明下式成立

$$u(x_1 + x_2) = u(x_1)\{+\}u(x_2)$$

2. 普通的欧氏空间中圆的周长为 2π。数值计算结果显示,在广义加法的世界里,半径为 1 的圆的周长应该是 $(2\pi)^{\frac{1}{\alpha}}$,半径为 R 的圆的周长应该是 $R(2\pi)^{\frac{1}{\alpha}}$。

3. 对于不同的半径 R,数值计算结果显示,广义加法世界中的圆的面积应该是 $R^2(\pi)^{\frac{1}{\alpha}}$

4. 广义加法世界中一个完整的圆周角为 $(2\pi)^{\frac{1}{\alpha}}$ 弧度,在广义加法世界中的三角函数的周期为 $(2\pi)^{\frac{1}{\alpha}}$。

5. 在广义加法世界中,A 的 n 倍就是 $A \times n^{\frac{1}{\alpha}}$,数 A 的 n 分之一就是 $A \times \left(\frac{1}{n}\right)^{\frac{1}{\alpha}}$。

6. 对于 n 维空间 $(n \geqslant 2)$ 中任意不在坐标轴上的两个点

$$\boldsymbol{A}=(x_1,x_2,\cdots,x_n),\boldsymbol{B}=(y_1,y_2,\cdots,y_n)$$

规定在广义加法意义下 $\boldsymbol{A}$,$\boldsymbol{B}$ 两点之间的广义加法意义下的距离为

$$d(\boldsymbol{A},\boldsymbol{B})=\left(\oplus\sum_{i=1}^{n}(y_i\{-\}x_i)^2\right)^{\frac{1}{2}}$$

7. 假设两个矢量为

$$\boldsymbol{A}=(x_1,x_2,\cdots,x_n),\boldsymbol{B}=(y_1,y_2,\cdots,y_n)$$

矢量 $\boldsymbol{A}$ 与 $\boldsymbol{B}$ 的内积记为$\oplus\boldsymbol{A}\cdot\boldsymbol{B}$,规定矢量 $\boldsymbol{A}$ 与 $\boldsymbol{B}$ 的内积为

$$\oplus\boldsymbol{A}\cdot\boldsymbol{B}=\oplus\sum_{i=1}^{n}x_iy_i$$

若$\oplus\boldsymbol{A}\cdot\boldsymbol{B}=0$,则称矢量 $\boldsymbol{A}$ 与 $\boldsymbol{B}$ 正交。

广义加法世界中三维空间的两个矢量的向量积

$$\oplus(a_1,a_2,a_3)\times(b_1,b_2,b_3)=(a_2b_3\{-\}a_3b_2,a_3b_1\{-\}a_1b_3,a_1b_2\{-\}a_2b_1)$$

$$=\oplus\begin{vmatrix}\boldsymbol{i}&\boldsymbol{j}&\boldsymbol{k}\\a_1&a_2&a_3\\b_1&b_2&b_3\end{vmatrix}$$

我们规定在广义加法世界中三维空间的三个矢量的混合积。三个矢量为 $\boldsymbol{A}=(a_1,a_2,a_3)$,$\boldsymbol{B}=(b_1,b_2,b_3)$,$\boldsymbol{C}=(c_1,c_2,c_3)$,它们的混合积定义式如下

$$\oplus(\boldsymbol{ABC})=\oplus\begin{vmatrix}a_1&a_2&a_3\\b_1&b_2&b_3\\c_1&c_2&c_3\end{vmatrix}$$

8. 给定三个点

$$\boldsymbol{A}=(x_1,x_2,\cdots,x_n),\boldsymbol{B}=(y_1,y_2,\cdots,y_n),\boldsymbol{C}=(z_1,z_2,\cdots,z_n)$$

点 $\boldsymbol{A}$ 是平面经过的点,$\boldsymbol{B}$,$\boldsymbol{C}$ 是方向矢量,平面方程的一种形式为

$$z=\boldsymbol{A}\{+\}\boldsymbol{B}x\{+\}\boldsymbol{C}y=(x_1,x_2,\cdots,x_n)\{+\}(y_1,y_2,\cdots,y_n)x\{+\}(z_1,z_2,\cdots,z_n)y$$

我们给出三维空间带法向量的平面方程,平面过点 $\boldsymbol{A}=(x_1,x_2,x_3)$,法向量为$(n_1,n_2,n_3)$,动点$(x,y,z)$和点 $\boldsymbol{A}$ 的差与法向量(n_1,n_2,n_3)正交,利用矢量的内积关系,平面方程为

$$n_1(x\{-\}x_1)\{+\}n_2(y\{-\}x_2)\{+\}n_3(z\{-\}x_3)=0$$

9. 广义加法意义下的二次曲线。

广义加法意义下圆的方程

$$(x\{-\}A)^2\{+\}(y\{-\}B)^2 = R^2$$

广义加法意义下椭圆的方程

$$(a(x\{-\}A))^2\{+\}(b(y\{-\}B))^2 = R^2$$

其中,$a>0,b>0$。

广义加法意义下抛物线的方程

$$y = ax^2\{+\}bx\{+\}c$$

广义加法意义下双曲线的方程

$$(a(x\{-\}A))^2\{-\}(b(y\{-\}B))^2 = R^2$$

其中,$a>0,b>0$。

10. 在广义加法世界里,一个圆周角为$(2\pi)^{\frac{1}{\alpha}}$弧度。我们猜测,在广义加法世界里三角形的内角和为$(\pi)^{\frac{1}{\alpha}}$弧度,四边形的内角和为$(2\pi)^{\frac{1}{\alpha}}$弧度。

11. 在二维广义加法世界里,两条平行的直线可以由方程来表示

$$L_1: y = a\{+\}bx$$

$$L_2: y = c\{+\}bx$$

其中$a\neq c$。我们猜测,在广义加法世界里两条平行直线被第三条直线所截,同位角必然相等。

12. 在广义加法世界里,若一个三角形中有两条边相互垂直,则这个三角形就称为直角三角形。我们猜测,在广义加法世界里勾股定理成立。若a,b为直角边,c为斜边,则有

$$a^2\{+\}b^2 = c^2$$

13. 设曲线方程为$\boldsymbol{r}=(x(t),y(t))$,我们规定,在广义加法世界里曲率的定义式为

$$K = \oplus\frac{\mathrm{d}^2\boldsymbol{r}}{\mathrm{d}s^2}$$

根据曲率的定义式和广义加法世界中导数的定义和运算规则,有

$$K = \frac{((\oplus x')^2\{+\}(\oplus y')^2)((\oplus x'')^2\{+\}(\oplus y'')^2)\{-\}(\oplus x'\oplus x''\{+\}\oplus y'\oplus y'')}{((\oplus x')^2\{+\}(\oplus y')^2)^{\frac{3}{2}}}$$

14. 广义加法世界中直角三角形的三条边长分别为

$$(r)^{\frac{1}{\alpha}},(r\sin x^{\alpha})^{\frac{1}{\alpha}},(r\cos x^{\alpha})^{\frac{1}{\alpha}}$$

15. 广义加法世界中的三角函数用边长之比来定义

$$G\sin(\theta)=\frac{对边}{斜边}=\frac{(r\sin x^{\alpha})^{\frac{1}{\alpha}}}{(r)^{\frac{1}{\alpha}}}=(\sin x^{\alpha})^{\frac{1}{\alpha}}$$

$$G\cos(\theta)=\frac{邻边}{斜边}=\frac{(r\cos x^{\alpha})^{\frac{1}{\alpha}}}{(r)^{\frac{1}{\alpha}}}=(\cos x^{\alpha})^{\frac{1}{\alpha}}$$

$$G\tan(\theta)=\frac{对边}{邻边}=\frac{(r\sin x^{\alpha})^{\frac{1}{\alpha}}}{(r\cos x^{\alpha})^{\frac{1}{\alpha}}}=(\tan x^{\alpha})^{\frac{1}{\alpha}}$$

$$G\cot(\theta)=\frac{邻边}{对边}=\frac{(r\cos x^{\alpha})^{\frac{1}{\alpha}}}{(r\sin x^{\alpha})^{\frac{1}{\alpha}}}=(\cot x^{\alpha})^{\frac{1}{\alpha}}$$

16. 在广义加法意义下，三角形的内角和是常数。广义加法世界中的直线、平面的代数方程是直角坐标的线性方程，圆、椭圆、双曲线和抛物线的代数方程是直角坐标的二次方程。

广义加法意义下函数积分的进一步研究

第10章

在本章中我们推导广义加法意义下函数的积分与普通积分的函数关系，并且基于这个函数关系给出一些特殊的积分公式。我们的基本思想是，若一些特殊的定积分可以表示成某个函数的广义加法意义下的积分的函数，则只要这个广义加法意义下的积分的被积分函数有解析形式的原函数，则根据广义加法意义下牛顿－莱布尼兹公式就可以得到那个特殊的定积分的计算公式。若在为某个应用问题建立数学模型时使用了广义加法，并且涉及求广义加法意义下的定积分，则只要找到被积分函数的广义加法意义下的原函数，则问题就可以解决。若某函数的广义加法意义下的原函数的求取可以归结为某个普通加法下的定积分问题，则可以为问题的解决提供一条有效的途径，因为在普通加法下许多函数可以找到解析形式的原函数。

10.1　广义加法意义下函数的积分与普通积分的关系

我们根据广义加法意义下的定积分的定义式来推导广义加法意义下函数的积分与普通积分的关系。因为推导过程涉及广义加法和普通加法，所以推导过程要特别仔细，并且要反复验证得到的公式的正确性。

定理 10.1　广义加法意义下函数的积分与普通积分的函数关系为

$$\int_a^b f^\alpha(x)x^{\alpha-1}\mathrm{d}x = \frac{\left(\oplus\int_a^b f(x)\mathrm{d}x\right)^\alpha}{\alpha} \tag{10.1}$$

证明 根据广义加法意义下的定积分的定义,有

$$\oplus\int_a^b f(x)\mathrm{d}x = \lim_{n\to 0}\oplus\sum_{i=1}^{\infty} f(\xi_i)\Delta x_i$$

特别取常数$\delta = \dfrac{b-a}{n}$,意思是我们把区间$[a,b]$平均分成n等份,δ是每一个小区间的长度,用普通加法表示则有$x_i = x_{i-1} + \delta$,用广义加法有

$$\begin{aligned}\Delta x_i &= x_i\{-\}x_{i-1}\\ &= ((x_{i-1}+\delta)^\alpha - x_{i-1}^\alpha)^{\frac{1}{\alpha}}\end{aligned}$$

广义加法意义下的积分和为

$$\begin{aligned}\oplus\sum_{i=1}^{\infty} f(\xi_i)\Delta x_i &= \left(\sum_{i=1}^{\infty} f^\alpha(\xi_i)\Delta x_i^\alpha\right)^{\frac{1}{\alpha}}\\ &= \left(\sum_{i=1}^{\infty} f^\alpha(\xi_i)((x_{i-1}+\delta)^\alpha - x_{i-1}^\alpha)\right)^{\frac{1}{\alpha}}\end{aligned}$$

注意,上式已经表示为普通加法的代数表达式,有

$$\begin{aligned}(x_{i-1}+\delta)^\alpha &= x_{i-1}^\alpha + \alpha x_{i-1}^{\alpha-1}\delta + o(\delta)\\ &\approx x_{i-1}^\alpha + \alpha x_{i-1}^{\alpha-1}\delta\end{aligned}$$

所以有

$$\begin{aligned}\oplus\sum_{i=1}^{\infty} f(\xi_i)\Delta x_i &= \left(\sum_{i=1}^{\infty} f^\alpha(\xi_i)((x_{i-1}+\delta)^\alpha - x_{i-1}^\alpha)\right)^{\frac{1}{\alpha}}\\ &\approx \left(\sum_{i=1}^{\infty} f^\alpha(\xi_i)(\alpha x_{i-1}^{\alpha-1}\delta)\right)^{\frac{1}{\alpha}}\\ &= \alpha^{\frac{1}{\alpha}}\left(\sum_{i=1}^{\infty} f^\alpha(\xi_i)x_{i-1}^{\alpha-1}\delta\right)^{\frac{1}{\alpha}}\\ &= \alpha^{\frac{1}{\alpha}}\left(\sum_{i=1}^{\infty} f^\alpha(\xi_i)x_{i-1}^{\alpha-1}\frac{b-a}{n}\right)^{\frac{1}{\alpha}}\\ &= \alpha^{\frac{1}{\alpha}}\left(\sum_{i=1}^{\infty} f^\alpha(\xi_i)x_{i-1}^{\alpha-1}(x_i - x_{i-1})\right)^{\frac{1}{\alpha}}\end{aligned}$$

根据定积分的定义,有

$$\oplus\sum_{i=1}^{\infty} f(\xi_i)\Delta x_i = \alpha^{\frac{1}{\alpha}}\left(\int_a^b f^\alpha(x)x^{\alpha-1}\mathrm{d}x\right)^{\frac{1}{\alpha}}$$

对上式进行整理,两边取极限,我们得到

$$\int_a^b f^\alpha(x)x^{\alpha-1}\mathrm{d}x = \frac{(\oplus\int_a^b f(x)\mathrm{d}x)^\alpha}{\alpha}$$

定理得证。

对于一般的被积分函数 $f^\alpha(x)x^{\alpha-1}$,如果很难找到这个被积分函数的原函数,那么就意味着无法得到该函数的定积分的解析解。定理 10.1 的结果表明,如果能找到函数 $f(x)$ 在广义加法意义下的原函数,则可以得到函数 $f^\alpha(x)x^{\alpha-1}$ 的定积分的解析解。定理 10.1 的结果为人们求取定积分的解析解提供了一个有效的方法,这种方法能否实现取决于函数 $f(x)$ 的广义加法意义下的原函数的解析公式能否方便地得到。

我们研究广义加法意义下的微积分理论的一个初衷是借助于这个数学工具来解一些困难的积分,条件是函数的广义加法意义下的原函数容易求得。如果函数 $f(x)$ 的广义加法意义下的原函数容易求得,就意味着积分 $\int_a^b f^\alpha(x)x^{\alpha-1}\mathrm{d}x$ 的解的数学公式可以得到,即通过广义加法模型可以解决一些传统的定积分的求解问题。随着相关研究的不断推进,我们对于这个问题的认识有所变化。如果用广义加法的符号和相应的代数表达式以及广义加法意义下的导数或积分公式为某个理论问题建立模型,并且模型有相对简单的形式,而模型的求解又可以转化为普通函数的积分,那么普通函数的积分的求解至关重要。在普通加法下,由于数学家已经找到很多函数的原函数公式,可以期待许多广义加法意义下的数学问题可以借助于定理 10.1 而得到解析解。这种想法是通过传统的定积分的解来求取广义加法意义下的数学模型的解析解。

10.2 广义加法意义下函数的原函数的求取方法

从广义加法意义下函数的导函数的表达式可以看出,求取广义加法意义下函数的原函数可能是困难的事情。甚至简单的三角函数、对数函数和指数函数的原函数都可能非常难以求取。关于广义加法意义下函数的导函数与普通加法下函数的导函数关系的定理为我们提供了一种求取广义加法意义下函数的原函数的方法，这种方法可以为比较多的函数求取其广义加法意义下函数的原函数提供帮助。我们有下面的定理。

定理 10.2　函数 $f(x)$ 的广义加法意义下函数的原函数 $F(x)$，即

$$\oplus\frac{\mathrm{d}F(x)}{\mathrm{d}x}=f(x)$$

则 $F(x)$ 满足下面的普通加法意义下的一阶微分方程

$$\frac{\mathrm{d}F(x)}{\mathrm{d}x}=f^{\alpha}(x)x^{\alpha-1}F(x)^{1-\alpha}\tag{10.2}$$

证明　根据定理 5.7，有

$$\oplus\frac{\mathrm{d}F(x)}{\mathrm{d}x}=\left(\frac{\mathrm{d}F(x)}{\mathrm{d}x}\right)^{\frac{1}{\alpha}}\left(\frac{F(x)}{x}\right)^{1-\frac{1}{\alpha}}$$

按照原函数的定义，$\left(\frac{\mathrm{d}F(x)}{\mathrm{d}x}\right)^{\frac{1}{\alpha}}\left(\frac{F(x)}{x}\right)^{1-\frac{1}{\alpha}}$ 的广义加法意义下的原函数是 $F(x)$，所以有

$$f(x)=\left(\frac{\mathrm{d}F(x)}{\mathrm{d}x}\right)^{\frac{1}{\alpha}}\left(\frac{F(x)}{x}\right)^{1-\frac{1}{\alpha}}\{+\}C$$

特别取 $C=0$。根据上面的表达式设法求出 $F(x)$，即找到原函数的用 $f(x)$ 表示的公式。对上式进行整理，有

$$f^{\alpha}(x)=\frac{\mathrm{d}F(x)}{\mathrm{d}x}\frac{1}{x^{\alpha-1}}(F(x))^{\alpha-1}$$

可以写成下面的形式

$$\frac{\mathrm{d}F(x)}{\mathrm{d}x}=f^{\alpha}(x)x^{\alpha-1}(F(x))^{1-\alpha}$$

定理得证。

当 $\alpha=1$ 时，一阶微分方程变成为 $\frac{\mathrm{d}F(x)}{\mathrm{d}x}=f(x)$，这是原函数的原始定义。当 $\alpha\neq1$ 时，定理 10.2 中的一阶微分方程是变量可分离的微分方程，可以得到解析解，我们有下面的定理。

定理 10.3　函数 $f(x)$ 的广义加法意义下函数的原函数 $F(x)$ 的数学公式为

$$F(x)=\left(\alpha\int f^{\alpha}(x)x^{\alpha-1}\mathrm{d}x\right)^{\frac{1}{\alpha}}\tag{10.3}$$

证明　根据定理 10.2，有

$$\frac{\mathrm{d}F(x)}{\mathrm{d}x}=f^{\alpha}(x)x^{\alpha-1}(F(x))^{1-\alpha}$$

写成

$$(F(x))^{\alpha-1}\mathrm{d}F(x)=f^{\alpha}(x)x^{\alpha-1}\mathrm{d}x$$

两边取普通加法意义下的不定积分,有

$$\int(F(x))^{\alpha-1}\mathrm{d}F(x)=\int f^{\alpha}(x)x^{\alpha-1}\mathrm{d}x$$

有

$$\frac{1}{\alpha}(F(x))^{\alpha}=\int f^{\alpha}(x)x^{\alpha-1}\mathrm{d}x$$

整理,有

$$F(x)=\left(\alpha\int f^{\alpha}(x)x^{\alpha-1}\mathrm{d}x\right)^{\frac{1}{\alpha}}$$

定理得证。

根据定理 10.3,只要不定积分$\int f^{\alpha}(x)x^{\alpha-1}\mathrm{d}x$ 可以求取,则函数$f(x)$ 的广义加法意义下的原函数 $F(x)$ 就可以得到。前面第 3 章中我们引进了若干个实际应用的例子,由此引进了广义加法意义下的定积分的数学模型。$f(x)$ 作为广义加法意义下的被积分函数,函数$f(x)$ 是由三维空间($\alpha=3$) 中的体密度函数 $D(x)$ 转换来的,一般来说 $D(x)$ 可以有比较简单的函数表达式。具体的函数转换方式为$f(x)=(D(x))^{\frac{1}{3}}$,或者写成$f^{3}(x)=D(x)$。对于一般的$n$维空间中的体密度函数$D(x)$,函数转换方式为$f(x)=(D(x))^{\frac{1}{n}}$,或者写成$f^{n}(x)=D(x)$。若原始的体密度函数 $D(x)$ 有比较简单的函数表达式,则意味着$f^{\alpha}(x)=D(x)$有比较简单的函数表达式,从而$f^{\alpha}(x)x^{\alpha-1}$ 也较为简单,这意味着在许多情况下函数$f^{\alpha}(x)x^{\alpha-1}$ 的普通加法意义下的原函数可以找到。由此根据定理10.3 的结论可以找到的$f(x)$ 的广义加法意义下的原函数,进而解决函数$f(x)$ 的广义加法意义下的定积分的求解问题。

10.3 广义加法意义下函数的积分与普通积分的关系的应用

在本节中我们根据定理 10.3 对一些特殊的α求一些特殊的常用函数的广义加法意义下的原函数。我们来求取函数$f(x)=\mathrm{e}^{x}$ 的广义加法意义下的原函数$\oplus\int e^x dx$。根据定理10.3,函数$f(x)=e^x$的广义加法意义下的原函数$F(x)$的表达式为

$$F(x)=\left(\alpha\int e^{\alpha x}x^{\alpha-1}dx\right)^{\frac{1}{\alpha}}$$

若广义加法定义中的幂指数参数α取任意的实数值,则上面的原函数表达式的解析解不易求得。对于α取较小整数值的情况可以求解。

取$\alpha=2$,有

$$F(x)=\left(2\int xe^{2x}dx\right)^{\frac{1}{2}}$$

已知的原函数公式如下

$$\int xe^{\alpha x}dx=\frac{e^{\alpha x}}{\alpha^2}(\alpha x-1)$$

将$\alpha=2$代入,有

$$\int xe^{2x}dx=\frac{1}{4}e^{2x}(2x-1)$$

根据定理10.3,有

$$\begin{aligned}F(x)&=\oplus\int e^x dx\\&=\left(\frac{1}{2}e^{2x}(2x-1)\right)^{\frac{1}{2}}\\&=e^x\left(x-\frac{1}{2}\right)^{\frac{1}{2}}\end{aligned}$$

即有($\alpha=2$)

$$\oplus\int e^x dx=e^x\left(x-\frac{1}{2}\right)^{\frac{1}{2}}\tag{10.4}$$

下面来验证式(10.4)的准确性。根据定理5.7,有

$$\oplus\frac{dF(x)}{dx}=\left(\frac{dF(x)}{dx}\right)^{\frac{1}{\alpha}}\left(\frac{F(x)}{x}\right)^{1-\frac{1}{\alpha}}$$

我们有

$$\begin{aligned}\frac{dF(x)}{dx}&=\frac{1}{2}\left(\frac{1}{2}e^{2x}(2x-1)\right)^{-\frac{1}{2}}\left(\frac{1}{2}(2e^{2x}(2x-1)+2e^{2x})\right)\\&=\frac{xe^{2x}}{\sqrt{\frac{1}{2}e^{2x}(2x-1)}}\end{aligned}$$

又有

$$\frac{F(x)}{x}=\frac{\sqrt{\frac{1}{2}e^{2x}(2x-1)}}{x}$$

$$\begin{aligned}\oplus\frac{dF(x)}{dx}&=\left(\frac{dF(x)}{dx}\right)^{\frac{1}{\alpha}}\left(\frac{F(x)}{x}\right)^{1-\frac{1}{\alpha}}\\&=\left(\frac{dF(x)}{dx}\right)^{\frac{1}{2}}\left(\frac{F(x)}{x}\right)^{\frac{1}{2}}\\&=\left(\frac{xe^{2x}}{\sqrt{\frac{1}{2}e^{2x}(2x-1)}}\right)^{\frac{1}{2}}\left(\frac{\sqrt{\frac{1}{2}e^{2x}(2x-1)}}{x}\right)^{\frac{1}{2}}\\&=e^{x}\end{aligned}$$

这样我们就证明了$\alpha=2$时函数e^x在广义加法意义下的原函数为$e^x\left(x-\frac{1}{2}\right)^{\frac{1}{2}}$。当然也说明了定理5.7和定理10.3是正确的。

取$\alpha=3$,定理10.3确定的原函数公式为

$$F(x)=\left(3\int e^{3x}x^2dx\right)^{\frac{1}{3}}$$

已知的原函数公式如下

$$\int x^2e^{3x}dx=e^{3x}\left(\frac{1}{3}x^2-\frac{1}{3^2}2x+\frac{2}{3^3}\right)$$

根据定理10.3,有

$$\begin{aligned}F(x)&=\oplus\int e^{x}dx\\&=\left(3e^{3x}\left(\frac{1}{3}x^2-\frac{1}{3^2}2x+\frac{2}{3^3}\right)\right)^{\frac{1}{3}}\\&=e^{x}\left(x^2-\frac{2}{3}x+\frac{2}{9}\right)^{\frac{1}{3}}\end{aligned}$$

即有($\alpha=3$)

$$\oplus\int e^{x}dx=e^{x}\left(x^2-\frac{2}{3}x+\frac{2}{9}\right)^{\frac{1}{3}}\tag{10.5}$$

对于一般的n,有原函数递推公式如下

$$\int x^ne^{\alpha x}dx=\frac{1}{\alpha}x^ne^{\alpha x}-\frac{n}{\alpha}\int x^{n-1}e^{\alpha x}dx$$

理论上我们可以求取 $\alpha=n$ 时函数 e^x 在广义加法意义下的原函数，因为只须得到不定积分 $\int x^{n-1}e^{nx}dx$ 的解析表达式就可以。

当 α 取分数时，比如 $\alpha=\frac{1}{2}$ 或 $\alpha=\frac{1}{3}$，或者一般地 $\alpha=\frac{1}{n}$，不定积分 $\int x^{\frac{1}{n}-1}e^{\frac{1}{n}x}dx$ 在积分表中没有查到，所以还不能给出 $\int x^{\frac{1}{n}-1}e^{\frac{1}{n}x}dx$ 的解析解。

我们再来求三角函数 $\cos x$ 的广义加法意义下的原函数。根据定理 10.3 有

$$\oplus\int\cos(x)dx=\left(\alpha\int x^{\alpha-1}\cos^{\alpha}x dx\right)^{\frac{1}{\alpha}}$$

取 $\alpha=2$，需要求下面的不定积分

$$\int x\cos^2 x dx$$

查不定积分表，有

$$\int\cos^2 x dx=\frac{1}{2}x+\frac{1}{4}\sin 2x$$

根据分部积分公式，有

$$\begin{aligned}\int x\cos^2 x dx&=\int x d\left(\frac{1}{2}x+\frac{1}{4}\sin 2x\right)\\&=x\left(\frac{1}{2}x+\frac{1}{4}\sin 2x\right)-\int\left(\frac{1}{2}x+\frac{1}{4}\sin 2x\right)dx\\&=x\left(\frac{1}{2}x+\frac{1}{4}\sin 2x\right)-\left(\frac{1}{4}x^2-\frac{1}{8}\cos 2x\right)\\&=\frac{1}{4}x^2+\frac{1}{4}x\sin 2x+\frac{1}{8}\cos 2x\end{aligned}$$

最终得到($\alpha=2$)

$$\oplus\int\cos(x)dx=\left(\frac{1}{2}x^2+\frac{1}{2}x\sin 2x+\frac{1}{4}\cos 2x\right)^{\frac{1}{2}}\tag{10.6}$$

这个结果与普通加法下函数 $\cos x$ 的原函数的公式差别很大。

我们求三角函数 $\sin x$ 的广义加法意义下的原函数。根据定理 10.3 有

$$\oplus\int\sin(x)dx=\left(\alpha\int x^{\alpha-1}\sin^{\alpha}x dx\right)^{\frac{1}{\alpha}}$$

取 $\alpha=2$，需要求下面的不定积分

$$\int x\sin^2 x\mathrm{d}x$$

查不定积分表,有

$$\int \sin^2 x\mathrm{d}x = \frac{1}{2}x - \frac{1}{4}\sin 2x$$

根据分部积分公式,有

$$\begin{aligned}\int x\sin^2 x\mathrm{d}x &= \int x\mathrm{d}\left(\frac{1}{2}x - \frac{1}{4}\sin 2x\right) \\ &= x\left(\frac{1}{2}x - \frac{1}{4}\sin 2x\right) - \int\left(\frac{1}{2}x - \frac{1}{4}\sin 2x\right)\mathrm{d}x \\ &= x\left(\frac{1}{2}x - \frac{1}{4}\sin 2x\right) - \left(\frac{1}{4}x^2 + \frac{1}{8}\cos 2x\right) \\ &= \frac{1}{4}x^2 - \frac{1}{4}x\sin 2x - \frac{1}{8}\cos 2x\end{aligned}$$

最终得到($\alpha = 2$)

$$\oplus\int \sin(x)\mathrm{d}x = \left(\frac{1}{2}x^2 - \frac{1}{2}x\sin 2x - \frac{1}{4}\cos 2x\right)^{\frac{1}{2}} \tag{10.7}$$

对于 α 的其他取值,如 $\alpha = 3, \alpha = \frac{1}{2}$ 等,原则上可以用相同的方法求取 $\sin x$ 和 $\cos x$ 的广义加法意义下的原函数,推导过程可能比较烦琐。当然也有些 α 的取值无法求得原函数的解析解。另外,对于许多基本的和常用的函数均可以尝试求广义加法意义下的原函数,我们只是以 $e^x, \sin x, \cos x$ 等为例子来说明使用定理 10.3 求取广义加法意义下的原函数的方法。

前面曾说明,对函数 $f(x)$ 求取广义加法意义下的原函数,而 $f(x)$ 通常是由原空间函数 $D(x)$ 的 $\frac{1}{\alpha}$ 次幂获得的,即

$$f(x) = (D(x))^{\frac{1}{\alpha}}$$

或者写成

$$f^{\alpha}(x) = D(x)$$

从这个角度看,我们通常是在 $D(x)$ 为相对简单的函数时求取 $f(x)$ 的广义加法意义下的原函数,这意味着在 $f(x)$ 的广义加法意义下的原函数的公式中要用 $D(x)$ 替代 $f^{\alpha}(x)$,即

$$\oplus\int f(x)\mathrm{d}x = \left(\alpha\int f^{\alpha}(x)x^{\alpha-1}\mathrm{d}x\right)^{\frac{1}{\alpha}}$$

$$= \left(\alpha\int D(x)x^{\alpha-1}\mathrm{d}x\right)^{\frac{1}{\alpha}}$$

这样的不定积分一般可以求解。较简单的和可能较常用的函数 $D(x)$ 的形式如下

$$D(x) = ax + b$$

$$D(x) = \frac{1}{x^2}$$

$$D(x) = \frac{1}{a + bx^2}$$

$$D(x) = \mathrm{e}^{ax}$$

$$D(x) = \sin kx$$

$$D(x) = \mathrm{e}^{ax}\sin kx$$

对于特殊的 α，比如 $\alpha = 2$ 和 $\alpha = 3$，用广义加法意义下的原函数的公式(10.3)求取 $\oplus\int f(x)\mathrm{d}x$，对于许多的 $D(x)$ 函数形式，不定积分 $\oplus\int f(x)\mathrm{d}x$ 可以找到解析解。已有的不定积分表在此可以发挥巨大的作用。

10.4 广义加法意义下一些函数的导数和原函数

本节中我们根据前面对广义加法世界的三角函数的几何意义的考查结果来推导一些函数的广义加法意义下的导数。

我们知道，$G\tan(x) = \frac{G\sin(x)}{G\cos(x)}$，根据广义加法世界的求导数法则，有

$$\oplus\frac{\mathrm{d}}{\mathrm{d}x}G\tan(x) = \oplus\frac{\mathrm{d}}{\mathrm{d}x}\frac{G\sin(x)}{G\cos(x)}$$

$$= \frac{G\cos(x)\oplus\frac{\mathrm{d}}{\mathrm{d}x}G\sin(x)\{-\}G\sin(x)\oplus\frac{\mathrm{d}}{\mathrm{d}x}G\cos(x)}{(G\cos(x))^2}$$

$$= \frac{(G\cos(x))^2\{+\}(G\sin(x))^2}{(G\cos(x))^2}$$

$$= \frac{1}{(G\cos(x))^2}$$

我们知道，$G\cot(x) = \frac{G\cos(x)}{G\sin(x)}$，根据广义加法世界的求导数法则，有

$$\oplus\frac{\mathrm{d}}{\mathrm{d}x}G\cot(x) = \oplus\frac{\mathrm{d}}{\mathrm{d}x}\frac{G\cos(x)}{G\sin(x)}$$

$$= \frac{G\sin(x)\oplus\frac{\mathrm{d}}{\mathrm{d}x}G\cos(x)\{-\}G\cos(x)\oplus\frac{\mathrm{d}}{\mathrm{d}x}G\sin(x)}{(G\sin(x))^2}$$

$$= \frac{-(G\sin(x))^2\{-\}(G\cos(x))^2}{(G\cos(x))^2}$$

$$= \frac{-1}{(G\sin(x))^2}$$

我们在前面定义了反三角函数，我们来求这些函数的广义加法意义下的导数。求$\oplus\frac{\mathrm{d}}{\mathrm{d}x}G\arcsin(x)$，我们知道有$\oplus\frac{\mathrm{d}}{\mathrm{d}x}G\sin(x) = G\cos(x)$，根据反函数求导数的法则，有

$$\oplus\frac{\mathrm{d}}{\mathrm{d}x}G\arcsin(x) = \frac{1}{\oplus\frac{\mathrm{d}}{\mathrm{d}y}G\sin(y)}$$

$$= \frac{1}{G\cos(y)}$$

考查广义加法世界中的直角三角形，两条直角边长度为 x 和$\sqrt{1\{-\}x^2}$，斜边为1，其中直角边 x 对应的角为 y，即有 $G\sin(y) = x$。根据三角函数的几何意义，有$G\cos(y) = \sqrt{1\{-\}x^2}$，代入上式，得到

$$\oplus\frac{\mathrm{d}}{\mathrm{d}x}G\arcsin(x) = \frac{1}{G\cos(y)}$$

$$= \frac{1}{\sqrt{1\{-\}x^2}}$$

求$\oplus\frac{\mathrm{d}}{\mathrm{d}x}G\arccos(x)$，我们知道有$\oplus\frac{\mathrm{d}}{\mathrm{d}x}G\cos(x) = -G\sin(x)$，根据反函数求导数的法则，有

$$\oplus\frac{\mathrm{d}}{\mathrm{d}x}G\arccos(x) = \frac{1}{\oplus\frac{\mathrm{d}}{\mathrm{d}y}G\cos(y)}$$

$$= \frac{-1}{G\sin(y)}$$

考查广义加法世界中的直角三角形，两条直角边长度为 x 和$\sqrt{1\{-\}x^2}$，斜边为 1，其中直角边 x 对应的角为 y，即有 $G\cos(y) = x$。根据三角函数的几何意义，有 $G\sin(y) = \sqrt{1\{-\}x^2}$，代入上式，得到

$$\oplus\frac{\mathrm{d}}{\mathrm{d}x}G\arccos(x) = \frac{-1}{G\sin(y)}$$

$$= \frac{-1}{\sqrt{1\{-\}x^2}}$$

求$\oplus\frac{\mathrm{d}}{\mathrm{d}x}G\arctan(x)$，我们知道有$\oplus\frac{\mathrm{d}}{\mathrm{d}x}G\tan(x) = \frac{1}{(G\cos(x))^2}$，根据反函数求导数的法则，有

$$\oplus\frac{\mathrm{d}}{\mathrm{d}x}G\arctan(x) = \frac{1}{\oplus\frac{\mathrm{d}}{\mathrm{d}y}G\tan(y)}$$

$$= (G\cos(y))^2$$

考查广义加法世界中的直角三角形，两条直角边长度为 x 和 1，斜边为$\sqrt{1\{+\}x^2}$，其中直角边 x 对应的角为 y，即有 $G\tan(y) = x$。根据三角函数的几何意义，有 $G\cos(y) = \frac{1}{\sqrt{1\{+\}x^2}}$，代入上式，得到

$$\oplus\frac{\mathrm{d}}{\mathrm{d}x}G\arctan(x) = (G\cos(y))^2$$

$$= \frac{1}{1\{+\}x^2}$$

求$\oplus\frac{\mathrm{d}}{\mathrm{d}x}G\mathrm{arccot}(x)$，我们知道有$\oplus\frac{\mathrm{d}}{\mathrm{d}x}G\cot(x) = \frac{-1}{(G\sin(x))^2}$，根据反函数求导数的法则，有

$$\oplus\frac{\mathrm{d}}{\mathrm{d}x}G\mathrm{arccot}(x) = \frac{1}{\oplus\frac{\mathrm{d}}{\mathrm{d}y}G\cot(y)}$$

$$= -(G\sin(y))^2$$

考查广义加法世界中的直角三角形，两条直角边长度为 x 和 1，斜边为

$\sqrt{1\{+\}x^2}$,其中直角边 1 对应的角为 y,角 y 的邻边为 x,即有 $G\cot(y) = x$。根据三角函数的几何意义,有 $G\sin(y) = \dfrac{1}{\sqrt{1\{+\}x^2}}$,代入上式,得到

$$\oplus\frac{\mathrm{d}}{\mathrm{d}x}G\mathrm{arccot}(x) = -(G\sin(y))^2$$

$$= \frac{-1}{1\{+\}x^2}$$

求 $\oplus\dfrac{\mathrm{d}}{\mathrm{d}x}G\ln(x)$,我们知道函数 $G\ln(x)$ 是函数 $G\exp(x)$ 的反函数,$y = G\ln(x)$,则 $x = G\exp(y)$,根据反函数求导数的法则,有

$$\oplus\frac{\mathrm{d}}{\mathrm{d}x}G\ln(x) = \frac{1}{\oplus\frac{\mathrm{d}}{\mathrm{d}x}G\exp(y)}$$

$$= \frac{1}{G\exp(y)}$$

而 $x = G\exp(y)$,故有

$$\oplus\frac{\mathrm{d}}{\mathrm{d}x}G\ln(x) = \frac{1}{x}$$

下面我们给出这个导数的另一种求解方法。我们知道

$$G\ln(x) = (\alpha\ln(x))^{\frac{1}{\alpha}}$$

根据定义 5.7,有

$$\oplus\frac{\mathrm{d}}{\mathrm{d}x}G\ln(x) = \left(\frac{\mathrm{d}((\alpha\ln(x))^{\frac{1}{\alpha}})}{\mathrm{d}x}\right)^{\frac{1}{\alpha}}\left(\frac{(\alpha\ln(x))^{\frac{1}{\alpha}}}{x}\right)^{1-\frac{1}{\alpha}}$$

$$= \left(\frac{1}{\alpha}(\alpha\ln(x))^{\frac{1}{\alpha}-1}\cdot\alpha\cdot\frac{1}{x}\right)^{\frac{1}{\alpha}}\left(\frac{(\alpha\ln(x))^{\frac{1}{\alpha}}}{x}\right)^{1-\frac{1}{\alpha}}$$

$$= \frac{1}{x}$$

10.5 广义加法世界中圆的周长和面积的数学公式

在第 9 章中我们通过数值计算的手段找到了广义加法世界中圆的周长和

圆的面积的经验公式,当时认为给出这个数学问题的严格证明是不可能的。幸运的是,我们通过广义加法意义下的积分与普通加法下的积分的关系成功地证明了这个结论。尽管已经找到了严格的证明方法,我们还是保留了通过数值计算的方法寻找经验公式的内容:一是因为这些内容有一定的启发意义,二是为了记录研究这个问题的艰难经历。我们有下面的定理。

定理 10.4　在广义加法世界里,半径为 R 的圆的周长 L 的数学公式为

$$L = (2\pi)^{\frac{1}{\alpha}} R$$

证明　在广义加法的世界中,半径为 R 的圆的代数方程为

$$y^2 \{+\} x^2 = R^2$$

在第一象限中的圆的代数方程为

$$y = \sqrt{R^2 \{-\} x^2}$$

前面我们推导出广义加法世界中函数 $f(x)$ 的弧长微分公式

$$\mathrm{d}s = \left(1 \{+\} \left(\oplus \frac{\mathrm{d}}{\mathrm{d}x} \sqrt{R^2 \{-\} x^2}\right)^2\right)^{\frac{1}{2}} \mathrm{d}x$$

得到了半径为 R 的圆的周长 L 在第一象限部分的积分表达式如下

$$\oplus \int_0^R \left(1 \{+\} \left(\oplus \frac{\mathrm{d}}{\mathrm{d}x} \sqrt{R^2 \{-\} x^2}\right)^2\right)^{\frac{1}{2}} \mathrm{d}x$$

我们先把上面的积分中的被积函数化简,有

$$\oplus \frac{\mathrm{d}}{\mathrm{d}x} \sqrt{R^2 \{-\} x^2} = \left(\frac{1}{2}\right)^{\frac{1}{\alpha}} \frac{1}{\sqrt{R^2 \{-\} x^2}} (-1) 2^{\frac{1}{\alpha}} x$$

$$= \frac{-x}{\sqrt{R^2 \{-\} x^2}}$$

代入积分表达式,有

$$\oplus \int_0^R \left(1 \{+\} \left(\oplus \frac{\mathrm{d}}{\mathrm{d}x} \sqrt{R^2 \{-\} x^2}\right)^2\right)^{\frac{1}{2}} \mathrm{d}x = \oplus \int_0^R \left(1 \{+\} \frac{x^2}{R^2 \{-\} x^2}\right)^{\frac{1}{2}} \mathrm{d}x$$

$$= \oplus \int_0^R \left(\frac{R^2}{R^2 \{-\} x^2}\right)^{\frac{1}{2}} \mathrm{d}x$$

根据定理 10.1,有

$$\int_a^b f^\alpha(x)x^{\alpha-1}\mathrm{d}x = \frac{(\oplus\int_a^b f(x)\mathrm{d}x)^\alpha}{\alpha}$$

可以得到

$$\oplus\int_a^b f(x)\mathrm{d}x = (\alpha\int_a^b f^\alpha(x)x^{\alpha-1}\mathrm{d}x)^{\frac{1}{\alpha}}$$

为此，先看上式右端中的普通加法下的定积分，将其中的 $f(x)$ 换成 $\left(\frac{R^2}{R^2\{-\}x^2}\right)^{\frac{1}{2}}$，有

$$\int_0^R\left(\frac{R^2}{R^2\{-\}x^2}\right)^{\frac{\alpha}{2}}x^{\alpha-1}\mathrm{d}x = \int_0^R\left(\frac{R^2}{(R^{2\alpha}-x^{2\alpha})^{\frac{1}{\alpha}}}\right)^{\frac{\alpha}{2}}x^{\alpha-1}\mathrm{d}x$$

$$= \int_0^R\frac{R^\alpha}{\sqrt{R^{2\alpha}-x^{2\alpha}}}x^{\alpha-1}\mathrm{d}x$$

做变量代换 $z = x^\alpha$，有

$$\int_0^R\frac{R^\alpha}{\sqrt{R^{2\alpha}-x^{2\alpha}}}x^{\alpha-1}\mathrm{d}x = \frac{1}{\alpha}\int_0^{R^\alpha}\frac{R^\alpha}{\sqrt{R^{2\alpha}-z^2}}\mathrm{d}z$$

我们知道，函数 $\frac{1}{\sqrt{R^{2\alpha}-z^2}}$ 的原函数为 $\arcsin\frac{x}{R^\alpha}$，所以有

$$\frac{1}{\alpha}\int_0^{R^\alpha}\frac{R^\alpha}{\sqrt{R^{2\alpha}-z^2}}\mathrm{d}z = \frac{R^\alpha}{\alpha}\arcsin\frac{x}{R^\alpha}\Big|_0^{R^\alpha}$$

$$= \frac{R^\alpha\pi}{2\alpha}$$

根据定理 10.1 的结论，我们有

$$\oplus\int_0^R\left(\frac{R^2}{R^2\{-\}x^2}\right)^{\frac{1}{2}}\mathrm{d}x = \left(\alpha\int_a^b\left(\frac{R^2}{R^2\{-\}x^2}\right)^{\frac{\alpha}{2}}x^{\alpha-1}\mathrm{d}x\right)^{\frac{1}{\alpha}}$$

$$= \left(\alpha\frac{R^\alpha\pi}{2\alpha}\right)^{\frac{1}{\alpha}}$$

$$= \left(\frac{\pi}{2}\right)^{\frac{1}{\alpha}}R$$

整个圆的周长为

$$L = (1\{+\}1\{+\}1\{+\}1)\left(\frac{\pi}{2}\right)^{\frac{1}{\alpha}}R$$

$$= (4)^{\frac{1}{\alpha}}\left(\frac{\pi}{2}\right)^{\frac{1}{\alpha}}R$$

$$= (2\pi)^{\frac{1}{\alpha}}R$$

定理得证。

定理 10.5　在广义加法世界里，半径为 R 的圆的面积 S 的数学公式为

$$S = (\pi)^{\frac{1}{\alpha}}R^2$$

证明　在广义加法的世界中，半径为 R 的圆的代数方程为

$$y^2\{+\}x^2 = R^2$$

在第一象限中的圆的代数方程为

$$y = \sqrt{R^2\{-\}x^2}$$

根据广义加法世界中的定积分的含义，我们得到了半径为 R 的圆的面积 S 在第一象限中的积分表达式如下

$$\oplus\int_0^R \sqrt{R^2\{-\}x^2}\,\mathrm{d}x$$

根据定理 10.1，有

$$\int_a^b f^\alpha(x)x^{\alpha-1}\mathrm{d}x = \frac{(\oplus\int_a^b f(x)\,\mathrm{d}x)^\alpha}{\alpha}$$

有
$$\oplus\int_a^b f(x)\,\mathrm{d}x = (\alpha\int_a^b f^\alpha(x)x^{\alpha-1}\mathrm{d}x)^{\frac{1}{\alpha}}$$

为此，先看上式右端中的普通加法下的定积分，将其中的 $f(x)$ 换成 $\sqrt{R^2\{-\}x^2}$，有

$$\int_0^R (\sqrt{R^2\{-\}x^2})^\alpha x^{\alpha-1}\mathrm{d}x = \int_0^R ((R^{2\alpha} - x^{2\alpha})^{\frac{1}{\alpha}})^{\frac{\alpha}{2}}x^{\alpha-1}\mathrm{d}x$$

$$= \int_0^R (R^{2\alpha} - x^{2\alpha})^{\frac{1}{2}}x^{\alpha-1}\mathrm{d}x$$

做变量代换 $z = x^\alpha$，有

$$\int_0^R (R^{2\alpha} - x^{2\alpha})^{\frac{1}{2}} x^{\alpha-1} dx = \frac{1}{\alpha}\int_0^{R\alpha} (R^{2\alpha} - z^2)^{\frac{1}{2}} dz$$

我们知道，函数$\sqrt{R^{2\alpha} - x^2}$的原函数为$\frac{1}{2}\left(x\sqrt{R^{2\alpha} - x^2} + R^{2\alpha}\arcsin\frac{x}{R^\alpha}\right)$，所以有

$$\begin{aligned}\frac{1}{\alpha}\int_0^{R\alpha} (R^{2\alpha} - z^2)^{\frac{1}{2}} dz &= \frac{1}{2\alpha}\left(z\sqrt{R^{2\alpha} - z^2} + R^{2\alpha}\arcsin\frac{z}{R^\alpha}\right)\Bigg|_0^{R\alpha} \\ &= \frac{1}{2\alpha}\left(R^\alpha\sqrt{R^{2\alpha} - R^{2\alpha}} + R^{2\alpha}\arcsin\frac{R^\alpha}{R^\alpha}\right) \\ &= \frac{R^{2\alpha}\pi}{4\alpha}\end{aligned}$$

根据定理 10.1 的结论，我们有

$$\begin{aligned}\oplus\int_0^R \sqrt{R^2\{-\}x^2}dx &= \left(\alpha\int_0^R (\sqrt{R^2\{-\}x^2})^\alpha x^{\alpha-1}dx\right)^{\frac{1}{\alpha}} \\ &= \left(\alpha\frac{R^{2\alpha}\pi}{4\alpha}\right)^{\frac{1}{\alpha}} \\ &= \left(\frac{\pi}{4}\right)^{\frac{1}{\alpha}} R^2\end{aligned}$$

整个圆的面积为

$$\begin{aligned}S &= (1\{+\}1\{+\}1\{+\}1)\left(\frac{\pi}{4}\right)^{\frac{1}{\alpha}} R^2 \\ &= (4)^{\frac{1}{\alpha}}\left(\frac{\pi}{4}\right)^{\frac{1}{\alpha}} R^2 \\ &= (\pi)^{\frac{1}{\alpha}} R^2\end{aligned}$$

定理得证。

我们证明了广义加法世界中圆周长和圆面积的数学公式的正确性，这些公式不再是用数值方法验证的经验公式，这也充分显示了数学证明的强大力量。

下面我们来求广义加法世界中球体体积的数学公式。我们已经知道广义加法世界中圆的面积的数学公式，设想一个球体，球心在原点，球的半径为 R，沿着与 x 轴垂直并过原点切掉半个球体，则只剩下 $0 \leqslant x \leqslant R$ 的部分。将球体沿着与 x 轴垂直方向切成薄片，在 x 处薄片圆盘的半径为$\sqrt{R^2\{-\}x^2}$，在 x 处薄片圆

盘的面积为 $\pi^{\frac{1}{\alpha}}(\sqrt{R^2\{-\}x^2})^2$，整个球体的广义加法意义下的体积 V 由下面的广义加法意义下的积分给出

$$V = 2^{\frac{1}{\alpha}} \oplus \int_0^R \pi^{\frac{1}{\alpha}}(\sqrt{R^2\{-\}x^2})^2 \mathrm{d}x$$

其中乘数 $2^{\frac{1}{\alpha}}$ 是加上另一半球体的原因。我们有

$$\begin{aligned} V &= 2^{\frac{1}{\alpha}} \oplus \int_0^R \pi^{\frac{1}{\alpha}}(\sqrt{R^2\{-\}x^2})^2 \mathrm{d}x \\ &= (2\pi)^{\frac{1}{\alpha}} \oplus \int_0^R (R^2\{-\}x^2)\mathrm{d}x \\ &= (2\pi)^{\frac{1}{\alpha}}\left(R^2x\{-\}\frac{1}{3^{\frac{1}{\alpha}}}x^3\right)\bigg|_0^R \\ &= (2\pi)^{\frac{1}{\alpha}}R^3\left(1\{-\}\frac{1}{3^{\frac{1}{\alpha}}}\right) \\ &= (2\pi)^{\frac{1}{\alpha}}R^3\left(\frac{2}{3}\right)^{\frac{1}{\alpha}} \\ &= \left(\frac{4\pi}{3}\right)^{\frac{1}{\alpha}}R^3 \end{aligned}$$

得到广义加法世界中的球体体积的数学公式

$$V = \left(\frac{4\pi}{3}\right)^{\frac{1}{\alpha}}R^3 \tag{10.8}$$

这个表达式与普通加法下的球体体积的数学公式很相似。

10.6　本章总结

1. 广义加法意义下函数的积分与普通积分的函数关系为

$$\int_a^b f^{\alpha}(x)x^{\alpha-1}\mathrm{d}x = \frac{(\oplus\int_a^b f(x)\mathrm{d}x)^{\alpha}}{\alpha}$$

2. 函数 $f(x)$ 的广义加法意义下函数的原函数 $F(x)$，即 $\oplus\frac{\mathrm{d}F(x)}{\mathrm{d}x} = f(x)$，则 $F(x)$ 满足下面的普通加法意义下的一阶微分方程

$$\frac{\mathrm{d}F(x)}{\mathrm{d}x} = f^{\alpha}(x)x^{\alpha-1}F(x)^{1-\alpha}$$

3. 函数 $f(x)$ 的广义加法意义下函数的原函数 $F(x)$ 的数学公式为

$$F(x)=\left(\alpha\int f^{\alpha}(x)x^{\alpha-1}\mathrm{d}x\right)^{\frac{1}{\alpha}}$$

4. 重要的几个初等函数的广义加法意义下的原函数

$$\oplus\int \mathrm{e}^{x}\mathrm{d}x=\mathrm{e}^{x}\left(x-\frac{1}{2}\right)^{\frac{1}{2}}\quad(\alpha=2)$$

$$\oplus\int \mathrm{e}^{x}\mathrm{d}x=\mathrm{e}^{x}\left(x^{2}-\frac{2}{3}x+\frac{2}{9}\right)^{\frac{1}{3}}\quad(\alpha=3)$$

$$\oplus\int\cos(x)\mathrm{d}x=\left(\frac{1}{2}x^{2}+\frac{1}{2}x\sin 2x+\frac{1}{4}\cos 2x\right)^{\frac{1}{2}}\quad(\alpha=2)$$

$$\oplus\int\sin(x)\mathrm{d}x=\left(\frac{1}{2}x^{2}-\frac{1}{2}x\sin 2x-\frac{1}{4}\cos 2x\right)^{\frac{1}{2}}\quad(\alpha=2)$$

5. 广义加法世界中部分函数的导数和原函数(表 10.1)。

表 10.1

函数的导数	原函数
$\oplus\frac{\mathrm{d}}{\mathrm{d}x}G\tan(x)=\frac{1}{(G\cos(x))^{2}}$	$\oplus\int\frac{1}{(G\cos(x))^{2}}\mathrm{d}x=G\tan(x)$
$\oplus\frac{\mathrm{d}}{\mathrm{d}x}G\cot(x)=\frac{-1}{(G\sin(x))^{2}}$	$\oplus\int\frac{-1}{(G\sin(x))^{2}}\mathrm{d}x=G\cot(x)$
$\oplus\frac{\mathrm{d}}{\mathrm{d}x}G\arcsin(x)=\frac{1}{\sqrt{1\{-\}x^{2}}}$	$\oplus\int\frac{1}{\sqrt{1\{-\}x^{2}}}\mathrm{d}x=G\arcsin(x)$
$\oplus\frac{\mathrm{d}}{\mathrm{d}x}G\arccos(x)=\frac{-1}{\sqrt{1\{-\}x^{2}}}$	$\oplus\int\frac{-1}{\sqrt{1\{-\}x^{2}}}\mathrm{d}x=G\arccos(x)$
$\oplus\frac{\mathrm{d}}{\mathrm{d}x}G\arctan(x)=\frac{1}{1\{+\}x^{2}}$	$\oplus\int\frac{1}{1\{+\}x^{2}}\mathrm{d}x=G\arctan(x)$
$\oplus\frac{\mathrm{d}}{\mathrm{d}x}G\mathrm{arccot}(x)=\frac{-1}{1\{+\}x^{2}}$	$\oplus\int\frac{-1}{1\{+\}x^{2}}\mathrm{d}x=G\mathrm{arccot}(x)$
$\oplus\frac{\mathrm{d}}{\mathrm{d}x}G\ln(x)=\frac{1}{x}$	$\oplus\int\frac{1}{x}\mathrm{d}x=G\ln(x)$

6. 在广义加法世界里,半径为 R 的圆的周长 L 的数学公式为

$$L=(2\pi)^{\frac{1}{\alpha}}R$$

在广义加法世界里,半径为 R 的圆的面积 S 的数学公式为

$$S=(\pi)^{\frac{1}{\alpha}}R^{2}$$

在广义加法世界里,半径为 R 的球体的体积 V 的数学公式为

$$V=\left(\frac{4\pi}{3}\right)^{\frac{1}{\alpha}}R^{3}$$

第11章 混合使用广义加法和普通加法的函数积分

在本章中我们研究一个特殊的问题，这个问题在一些实际应用问题建立数学模型时会遇到，在深入考查广义加法的积分定义和意义时也会考虑到，那就是在定义一个函数的积分时混合使用广义加法和普通加法。具体来说，我们可以让自变量的变化使用普通加法，而让函数值的变化使用广义加法；或者，我们可以让自变量的变化使用广义加法，而让函数值的变化使用普通加法。这个想法的确有些奇特，但是仔细思考这个问题可以发现，这是一个有理论意义和应用意义的问题，所以是值得研究的。这些问题与第7章中提出的混合使用广义加法和普通加法的函数导数的内容相对应。我们引进这些特殊积分的定义，并讨论这些积分的性质。我们不考虑混合使用了广义加法和普通加法的曲线积分和重积分的问题，尽管这些问题在理论上是可以建立的，但是在现阶段研究这些模型还为时尚早。

11.1 混合使用广义加法和普通加法的原函数的定义

本节中我们给出混合使用广义加法和普通加法的原函数的定义，并讨论原函数的若干性质。在第7章中我们给出了混合使用广义加法和普通加法的导函数的定义，包括两种导数：一种是自变量的增量使用普通加法，函数值的增量使用广义加法，我们称之为混合导数一，记为$\frac{+}{\oplus}\frac{\mathrm{d}f(x)}{\mathrm{d}x}$；另一种是自变量的增量使用广义加法，函数值的增量使用普通加法，我们称之为混合导数二，记为$\frac{\oplus}{+}\frac{\mathrm{d}f(x)}{\mathrm{d}x}$。具体定义式如下

$$\frac{+}{\oplus}\frac{\mathrm{d}f(x)}{\mathrm{d}x}=\lim_{\Delta x_C\to 0}\frac{f(x+\Delta x_C)\{-\}f(x)}{(\Delta x_C)^{\frac{1}{\alpha}}}$$

$$\frac{\oplus}{+}\frac{\mathrm{d}f(x)}{\mathrm{d}x}=\lim_{\Delta x\to 0}\frac{f(x\{+\}\Delta x)-f(x)}{(\Delta x)^{\alpha}}$$

混合使用广义加法和普通加法的原函数的定义也有两种，下面给出相应的定义。

定义 11.1　对于函数$f(x)$，若有函数$F(x)$满足

$$\frac{+}{\oplus}\frac{\mathrm{d}F(x)}{\mathrm{d}x}=f(x) \tag{11.1}$$

则称$F(x)$是混合使用广义加法和普通加法的原函数，称之为混合原函数一，记为

$$F(x)=\frac{+}{\oplus}\int f(x)\,\mathrm{d}x$$

定义 11.2　对于函数$f(x)$，若有函数$F(x)$满足

$$\frac{\oplus}{+}\frac{\mathrm{d}F(x)}{\mathrm{d}x}=f(x) \tag{11.2}$$

则称$F(x)$是混合使用广义加法和普通加法的原函数，称之为混合原函数二，记为

$$F(x)=\frac{\oplus}{+}\int f(x)\,\mathrm{d}x$$

求取混合原函数一的运算规则如下。

(1) 加法规则。

$f(x)\{+\}g(x)$ 的混合原函数一为

$$\frac{+}{\oplus}\int f(x)\,\mathrm{d}x\{+\}\frac{+}{\oplus}\int g(x)\,\mathrm{d}x$$

根据定义

$$\frac{+}{\oplus}\frac{\mathrm{d}}{\mathrm{d}x}\frac{+}{\oplus}\int f(x)\,\mathrm{d}x = f(x)$$

$$\frac{+}{\oplus}\frac{\mathrm{d}}{\mathrm{d}x}\frac{+}{\oplus}\int g(x)\,\mathrm{d}x = g(x)$$

又根据求导法则(定理7.1)有

$$\begin{aligned}&\frac{+}{\oplus}\frac{\mathrm{d}}{\mathrm{d}x}\left(\frac{+}{\oplus}\int f(x)\,\mathrm{d}x\{+\}\frac{+}{\oplus}\int g(x)\,\mathrm{d}x\right)\\&=\frac{+}{\oplus}\frac{\mathrm{d}}{\mathrm{d}x}\frac{+}{\oplus}\int f(x)\,\mathrm{d}x\{+\}\frac{+}{\oplus}\frac{\mathrm{d}}{\mathrm{d}x}\frac{+}{\oplus}\int g(x)\,\mathrm{d}x\\&=f(x)\{+\}g(x)\end{aligned}$$

所以$\frac{+}{\oplus}\int f(x)\,\mathrm{d}x\{+\}\frac{+}{\oplus}\int g(x)\,\mathrm{d}x$为$f(x)\{+\}g(x)$的混合原函数一,即有

$$\frac{+}{\oplus}\int(f(x)\{+\}g(x))\,\mathrm{d}x = \frac{+}{\oplus}\int f(x)\,\mathrm{d}x\{+\}\frac{+}{\oplus}\int g(x)\,\mathrm{d}x$$

(2) 常数乘法规则。

设$f(x)$的广义加法意义下的混合原函数一为$G(x)$,即

$$\frac{+}{\oplus}\frac{\mathrm{d}}{\mathrm{d}x}G(x) = f(x)$$

根据求导法则(定理7.3),对于常数C,有

$$\frac{+}{\oplus}\frac{\mathrm{d}}{\mathrm{d}x}CG(x) = C\frac{+}{\oplus}\frac{\mathrm{d}}{\mathrm{d}x}G(x) = Cf(x)$$

根据混合原函数一的定义,$CG(x)$是$Cf(x)$的混合原函数一,即有

$$\frac{+}{\oplus}\int Cf(x)\,\mathrm{d}x = C\frac{+}{\oplus}\int f(x)\,\mathrm{d}x$$

(3) 分部积分公式。

根据广义加法意义下函数乘积的求导法则(定理7.2),有

$$\frac{+}{\oplus}\frac{\mathrm{d}}{\mathrm{d}x}(f(x)g(x)) = g(x)\frac{+}{\oplus}\frac{\mathrm{d}}{\mathrm{d}x}f(x)\{+\}f(x)\frac{+}{\oplus}\frac{\mathrm{d}}{\mathrm{d}x}g(x)$$

也可以写成

$$\frac{+}{\oplus}\int\mathrm{d}(f(x)g(x)) = g(x)\frac{+}{\oplus}\int\mathrm{d}f(x)\{+\}f(x)\frac{+}{\oplus}\int\mathrm{d}g(x)$$

根据混合原函数一的定义,有

$$f(x)g(x)=\underset{\oplus}{\overset{+}{}}\int g(x)\underset{\oplus}{\overset{+}{}}\frac{\mathrm{d}f(x)}{\mathrm{d}x}\mathrm{d}x\{+\}\underset{\oplus}{\overset{+}{}}\int f(x)\underset{\oplus}{\overset{+}{}}\frac{\mathrm{d}g(x)}{\mathrm{d}x}\mathrm{d}x$$

移项整理,有

$$\underset{\oplus}{\overset{+}{}}\int g(x)\underset{\oplus}{\overset{+}{}}\frac{\mathrm{d}f(x)}{\mathrm{d}x}\mathrm{d}x=f(x)g(x)\{-\}\underset{\oplus}{\overset{+}{}}\int f(x)\underset{\oplus}{\overset{+}{}}\frac{\mathrm{d}g(x)}{\mathrm{d}x}\mathrm{d}x$$

其中$\underset{\oplus}{\overset{+}{}}\frac{\mathrm{d}f(x)}{\mathrm{d}x}$是函数$f(x)$的广义加法意义下的混合导数一,$\underset{\oplus}{\overset{+}{}}\int g(x)\cdot\underset{\oplus}{\overset{+}{}}\frac{\mathrm{d}f(x)}{\mathrm{d}x}\mathrm{d}x$是函数$g(x)\underset{\oplus}{\overset{+}{}}\frac{\mathrm{d}f(x)}{\mathrm{d}x}$的广义加法意义下的混合原函数一。

(4) 代换公式。

根据广义加法意义下复合函数的求导法则(定理7.4),有

$$\underset{\oplus}{\overset{+}{}}\frac{\mathrm{d}f(u(x))}{\mathrm{d}x}=(u(x))^{\frac{\alpha}{\alpha-1}}\left(\underset{\oplus}{\overset{+}{}}\frac{\mathrm{d}f(u)}{\mathrm{d}u}\right)\left(\underset{\oplus}{\overset{+}{}}\frac{\mathrm{d}u(x)}{\mathrm{d}x}\right)$$

设$F(u)$是$f(u)$的一个广义加法意义下的混合原函数一,即

$$\underset{\oplus}{\overset{+}{}}\frac{\mathrm{d}F(u)}{\mathrm{d}u}=f(u)$$

做变量代换$u=u(x)$,上式两边取广义加法意义下的以x为自变量的原函数,有

$$F(u(x))=\underset{\oplus}{\overset{+}{}}\int(u(x))^{\frac{\alpha}{\alpha-1}}\underset{\oplus}{\overset{+}{}}\frac{\mathrm{d}F(x)}{\mathrm{d}u}\underset{\oplus}{\overset{+}{}}\frac{\mathrm{d}u(x)}{\mathrm{d}x}\mathrm{d}x$$

而$\underset{\oplus}{\overset{+}{}}\frac{\mathrm{d}F(u)}{\mathrm{d}u}=f(u)$,故有

$$\underset{\oplus}{\overset{+}{}}\int f(u(x))\mathrm{d}x=\underset{\oplus}{\overset{+}{}}\int(u(x))^{\frac{\alpha}{\alpha-1}}f(u(x))\underset{\oplus}{\overset{+}{}}\frac{\mathrm{d}u(x)}{\mathrm{d}x}\mathrm{d}x$$

这是关于混合原函数一的运算规则。

求取混合原函数二的运算规则如下。

(1) 加法规则。

$f(x)+g(x)$的混合原函数二为

$$\underset{+}{\overset{\oplus}{}}\int f(x)\mathrm{d}x+\underset{+}{\overset{\oplus}{}}\int g(x)\mathrm{d}x$$

根据定义

$$\frac{\oplus}{+}\frac{\mathrm{d}}{\mathrm{d}x}\frac{\oplus}{+}\int f(x)\,\mathrm{d}x = f(x)$$

$$\frac{\oplus}{+}\frac{\mathrm{d}}{\mathrm{d}x}\frac{\oplus}{+}\int g(x)\,\mathrm{d}x = g(x)$$

又根据求导法则（定理 7.8）有

$$\begin{aligned}&\frac{\oplus}{+}\frac{\mathrm{d}}{\mathrm{d}x}\left(\frac{\oplus}{+}\int f(x)\,\mathrm{d}x + \frac{\oplus}{+}\int g(x)\,\mathrm{d}x\right)\\&= \frac{\oplus}{+}\frac{\mathrm{d}}{\mathrm{d}x}\frac{\oplus}{+}\int f(x)\,\mathrm{d}x + \frac{\oplus}{+}\frac{\mathrm{d}}{\mathrm{d}x}\frac{\oplus}{+}\int g(x)\,\mathrm{d}x\\&= f(x) + g(x)\end{aligned}$$

所以$\frac{\oplus}{+}\int f(x)\,\mathrm{d}x + \frac{\oplus}{+}\int g(x)\,\mathrm{d}x$ 为$f(x) + g(x)$ 的混合原函数二，即有

$$\frac{\oplus}{+}\int (f(x) + g(x))\,\mathrm{d}x = \frac{\oplus}{+}\int f(x)\,\mathrm{d}x + \frac{\oplus}{+}\int g(x)\,\mathrm{d}x$$

（2）常数乘法规则。

设$f(x)$ 的广义加法意义下的混合原函数二为 $G(x)$，即

$$\frac{\oplus}{+}\frac{\mathrm{d}}{\mathrm{d}x}G(x) = f(x)$$

根据求导法则（定理 7.3），对于常数 C，有

$$\frac{\oplus}{+}\frac{\mathrm{d}}{\mathrm{d}x}CG(x) = C\frac{\oplus}{+}\frac{\mathrm{d}}{\mathrm{d}x}G(x) = Cf(x)$$

根据混合原函数一的定义，$CG(x)$ 是 $Cf(x)$ 的混合原函数二，即有

$$\frac{\oplus}{+}\int Cf(x)\,\mathrm{d}x = C\frac{\oplus}{+}\int f(x)\,\mathrm{d}x$$

（3）分部积分公式。

根据广义加法意义下函数乘积的求导法则（定理 7.9），有

$$\frac{\oplus}{+}\frac{\mathrm{d}}{\mathrm{d}x}(f(x)g(x)) = g(x)\frac{\oplus}{+}\frac{\mathrm{d}}{\mathrm{d}x}f(x) + f(x)\frac{\oplus}{+}\frac{\mathrm{d}}{\mathrm{d}x}g(x)$$

也可以写成

$$\frac{\oplus}{+}\int \mathrm{d}(f(x)g(x)) = g(x)\frac{\oplus}{+}\int \mathrm{d}f(x) + f(x)\frac{\oplus}{+}\int \mathrm{d}g(x)$$

根据混合原函数二的定义，有

$$f(x)g(x)=\underset{+}{\oplus}\int g(x)\underset{+}{\oplus}\frac{\mathrm{d}f(x)}{\mathrm{d}x}\mathrm{d}x+\underset{+}{\oplus}\int f(x)\underset{+}{\oplus}\frac{\mathrm{d}g(x)}{\mathrm{d}x}\mathrm{d}x$$

移项整理,有

$$\underset{+}{\oplus}\int g(x)\underset{+}{\oplus}\frac{\mathrm{d}f(x)}{\mathrm{d}x}\mathrm{d}x=f(x)g(x)-\underset{+}{\oplus}\int f(x)\underset{+}{\oplus}\frac{\mathrm{d}g(x)}{\mathrm{d}x}\mathrm{d}x$$

其中,$\underset{+}{\oplus}\frac{\mathrm{d}f(x)}{\mathrm{d}x}$ 是函数 $f(x)$ 的广义加法意义下的混合导数二,$\underset{+}{\oplus}\int g(x)\cdot\underset{+}{\oplus}\frac{\mathrm{d}f(x)}{\mathrm{d}x}\mathrm{d}x$ 是函数 $g(x)\underset{+}{\oplus}\frac{\mathrm{d}f(x)}{\mathrm{d}x}$ 的广义加法意义下的混合原函数二。

(4) 代换公式。

根据广义加法意义下复合函数的求导法则(定理7.11),有

$$\underset{+}{\oplus}\frac{\mathrm{d}f(u(x))}{\mathrm{d}x}=\alpha\left(x\frac{\mathrm{d}u}{\mathrm{d}x}\right)^{\alpha-1}\left(\underset{+}{\oplus}\frac{\mathrm{d}f(u)}{\mathrm{d}u}\right)\times\left(\underset{+}{\oplus}\frac{\mathrm{d}u(x)}{\mathrm{d}x}\right)$$

设 $F(u)$ 是 $f(u)$ 的一个广义加法意义下的混合原函数二,即

$$\underset{+}{\oplus}\frac{\mathrm{d}F(u)}{\mathrm{d}u}=f(u)$$

做变量代换 $u=u(x)$,上式两边取广义加法意义下的以 x 为自变量的原函数,有

$$F(u(x))=\underset{+}{\oplus}\int\alpha\left(x\frac{\mathrm{d}u}{\mathrm{d}x}\right)^{\alpha-1}\underset{+}{\oplus}\frac{\mathrm{d}F(x)}{\mathrm{d}u}\underset{+}{\oplus}\frac{\mathrm{d}u(x)}{\mathrm{d}x}\mathrm{d}x$$

而$\underset{+}{\oplus}\frac{\mathrm{d}F(u)}{\mathrm{d}u}=f(u)$,故有

$$\underset{+}{\oplus}\int f(u(x))\mathrm{d}x=\underset{+}{\oplus}\int\alpha\left(x\frac{\mathrm{d}u}{\mathrm{d}x}\right)^{\alpha-1}f(u(x))\underset{+}{\oplus}\frac{\mathrm{d}u(x)}{\mathrm{d}x}\mathrm{d}x$$

这是关于混合原函数二的运算规则。

11.2 混合使用广义加法和普通加法的函数定积分的定义

在本节中我们引进混合使用广义加法和普通加法的函数定积分的定义,并证明相应的一些性质,这些性质与普通微积分中相应性质的表述是相同的。有两类混合积分:第一类是在积分的定义式中自变量的变动部分使用普通加

法,而函数值的求和部分使用广义加法;第二类是在积分的定义式中自变量的变动部分使用广义加法,而函数值的求和部分使用普通加法。这两种定积分的定义与混合使用广义加法和普通加法的导数的二类定义相对应。我们分别给出相应的定义。

定义 11.3 设函数$f(x)$是区间$[a,b]$上的有界函数,将区间$[a,b]$分成n个小段

$$a < x_1 < x_2 < \cdots < x_n = b$$

$$\Delta x_i^C = x_i - x_{i-1}, \mu = \max_{1 \leq i \leq n} \{\Delta x_i\}$$

在每一个小段$[x_i, x_{i-1}]$上任取一个点ξ_i,广义加法定义中的幂指数为α,做广义加法意义下的和

$$\oplus \sum_{i=1}^{n} f(\xi_i)(\Delta x_i^C)^{\frac{1}{\alpha}}$$

若下面的极限存在

$$\lim_{\mu \to 0} \oplus \sum_{i=1}^{n} f(\xi_i)(\Delta x_i^C)^{\frac{1}{\alpha}}$$

则上式的极限值称为函数$f(x)$的混合使用广义加法和普通加法的定积分,称之为混合定积分一,记为

$$\frac{+}{\oplus}\int_a^b f(x)\,\mathrm{d}x = \lim_{\mu \to 0} \oplus \sum_{i=1}^{n} f(\xi_i)(\Delta x_i^C)^{\frac{1}{\alpha}} \tag{11.3}$$

积分记号中$\frac{+}{\oplus}$的上面的 + 表示自变量的加法规则为普通加法,而$\frac{+}{\oplus}$的下面的$\oplus$表示函数值的加法规则为广义加法。

就像混合使用广义加法和普通加法的导数的定义一样,混合使用广义加法和普通加法的定积分的定义也很特别。对于广义加法意义下的混合定积分一,其自变量改变量部分的形式是$(\Delta x_{\mathrm{i}}^C)^{\frac{1}{\alpha}}$,对于这种形式的积分表达式的研究可能会遇到一些新问题。

定义 11.4 设函数$f(x)$是区间$[a,b]$上的有界函数,将区间$[a,b]$分成n个小段

$$a < x_1 < x_2 < \cdots < x_n = b$$

$$\Delta x_i = x_i \{-\} x_{i-1}, \mu = \max_{1 \leqslant i \leqslant n} \{\Delta x_i\}$$

在每一个小段$[x_i, x_{i-1}]$上任取一个点ξ_i，广义加法定义中的幂指数为α，做普通加法意义下的和

$$\sum_{i=1}^{n} f(\xi_i)(\Delta x_i)^{\alpha}$$

若下面的极限存在

$$\lim_{\mu \to 0} \sum_{i=1}^{n} f(\xi_i)(\Delta x_i)^{\alpha}$$

则上式的极限值称为函数$f(x)$的混合使用广义加法和普通加法的定积分，称之为混合定积分二，记为

$$\frac{\oplus}{+}\int_a^b f(x)\,\mathrm{d}x = \lim_{\mu \to 0} \sum_{i=1}^{n} f(\xi_i)(\Delta x_i)^{\alpha} \tag{11.4}$$

积分记号中$\frac{\oplus}{+}$的上面的$\oplus$表示自变量的加法规则为广义加法，而$\frac{\oplus}{+}$的下面的$+$表示函数值的加法规则为普通加法。

就像混合使用广义加法和普通加法的导数的定义一样，混合使用广义加法和普通加法的定积分的定义也很特别。对于广义加法意义下的混合定积分二，值得注意两点：一是因为自变量增量部分的形式是$(\Delta x_i)^{\alpha}$，二是求和用的是普通加法。对于这种形式的积分表达式的研究也可能会遇到一些新问题。

11.3　混合使用广义加法和普通加法的原函数求取方法一

在第7章中我们引进了混合使用广义加法和普通加法的导数的概念，我们先讨论混合导数一，即$\frac{+}{\oplus}\frac{\mathrm{d}f(x)}{\mathrm{d}x}$。具体定义式如下

$$\frac{+}{\oplus}\frac{\mathrm{d}f(x)}{\mathrm{d}x} = \lim_{\Delta x \to 0} \frac{f(x+\Delta x_C)\{-\}f(x)}{(\Delta x_C)^{\frac{1}{\alpha}}}$$

在第7章中我们还得到了下面的公式

$$\frac{+}{\oplus}\frac{\mathrm{d}f(x)}{\mathrm{d}x} = \left(\alpha \frac{\mathrm{d}f(x)}{\mathrm{d}x}\right)^{\frac{1}{\alpha}} (f(x))^{1-\frac{1}{\alpha}}$$

这是求混合使用广义加法和普通加法的导数的公式。我们有下面的定理。

定理 11.1　对于存在导数的函数$f(x)$,其广义加法意义下的混合原函数一的数学表达式为

$$\underset{\oplus}{\overset{+}{}}\int f(x)\,\mathrm{d}x = \left(\int f^{\alpha}(x)\,\mathrm{d}x\right)^{\frac{1}{\alpha}} \tag{11.5}$$

证明　按照原函数的定义,有

$$\underset{\oplus}{\overset{+}{}}\int\left(\alpha\frac{\mathrm{d}f(x)}{\mathrm{d}x}\right)^{\frac{1}{\alpha}}(f(x))^{1-\frac{1}{\alpha}}\mathrm{d}x = f(x)$$

我们要解决的问题是,对于函数$f(x)$,求它的混合使用广义加法和普通加法意义下的原函数,即求$F(x)$满足

$$\underset{\oplus}{\overset{+}{}}\frac{\mathrm{d}F(x)}{\mathrm{d}x} = f(x)$$

我们知道

$$\underset{\oplus}{\overset{+}{}}\frac{\mathrm{d}F(x)}{\mathrm{d}x} = \left(\alpha\frac{\mathrm{d}F(x)}{\mathrm{d}x}\right)^{\frac{1}{\alpha}}(F(x))^{1-\frac{1}{\alpha}}$$

问题变成由下面的方程求解$F(x)$

$$\left(\alpha\frac{\mathrm{d}F(x)}{\mathrm{d}x}\right)^{\frac{1}{\alpha}}(F(x))^{1-\frac{1}{\alpha}} = f(x)$$

两边取α次幂,有

$$\alpha\frac{\mathrm{d}F(x)}{\mathrm{d}x}(F(x))^{\alpha-1} = f^{\alpha}(x)$$

这个表达式已经不涉及广义加法了,两边取普通加法意义下的不定积分

$$\int\alpha\frac{\mathrm{d}F(x)}{\mathrm{d}x}(F(x))^{\alpha-1}\mathrm{d}x = \int f^{\alpha}(x)\,\mathrm{d}x$$

有

$$\alpha\int(F(x))^{\alpha-1}\mathrm{d}F(x) = \int f^{\alpha}(x)\,\mathrm{d}x$$

得到

$$(F(x))^{\alpha} = \int f^{\alpha}(x)\,\mathrm{d}x$$

最后得到

$$F(x) = (\int f^{\alpha}(x)\mathrm{d}x)^{\frac{1}{\alpha}}$$

上式就是$f(x)$ 的混合使用广义加法和普通加法意义下的原函数,即有

$$\frac{+}{\oplus}\int f(x)\mathrm{d}x = (\int f^{\alpha}(x)\mathrm{d}x)^{\frac{1}{\alpha}}$$

这里的幂函数都与广义加法定义中使用的幂函数是相同的,是一个定义在整个实数轴上的奇函数,即$(x)^{\alpha}$。定理得证。

下面给出几个求取原函数的例子。

(1) 求$\frac{+}{\oplus}\int x^n\mathrm{d}x$。

根据定理11.1,有

$$\begin{aligned}\frac{+}{\oplus}\int x^n\mathrm{d}x &= (\int x^{n\alpha}\mathrm{d}x)^{\frac{1}{\alpha}} \\ &= \left(\frac{1}{n\alpha+1}x^{n\alpha+1}\right)^{\frac{1}{\alpha}} \\ &= \left(\frac{1}{n\alpha+1}\right)^{\frac{1}{\alpha}}x^{n+\frac{1}{\alpha}}\end{aligned}$$

下面来验证原函数一的正确性。由定理7.14有

$$\frac{+}{\oplus}\frac{\mathrm{d}f(x)}{\mathrm{d}x} = \left(\alpha\frac{\mathrm{d}f(x)}{\mathrm{d}x}\right)^{\frac{1}{\alpha}}(f(x))^{1-\frac{1}{\alpha}}$$

令

$$f(x) = \left(\frac{1}{n\alpha+1}\right)^{\frac{1}{\alpha}}x^{n+\frac{1}{\alpha}}$$

代入上式有

$$\begin{aligned}\frac{+}{\oplus}\frac{\mathrm{d}f(x)}{\mathrm{d}x} &= \left(\alpha\frac{\mathrm{d}f(x)}{\mathrm{d}x}\right)^{\frac{1}{\alpha}}(f(x))^{1-\frac{1}{\alpha}} \\ &= \left(\alpha\left(\frac{1}{n\alpha+1}\right)^{\frac{1}{\alpha}}\left(n+\frac{1}{\alpha}\right)x^{n+\frac{1}{\alpha}-1}\right)^{\frac{1}{\alpha}}\left(\left(\frac{1}{n\alpha+1}\right)^{\frac{1}{\alpha}}x^{n+\frac{1}{\alpha}}\right)^{1-\frac{1}{\alpha}} \\ &= x^n\end{aligned}$$

说明我们推导出的结果是正确的。

(2) 求$\frac{+}{\oplus}\int \mathrm{e}^x\mathrm{d}x$。

根据定理 11.1,有

$$\frac{+}{\oplus}\int \mathrm{e}^{x}\mathrm{d}x = \left(\int \mathrm{e}^{\alpha x}\mathrm{d}x\right)^{\frac{1}{\alpha}}$$

$$= \left(\frac{1}{\alpha}\mathrm{e}^{\alpha x}\right)^{\frac{1}{\alpha}}$$

$$= \left(\frac{1}{\alpha}\right)^{\frac{1}{\alpha}}\mathrm{e}^{x}$$

(3) 求$\frac{+}{\oplus}\int \sin(x)\,\mathrm{d}x$。

根据定理 11.1,有

$$\frac{+}{\oplus}\int \sin(x)\,\mathrm{d}x = \left(\int (\sin x)^{\alpha}\mathrm{d}x\right)^{\frac{1}{\alpha}}$$

当 $\alpha = 2$ 时

$$\frac{+}{\oplus}\int \sin(x)\,\mathrm{d}x = \left(\int (\sin x)^{2}\mathrm{d}x\right)^{\frac{1}{2}}$$

$$= \left(\frac{1}{2}x - \frac{1}{4}\sin 2x\right)^{\frac{1}{2}}$$

当 $\alpha = 3$ 时

$$\frac{+}{\oplus}\int \sin(x)\,\mathrm{d}x = \left(\int (\sin x)^{3}\mathrm{d}x\right)^{\frac{1}{3}}$$

$$= \left(-\cos x + \frac{1}{3}(\cos x)^{3}\right)^{\frac{1}{3}}$$

(4) 求$\frac{+}{\oplus}\int \cos(x)\,\mathrm{d}x$。

根据定理 11.1,有

$$\frac{+}{\oplus}\int \cos(x)\,\mathrm{d}x = \left(\int (\cos x)^{\alpha}\mathrm{d}x\right)^{\frac{1}{\alpha}}$$

当 $\alpha = 2$ 时

$$\frac{+}{\oplus}\int \cos(x)\,\mathrm{d}x = \left(\int (\cos x)^{2}\mathrm{d}x\right)^{\frac{1}{2}}$$

$$= \left(\frac{1}{2}x + \frac{1}{4}\sin 2x\right)^{\frac{1}{2}}$$

当 $\alpha = 3$ 时

$$\frac{+}{\oplus}\int \cos(x)\,\mathrm{d}x = \left(\int (\cos x)^3 \mathrm{d}x\right)^{\frac{1}{3}}$$

$$= \left(\sin x - \frac{1}{3}(\sin x)^3\right)^{\frac{1}{3}}$$

11.4 混合使用广义加法和普通加法的原函数求取方法二

在第7章中我们引进了混合使用广义加法和普通加法的导数的概念，我们来讨论导数$\frac{\oplus}{+}\frac{\mathrm{d}f(x)}{\mathrm{d}x}$。具体定义式如下

$$\frac{\oplus}{+}\frac{\mathrm{d}f(x)}{\mathrm{d}x} = \lim_{\Delta x\to 0}\frac{f(x\{+\}\Delta x) - f(x)}{(\Delta x)^{\alpha}}$$

在第7章中我们还得到了下面的公式

$$\frac{\oplus}{+}\frac{\mathrm{d}f(x)}{\mathrm{d}x} = \frac{1}{\alpha}x^{1-\alpha}\frac{\mathrm{d}f(x)}{\mathrm{d}x}$$

这是求混合使用广义加法和普通加法的导数的公式。我们有下面的定理。

定理 11.2　对于存在导数的函数$f(x)$，其广义加法意义下的混合原函数二的数学表达式为

$$\frac{\oplus}{+}\int f(x)\,\mathrm{d}x = \alpha\int x^{\alpha-1}f(x)\,\mathrm{d}x \tag{11.6}$$

证明　按照原函数的定义，有

$$\frac{\oplus}{+}\int \frac{1}{\alpha}x^{1-\alpha}\frac{\mathrm{d}f(x)}{\mathrm{d}x}\mathrm{d}x = f(x)$$

我们要解决的问题是，对于函数$f(x)$，求它的混合使用广义加法和普通加法意义下的原函数，即求 $F(x)$ 满足

$$\frac{\oplus}{+}\frac{\mathrm{d}F(x)}{\mathrm{d}x} = f(x)$$

我们知道

$$\frac{\oplus}{+}\frac{\mathrm{d}F(x)}{\mathrm{d}x} = \frac{1}{\alpha}x^{1-\alpha}\frac{\mathrm{d}F(x)}{\mathrm{d}x}$$

问题变成由下面的方程求解 $F(x)$

$$\frac{1}{\alpha}x^{1-\alpha}\frac{dF(x)}{dx} = f(x)$$

有

$$\frac{dF(x)}{dx} = \alpha x^{\alpha-1}f(x)$$

这个表达式已经不涉及广义加法了，两边取普通加法意义下的不定积分，有

$$F(x) = \alpha\int x^{\alpha-1}f(x)dx$$

上式就是$f(x)$的混合使用广义加法和普通加法意义下的原函数，即有

$$\frac{\oplus}{+}\int f(x)dx = \alpha\int x^{\alpha-1}f(x)dx$$

这里的幂函数都与广义加法定义中使用的幂函数是相同的，是一个定义在整个实数轴上的奇函数，即$(x)^{\alpha}$。定理得证。

下面给出几个求取原函数的例子。

(1) 求$\frac{\oplus}{+}\int x^n dx$。

根据定理 11.2，有

$$\begin{aligned}\frac{\oplus}{+}\int x^n dx &= \alpha\int x^{\alpha-1}f(x)dx\\ &= \alpha\int x^{\alpha-1}x^n dx\\ &= \alpha\int x^{n+\alpha-1}dx\\ &= \frac{\alpha}{n+\alpha}x^{n+\alpha}\end{aligned}$$

下面来验证原函数二的正确性。由定理 7.15 有

$$\frac{\oplus}{+}\frac{df(x)}{dx} = \frac{1}{\alpha}x^{1-\alpha}\frac{df(x)}{dx}$$

令

$$f(x) = \frac{\alpha}{n+\alpha}x^{n+\alpha}$$

代入上式有

$$\frac{\oplus}{+}\frac{\mathrm{d}f(x)}{\mathrm{d}x}=\frac{1}{\alpha}x^{1-\alpha}\frac{\alpha}{n+\alpha}(n+\alpha)x^{n+\alpha-1}$$
$$=x^{n}$$

说明我们推导出的结果是正确的。

(2) 求$\frac{\oplus}{+}\int \mathrm{e}^{x}\mathrm{d}x$。

根据定理11.2,有

$$\frac{\oplus}{+}\int \mathrm{e}^{x}\mathrm{d}x=\alpha\int x^{\alpha-1}\mathrm{e}^{x}\mathrm{d}x$$

当$\alpha=2$时

$$\frac{\oplus}{+}\int \mathrm{e}^{x}\mathrm{d}x=2\int x\mathrm{e}^{x}\mathrm{d}x$$
$$=2\mathrm{e}^{x}(x-1)$$

当$\alpha=3$时

$$\frac{\oplus}{+}\int \mathrm{e}^{x}\mathrm{d}x=3\int x^{2}\mathrm{e}^{x}\mathrm{d}x$$
$$=3\mathrm{e}^{x}(x^{2}-2x+2)$$

(3) 求$\frac{\oplus}{+}\int \sin(x)\mathrm{d}x$。

根据定理11.2,有

$$\frac{\oplus}{+}\int \sin(x)\mathrm{d}x=\alpha\int x^{\alpha-1}\sin x\mathrm{d}x$$

当$\alpha=2$时

$$\frac{\oplus}{+}\int \sin(x)\mathrm{d}x=2\int x\sin x\mathrm{d}x$$
$$=2(\sin x-x\cos x)$$

当$\alpha=3$时

$$\frac{\oplus}{+}\int \sin(x)\mathrm{d}x=3\int x^{2}\sin x\mathrm{d}x$$
$$=3(2x\sin x-(x^{2}-2)\cos x)$$

(4) 求$\frac{\oplus}{+}\int \cos(x)\mathrm{d}x$。

根据定理 11.2,有

$$\frac{\oplus}{+}\int\cos(x)\,\mathrm{d}x = \alpha\int x^{\alpha-1}\cos x\,\mathrm{d}x$$

当 $\alpha = 2$ 时

$$\frac{\oplus}{+}\int\cos(x)\,\mathrm{d}x = 2\int x\cos x\,\mathrm{d}x$$

$$= 2(\cos x + x\sin x)$$

当 $\alpha = 3$ 时

$$\frac{\oplus}{+}\int\cos(x)\,\mathrm{d}x = 3\int x^2\cos x\,\mathrm{d}x$$

$$= 3(2x\cos x + (x^2 - 2)\sin x)$$

实际上我们可以用这样的推演方法得到复杂的混合导数一和混合导数二的微分表,在这里就不列出这些结果了。

11.5　混合使用广义加法和普通加法的函数定积分的性质一

本节讨论混合原函数一和混合定积分一的性质。为了推导混合使用广义加法和普通加法的定积分的牛顿 - 莱布尼兹公式,我们有下面的定理。

定理 11.3　若实函数 $f(x)$ 在 $[a,b]$ 上连续,则有下面的在广义加法意义下的关系式成立

$$\frac{+}{\oplus}\frac{\mathrm{d}}{\mathrm{d}x}\left(\frac{+}{\oplus}\int_a^x f(u)\,\mathrm{d}u\right) = f(x)$$

证明　记 $R(x) = \frac{+}{\oplus}\int_a^x f(u)\,\mathrm{d}u$,不妨设 $f(x) > 0$,$R(x)$ 是增函数,有

$$\frac{+}{\oplus}\frac{\mathrm{d}R(x)}{\mathrm{d}x} = \lim_{\Delta x\to 0}\frac{R(x+\Delta x_C)\{-\}R(x)}{(\Delta x_C)^{\frac{1}{\alpha}}}$$

$$= \lim_{\Delta x\to 0}\frac{\left(\frac{+}{\oplus}\int_a^{x+\Delta x_C} f(u)(\mathrm{d}u)^{\frac{1}{\alpha}}\right)\{-\}\left(\frac{+}{\oplus}\int_a^x f(u)(\mathrm{d}u)^{\frac{1}{\alpha}}\right)}{(\Delta x_C)^{\frac{1}{\alpha}}}$$

$$= \lim_{\Delta x \to 0} \frac{\left(\frac{+}{\oplus}\int_a^x f(u)(\mathrm{d}u)^{\frac{1}{\alpha}}\right)\{+\}\left(\frac{+}{\oplus}\int_x^{x+\Delta x_C} f(u)(\mathrm{d}u)^{\frac{1}{\alpha}}\right)\{-\}\left(\frac{+}{\oplus}\int_a^x f(u)(\mathrm{d}u)^{\frac{1}{\alpha}}\right)}{(\Delta x_C)^{\frac{1}{\alpha}}}$$

$$= \lim_{\Delta x \to 0} \frac{\frac{+}{\oplus}\int_x^{x+\Delta x_C} f(u)(\mathrm{d}u)^{\frac{1}{\alpha}}}{(\Delta x_C)^{\frac{1}{\alpha}}}$$

上面的推导中将$\frac{+}{\oplus}\int_a^{x+\Delta x_C} f(u)(\mathrm{d}u)^{\frac{1}{\alpha}}$分成两项的和，按定义是广义加法和。有 $\xi \in [x, x+\Delta x_C]$，使得

$$\frac{+}{\oplus}\int_x^{x+\Delta x_C} f(u)(\mathrm{d}u)^{\frac{1}{\alpha}} = f(\xi)(\Delta x_C)^{\frac{1}{\alpha}}$$

有

$$\frac{+}{\oplus}\frac{\mathrm{d}f(x)}{\mathrm{d}x} = \lim_{\Delta x_C \to 0} \frac{f(x+\Delta x_C)\{-\}f(x)}{(\Delta x_C)^{\frac{1}{\alpha}}}$$

$$= \lim_{\Delta x_C \to 0} \frac{f(\xi)(\Delta x_C)^{\frac{1}{\alpha}}}{(\Delta x_C)^{\frac{1}{\alpha}}}$$

$$= f(x)$$

定理得证。

在定理11.3的基础上我们可以证明广义加法意义下的牛顿－莱布尼兹公式的正确性。

定理 11.4（牛顿－莱布尼兹公式） 若实函数$f(x)$在$[a,b]$上连续，$F(x)$是$f(x)$在混合使用广义加法和普通加法的意义下的一个原函数，即混合原函数一，则下面的公式成立

$$\frac{+}{\oplus}\int_a^b f(x)\mathrm{d}x = F(b)\{-\}F(a) \tag{11.7}$$

证明 根据定理11.1，$\frac{+}{\oplus}\int_a^x f(u)(\mathrm{d}u)^{\frac{1}{\alpha}}$是$f(x)$的一个在广义加法意义下的原函数，因此$f(x)$的任何一个混合使用广义加法和普通加法意义下的原函数$F(x)$可以写成

$$F(x) = \frac{+}{\oplus}\int_a^x f(u)(\mathrm{d}u)^{\frac{1}{\alpha}}\{+\}C$$

其中 C 是一个常数，注意有

$$\frac{+}{\oplus}\int_{a}^{a} f(u)(\mathrm{d}u)^{\frac{1}{\alpha}} = 0$$

代入上式，有

$$F(a) = 0\{+\}C = C$$

故有

$$F(x) = \frac{+}{\oplus}\int_{a}^{x} f(u)(\mathrm{d}u)^{\frac{1}{\alpha}}\{+\}F(a)$$

再令 $x = b$，有

$$F(b) = \frac{+}{\oplus}\int_{a}^{b} f(u)(\mathrm{d}u)^{\frac{1}{\alpha}}\{+\}F(a)$$

故有

$$\frac{+}{\oplus}\int_{a}^{b} f(u)(\mathrm{d}u)^{\frac{1}{\alpha}} = F(b)\{-\}F(a)$$

定理得证。

由此可以知道，微积分中著名的牛顿－莱布尼兹公式在混合使用广义加法和普通加法意义下仍然成立。

11.6　混合使用广义加法和普通加法的函数定积分的性质二

本节讨论混合原函数二和混合定积分二的性质。为了推导混合使用广义加法和普通加法的定积分的牛顿－莱布尼兹公式，我们有下面的定理。

定理 11.5　若实函数 $f(x)$ 在 $[a,b]$ 上连续，则有下面的在广义加法意义下的关系式成立

$$\frac{\oplus}{+}\frac{\mathrm{d}}{\mathrm{d}x}\left(\frac{\oplus}{+}\int_{a}^{x} f(u)\mathrm{d}u\right) = f(x)$$

证明　记 $R(x) = \frac{\oplus}{+}\int_{a}^{x} f(u)\mathrm{d}u$，不妨设 $f(x) > 0$，$R(x)$ 是增函数，有

$$\frac{\oplus}{+}\frac{\mathrm{d}R(x)}{\mathrm{d}x} = \lim_{\Delta x\to 0}\frac{R(x\{+\}\Delta x) - R(x)}{\Delta x^{\alpha}}$$

$$= \lim_{\Delta x \to 0} \frac{\left(\frac{\oplus}{+}\int_a^{x\{+\}\Delta x} f(u)(\mathrm{d}u)^\alpha\right) - \left(\frac{\oplus}{+}\int_a^x f(u)(\mathrm{d}u)^\alpha\right)}{\Delta x^\alpha}$$

$$= \lim_{\Delta x \to 0} \frac{\left(\frac{\oplus}{+}\int_a^x f(u)(\mathrm{d}u)^\alpha\right) + \left(\frac{\oplus}{+}\int_x^{x\{+\}\Delta x} f(u)(\mathrm{d}u)^\alpha\right) - \left(\frac{\oplus}{+}\int_a^x f(u)(\mathrm{d}u)^\alpha\right)}{\Delta x^\alpha}$$

$$= \lim_{\Delta x \to 0} \frac{\frac{\oplus}{+}\int_x^{x\{+\}\Delta x} f(u)(\mathrm{d}u)^\alpha}{\Delta x^\alpha}$$

上面的推导中将$\frac{\oplus}{+}\int_a^{x\{+\}\Delta x} f(u)(\mathrm{d}u)^\alpha$ 分成两项的和，按定义是普通加法和。有 $\xi \in [x, x + \Delta x_C]$，使得

$$\frac{\oplus}{+}\int_x^{x\{+\}\Delta x} f(u)(\mathrm{d}u)^\alpha = f(\xi)\Delta x^\alpha$$

所以有

$$\frac{\oplus}{+}\frac{\mathrm{d}f(x)}{\mathrm{d}x} = \lim_{\Delta x \to 0} \frac{R(x\{+\}\Delta x) - R(x)}{\Delta x^\alpha}$$

$$= \lim_{\Delta x \to 0} \frac{f(\xi)\Delta x^\alpha}{\Delta x^\alpha}$$

$$= f(x)$$

定理得证。

在定理 11.5 的基础上我们可以证明广义加法意义下的牛顿 - 莱布尼兹公式的正确性。

定理 11.6（牛顿 - 莱布尼兹公式）　若实函数 $f(x)$ 在 $[a,b]$ 上连续，$F(x)$ 是 $f(x)$ 在混合使用广义加法和普通加法的意义下的一个原函数，即混合原函数二，则下面的公式成立

$$\frac{\oplus}{+}\int_a^b f(x)\,\mathrm{d}x = F(b) - F(a) \tag{11.8}$$

证明　根据定理 11.1，$\frac{\oplus}{+}\int_a^x f(u)(\mathrm{d}u)^\alpha$ 是 $f(x)$ 的一个在混合使用广义加法和普通加法意义下的原函数，因此 $f(x)$ 的任何一个混合使用广义加法和普通加法意义下的原函数 $F(x)$ 可以写成

$$F(x)=\frac{\oplus}{+}\int_a^x f(u)(\mathrm{d}u)^{\alpha}+C$$

其中 C 是一个常数,注意有

$$\frac{\oplus}{+}\int_a^a f(u)(\mathrm{d}u)^{\alpha}=0$$

代入上式,有

$$F(a)=C$$

故有

$$F(x)=\frac{\oplus}{+}\int_a^x f(u)(\mathrm{d}u)^{\alpha}+F(a)$$

再令 $x=b$,有

$$F(b)=\frac{\oplus}{+}\int_a^b f(u)(\mathrm{d}u)^{\alpha}+F(a)$$

故有

$$\frac{+}{\oplus}\int_a^b f(u)(\mathrm{d}u)^{\frac{1}{\alpha}}=F(b)-F(a)$$

定理得证。

由此可以知道,微积分中著名的牛顿 - 莱布尼兹公式在混合使用广义加法和普通加法意义下仍然成立。对于混合定积分二,虽然自变量的改变是使用广义加法,但函数值的改变是使用普通加法,所以相应的牛顿 - 莱布尼兹公式中原函数在两点处的差是用普通加法。

11.7 本章总结

1. 对于函数 $f(x)$,若有函数 $F(x)$ 满足

$$\frac{+}{\oplus}\frac{\mathrm{d}F(x)}{\mathrm{d}x}=f(x)$$

则称 $F(x)$ 是混合使用广义加法和普通加法的原函数,称之为混合原函数一,记为

$$F(x)=\frac{+}{\oplus}\int f(x)\,\mathrm{d}x$$

2. 对于函数$f(x)$,若有函数$F(x)$满足

$$\frac{\oplus}{+}\frac{\mathrm{d}F(x)}{\mathrm{d}x}=f(x)$$

则称$F(x)$是混合使用广义加法和普通加法的原函数,称之为混合原函数二,记为

$$F(x)=\frac{\oplus}{+}\int f(x)\,\mathrm{d}x$$

3. 设函数$f(x)$是区间$[a,b]$上的有界函数,将区间$[a,b]$分成n个小段

$$a<x_1<x_2<\cdots<x_n=b$$

$$\Delta x_i^C=x_i-x_{i-1},\mu=\max_{1\leqslant i\leqslant n}\{\Delta x_i\}$$

在每一个小段$[x_i,x_{i-1}]$上任取一个点ξ_i,广义加法定义中的幂指数为α,做广义加法意义下的和

$$\oplus\sum_{i=1}^{n}f(\xi_i)(\Delta x_i^C)^{\frac{1}{\alpha}}$$

若下面的极限存在

$$\lim_{\mu\to 0}\oplus\sum_{i=1}^{n}f(\xi_i)(\Delta x_i^C)^{\frac{1}{\alpha}}$$

则上式的极限值称为函数$f(x)$的混合使用广义加法和普通加法的定积分,称之为混合定积分一,记为

$$\frac{+}{\oplus}\int_a^b f(x)\,\mathrm{d}x=\lim_{\mu\to 0}\oplus\sum_{i=1}^{n}f(\xi_i)(\Delta x_i^C)^{\frac{1}{\alpha}}$$

4. 设函数$f(x)$是区间$[a,b]$上的有界函数,将区间$[a,b]$分成n个小段

$$a<x_1<x_2<\cdots<x_n=b$$

$$\Delta x_i=x_i\{-\}x_{i-1},\mu=\max_{1\leqslant i\leqslant n}(\Delta x_i)$$

在每一个小段$[x_i,x_{i-1}]$上任取一个点ξ_i,广义加法定义中的幂指数为α,做普通加法意义下的和

$$\sum_{i=1}^{n}f(\xi_i)(\Delta x_i)^{\alpha}$$

若下面的极限存在

$$\lim_{\mu\to 0}\sum_{i=1}^{n} f(\xi_i)(\Delta x_i)^{\alpha}$$

则上式的极限值称为函数 $f(x)$ 的混合使用广义加法和普通加法的定积分，称之为混合定积分二，记为

$$\frac{\oplus}{+}\int_a^b f(x)\,\mathrm{d}x = \lim_{\mu\to 0}\sum_{i=1}^{n} f(\xi_i)(\Delta x_i)^{\alpha}$$

5. 对于存在导数的函数 $f(x)$，其广义加法意义下的混合原函数一的数学表达式为

$$\frac{+}{\oplus}\int f(x)\,\mathrm{d}x = \left(\int f^{\alpha}(x)\,\mathrm{d}x\right)^{\frac{1}{\alpha}}$$

6. 对于存在导数的函数 $f(x)$，其广义加法意义下的混合原函数二的数学表达式为

$$\frac{\oplus}{+}\int f(x)\,\mathrm{d}x = \alpha\int x^{\alpha-1} f(x)\,\mathrm{d}x$$

7.（牛顿－莱布尼兹公式）若实函数 $f(x)$ 在 $[a,b]$ 上连续，$F(x)$ 是 $f(x)$ 在混合使用广义加法和普通加法的意义下的一个原函数，即混合原函数一，则下面的公式成立

$$\frac{+}{\oplus}\int_a^b f(x)\,\mathrm{d}x = F(b)\{-\}F(a)$$

8.（牛顿－莱布尼兹公式）若实函数 $f(x)$ 在 $[a,b]$ 上连续，$F(x)$ 是 $f(x)$ 在混合使用广义加法和普通加法的意义下的一个原函数，即混合原函数二，则下面的公式成立

$$\frac{\oplus}{+}\int_a^b f(x)\,\mathrm{d}x = F(b) - F(a)$$

广义加法意义下的复函数

第
12
章

在本章中我们讨论广义加法在复数域和复变函数领域中拓展的相关问题。在第 2 章中我们已经引进了复数的广义加法和广义乘法的定义，在此基础上我们继续深入讨论关于复函数、复函数的导数、复数域中的幂级数等问题。广义加法扩充至复数有些令人费解，因为清晰的物理学背景和数学背景难以阐明。研究广义加法在复函数领域中拓展的问题是理论研究的一种自然的选择，这样的问题有一定的理论意义。

12.1 广义加法在复数域的扩充和复变函数

第 2 章中的定义 2.3 规定了两个复数的广义加法，定义 2.4 规定了两个复数的广义乘法。为了讨论方便，我们把这两个定义在此重新列出。

定义 2.3 先确定一个正实数 α, u, v, w, x 均为实数，两个复数 $a = u + \mathrm{i}v, b = w + \mathrm{i}x$ 的广义加法是实数部分和虚数部分分别进行广义加法得到的结果，则有

$$a\{+\}b = (u\{+\}w) + \mathrm{i}(v\{+\}x)$$

定义 2.4 先确定一个正实数 α, u, v, w, x 均为实数，两个复数 $a = u + \mathrm{i}v, b = w + \mathrm{i}x$ 在广义加法意义下的乘法与已有的复数域中运算的定义在形式上相同。我们特别用符号 $\otimes$ 表示这种乘法，即

$$a \otimes b = (uw \{-\} vx) + \mathrm{i}(ux \{+\} vw)$$

另外,在第 4 章中我们给出了用广义加法和普通乘法构造的一元二次方程的解的表达式,包括复数解。我们也验证了解的表达式是正确的。在验证过程中要多次用到广义加法意义下复数的加法和复数的广义乘法。

记 $w = x + \mathrm{i}y$,x 和 y 是独立的实变量,i 是纯虚数单位。二元实函数 $u(x,y)$ 和 $v(x,y)$ 规定了一个复函数

$$f(w) = u(x,y) + \mathrm{i}v(x,y)$$

这里的符号 + 只是表示复数的实部和虚部的合成,并无累加的意思。这样表述的复函数与传统的复函数是相同的。当 $u(x,y)$ 和 $v(x,y)$ 的形式是由广义加法和普通乘法构造而成时,这样的复函数就是广义加法意义下的复函数了。

比如函数

$$f(w) = u(x,y) + \mathrm{i}v(x,y)$$

其中

$$u(x,y) = x^2 \{+\} 2xy \{+\} y^2$$

$$v(x,y) = x \{-\} y^2 \{+\} 3x^2y$$

又比如

$$w = x + \mathrm{i}y$$

$$f(w) = w \{+\} 2w^2 \{-\} 3w^4$$

再比如 $w = x + \mathrm{i}y$,其中,$a_0, a_1, a_2, \cdots, a_n$ 是复数序列

$$f(w) = \bigoplus\sum_{k=0}^{\infty} a_k w^k$$

上面的 a_k 和 w 均是复数,所以 $a_k w^k$ 中涉及的乘法均是广义加法意义下复数的乘法。

上面几个例子都是广义加法意义下的复函数。以 $f(w) = w \{+\} 2w^2$ 为例来看看广义加法意义下的复函数的具体形式

$$\begin{aligned} f(w) &= w \{+\} 2w^2 \\ &= (x + \mathrm{i}y) \{+\} 2(x + \mathrm{i}y)^2 \\ &= (x + \mathrm{i}y) \{+\} 2((x^2 \{-\} y^2) + \mathrm{i}(xy \{+\} xy)) \\ &= (x \{+\} 2(x^2 \{-\} y^2)) + \mathrm{i}(y \{+\} xy(1 \{+\} 1)) \end{aligned}$$

还可以将上面的复函数写成普通加法的形式如下

$$f(w) = (x^{\alpha} + (2x^{2})^{\alpha} - (2y^{2})^{\alpha})^{\frac{1}{\alpha}} + \mathrm{i}(y^{\alpha} + 2(xy)^{\alpha})^{\frac{1}{\alpha}}$$

需要注意的是，$1\{+\}1 = 2^{\frac{1}{\alpha}}$。

可见，虽然函数 $f(w) = w\{+\}2w^2$ 的形式比较简单，但是写成用普通加法表达的函数时还是有些复杂。上面的例子也说明，广义加法意义下复函数的表达式可以有三种形式：第一种形式是分别用广义加法符号表达式表示复函数的实部和虚部；第二种形式是结合广义加法定义，用普通实函数分别表示复函数的实部和虚部；第三种形式，将复函数直接写成用复变量 w 的广义加法代数式表示的复函数。

构造复函数的一种方法是将广义加法意义下的多项式加以改造，形式如下

$$a_0\{+\}a_1w\{+\}a_2w^2\{+\}a_3w^3\{+\}\cdots\{+\}a_nw^n$$

这是 n 次复多项式函数，其中，$a_0,a_1,a_2,\cdots,a_n$ 是实常数，w 是复自变量。

在复数域中引入广义加法和广义乘法之后，我们可以构建复函数族，形如

$$c_0\{+\}c_1w\{+\}c_2w^2\{+\}c_3w^3\{+\}\cdots\{+\}c_nw^n$$

这是 n 次复多项式函数，其中，$c_0,c_1,c_2,\cdots,c_n$ 是复常数，w 是复自变量。因为多项式中的每一项都有导数，所以整个多项式有导数。

在复多项式的基础上，我们可以构建有理复函数如下

$$f(w) = \frac{a_0\{+\}a_1w\{+\}a_2w^2\{+\}a_3w^3\{+\}\cdots\{+\}a_nw^n}{b_0\{+\}b_1w\{+\}b_2w^2\{+\}b_3w^3\{+\}\cdots\{+\}b_mw^m}$$

其中，$a_0,a_1,a_2,\cdots,a_n$ 和 $b_0,b_1,b_2,\cdots,b_m$ 可以取为一般的复数。对于复函数 $f(w)$，其分母函数 $b_0\{+\}b_1w\{+\}b_2w^2\{+\}b_3w^3\{+\}\cdots\{+\}b_mw^m$ 的零点对于函数的性质有重要意义。

当我们对多项式的项数不再限制时，我们就得到了幂级数形式的复函数，即有

$$f(w) = c_0\{+\}c_1w\{+\}c_2w^2\{+\}c_3w^3\{+\}\cdots\{+\}c_nw^n\{+\}\cdots$$

在上面的幂级数的收敛域上函数 $f(w)$ 有意义。

12.2　广义加法意义下复数和复函数的若干性质

对于实函数 e^x，$\sin(x)$，$\cos(x)$，由于这几个函数与复数之间的关系密切，

为了深入探讨广义加法意义下复数和复函数的性质需要深入考查这几个函数。重要的函数关系式如下

$$e^x = 1 + x + \frac{1}{2!}x^2 + \frac{1}{3!}x^3 + \cdots + \frac{1}{n!}x^n + \cdots$$

$$\sin(x) = x - \frac{1}{3!}x^3 + \frac{1}{5!}x^5 - \cdots + (-1)^k \frac{1}{(2k+1)!}x^{2k+1} + \cdots$$

$$\cos(x) = 1 - \frac{1}{2!}x^2 + \frac{1}{4!}x^4 - \cdots + (-1)^k \frac{1}{(2k)!}x^{2k} + \cdots$$

$$e^{i\theta} = \cos(\theta) + i\sin(\theta)$$

与这几个函数有关的重要性质如下

$$e^{x+y} = e^x e^y$$

$$e^{i\theta} = \cos(\theta) + i\sin(\theta)$$

$$\cos^2(\theta) + \sin^2(\theta) = 1$$

在第6章中我们通过构造幂级数的方式,将一些实函数改造成为广义加法意义下的实函数。幂函数系数是根据幂函数的广义加法意义下导数的形式而确定的,具体如下

$$G\exp(x) = 1\{+\}x\{+\}\left(\frac{1}{2!}\right)^{\frac{1}{\alpha}}x^2\{+\}\left(\frac{1}{3!}\right)^{\frac{1}{\alpha}}x^3\{+\}\cdots\{+\}\left(\frac{1}{n!}\right)^{\frac{1}{\alpha}}x^n\{+\}\cdots$$

$$G\sin(x) = x\{-\}\left(\frac{1}{3!}\right)^{\frac{1}{\alpha}}x^3\{+\}\left(\frac{1}{5!}\right)^{\frac{1}{\alpha}}x^5\{-\}\cdots\{+\}$$
$$(-1)^k\left(\frac{1}{(2k+1)!}\right)^{\frac{1}{\alpha}}x^{2k+1}\{+\}\cdots$$

$$G\cos(x) = 1\{-\}\left(\frac{1}{2!}\right)^{\frac{1}{\alpha}}x^2\{+\}\left(\frac{1}{4!}\right)^{\frac{1}{\alpha}}x^4\{-\}\cdots\{+\}(-1)^k\left(\frac{1}{(2k)!}\right)^{\frac{1}{\alpha}}x^{2k}\{+\}\cdots$$

我们希望在广义加法世界里的函数 $G\exp(x)$,$G\sin(x)$ 和 $G\cos(x)$ 有与 e^x,$\sin x$,$\cos x$ 相对应的性质,我们有下面的定理。

定理 12.1 对于用广义加法构造的函数

$$G\exp(x) = 1\{+\}x\{+\}\left(\frac{1}{2!}\right)^{\frac{1}{\alpha}}x^2\{+\}\left(\frac{1}{3!}\right)^{\frac{1}{\alpha}}x^3\{+\}\cdots\{+\}\left(\frac{1}{n!}\right)^{\frac{1}{\alpha}}x^n + \cdots$$

下面的关系式成立

$$G\exp(x\{+\}y) = G\exp(x)G\exp(y) \tag{12.1}$$

证明 根据广义加法意义下的函数 $G\exp(x)$ 的幂级数定义式,有

$$
\begin{aligned}
G\exp(x\{+\}y) &= \oplus\sum_{n=1}^{\infty}\left(\frac{1}{n!}\right)^{\frac{1}{\alpha}}(x\{+\}y)^{n} \\
&= \left(\sum_{n=1}^{\infty}\frac{1}{n!}(x\{+\}y)^{\alpha n}\right)^{\frac{1}{\alpha}} \\
&= \left(\sum_{n=1}^{\infty}\frac{1}{n!}(x^{\alpha}+y^{\alpha})^{n}\right)^{\frac{1}{\alpha}} \\
&= \mathrm{e}^{\frac{x^{\alpha}+y^{\alpha}}{\alpha}} \\
&= \mathrm{e}^{\frac{x^{\alpha}}{\alpha}}\mathrm{e}^{\frac{y^{\alpha}}{\alpha}}
\end{aligned}
$$

我们还有

$$
\begin{aligned}
G\exp(x) &= \oplus\sum_{n=1}^{\infty}\left(\frac{1}{n!}\right)^{\frac{1}{\alpha}}x^{n} \\
&= \left(\sum_{n=1}^{\infty}\frac{1}{n!}x^{\alpha n}\right)^{\frac{1}{\alpha}} \\
&= \mathrm{e}^{\frac{x^{\alpha}}{\alpha}}
\end{aligned}
$$

同理,我们有

$$
\begin{aligned}
G\exp(y) &= \oplus\sum_{n=1}^{\infty}\left(\frac{1}{n!}\right)^{\frac{1}{\alpha}}y^{n} \\
&= \left(\sum_{n=1}^{\infty}\frac{1}{n!}y^{\alpha n}\right)^{\frac{1}{\alpha}} \\
&= \mathrm{e}^{\frac{y^{\alpha}}{\alpha}}
\end{aligned}
$$

所以有下式成立

$$
\begin{aligned}
G\exp(x\{+\}y) &= \mathrm{e}^{\frac{x^{\alpha}}{\alpha}}\mathrm{e}^{\frac{y^{\alpha}}{\alpha}} \\
&= G\exp(x)G\exp(y)
\end{aligned}
$$

定理得证。

这说明,对于函数 $G\exp(x)$ 来说指数函数的性质在广义加法意义下仍然成立。这个性质对于深入研究广义加法意义下的复函数有重要的意义。在第 6 章中我们引进了函数 $y = G\exp(x)$ 的反函数 $y = G\ln(x)$,定理 12.1 的结论说明有下面的公式成立

$$
G\ln(x_1x_2) = G\ln(x_1)\{+\}G\ln(x_2) \tag{12.2}
$$

若我们将函数 $G\exp(x)$ 中的变量取为纯虚数时，可以得到指数函数与三角函数的关系，我们有下面的定理。

定理 12.2　对于用广义加法构造的函数

$$G\exp(x)=1\{+\}x\{+\}\left(\frac{1}{2!}\right)^{\frac{1}{\alpha}}x^2\{+\}\left(\frac{1}{3!}\right)^{\frac{1}{\alpha}}x^3\{+\}\cdots\{+\}\left(\frac{1}{n!}\right)^{\frac{1}{\alpha}}x^n+\cdots$$

下面的关系式成立

$$G\exp(\mathrm{i}\theta)=G\cos(\theta)\{+\}\mathrm{i}G\sin(\theta)\tag{12.3}$$

证明　我们有

$$G\exp(\mathrm{i}\theta)=1\{+\}(\mathrm{i}\theta)\{+\}\left(\frac{1}{2!}\right)^{\frac{1}{\alpha}}(\mathrm{i}\theta)^2\{+\}\left(\frac{1}{3!}\right)^{\frac{1}{\alpha}}(\mathrm{i}\theta)^3\{+\}\cdots\{+\}\left(\frac{1}{n!}\right)^{\frac{1}{\alpha}}(\mathrm{i}\theta)^n+\cdots$$

注意到

$$(\mathrm{i}\theta)^2=-\theta^2$$
$$(\mathrm{i}\theta)^3=-\mathrm{i}\theta^3$$
$$(\mathrm{i}\theta)^4=\theta^4$$
$$(\mathrm{i}\theta)^5=\mathrm{i}\theta^5$$

一般地

$$(\mathrm{i}\theta)^{4k+2}=-\theta^{4k+2}$$
$$(\mathrm{i}\theta)^{4k+3}=-\mathrm{i}\theta^{4k+3}$$
$$(\mathrm{i}\theta)^{4k}=\theta^{4k}$$
$$(\mathrm{i}\theta)^{4k+1}=\mathrm{i}\theta^{4k+1}$$

在第 6 章我们定义了 $G\sin(x)$ 和 $G\cos(x)$，有

$$G\sin(x)=x\{-\}\left(\frac{1}{3!}\right)^{\frac{1}{\alpha}}x^3\{+\}\left(\frac{1}{5!}\right)^{\frac{1}{\alpha}}x^5\{-\}\cdots\{+\}(-1)^k\left(\frac{1}{(2k+1)!}\right)^{\frac{1}{\alpha}}x^{2k+1}+\cdots$$

$$G\cos(x)=1\{-\}\left(\frac{1}{2!}\right)^{\frac{1}{\alpha}}x^2\{+\}\left(\frac{1}{4!}\right)^{\frac{1}{\alpha}}x^4\{-\}\cdots\{+\}(-1)^k\left(\frac{1}{(2k)!}\right)^{\frac{1}{\alpha}}x^{2k}+\cdots$$

不难看出下式成立

$$G\exp(\mathrm{i}\theta)=G\cos(\theta)\{+\}\mathrm{i}G\sin(\theta)$$

定理得证。

定理 12. 2 的结论与普通加法意义下的函数关系是对应的。我们知道，三角函数关系与平面几何的性质相对应，那就是半径为 1 的圆的性质。于此相应的，我们有下面的定理。

定理 12. 3　对于用广义加法构造的函数

$$G\sin(x) = x\{-\}\left(\frac{1}{3!}\right)^{\frac{1}{\alpha}}x^3\{+\}\left(\frac{1}{5!}\right)^{\frac{1}{\alpha}}x^5\{-\}\cdots\{+\}(-1)^k\left(\frac{1}{(2k+1)!}\right)^{\frac{1}{\alpha}}x^{2k+1}+\cdots$$

$$G\cos(x) = 1\{-\}\left(\frac{1}{2!}\right)^{\frac{1}{\alpha}}x^2\{+\}\left(\frac{1}{4!}\right)^{\frac{1}{\alpha}}x^4\{-\}\cdots\{+\}(-1)^k\left(\frac{1}{(2k)!}\right)^{\frac{1}{\alpha}}x^{2k}+\cdots$$

下面的关系式成立

$$(G\cos(\theta))^2\{+\}(G\sin(\theta))^2 = 1 \tag{12.4}$$

证明　根据广义加法的定义，有

$$\begin{aligned}(G\sin(x))^2 &= \left(x\{-\}\left(\frac{1}{3!}\right)^{\frac{1}{\alpha}}x^3\{+\}\left(\frac{1}{5!}\right)^{\frac{1}{\alpha}}x^5\{-\}\cdots\{+\}(-1)^k\left(\frac{1}{(2k+1)!}\right)^{\frac{1}{\alpha}}x^{2k+1}\{+\}\cdots\right)^2\\ &= \left(x^\alpha-\frac{1}{3!}x^{3\alpha}+\frac{1}{5!}x^{5\alpha}-\cdots+(-1)^k\frac{1}{(2k+1)!}x^{(2k+1)\alpha}+\cdots\right)^2\\ &= (\sin(x^\alpha))^2\end{aligned}$$

同样地，有

$$\begin{aligned}(G\cos(x))^2 &= \left(1\{-\}\left(\frac{1}{2!}\right)^{\frac{1}{\alpha}}x^2\{+\}\left(\frac{1}{4!}\right)^{\frac{1}{\alpha}}x^4\{-\}\cdots\{+\}(-1)^k\left(\frac{1}{(2k)!}\right)^{\frac{1}{\alpha}}x^{2k}\{+\}\cdots\right)^2\\ &= \left(1-\frac{1}{2!}x^{2\alpha}+\frac{1}{4!}x^{4\alpha}-\cdots+(-1)^k\frac{1}{(2k)!}x^{2k\alpha}+\cdots\right)^2\\ &= (\cos(x^\alpha))^2\end{aligned}$$

我们有

$$(G\cos(\theta))^2\{+\}(G\sin(\theta))^2 = (\sin(x^\alpha))^2+(\cos(x^\alpha))^2$$

根据三角函数的性质，有

$$(G\cos(\theta))^2\{+\}(G\sin(\theta))^2 = 1$$

定理得证。

定理12.1,12.2和12.3的结论展现了数学规律在普通加法体系和广义加法体系中完美的对应关系,是一种和谐之美。上面几个函数中的自变量都可以用复数自变量来代替,从而可以得到相应的复函数。

12.3 广义加法意义下复数的指数表示法

在普通加法下,复数的指数表示为数学公式的推演和复数的计算带来极大的方便。实际上,在广义加法意义下复数的指数表示仍然是成立的,这是因为我们发现了广义加法世界中的几个重要的函数 $G\exp(x)$,$G\sin(x)$,$G\cos(x)$,对于任意一个复数 $z=a+\mathrm{i}b$,r 是 z 的模长,θ 是 z 的幅角,θ 是向量(a,b)与 x 轴的广义加法意义下的夹角,具体有

$$r=\sqrt{a^2\{+\}b^2} \tag{12.5}$$

$$G\cos(\theta)=\frac{b}{\sqrt{a^2\{+\}b^2}}\quad \left(0\leqslant\theta\leqslant(2\pi)^{\frac{1}{\alpha}}\right) \tag{12.6}$$

复数的指数表达式为

$$z=r\times G\exp(\mathrm{i}\theta) \tag{12.7}$$

根据前面导出的公式,有下面的用广义加法意义下的三角函数表示的复数公式

$$z=r(G\sin(\theta)\{+\}\mathrm{i}G\sin(\theta)) \tag{12.8}$$

由于函数 $G\exp(x)$ 符合指数函数的乘法规则,所以有

$$z^n=r^n\times G\exp(\mathrm{i}n\theta) \tag{12.9}$$

若要求 $z^n=1$,则要求下面的条件成立

$$r=\sqrt{a^2\{+\}b^2}=1$$

这意味着复数 $z=a+\mathrm{i}b$ 位于广义加法世界中的单位圆上。由于 $\oplus\sum_{i=1}^{n}\theta=n^{\frac{1}{\alpha}}\theta$,还满足下面的条件

$$n^{\frac{1}{\alpha}}\theta=(2k\pi)^{\frac{1}{\alpha}}\quad(k=0,1,2,\cdots,n-1)$$

我们得到

$$\theta_k = (\frac{2k\pi}{n})^{\frac{1}{\alpha}} \quad (k = 0,1,2,\cdots,n-1) \tag{12.10}$$

θ_k 是广义加法意义下方程 $z^n = 1$ 的单位根。

12.4 广义加法意义下复函数的导数存在的条件

在复变函数理论中，导数的概念是一个重要的概念。我们也需要仔细讨论广义加法意义下的复变函数的导数的相关问题，我们还是要参照第 5 章中引进的实函数的广义加法意义下的导数的定义。为此我们引进下面的定义。

定义 12.1　记 $z = x + \mathrm{i}y$ 是复数自变量，复变函数 $f(z)$ 的广义加法意义下的导数由下面的极限确定

$$\lim_{\Delta z \to 0} \frac{f(z \{+\} \Delta z) \{-\} f(z)}{\Delta z} \tag{12.11}$$

记为 $\oplus \frac{\mathrm{d}}{\mathrm{d}z} f(z)$，其中 $\Delta z = z_{i+1} \{-\} z_i$，$\Delta z \to 0$ 是不限定趋于零的方式的。

我们取 $f(z) = 2z$，求 $\oplus \frac{\mathrm{d}}{\mathrm{d}z} f(z)$。根据定义有

$$\begin{aligned}
\oplus \frac{\mathrm{d}}{\mathrm{d}z} f(z) &= \lim_{\Delta z \to 0} \frac{f(z \{+\} \Delta z) \{-\} f(z)}{\Delta z} \\
&= \lim_{\Delta z \to 0} \frac{2(z \{+\} \Delta z) \{-\} 2z}{\Delta z} \\
&= \lim_{\Delta z \to 0} \frac{2\Delta z}{\Delta z} \\
&= 2
\end{aligned}$$

我们取 $f(z) = z^2$，求 $\oplus \frac{\mathrm{d}}{\mathrm{d}z} f(z)$。根据定义有

$$\begin{aligned}
\oplus \frac{\mathrm{d}}{\mathrm{d}z} f(z) &= \lim_{\Delta z \to 0} \frac{(z \{+\} \Delta z)^2 \{-\} z^2}{\Delta z} \\
&= \lim_{\Delta z \to 0} \frac{(z^2 \{+\} z\Delta z(1 \{+\} 1) \{+\} \Delta z^2) \{-\} z^2}{\Delta z} \\
&= \lim_{\Delta z \to 0} \frac{z\Delta z(1 \{+\} 1) \{+\} \Delta z^2}{\Delta z}
\end{aligned}$$

$$= (1\{+\}1)z$$
$$= 2^{\frac{1}{\alpha}}z$$

同样的推导容易证明

$$\oplus\frac{\mathrm{d}}{\mathrm{d}z}z^n = n^{\frac{1}{\alpha}}z^{n-1}$$

上面的推导与广义加法意义下普通函数的导数的推导过程几乎是一样的，这是因为复数的广义加法与乘法符合分配律和结合律。

下面我们来探讨复变函数存在导数的条件。在复变函数理论中我们知道，复函数存在导数要求符合严格的条件，这就是著名的柯西 - 黎曼(Gauchy - Riemann)条件。我们希望在广义加法的世界里柯西 - 黎曼条件仍然成立。我们有下面的定理。

定理 12.4　记复数自变量为 $z = x + \mathrm{i}y$，复函数为 $f(z) = u(x,y) + \mathrm{i}v(x,y)$，$f(z)$ 的广义加法意义的导数存在，则在广义加法意义下成立下面的柯西 - 黎曼条件

$$\oplus\frac{\partial u(x,y)}{\partial x} = \oplus\frac{\partial v(x,y)}{\partial y}$$
$$\oplus\frac{\partial v(x,y)}{\partial x} = -\oplus\frac{\partial u(x,y)}{\partial y} \tag{12.12}$$

证明　按广义加法意义下的导数的定义，有

$$\oplus\frac{\mathrm{d}}{\mathrm{d}z}f(z) = \lim_{\Delta z\to 0}\frac{f(z\{+\}\Delta z)\{-\}f(z)}{\Delta z}$$

自变量 $z = x + \mathrm{i}y$ 有不同的趋于零的方式，我们先让 Δz 为纯实数，也就是让 Δz 沿着实数轴趋于零，δ 为小的正数，有

$$\lim_{\Delta z\to 0}\frac{f(z\{+\}\Delta z)\{-\}f(z)}{\Delta z}$$
$$= \lim_{\delta\to 0}\frac{f(z\{+\}\delta)\{+\}f(z)}{\delta}$$
$$= \lim_{\delta\to 0}\frac{(u(x\{+\}\delta,y) + \mathrm{i}v(x\{+\}\delta,y))\{-\}(u(x,y) + \mathrm{i}v(x,y))}{\delta}$$
$$= \lim_{\delta\to 0}\frac{u(x\{+\}\delta,y)\{-\}u(x,y)}{\delta} + \mathrm{i}\frac{v(x\{+\}\delta,y)\{-\}v(x,y)}{\delta}$$
$$= \oplus\frac{\partial u(x,y)}{\partial x} + \mathrm{i}\oplus\frac{\partial v(x,y)}{\partial x}$$

我们再让 Δz 为纯虚数,也就是让 Δz 沿着虚数轴趋于零,δ 为小的正数,$\Delta z = \mathrm{i}\delta$ 有

$$\lim_{\Delta z\to 0}\frac{f(z\{+\}\Delta z)\{-\}f(z)}{\Delta z}$$

$$=\lim_{\delta\to 0}\frac{f(z\{+\}\mathrm{i}\delta)\{+\}f(z)}{\mathrm{i}\delta}$$

$$=\lim_{\delta\to 0}\frac{(u(x,y\{+\}\delta)+\mathrm{i}v(x,y\{+\}\delta))\{-\}(u(x,y)+\mathrm{i}v(x,y))}{\mathrm{i}\delta}$$

$$=\lim_{\delta\to 0}\frac{u(x,y\{+\}\delta)\{-\}u(x,y)}{\mathrm{i}\delta}+\mathrm{i}\frac{v(x,y\{+\}\delta)\{-\}v(x,y)}{\mathrm{i}\delta}$$

$$=\oplus\frac{\partial v(x,y)}{\partial y}-\mathrm{i}\oplus\frac{\partial u(x,y)}{\partial y}$$

因为假设 $f(z)$ 有广义加法意义下的导数,故有

$$\oplus\frac{\partial u(x,y)}{\partial x}+\mathrm{i}\oplus\frac{\partial v(x,y)}{\partial x}=\oplus\frac{\partial v(x,y)}{\partial y}-\mathrm{i}\oplus\frac{\partial u(x,y)}{\partial y}$$

复数相等则实部和虚部分别相等,所以有

$$\oplus\frac{\partial u(x,y)}{\partial x}=\oplus\frac{\partial v(x,y)}{\partial y}$$

$$\oplus\frac{\partial v(x,y)}{\partial x}=-\oplus\frac{\partial u(x,y)}{\partial y}$$

定理得证。

这是广义加法意义下的复函数存在导数的柯西-黎曼条件,与普通加法下的柯西-黎曼条件的数学形式几乎相同,只是把偏导数变成广义加法意义下的偏导数。

12.5 广义加法意义下复函数的路径积分及性质

本节我们讨论复函数的路径积分的相关问题,这些问题在普通加法下的复函数理论中是非常重要的。我们先引入广义加法意义下复函数的路径积分的定义。

定义 12.2 设 C 是复数平面的已定向的曲线,$f(z)$ 是曲线 C 上的单值连续

复函数,C 曲线的参数方程为

$$z = x(t)\{+\}\mathrm{i}y(t) \quad (a \leqslant t \leqslant b)$$

C 的方向是向着参数 t 增加的方向。对于任意的区间剖分

$$a = t_0 < t_1 < t_2 < \cdots < t_n = b$$

对应有点 z_k

$$z_k = z(t_k) = x(t_k)\{+\}\mathrm{i}y(t_k)$$

假设有

$$\max_{0 \leqslant k \leqslant n-1} \{t_{k+1}\{-\}t_k\} \to 0$$

做下面的广义加法和

$$\lim_{n\to\infty} \oplus \sum_{k=1}^{n} f(z_k)(z_{k+1}\{-\}z_k)$$

若上面的极限存在,则极限值称为复函数 $f(z)$ 沿着曲线 C 的广义加法意义下的积分,记为

$$\oplus\int_C f(z)\,\mathrm{d}z$$

定义 12.2 是普通复函数沿曲线的积分在广义加法世界里的推广,这个积分的性质是我们关心的理论问题。下面我们来考查复函数 $f(z)$ 沿着曲线 C 的广义加法意义下的积分的性质。我们有下面的定理。

定理 12.5 设 C 是复数平面的闭曲线,复函数 $f(z)$ 在闭曲线 C 包围的区域上有导数,则有

$$\oplus\oint_C f(z)\,\mathrm{d}z = 0 \tag{12.13}$$

证明 记

$$z = z(t) = x(t)\{+\}\mathrm{i}y(t)$$

$$x_k = x(t_k),\ y_k = y(t_k)$$

$$f(z) = u(x,y)\{+\}\mathrm{i}v(x,y)$$

$$z(t_{k+1})\{-\}z(t_k) = (x_{k+1}\{-\}x_k)\{+\}\mathrm{i}(y_{k+1}\{-\}y_k)$$

我们有

$$\lim_{n\to\infty} \oplus \sum_{k=1}^{n} f(z_k)(z_{k+1}\{-\}z_k) = \lim_{n\to\infty} \oplus \sum_{k=1}^{n} (u(x_k,y_k)\{+\}\mathrm{i}v(x_k,y_k)) \cdot$$
$$((x_{k+1}\{-\}x_k)\{+\}\mathrm{i}(y_{k+1}\{-\}y_k))$$

$$= \lim_{n\to\infty} \oplus \sum_{k=1}^{n} (u(x_k, y_k) \{+\} iv(x_k, y_k)) \cdot$$
$$(x_{k+1} \{-\} x_k) \{+\} (-v(x_k, y_k) \{+\}$$
$$iu(x_k, y_k))(y_{k+1} \{-\} y_k)$$
$$= \oplus\int_C u(x,y)\,dx \{-\} \oplus\int_C v(x,y)\,dy \{+\}$$
$$\oplus\, i\int_C v(x,y)\,dx \{+\}$$
$$\oplus\, i\int_C u(x,y)\,dy$$
$$= \oplus\int_C u(x,y)\,dx \{-\} v(x,y)\,dy \{+\}$$
$$\oplus\, i\int_C v(x,y)\,dx \{+\} u(x,y)\,dy$$

当C是一条闭曲线时,C包围了一个单连通区域Ω,根据第8章的定理8.3(广义加法意义下的格林公式),上面表达式的实部为

$$\oplus\int_C u(x,y)\,dx \{-\} v(x,y)\,dy = (-1) \oplus\iint_\Omega \left(\oplus\frac{\partial v(x,y)}{\partial x} \{+\} \oplus\frac{\partial u(x,y)}{\partial y} \right) dx dy$$

上面表达式的虚部为

$$\oplus\int_C v(x,y)\,dx \{+\} u(x,y)\,dy = \oplus\iint_\Omega \left(\oplus\frac{\partial u(x,y)}{\partial x} \{-\} \oplus\frac{\partial v(x,y)}{\partial y} \right) dx dy$$

根据广义加法意义下的复函数存在导数的柯西 - 黎曼条件,有

$$\oplus\frac{\partial v(x,y)}{\partial x} = (-1) \oplus\frac{\partial u(x,y)}{\partial y}$$
$$\oplus\frac{\partial u(x,y)}{\partial x} = \oplus\frac{\partial v(x,y)}{\partial y}$$

可以知道,上面两个二重积分的被积分函数为零函数,我们有

$$\oplus\oint_C f(z)\,dz \doteq 0$$

定理得证。

12.6 广义加法意义下的代数方程的解

普通加法下的代数方程与广义加法意义下的代数方程之间有怎样的关系

是一个有趣的问题。假设有 $a_n \neq 0$，普通加法下的实系数一元 n 次方程的形式如下

$$a_n x^n + a_{n-1} x^{n-1} + \cdots + a_1 x + a_0 = 0 \tag{12.14}$$

相应的，广义加法意义下的实系数一元 n 次方程的形式如下

$$a_n x^n \{+\} a_{n-1} x^{n-1} \{+\} \cdots \{+\} a_1 x \{+\} a_0 = 0$$

这两个方程之间的关系并不密切，但是下面的广义加法意义下的一元 n 次方程与上面的普通加法下的一元 n 次方程的解有密切的关系

$$(a_n)^{\frac{1}{\alpha}} x^n \{+\} (a_{n-1})^{\frac{1}{\alpha}} x^{n-1} \{+\} \cdots \{+\} (a_1)^{\frac{1}{\alpha}} x \{+\} (a_0)^{\frac{1}{\alpha}} = 0 \tag{12.15}$$

为深入讨论这个问题，我们先明确一个复数的 α 次幂的含义。对于任意的正实数 α，z 是一个复数，其指数表示式为 $z = rG\exp(\mathrm{i}\theta)$，则

$$z^{\alpha} = r^{\alpha} G\exp(\mathrm{i}\alpha\theta)$$

$$z^{\frac{1}{\alpha}} = r^{\frac{1}{\alpha}} G\exp\left(\mathrm{i}\,\frac{\theta}{\alpha}\right)$$

$$(z^{\alpha})^{\frac{1}{\alpha}} = z$$

这是根据复数的指数表示法的运算法则得到的。我们有下面的定理。

定理 12.6　若 z 是普通加法下的实系数一元 n 次方程(12.14)的一个解，那么 $z^{\frac{1}{\alpha}}$ 是广义加法意义下的一元 n 次方程(12.15)的解。

证明　根据条件，有

$$a_n z^n + a_{n-1} z^{n-1} + \cdots + a_1 z + a_0 = 0$$

将广义加法意义下的一元 n 次方程(12.15)写成普通加法的形式，按照广义加法的定义有

$$\begin{aligned}&(a_n)^{\frac{1}{\alpha}} x^n \{+\} (a_{n-1})^{\frac{1}{\alpha}} x^{n-1} \{+\} \cdots \{+\} (a_1)^{\frac{1}{\alpha}} x \{+\} (a_0)^{\frac{1}{\alpha}} \\ &= (a_n x^{\alpha n} + a_{n-1} x^{\alpha(n-1)} + \cdots + a_1 x^{\alpha} + a_0)^{\frac{1}{\alpha}}\end{aligned}$$

令 $x = z^{\frac{1}{\alpha}}$，代入上式，有

$$\begin{aligned}&(a_n)^{\frac{1}{\alpha}} x^n \{+\} (a_{n-1})^{\frac{1}{\alpha}} x^{n-1} \{+\} \cdots \{+\} (a_1)^{\frac{1}{\alpha}} x \{+\} (a_0)^{\frac{1}{\alpha}} \Big|_{x=z^{\frac{1}{\alpha}}} \\ &= (a_n x^{\alpha n} + a_{n-1} x^{\alpha(n-1)} + \cdots + a_1 x^{\alpha} + a_0)^{\frac{1}{\alpha}} \Big|_{x=z^{\frac{1}{\alpha}}} \\ &= (a_n z^n + a_{n-1} z^{(n-1)} + \cdots + a_1 z + a_0)^{\frac{1}{\alpha}} \\ &= 0\end{aligned}$$

所以 $z^{\frac{1}{\alpha}}$ 是广义加法意义下的一元 n 次方程(12.15)的解。定理得证。

借助于定理 12.6 的结论我们知道,代数学基本定理在广义加法世界中仍然是成立的,即广义加法意义下的一元 n 次方程在复数域中恰好有 n 个解。

12.7 本章总结

1. 对于用广义加法构造的函数

$$G\exp(x)=1\{+\}x\{+\}\left(\frac{1}{2!}\right)^{\frac{1}{\alpha}}x^2\{+\}\left(\frac{1}{3!}\right)^{\frac{1}{\alpha}}x^3\{+\}\cdots\{+\}\left(\frac{1}{n!}\right)^{\frac{1}{\alpha}}x^n+\cdots$$

下面的关系式成立

$$G\exp(x\{+\}y)=G\exp(x)G\exp(y)$$

2. 对于用广义加法构造的函数

$$G\exp(x)=1\{+\}x\{+\}\left(\frac{1}{2!}\right)^{\frac{1}{\alpha}}x^2\{+\}\left(\frac{1}{3!}\right)^{\frac{1}{\alpha}}x^3\{+\}\cdots\{+\}\left(\frac{1}{n!}\right)^{\frac{1}{\alpha}}x^n\{+\}\cdots$$

下面的关系式成立

$$G\exp(\mathrm{i}\theta)=G\cos(\theta)\{+\}\mathrm{i}G\sin(\theta)$$

3. 对于用广义加法构造的函数

$$G\sin(x)=x\{-\}\left(\frac{1}{3!}\right)^{\frac{1}{\alpha}}x^3\{+\}\left(\frac{1}{5!}\right)^{\frac{1}{\alpha}}x^5\{-\}\cdots\{+\}$$
$$(-1)^k\left(\frac{1}{(2k+1)!}\right)^{\frac{1}{\alpha}}x^{2k+1}\{+\}\cdots$$

$$G\cos(x)=1\{-\}\left(\frac{1}{2!}\right)^{\frac{1}{\alpha}}x^2\{+\}\left(\frac{1}{4!}\right)^{\frac{1}{\alpha}}x^4\{-\}\cdots\{+\}$$
$$(-1)^k\left(\frac{1}{(2k)!}\right)^{\frac{1}{\alpha}}x^{2k}\{+\}\cdots$$

下面的关系式成立

$$(G\cos(\theta))^2\{+\}(G\sin(\theta))^2=1$$

4. 广义加法意义下复数的指数表示法。

对于任意一个复数 $z=a+\mathrm{i}b$,r 是 z 的模长,θ 是 z 的幅角,θ 是向量 (a,b) 与 x 轴的广义加法意义下的夹角,具体有

$$r=\sqrt{a^2\{+\}b^2}$$

$$G\cos(\theta) = \frac{b}{\sqrt{a^2 \{+\} b^2}} \quad (0 \leqslant \theta \leqslant (2\pi)^{\frac{1}{\alpha}})$$

复数的指数表达式为

$$z = r \times G\exp(\mathrm{i}\theta)$$

广义加法意义下的三角函数表示的复数公式

$$z = r(G\sin(\theta) \{+\} \mathrm{i}G\sin(\theta))$$

由于函数 $G\exp(x)$ 符合指数函数的乘法规则,所以有

$$z^n = r^n \times G\exp(\mathrm{i}n\theta)$$

若要求 $z^n = 1$,复数 $z = a + \mathrm{i}b$ 位于广义加法世界中的单位圆上。满足下面的条件

$$\theta_k = \left(\frac{2k\pi}{n}\right)^{\frac{1}{\alpha}} \quad (k = 0,1,2,\cdots,n-1)$$

θ_k 是方程 $z^n = 1$ 的单位根。

5. 记 $z = x + \mathrm{i}y$ 是复数自变量,复变函数 $f(z)$ 的广义加法意义下的导数由下面的极限确定

$$\lim_{\Delta z \to 0} \frac{f(z \{+\} \Delta z) \{-\} f(z)}{\Delta z}$$

记为 $\oplus\frac{\mathrm{d}}{\mathrm{d}z}f(z)$,其中 $\Delta z = z_{i+1} \{-\} z_i$,$\Delta z \to 0$ 是不限定趋于零的方式的。

6. 记复数自变量为 $z = x + \mathrm{i}y$,复函数为 $f(z) = u(x,y) + \mathrm{i}v(x,y)$,$f(z)$ 的导数存在,则在广义加法意义下成立下面的柯西 - 黎曼条件

$$\oplus\frac{\partial u(x,y)}{\partial x} = \oplus\frac{\partial v(x,y)}{\partial y}$$

$$\oplus\frac{\partial v(x,y)}{\partial x} = -\oplus\frac{\partial u(x,y)}{\partial y}$$

7. 设 C 是复数平面的已定向的曲线,$f(z)$ 是曲线 C 上的单值连续复函数,C 曲线的参数方程为

$$z = x(t) \{+\} \mathrm{i}y(t) \quad (a \leqslant t \leqslant b)$$

C 的方向是向着参数 t 增加的方向。对于任意的区间剖分

$$a = t_0 < t_1 < t_2 < \cdots < t_n = b$$

对应有点 z_k

$$z_k = z(t_k) = x(t_k)\{+\}\mathrm{i}y(t_k)$$

假设有

$$\max_{0\leqslant k\leqslant n-1}\{t_{k+1}\{-\}t_k\}\to 0$$

做下面的广义加法和

$$\lim_{n\to\infty}\oplus\sum_{k=1}^{n}f(z_k)(z_{k+1}\{-\}z_k)$$

若上面的极限存在,则极限值称为复函数$f(z)$沿着曲线C的广义加法意义下的积分,记为

$$\oplus\int_C f(z)\,\mathrm{d}z$$

8. 设C是复数平面的闭曲线,复函数$f(z)$在闭曲线C包围的区域上有导数,则有

$$\oplus\oint_C f(z)\,\mathrm{d}z = 0$$

9. 若z是下面的普通加法下的实系数一元n次方程的一个解

$$a_n z^n + a_{n-1}z^{n-1} + \cdots + a_1 z + a_0 = 0$$

那么$z^{\frac{1}{\alpha}}$是下面的广义加法意义下的一元n次方程

$$(a_n)^{\frac{1}{\alpha}}x^n\{+\}(a_{n-1})^{\frac{1}{\alpha}}x^{n-1}\{+\}\cdots\{+\}(a_1)^{\frac{1}{\alpha}}x\{+\}(a_0)^{\frac{1}{\alpha}} = 0$$

的解。

第13章 关于特殊幂函数$(f(x))^\alpha$的若干性质

在引入实数的广义加法时我们使用了特殊的幂函数$(x)^\alpha$，这个函数是整个实数轴上的奇函数。在本章中我们将讨论特殊的幂函数$(\sin x)^\alpha$以及$(\cos x)^\alpha$，这是将函数$\sin x$和$\cos x$按一定规律缩小或放大而得到的函数。我们还研究一般的函数$(f(x))^\alpha$的性质，我们将仔细研究这类特殊的幂函数，并说明这类函数的潜在应用价值。

13.1 特殊幂函数$(\sin x)^\alpha$和$(\cos x)^\alpha$的形态特征

正弦曲线和余弦曲线是人们熟悉的，若让一条正弦曲线实现函数值的缩小或增大，常用的方法是为函数乘以一个数或一个函数，比如$y(x)=A\sin x$，$A>1$是增大，$A<1$是减小。更复杂的处理方式，令$y(x)=e^{\lambda x}\sin x$，当$\lambda<0$时，随着x的增大，$e^{\lambda x}$减小，这时函数$y(x)=e^{\lambda x}\sin x$是一条振幅逐渐变小的正弦曲线。当$\lambda>0$时，随着x的增大，$e^{\lambda x}$增大，这时函数$y(x)=e^{\lambda x}\sin x$是一条振幅逐渐变大的正弦曲线。

我们还可以通过幂运算使得函数曲线的振幅变化，仿照广义加法定义中规定的幂函数$(x)^\alpha$，我们给出下面的特殊幂函数的定义式。对于正实数α，我们规定

$$(\sin x)^{\alpha}=\begin{cases}\sin^{\alpha}x, \sin x\geqslant 0\\ -(-\sin x)^{\alpha}, \sin x<0\end{cases} \tag{13.1}$$

同样地，我们规定

$$(\cos x)^{\alpha}=\begin{cases}\cos^{\alpha}x, \cos x\geqslant 0\\ -(-\cos x)^{\alpha}, \cos x<0\end{cases} \tag{13.2}$$

可以看出，幂函数$(\sin x)^{\alpha}$和$(\cos x)^{\alpha}$不改变函数值的符号，只改变函数值的大小。

我们来看在一个周期内函数$(\sin x)^{\alpha}$和$(\cos x)^{\alpha}$的取值情况。从定性分析的角度考查，当α很小时，对于$\sin x>0$的情况，有$(\sin x)^{\alpha}\to 1$；对于$\sin x<0$的情况，有$(\sin x)^{\alpha}\to -1$；对于$\sin x=0$的情况，有$(\sin x)^{\alpha}=0$。所以在α非常小的条件下，在$0<x<\pi$时，有$(\sin x)^{\alpha}\approx 1$，在$\pi<x<2\pi$时，有$(\sin x)^{\alpha}\approx -1$。也就是说，在一个周期内$(\sin x)^{\alpha}$的值从1附近跳跃变成$-1$附近，这是信号理论中常用的阶跃函数的特征。

当α很大时，对于$\sin x>0$的情况，只要$\sin x\neq 1$，则$0<\sin x<1$，有

$$(\sin x)^{\alpha}\to 0$$

对于$\sin x<0$的情况，只要$\sin x\neq -1$，则$-1<\sin x<0$，有

$$(\sin x)^{\alpha}\to 0$$

只有当$\sin x=1$时，有

$$(\sin x)^{\alpha}=1$$

只有当$\sin x=-1$时，有

$$(\sin x)^{\alpha}=-1$$

所以在α非常大的条件下，在$0<x<\pi$时，有

$$(\sin x)^{\alpha}\approx 0$$

在$\pi<x<2\pi$时，有

$$(\sin x)^{\alpha}\approx 0$$

$$\left(\sin\frac{\pi}{2}\right)^{\alpha}=1,\left(\sin\frac{3\pi}{2}\right)^{\alpha}=-1$$

也就是说，在一个周期内$(\sin x)^{\alpha}$的值在两个点处出现脉冲值，在其他点处取零值，这是信号理论中常用的脉冲函数的特征。可见，在α非常小的条件下，$(\sin x)^{\alpha}$接近于阶跃函数；在α非常大的条件下，$(\sin x)^{\alpha}$接近于脉冲函数。同时，$(\sin x)^{\alpha}$是充分光滑的函数，具有很好的数学分析性质。图 13.1 至图 13.11 是不同的α对应的函数$(\sin x)^{\alpha}$的曲线形态，曲线是 200 个平均分布的离散点处函数值的平滑连接。

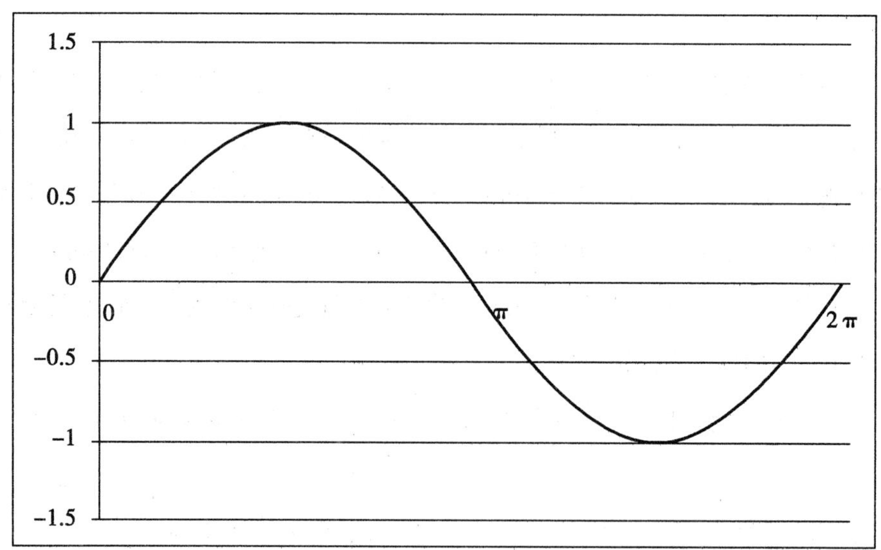

图 13.1　$\alpha = 1$ 时对应的函数$(\sin x)^{\alpha}$的曲线形态

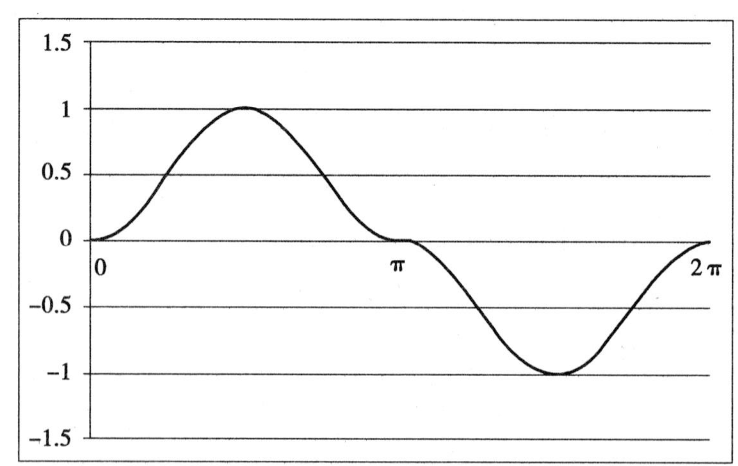

图 13.2　$\alpha = 2$ 时对应的函数$(\sin x)^{\alpha}$的曲线形态

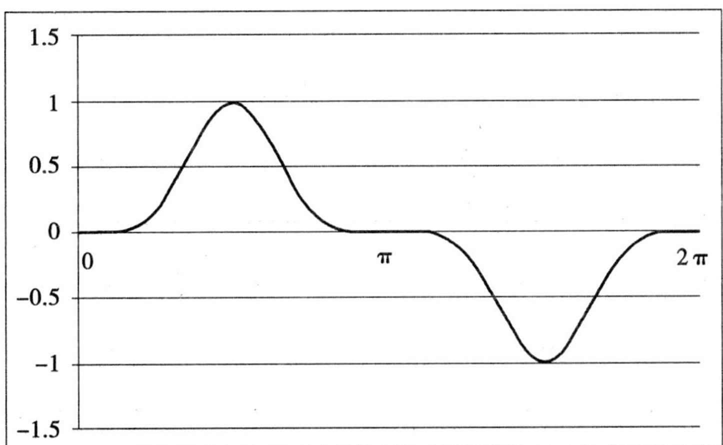

图 13.3 $\alpha = 5$ 时对应的函数$(\sin x)^{\alpha}$ 的曲线形态

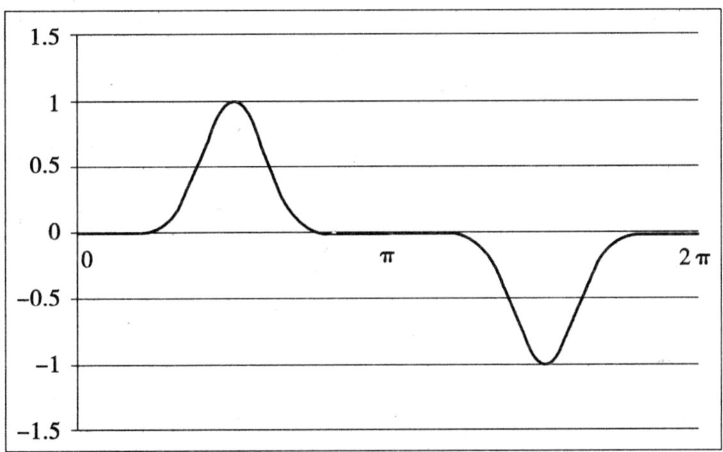

图 13.4 $\alpha = 10$ 时对应的函数$(\sin x)^{\alpha}$ 的曲线形态

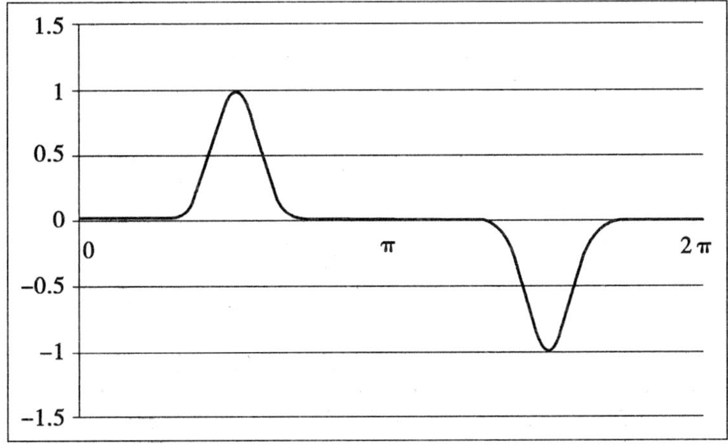

图 13.5 $\alpha = 20$ 时对应的函数$(\sin x)^{\alpha}$ 的曲线形态

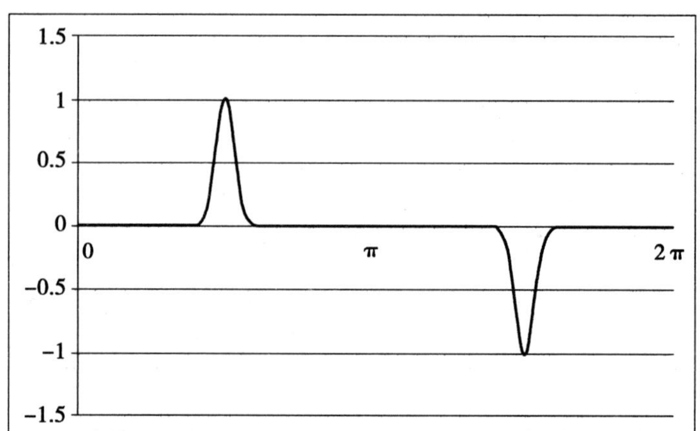

图 13.6　$\alpha=100$ 时对应的函数$(\sin x)^{\alpha}$的曲线形态

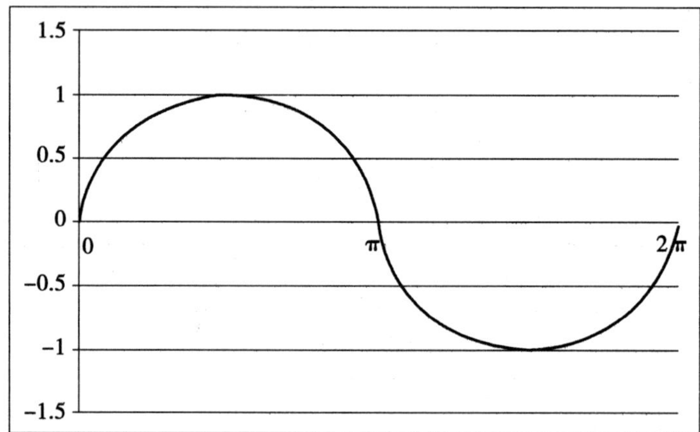

图 13.7　$\alpha=\frac{1}{2}$ 时对应的函数$(\sin x)^{\alpha}$的曲线形态

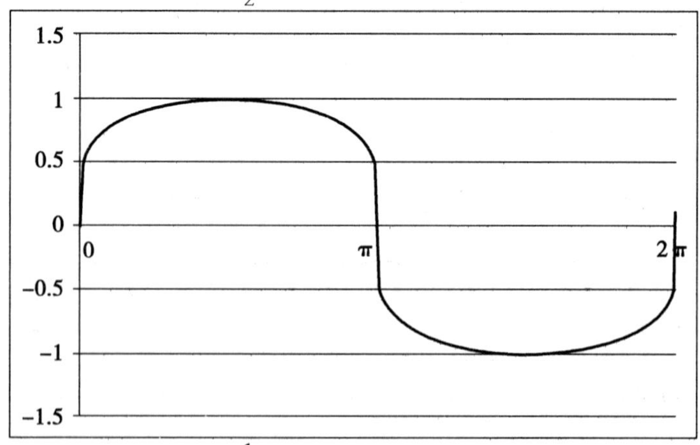

图 13.8　$\alpha=\frac{1}{5}$ 时对应的函数$(\sin x)^{\alpha}$的曲线形态

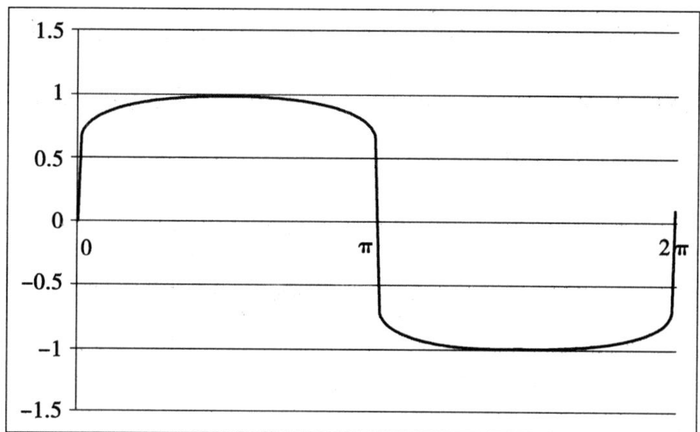

图 13.9　$\alpha=\frac{1}{10}$ 时对应的函数$(\sin x)^{\alpha}$ 的曲线形态

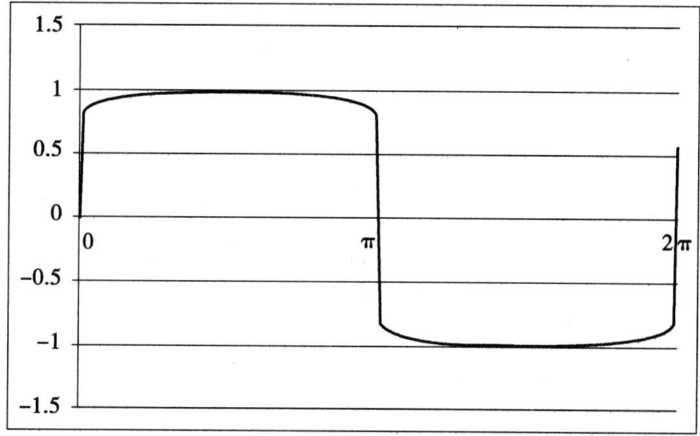

图 13.10　$\alpha=\frac{1}{20}$ 时对应的函数$(\sin x)^{\alpha}$ 的曲线形态

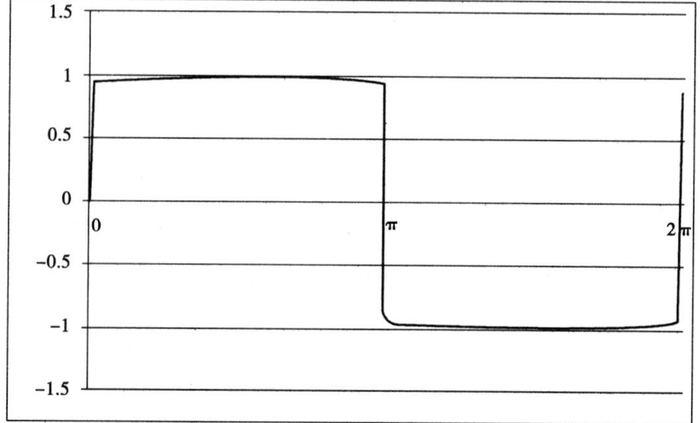

图 13.11　$\alpha=\frac{1}{100}$ 时对应的函数$(\sin x)^{\alpha}$ 的曲线形态

可以看出，当 $\alpha < \frac{1}{10}$ 时函数 $(\sin x)^{\alpha}$ 的曲线形态就很像阶跃函数了，而 $\alpha > 100$ 时函数 $(\sin x)^{\alpha}$ 的曲线形态有些像脉冲函数了，随着 α 的增大，函数接近脉冲函数的速度有些慢。

13.2 特殊幂函数 $(\sin x)^{\alpha}$ 和 $(\cos x)^{\alpha}$ 的微分性质

函数的微分和积分性质是重要的，根据复合函数的求导规则以及函数值的取值规律，可以得到 $(\sin x)^{\alpha}$ 和 $(\cos x)^{\alpha}$ 的导数公式。先推导函数 $(\sin x)^{\alpha}$ 的导数。根据函数的定义式，有

$$(\sin x)^{\alpha} = \begin{cases} \sin^{\alpha} x, \sin x \geqslant 0 \\ -(-\sin x)^{\alpha}, \sin x < 0 \end{cases}$$

求导数，得到

$$\frac{\mathrm{d}}{\mathrm{d}x}(\sin x)^{\alpha} = \begin{cases} \alpha(\sin x)^{\alpha-1}\cos x, \sin x \geqslant 0 \\ -\alpha(-\sin x)^{\alpha-1}(-1)\cos x, \sin x < 0 \end{cases}$$

注意到，当 $\sin x < 0$ 时，有 $(-\sin x)^{\alpha-1} = -(\sin x)^{\alpha-1}$，所以有

$$\frac{\mathrm{d}}{\mathrm{d}x}(\sin x)^{\alpha} = \begin{cases} \alpha(\sin x)^{\alpha-1}\cos x, \sin x \geqslant 0 \\ -\alpha(\sin x)^{\alpha-1}\cos x, \sin x < 0 \end{cases} \tag{13.3}$$

同样，我们有

$$(\cos x)^{\alpha} = \begin{cases} \cos^{\alpha} x, \cos x \geqslant 0 \\ -(-\cos x)^{\alpha}, \cos x < 0 \end{cases}$$

求导数，得到

$$\frac{\mathrm{d}}{\mathrm{d}x}(\cos x)^{\alpha} = \begin{cases} -\alpha(\cos x)^{\alpha-1}\sin x, \cos x \geqslant 0 \\ -\alpha(-\cos x)^{\alpha-1}\sin x, \cos x < 0 \end{cases}$$

注意到，当 $\cos x < 0$ 时，有 $(-\cos x)^{\alpha-1} = -(\cos x)^{\alpha-1}$，所以有

$$\frac{\mathrm{d}}{\mathrm{d}x}(\cos x)^{\alpha} = \begin{cases} -\alpha(\cos x)^{\alpha-1}\sin x, \cos x \geqslant 0 \\ \alpha(\cos x)^{\alpha-1}\sin x, \cos x < 0 \end{cases} \tag{13.4}$$

下面我们来推导特殊幂函数 $(\sin x)^{\alpha}$ 和 $(\cos x)^{\alpha}$ 所满足的微分方程。将式(13.3)两边同时乘以 $\sin x$，有

$$\sin x \frac{\mathrm{d}}{\mathrm{d}x}(\sin x)^{\alpha} = \begin{cases} \alpha\sin x(\sin x)^{\alpha-1}\cos x, \sin x \geqslant 0 \\ -\alpha\sin x(\sin x)^{\alpha-1}\cos x, \sin x < 0 \end{cases}$$

注意到,当 $\sin x \geqslant 0$ 时

$$\sin x(\sin x)^{\alpha-1} = (\sin x)^{\alpha}$$

而当 $\sin x < 0$ 时,$\sin x(\sin x)^{\alpha-1}$ 是正的,所以有

$$\sin x(\sin x)^{\alpha-1} = -(\sin x)^{\alpha}$$

上式可以写成一个统一的表达式

$$\sin x \frac{\mathrm{d}}{\mathrm{d}x}(\sin x)^{\alpha} = \alpha(\sin x)^{\alpha}\cos x$$

整理有

$$\frac{\mathrm{d}}{\mathrm{d}x}(\sin x)^{\alpha} = \alpha(\sin x)^{\alpha}\frac{\cos x}{\sin x}$$

可见,幂函数$(\sin(x))^{\alpha}$满足下面的微分方程

$$\frac{\mathrm{d}}{\mathrm{d}x}f(x) = \alpha\frac{\cos x}{\sin x}f(x) \tag{13.5}$$

我们得到

$$\frac{f'(x)}{f(x)} = \alpha\frac{\cos x}{\sin x}$$

两边求不定积分,有

$$\int\frac{f'(x)}{f(x)}\mathrm{d}x = \alpha\int\frac{\cos x}{\sin x}\mathrm{d}x$$

我们有

$$\int\frac{1}{f(x)}\mathrm{d}f(x) = \alpha\int\frac{1}{\sin x}\mathrm{d}\sin x$$

由于我们不能保证$f(x) > 0$和$\sin x > 0$,所以上面的积分暂时还不能得到简单的结果。

将式(13.4)两边同时乘以 $\cos x$,有

$$\cos x \frac{\mathrm{d}}{\mathrm{d}x}(\cos x)^{\alpha} = \begin{cases} -\alpha\cos x(\cos x)^{\alpha-1}\sin x, \cos x \geqslant 0 \\ \alpha\cos x(\cos x)^{\alpha-1}\sin x, \cos x < 0 \end{cases}$$

注意到,当 $\cos x \geqslant 0$ 时

$$\cos x(\cos x)^{\alpha-1} = (\cos x)^{\alpha}$$

而当 $\cos x < 0$ 时,$\cos x(\cos x)^{\alpha-1}$ 是正的,所以有

$$\cos x(\cos x)^{\alpha-1} = -(\cos x)^{\alpha}$$

上式可以写成一个统一的表达式

$$\cos x \frac{\mathrm{d}}{\mathrm{d}x}(\cos x)^{\alpha} = -\alpha(\cos x)^{\alpha}\sin x$$

整理有

$$\frac{\mathrm{d}}{\mathrm{d}x}(\cos x)^{\alpha} = -\alpha(\cos x)^{\alpha}\frac{\sin x}{\cos x}$$

可见,幂函数 $(\cos x)^{\alpha}$ 满足下面的微分方程

$$\frac{\mathrm{d}}{\mathrm{d}x}f(x) = -\alpha\frac{\sin x}{\cos x}f(x) \tag{13.6}$$

我们得到

$$\frac{f'(x)}{f(x)} = -\alpha\frac{\sin x}{\cos x}$$

两边求不定积分,有

$$\int\frac{f'(x)}{f(x)}\mathrm{d}x = -\alpha\int\frac{\sin x}{\cos x}\mathrm{d}x$$

我们有

$$\int\frac{1}{f(x)}\mathrm{d}f(x) = \alpha\int\frac{1}{\cos x}\mathrm{d}\cos x$$

由于我们不能保证 $f(x) > 0$ 和 $\cos x > 0$,所以上面的积分暂时还不能得到简单的结果。关于微分方程(13.5)和(13.6)的更进一步的研究留待以后再做。

13.3 关于函数 $(\sin nx)^{\alpha}$ 和 $(\cos mx)^{\alpha}$ 的正交性的数值计算结果

当 n 和 m 取遍自然数时,我们得到下面的函数系

$$\{1,(\sin nx)^{\alpha},(\cos mx)^{\alpha};n,m\text{ 取遍自然数}\}$$

这个函数系是否构成正交函数系是一个值得研究的问题。

在传统的傅里叶(Fourier)级数理论中,下面的由正弦函数和余弦函数构成的函数系

$$\{1,\sin nx,\cos mx;n,m\text{ 取遍自然数}\}$$

是[0,2π]上完备的正交函数系。

下面的性质成立

$$\int_0^{2\pi} \sin nx\mathrm{d}x = 0$$

$$\int_0^{2\pi} \cos mx\mathrm{d}x = 0$$

$$\int_0^{2\pi} \sin nx\cos mx\mathrm{d}x = 0 \quad (n \neq m)$$

有了完备的正交函数系就可以进行函数的级数展开方面的研究。

我们猜测,由$(\sin nx)^{\alpha}$和$(\cos mx)^{\alpha}$以及常数函数1构成的函数系是一个正交函数系。但是这个猜测的证明现在看来是比较困难的,因为对于一般的实数α,函数$(\sin nx)^{\alpha}$和$(\cos mx)^{\alpha}$的解析形式的原函数无法获得,所以无法直接通过求取积分值来进行命题的证明。我们必须从其他的途径来设法证明这个命题的正确性。我们的问题是设法证明

$$\int_0^{2\pi} (\sin nx)^{\alpha}\mathrm{d}x = 0$$

$$\int_0^{2\pi} (\cos mx)^{\alpha}\mathrm{d}x = 0$$

$$\int_0^{2\pi} (\sin nx)^{\alpha}(\cos mx)^{\alpha}\mathrm{d}x = 0 \quad (n \neq m) \tag{13.7}$$

成立。

我们通过数值计算的方法来考查这个问题。如果对于某两个正整数n,m,式(13.7)中至少有一个积分明显不为零,那么说明我们的猜测是不正确的。如果对于不太大的正整数n,m,以及不太大并且不太小的正实数α,数值计算的结果无法拒绝式(13.7)的正确性,那么说明我们的猜测有可能是正确的。我们取$1 \leqslant n,m \leqslant 10$,$0.1 \leqslant \alpha \leqslant 10$,对式(13.7)的积分进行数值计算,积分值都是很小的值。特别在$0.8 \leqslant \alpha \leqslant 3$时积分值的绝对值更小。具体来说,当离散化的步长取为$\frac{2\pi}{2\ 000}$时,积分值为10^{-7}数量级。当取$\alpha \leqslant 0.2$以及$\alpha > 10$时,又当离散化的步长取为$\frac{2\pi}{2\ 000}$时,积分值为$10^{-5}-10^{-4}$数量级。数值计算的结果表明,函数系$\{1,(\sin nx)^{\alpha},(\cos mx)^{\alpha};n,m$取遍自然数$\}$有可能是正交的函数系。

13.4　关于函数系$(\sin nx)^{\alpha}$和$(\cos mx)^{\alpha}$的一些补充说明

若想让函数$(\sin nx)^{\alpha}$在半个周期中近似等于δ函数,则要求函数在半个周期的区间中的积分值为1,而函数$(\sin nx)^{\alpha}$在区间$[0,\frac{\pi}{n}]$中的积分值与参数n和α都有关,为此要求得到下面定积分值的数学公式

$$\Omega(n,\alpha) = \int_0^{\frac{\pi}{n}}(\sin nx)^{\alpha}\mathrm{d}x \tag{13.8}$$

我们有

$$\int_0^{\frac{\pi}{n}}\frac{1}{\Omega(n,\alpha)}(\sin nx)^{\alpha}\mathrm{d}x = 1$$

因为当α非常大时

$$\sin n\cdot\frac{\pi}{2n} = 1$$

在其他点处均近似等于零,所以这时函数$\frac{1}{\Omega(n,\alpha)}(\sin nx)^{\alpha}$是$\delta$函数的一个好的近似。定积分(13.8)的解析解不易求得,我们设法通过数值计算的手段来求得一个比较好的近似公式。不难看出下面的结果

$$\Omega(n,0) = \int_0^{\frac{\pi}{n}}(\sin nx)^{0}\mathrm{d}x = \frac{\pi}{n}$$

$$\Omega(n,1) = \int_0^{\frac{\pi}{n}}\sin nx\mathrm{d}x = \frac{2}{n}$$

$$\Omega(n,\infty) = \lim_{\alpha\to\infty}\int_0^{\frac{\pi}{n}}(\sin nx)^{\alpha}\mathrm{d}x = 0$$

我们找到了一个满足这些取值要求的函数,这是一个经验公式,即

$$z(n,\alpha) = \frac{\pi}{n}\left(\frac{2}{\pi}\right)^{\alpha^{0.55}} \tag{13.9}$$

使用数值积分方法得到的计算结果表明,在$0\leqslant\alpha\leqslant 15$范围内

$$z(n,\alpha) = \frac{\pi}{n}\left(\frac{2}{\pi}\right)^{\alpha^{0.55}}$$

可以很好地拟合 $\Omega(n,\alpha)$，但是当 α 很大时，拟合精度下降。实际上我们没有找到 $\Omega(n,\alpha)$ 的精确的理论公式。近似于 δ 函数的一个数学表达式如下

$$\delta(n,\alpha,x) = \frac{\pi}{n}\left(\frac{2}{\pi}\right)^{\alpha^{0.55}}(\sin nx)^{\alpha}$$

在假设函数系$\{1,(\sin nx)^{\alpha},(\cos mx)^{\alpha};n,m$ 取遍自然数$\}$是正交的函数系的前提下，对于任意的实函数 $f(x)$，可以考虑用这个正交函数系来实现函数的级数表示，就像傅里叶级数那样。仿照传统的傅里叶级数理论，我们得到下面的用特殊的函数系$\{1,(\sin nx)^{\alpha},(\cos mx)^{\alpha};n,m$ 取遍自然数$\}$展开的幂级数的形式

$$f(x) = a_0 + \sum_{n=1}^{\infty}(a_n(\sin nx)^{\alpha} + b_n(\cos mx)^{\alpha}) \tag{13.10}$$

根据函数系的正交性质（待证明），容易推得

$$a_n = \frac{\int_0^{2\pi} f(x)(\sin nx)^{\alpha}\mathrm{d}x}{\int_0^{2\pi}(\sin nx)^{2\alpha}\mathrm{d}x}$$

$$b_n = \frac{\int_0^{2\pi} f(x)(\cos nx)^{\alpha}\mathrm{d}x}{\int_0^{2\pi}(\cos nx)^{2\alpha}\mathrm{d}x}$$

$$a_0 = \frac{\int_0^{2\pi} f(x)\mathrm{d}x}{2\pi} \tag{13.11}$$

当选择的 α 较大时，数学展开式(13.10)适合于表示近似于脉冲波形的函数，当选择的 α 较小时，数学展开式(13.10)适合于表示近似于阶跃波形的函数。

13.5 一般的幂函数$(f(x))^{\alpha}$的性质

实际上，对于任意的实函数 $y = f(x)$，我们都可以定义一个新的幂函数 $(f(x))^{\alpha}$ 如下

$$(f(x))^{\alpha} = \begin{cases} f^{\alpha}(x), f(x) \geqslant 0 \\ -(-f(x))^{\alpha}, f(x) < 0 \end{cases}$$

当我们不能保证$f(x)\geqslant 0$时，在传统的数学中函数$f^{\alpha}(x)$没有意义。但是我们从不同的角度来看，形如$(f(x))^{\alpha}$的幂指数函数是有意义的。前面几节我们研究了函数$(\sin x)^{\alpha}$和$(\cos x)^{\alpha}$，这两个函数在表达阶跃函数和脉冲函数方面有优越性。另外，在研究广义加法意义下的积分时我们得到下面的公式

$$\int_a^b f^{\alpha}(x)x^{\alpha-1}\mathrm{d}x=\frac{\left(\oplus\int_a^b f(x)\mathrm{d}x\right)^{\alpha}}{\alpha}$$

上面的公式并不要求$f(x)\geqslant 0$，当把上式两端的积分上限当作变量时，上式两端都是变量b的函数，其中$f^{\alpha}(x)$和$\left(\oplus\int_a^b f(x)\mathrm{d}x\right)^{\alpha}$都是特殊的幂函数。当$f(x)$是一个多项式函数时，一般不能保证$f(x)\geqslant 0$成立，但是我们可能需要使用函数$(f(x))^{\alpha}$。又比如函数$y=\ln(x)$，当$x<1$时，$\ln(x)<0$，我们可能需要使用函数$y=(\ln(x))^{\alpha}$。

我们来看$(f(x))^{\alpha}$的导数，根据定义

$$(f(x))^{\alpha}=\begin{cases}f^{\alpha}(x),f(x)\geqslant 0\\-(-f(x))^{\alpha},f(x)<0\end{cases}$$

我们有

$$\frac{\mathrm{d}}{\mathrm{d}x}(f(x))^{\alpha}=\begin{cases}\alpha f^{\alpha-1}(x)\dfrac{\mathrm{d}f(x)}{\mathrm{d}x},f(x)\geqslant 0\\-\alpha(-f(x))^{\alpha-1}(-1)\dfrac{\mathrm{d}f(x)}{\mathrm{d}x},f(x)<0\end{cases}$$

当$f(x)<0$时，$(-f(x))^{\alpha-1}\geqslant 0$，故有

$$(-f(x))^{\alpha-1}=-(f(x))^{\alpha-1}$$

我们得到

$$\frac{\mathrm{d}}{\mathrm{d}x}(f(x))^{\alpha}=\begin{cases}\alpha f^{\alpha-1}(x)\dfrac{\mathrm{d}f(x)}{\mathrm{d}x},f(x)\geqslant 0\\-\alpha(f(x))^{\alpha-1}\dfrac{\mathrm{d}f(x)}{\mathrm{d}x},f(x)<0\end{cases}$$

可以统一写成下面的形式

$$\frac{\mathrm{d}}{\mathrm{d}x}(f(x))^{\alpha}=\alpha|f(x)|^{\alpha-1}\frac{\mathrm{d}f(x)}{\mathrm{d}x}\tag{13.12}$$

这表明有

$$\int \alpha |f(x)|^{\alpha-1} \frac{\mathrm{d}f(x)}{\mathrm{d}x}\mathrm{d}x = (f(x))^{\alpha}$$

也就是有

$$\int \alpha |f(x)|^{\alpha-1}\mathrm{d}f(x) = (f(x))^{\alpha}$$

将式(13.12)两端乘以$f(x)$,有

$$f(x)\frac{\mathrm{d}}{\mathrm{d}x}(f(x))^{\alpha} = \begin{cases} \alpha f(x) f^{\alpha-1}(x)\dfrac{\mathrm{d}f(x)}{\mathrm{d}x}, f(x) \geqslant 0 \\ -\alpha f(x)(f(x))^{\alpha-1}\dfrac{\mathrm{d}f(x)}{\mathrm{d}x}, f(x) < 0 \end{cases}$$

可统一写成

$$f(x)\frac{\mathrm{d}}{\mathrm{d}x}(f(x))^{\alpha} = \alpha f^{\alpha}(x)\frac{\mathrm{d}f(x)}{\mathrm{d}x}$$

有

$$\frac{\dfrac{\mathrm{d}}{\mathrm{d}x}(f(x))^{\alpha}}{f^{\alpha}(x)} = \alpha \frac{\dfrac{\mathrm{d}f(x)}{\mathrm{d}x}}{f(x)}$$

由于不能保证$f(x) \geqslant 0$,所以不能直接对上式的两端求不定积分。

我们引进函数$E\ln(x)$,这是将函数$\ln(x)$的定义域扩展至整个实数轴而得到的。函数的定义式如下

$$E\ln(x) = \begin{cases} \ln(x), x > 0 \\ 0, x = 0 \\ -\ln(-x), x < 0 \end{cases}$$

函数$E\ln(x)$是定义在实数轴上的奇函数。我们有

$$\frac{\mathrm{d}}{\mathrm{d}x}E\ln(x) = \begin{cases} \dfrac{1}{x}, x > 0 \\ \text{无导数}, x = 0 \\ \dfrac{-1}{x}, x < 0 \end{cases}$$

当$x > 0$时有

$$\int \frac{1}{x}\mathrm{d}x = E\ln(x)$$

当$x < 0$时有

$$\int \frac{-1}{x}\mathrm{d}x = E\ln(x)$$

这为求函数$\frac{1}{x}$的原函数提供方便，而且不要求$x > 0$。当然，对函数$E\ln(x)$做定积分时要求积分区间不能包括0点，因为0点没有导数。

下面我们给出函数$f(x) = (x)^n$的定积分的求取方法

$$(x)^n = \begin{cases} x^n, x \geqslant 0 \\ -|-x|^n, x < 0 \end{cases}$$

我们有

$$\frac{\mathrm{d}}{\mathrm{d}x}\left(\frac{1}{n+1}(x)^{n+1}\right) = \begin{cases} x^n, x \geqslant 0 \\ -(x)^n, x < 0 \end{cases}$$

所以有

$$\int (x)^n \mathrm{d}x = \begin{cases} \frac{1}{n+1}x^{n+1}, x \geqslant 0 \\ -\frac{1}{n+1}(x)^{n+1}, x < 0 \end{cases}$$

假设$a < 0, b > 0$，我们将积分分成两个区间的积分和

$$\int_a^b (x)^n \mathrm{d}x = \int_a^0 (x)^n \mathrm{d}x + \int_0^b (x)^n \mathrm{d}x$$

对于第一个积分，做变量替换$x = -z$

$$\int_a^0 (x)^n \mathrm{d}x = \int_{-a}^0 (z)^n \mathrm{d}z$$

$$= -\int_0^{-a} (z)^n \mathrm{d}z$$

我们有

$$\int_a^b (x)^n \mathrm{d}x = \int_a^0 (x)^n \mathrm{d}x + \int_0^b (x)^n \mathrm{d}x$$

$$= -\int_0^{-a} (z)^n \mathrm{d}z + \int_0^b (x)^n \mathrm{d}x$$

$$= -\frac{1}{n+1}z^{n+1}\Big|_0^{-a} + \frac{1}{n+1}x^{n+1}\Big|_0^b$$

$$= -\frac{(-a)^{n+1}}{n+1} + \frac{(b)^{n+1}}{n+1}$$

$$= \frac{(a)^{n+1}}{n+1} + \frac{(b)^{n+1}}{n+1}$$

我们仍假设 $a < 0, b > 0$，直接用牛顿－莱布尼兹公式求取定积分，$f(x) = (x)^n$ 的原函数 $F(x)$ 为

$$F(x) = \begin{cases} \frac{1}{n+1}x^{n+1}, x \geqslant 0 \\ -\frac{1}{n+1}(x)^{n+1}, x < 0 \end{cases}$$

我们有

$$\int_a^b (x)^n \mathrm{d}x = F(x) \Big|_a^b$$

$$= \frac{1}{n+1}b^{n+1} - \left(-\frac{1}{n+1}(a)^{n+1}\right)$$

$$= \frac{1}{n+1}(b)^{n+1} + \frac{1}{n+1}(a)^{n+1}$$

两种计算结果是相同的。

13.6 本章总结

1. 特殊的有用的幂函数 $(\sin x)^\alpha$ 和 $(\cos x)^\alpha$ 的定义式

$$(\sin x)^\alpha = \begin{cases} \sin^\alpha x, \sin x \geqslant 0 \\ -(-\sin x)^\alpha, \sin x < 0 \end{cases}$$

$$(\cos x)^\alpha = \begin{cases} \cos^\alpha x, \cos x \geqslant 0 \\ -(-\cos x)^\alpha, \cos x < 0 \end{cases}$$

2. 在 α 非常小的条件下，$(\sin x)^\alpha$ 接近于阶跃函数，在 α 非常大的条件下，$(\sin x)^\alpha$ 接近于脉冲函数。同时，$(\sin x)^\alpha$ 是充分光滑的函数，具有很好的数学分析性质。

3. 幂函数 $(\sin x)^\alpha$ 满足下面的微分方程

$$\frac{\mathrm{d}}{\mathrm{d}x}f(x) = \alpha \frac{\cos x}{\sin x}f(x)$$

幂函数 $(\cos x)^\alpha$ 满足下面的微分方程

$$\frac{\mathrm{d}}{\mathrm{d}x}f(x) = -\alpha\frac{\sin x}{\cos x}f(x)$$

4. 数值计算的结果表明，函数系$\{1,(\sin nx)^{\alpha},(\cos mx)^{\alpha};n,m$ 取遍自然数$\}$ 有可能是正交的函数系。

5. 一个较好的经验公式

$$\int_0^{\frac{\pi}{n}}(\sin nx)^{\alpha}\mathrm{d}x \approx \frac{\pi}{n}\left(\frac{2}{\pi}\right)^{\alpha^{0.55}}$$

6. 使用函数系$\{1,(\sin nx)^{\alpha},(\cos mx)^{\alpha};n,m$ 取遍自然数$\}$ 展开的幂级数的形式

$$f(x) = a_0 + \sum_{n=1}^{\infty}(a_n(\sin nx)^{\alpha} + b_n(\cos mx)^{\alpha})$$

其中

$$a_n = \frac{\int_0^{2\pi}f(x)(\sin nx)^{\alpha}\mathrm{d}x}{\int_0^{2\pi}(\sin nx)^{2\alpha}\mathrm{d}x}$$

$$b_n = \frac{\int_0^{2\pi}f(x)(\cos nx)^{\alpha}\mathrm{d}x}{\int_0^{2\pi}(\cos nx)^{2\alpha}\mathrm{d}x}$$

$$a_0 = \frac{\int_0^{2\pi}f(x)\mathrm{d}x}{2\pi}$$

7. 对于函数$(f(x))^{\alpha}$，有

$$\frac{\mathrm{d}}{\mathrm{d}x}(f(x))^{\alpha} = \alpha|f(x)|^{\alpha-1}\frac{\mathrm{d}f(x)}{\mathrm{d}x}$$

8. 对于函数$(f(x))^{\alpha}$，有

$$\frac{\frac{\mathrm{d}}{\mathrm{d}x}(f(x))^{\alpha}}{f^{\alpha}(x)} = \alpha\frac{\frac{\mathrm{d}f(x)}{\mathrm{d}x}}{f(x)}$$

9. 函数 $E\ln(x)$ 的定义式如下

$$E\ln(x) = \begin{cases}\ln(x), x > 0\\ 0, x = 0\\ -\ln(-x), x < 0\end{cases}$$

函数 $E\ln(x)$ 是定义在实数轴上的奇函数。我们有

$$\frac{d}{dx}E\ln(x)=\begin{cases}\frac{1}{x}, x>0\\ 无导数, x=0\\ \frac{-1}{x}, x<0\end{cases}$$

当 $x>0$ 时,有

$$\int\frac{1}{x}dx=E\ln(x)$$

当 $x<0$ 时,有

$$\int\frac{-1}{x}dx=E\ln(x)$$

10. 对于函数 $(x)^n$ 有

$$\int_a^b(x)^n dx=\frac{(a)^{n+1}}{n+1}+\frac{(b)^{n+1}}{n+1}$$

第14章 广义加法在若干数学领域中的拓展

在本章中我们将使用广义加法意义下的积分工具研究三角函数系的正交性，研究正交多项式的求取方法，并且将拉普拉斯(Laplace)变换引入到广义加法世界中，我们还在广义加法世界中建立了概率论的公理体系并得到了一些理论结果。

14.1 广义加法意义下正弦函数和余弦函数的正交性

我们定义了广义加法世界中的三角函数，包括 $G\sin(x)$ 和 $G\cos(x)$，我们还引进了广义加法世界中的函数积分的概念，这就允许我们讨论广义加法世界中函数的正交性关系。我们期望在广义加法世界中，三角函数中的正弦函数和余弦函数具有正交性关系。由于在广义加法世界中 n 个 1 的和为

$$1\{+\}1\{+\}1\{+\}\cdots\{+\}1 = n^{\frac{1}{\alpha}}$$

所以普通加法下的 $\sin nx$ 和 $\cos mx$ 与广义加法世界中的 $G\sin(n^{\frac{1}{\alpha}}x)$ 和 $G\cos(n^{\frac{1}{\alpha}}x)$ 相对应。广义加法世界中函数的正交性由函数乘积的积分取值决定。考查广义加法世界中的函数系

$$\{1, G\sin(n^{\frac{1}{\alpha}}x), G\cos(m^{\frac{1}{\alpha}}x); n, m \text{ 取遍自然数}\}$$

若这个函数系为一个正交函数系，则对于不同的正整数 n, m，有

$$G\sin(n^{\frac{1}{\alpha}}x) \text{ 与 } G\sin(m^{\frac{1}{\alpha}}x) \text{ 正交}$$

$$G\cos(n^{\frac{1}{\alpha}}x) \text{ 与 } G\cos(m^{\frac{1}{\alpha}}x) \text{ 正交}$$

$$G\sin(n^{\frac{1}{\alpha}}x) \text{ 与 } G\cos(m^{\frac{1}{\alpha}}x) \text{ 正交}$$

$$1 \text{ 与 } G\sin(n^{\frac{1}{\alpha}}x) \text{ 正交}$$

$$1 \text{ 与 } G\cos(n^{\frac{1}{\alpha}}x) \text{ 正交}$$

因为 $G\sin(x)$ 和 $G\cos(x)$ 的周期是$(2\pi)^{\frac{1}{\alpha}}$,所以我们需要证明下面的数学表达式成立

$$\oplus\int_0^{(2\pi)^{\frac{1}{\alpha}}} G\sin(n^{\frac{1}{\alpha}}x)G\sin(m^{\frac{1}{\alpha}}x)\,\mathrm{d}x = 0$$

$$\oplus\int_0^{(2\pi)^{\frac{1}{\alpha}}} G\cos(n^{\frac{1}{\alpha}}x)G\cos(m^{\frac{1}{\alpha}}x)\,\mathrm{d}x = 0$$

$$\oplus\int_0^{(2\pi)^{\frac{1}{\alpha}}} G\sin(n^{\frac{1}{\alpha}}x)G\cos(m^{\frac{1}{\alpha}}x)\,\mathrm{d}x = 0$$

$$\oplus\int_0^{(2\pi)^{\frac{1}{\alpha}}} G\sin(n^{\frac{1}{\alpha}}x)\,\mathrm{d}x = 0$$

$$\oplus\int_0^{(2\pi)^{\frac{1}{\alpha}}} G\cos(n^{\frac{1}{\alpha}}x)\,\mathrm{d}x = 0$$

我们有下面的定理。

定理 14.1 广义加法意义下的三角函数系

$$\{1, G\sin(n^{\frac{1}{\alpha}}x), G\cos(m^{\frac{1}{\alpha}}x); n, m \text{ 取遍自然数}\}$$

是区间$[0,(2\pi)^{\frac{1}{\alpha}}]$上的广义加法积分意义上的正交函数系。

证明 根据我们在第 6 章中导出的关系,有

$$\oplus\frac{\mathrm{d}(-G\cos(x))}{\mathrm{d}x} = G\sin(x)$$

根据广义加法世界中的求导数法则,不难得到

$$\oplus\frac{\mathrm{d}}{\mathrm{d}x}\left(\frac{-1}{n^{\frac{1}{\alpha}}}G\cos(n^{\frac{1}{\alpha}}x)\right) = G\sin(n^{\frac{1}{\alpha}}x)$$

所以函数$\frac{-1}{n^{\frac{1}{\alpha}}}G\cos(n^{\frac{1}{\alpha}}x)$ 是 $G\sin(n^{\frac{1}{\alpha}}x)$ 的广义加法意义下的原函数。我们知道

$$G\cos((2k\pi)^{\frac{1}{\alpha}}x) = 1 \quad (k = 0,1,2,\cdots)$$

根据广义加法世界中的牛顿 - 莱布尼兹公式,我们有

$$\oplus\int_0^{(2\pi)^{\frac{1}{\alpha}}} G\sin(n^{\frac{1}{\alpha}}x)\,\mathrm{d}x = \frac{-1}{n^{\frac{1}{\alpha}}}G\cos(n^{\frac{1}{\alpha}}x)\Big|_0^{(2\pi)^{\frac{1}{\alpha}}}$$

$$= \frac{-1}{n^{\frac{1}{\alpha}}} G\cos(n^{\frac{1}{\alpha}}(2\pi)^{\frac{1}{\alpha}}) \{-\} \frac{-1}{n^{\frac{1}{\alpha}}} G\cos(n^{\frac{1}{\alpha}} \times 0)$$

$$= \frac{-1}{n^{\frac{1}{\alpha}}} \{-\} \frac{-1}{n^{\frac{1}{\alpha}}}$$

$$= 0$$

根据我们在第 6 章中导出的关系,有

$$\oplus \frac{\mathrm{d}(G\sin(x))}{\mathrm{d}x} = G\cos(x)$$

根据广义加法世界中的求导数法则,不难得到

$$\oplus \frac{\mathrm{d}}{\mathrm{d}x}\left(\frac{1}{n^{\frac{1}{\alpha}}} G\sin(n^{\frac{1}{\alpha}} x)\right) = G\cos(n^{\frac{1}{\alpha}} x)$$

所以函数$\frac{1}{n^{\frac{1}{\alpha}}} G\sin(n^{\frac{1}{\alpha}} x)$ 是 $G\cos(n^{\frac{1}{\alpha}} x)$ 的广义加法意义下的原函数。我们知道

$$G\sin((2k\pi)^{\frac{1}{\alpha}} x) = 0 \quad (k = 0,1,2,\cdots)$$

我们有

$$\oplus \int_0^{(2\pi)^{\frac{1}{\alpha}}} G\cos(n^{\frac{1}{\alpha}} x \mathrm{d}x) = \frac{1}{n^{\frac{1}{\alpha}}} G\sin(n^{\frac{1}{\alpha}}(x)) \Big|_0^{(2\pi)^{\frac{1}{\alpha}}}$$

$$= \frac{1}{n^{\frac{1}{\alpha}}} G\sin(n^{\frac{1}{\alpha}}(2\pi)^{\frac{1}{\alpha}}) \{-\} \frac{1}{n^{\frac{1}{\alpha}}} G\sin(n^{\frac{1}{\alpha}} \times 0)$$

$$= 0 \{-\} 0$$

$$= 0$$

根据我们在第 6 章中导出的关系,有

$$G\sin(n^{\frac{1}{\alpha}} x) G\sin(m^{\frac{1}{\alpha}} x)$$

$$= \left(\frac{1}{2}\right)^{\frac{1}{\alpha}} (G\cos(n^{\frac{1}{\alpha}} x \{-\} m^{\frac{1}{\alpha}} x) \{-\} G\cos(n^{\frac{1}{\alpha}} x \{+\} m^{\frac{1}{\alpha}} x))$$

$$= \left(\frac{1}{2}\right)^{\frac{1}{\alpha}} (G\cos((n^{\frac{1}{\alpha}} \{-\} m^{\frac{1}{\alpha}}) x) \{-\} G\cos((n^{\frac{1}{\alpha}} \{+\} m^{\frac{1}{\alpha}}) x))$$

$$= \left(\frac{1}{2}\right)^{\frac{1}{\alpha}} (G\cos((n-m)^{\frac{1}{\alpha}} x) \{-\} G\cos((n+m)^{\frac{1}{\alpha}} x))$$

有

$$\oplus \int_0^{(2\pi)^{\frac{1}{\alpha}}} G\sin(n^{\frac{1}{\alpha}} x) G\sin(m^{\frac{1}{\alpha}} x \mathrm{d}x)$$

$$= \oplus\int_0^{(2\pi)^{\frac{1}{\alpha}}} \left(\frac{1}{2}\right)^{\frac{1}{\alpha}} (G\cos((n-m)^{\frac{1}{\alpha}}x)\{-\}G\cos((n+m)^{\frac{1}{\alpha}}x))\mathrm{d}x$$

$$= \left(\frac{1}{2}\right)^{\frac{1}{\alpha}} \oplus\int_0^{(2\pi)^{\frac{1}{\alpha}}} G\cos((n-m)^{\frac{1}{\alpha}}x)\mathrm{d}x\{-\}\left(\frac{1}{2}\right)^{\frac{1}{\alpha}} \oplus\int_0^{(2\pi)^{\frac{1}{\alpha}}} G\cos((n+m)^{\frac{1}{\alpha}}x)\mathrm{d}x$$

根据前面的推导以及 $n \neq m$,上式中的两个积分均等于零,故有

$$\oplus\int_0^{(2\pi)^{\frac{1}{\alpha}}} G\sin(n^{\frac{1}{\alpha}}x)G\sin(m^{\frac{1}{\alpha}}x)\mathrm{d}x = 0$$

根据我们在第 6 章中导出的关系,有

$$G\cos(n^{\frac{1}{\alpha}}x)G\cos(m^{\frac{1}{\alpha}}x)$$

$$= \left(\frac{1}{2}\right)^{\frac{1}{\alpha}} (G\cos(n^{\frac{1}{\alpha}}x\{-\}m^{\frac{1}{\alpha}}x)\{+\}G\cos(n^{\frac{1}{\alpha}}x\{+\}m^{\frac{1}{\alpha}}x))$$

$$= \left(\frac{1}{2}\right)^{\frac{1}{\alpha}} (G\cos((n^{\frac{1}{\alpha}}\{-\}m^{\frac{1}{\alpha}})x)\{+\}G\cos((n^{\frac{1}{\alpha}}\{+\}m^{\frac{1}{\alpha}})x))$$

$$= \left(\frac{1}{2}\right)^{\frac{1}{\alpha}} (G\cos((n-m)^{\frac{1}{\alpha}}x)\{+\}G\cos((n+m)^{\frac{1}{\alpha}}x))$$

有

$$\oplus\int_0^{(2\pi)^{\frac{1}{\alpha}}} G\cos(n^{\frac{1}{\alpha}}x)G\cos(m^{\frac{1}{\alpha}}x)\mathrm{d}x$$

$$= \oplus\int_0^{(2\pi)^{\frac{1}{\alpha}}} \left(\frac{1}{2}\right)^{\frac{1}{\alpha}} (G\cos((n-m)^{\frac{1}{\alpha}}x)\{+\}G\cos((n+m)^{\frac{1}{\alpha}}x))\mathrm{d}x$$

$$= \left(\frac{1}{2}\right)^{\frac{1}{\alpha}} \oplus\int_0^{(2\pi)^{\frac{1}{\alpha}}} G\cos((n-m)^{\frac{1}{\alpha}}x)\mathrm{d}x\{+\}\left(\frac{1}{2}\right)^{\frac{1}{\alpha}} \oplus\int_0^{(2\pi)^{\frac{1}{\alpha}}} G\cos((n+m)^{\frac{1}{\alpha}}x)\mathrm{d}x$$

根据前面的推导以及 $n \neq m$,上式中的两个积分均等于零,故有

$$\oplus\int_0^{(2\pi)^{\frac{1}{\alpha}}} G\cos(n^{\frac{1}{\alpha}}x)G\cos(m^{\frac{1}{\alpha}}x)\mathrm{d}x = 0$$

根据我们在第 6 章中导出的关系,有

$$G\sin(n^{\frac{1}{\alpha}}x)G\cos(m^{\frac{1}{\alpha}}x)$$

$$= \left(\frac{1}{2}\right)^{\frac{1}{\alpha}} (G\sin(n^{\frac{1}{\alpha}}x\{-\}m^{\frac{1}{\alpha}}x)\{+\}G\sin(n^{\frac{1}{\alpha}}x\{+\}m^{\frac{1}{\alpha}}x))$$

$$= \left(\frac{1}{2}\right)^{\frac{1}{\alpha}} (G\sin((n^{\frac{1}{\alpha}}\{-\}m^{\frac{1}{\alpha}})x)\{+\}G\sin((n^{\frac{1}{\alpha}}\{+\}m^{\frac{1}{\alpha}})x))$$

$$= \left(\frac{1}{2}\right)^{\frac{1}{\alpha}} (G\sin((n-m)^{\frac{1}{\alpha}}x)\{+\}G\sin((n+m)^{\frac{1}{\alpha}}x))$$

有

$$\oplus\int_0^{(2\pi)^{\frac{1}{\alpha}}} G\sin(n^{\frac{1}{\alpha}}x)G\cos(m^{\frac{1}{\alpha}}x)\mathrm{d}x$$

$$= \oplus\int_0^{(2\pi)^{\frac{1}{\alpha}}} \left(\frac{1}{2}\right)^{\frac{1}{\alpha}} (G\sin((n-m)^{\frac{1}{\alpha}}x)\{+\}G\sin((n+m)^{\frac{1}{\alpha}}x))\mathrm{d}x$$

$$= \left(\frac{1}{2}\right)^{\frac{1}{\alpha}} \oplus\int_0^{(2\pi)^{\frac{1}{\alpha}}} G\sin((n-m)^{\frac{1}{\alpha}}x)\mathrm{d}x\{+\}\left(\frac{1}{2}\right)^{\frac{1}{\alpha}} \oplus\int_0^{(2\pi)^{\frac{1}{\alpha}}} G\sin((n+m)^{\frac{1}{\alpha}}x)\mathrm{d}x$$

根据前面的推导以及 $n \neq m$,上式中的两个积分均等于零,故有

$$\oplus\int_0^{(2\pi)^{\frac{1}{\alpha}}} G\sin(n^{\frac{1}{\alpha}}x)G\cos(m^{\frac{1}{\alpha}}x)\mathrm{d}x = 0$$

前面列出的保证三角函数系正交性的五类积分的值均为零。定理得证。

仿照普通加法世界中的傅里叶级数,我们可以为一般的实函数 $f(x)$ 在广义加法世界中展开为三角函数的级数,表达式如下

$$f(x) = a_0\{+\}\oplus\sum_{n=1}^{\infty}(a_nG\sin(n^{\frac{1}{\alpha}}x)\{+\}b_nG\cos(n^{\frac{1}{\alpha}}x)) \qquad (14.1)$$

其中

$$a_0 = \oplus\int_0^{(2\pi)^{\frac{1}{\alpha}}} f(x)\mathrm{d}x$$

$$a_n = \frac{\oplus\int_0^{(2\pi)^{\frac{1}{\alpha}}} f(x)G\sin(n^{\frac{1}{\alpha}}x)\mathrm{d}x}{\oplus\int_0^{(2\pi)^{\frac{1}{\alpha}}} G\sin(n^{\frac{1}{\alpha}}x)G\sin(n^{\frac{1}{\alpha}}x)\mathrm{d}x}$$

$$b_n = \frac{\oplus\int_0^{(2\pi)^{\frac{1}{\alpha}}} f(x)G\cos(n^{\frac{1}{\alpha}}x)\mathrm{d}x}{\oplus\int_0^{(2\pi)^{\frac{1}{\alpha}}} G\cos(n^{\frac{1}{\alpha}}x)G\cos(n^{\frac{1}{\alpha}}x)\mathrm{d}x}$$

根据第 6 章的结果,我们有

$$\left(G\sin\left(\left(\frac{1}{2}\right)^{\frac{1}{\alpha}}\theta\right)\right)^2 = \left(\frac{1}{2}\right)^{\frac{1}{\alpha}}(1\{-\}G\cos(\theta))$$

将 $\theta = (2n)^{\frac{1}{\alpha}}x$ 代入上式，有

$$(G\sin(n^{\frac{1}{\alpha}}x))^2 = \left(\frac{1}{2}\right)^{\frac{1}{\alpha}}(1\{-\}G\cos((2n)^{\frac{1}{\alpha}}x))$$

所以有

$$\oplus\int_0^{(2\pi)^{\frac{1}{\alpha}}} G\sin(n^{\frac{1}{\alpha}}x)G\sin(n^{\frac{1}{\alpha}}x)\mathrm{d}x$$

$$=\oplus\int_0^{(2\pi)^{\frac{1}{\alpha}}}\left(\frac{1}{2}\right)^{\frac{1}{\alpha}}(1\{-\}G\cos((2n)^{\frac{1}{\alpha}}x))\mathrm{d}x$$

$$=\left(\frac{1}{2}\right)^{\frac{1}{\alpha}}\left(x\{-\}\frac{1}{(2n)^{\frac{1}{\alpha}}}G\sin((2n)^{\frac{1}{\alpha}}x)\right)\Bigg|_0^{(2\pi)^{\frac{1}{\alpha}}}$$

$$=\left(\frac{1}{2}\right)^{\frac{1}{\alpha}}\left((2\pi)^{\frac{1}{\alpha}}\{-\}\frac{1}{(2n)^{\frac{1}{\alpha}}}G\sin((2n)^{\frac{1}{\alpha}}(2\pi)^{\frac{1}{\alpha}})\right)$$

$$=(\pi)^{\frac{1}{\alpha}}$$

根据第6章的结果，我们有

$$\left(G\cos\left(\left(\frac{1}{2}\right)^{\frac{1}{\alpha}}\theta\right)\right)^2 = \left(\frac{1}{2}\right)^{\frac{1}{\alpha}}(1\{+\}G\cos(\theta))$$

将 $\theta = (2n)^{\frac{1}{\alpha}}x$ 代入上式，有

$$(G\cos(n^{\frac{1}{\alpha}}x))^2 = \left(\frac{1}{2}\right)^{\frac{1}{\alpha}}(1\{+\}G\cos((2n)^{\frac{1}{\alpha}}x))$$

所以有

$$\oplus\int_0^{(2\pi)^{\frac{1}{\alpha}}} G\cos(n^{\frac{1}{\alpha}}x)G\cos(n^{\frac{1}{\alpha}}x)\mathrm{d}x$$

$$=\oplus\int_0^{(2\pi)^{\frac{1}{\alpha}}}\left(\frac{1}{2}\right)^{\frac{1}{\alpha}}(1\{+\}G\cos((2n)^{\frac{1}{\alpha}}x))\mathrm{d}x$$

$$=\left(\frac{1}{2}\right)^{\frac{1}{\alpha}}\left(x\{+\}\frac{1}{(2n)^{\frac{1}{\alpha}}}G\sin((2n)^{\frac{1}{\alpha}}x)\right)\Bigg|_0^{(2\pi)^{\frac{1}{\alpha}}}$$

$$=\left(\frac{1}{2}\right)^{\frac{1}{\alpha}}\left((2\pi)^{\frac{1}{\alpha}}\{+\}\frac{1}{(2n)^{\frac{1}{\alpha}}}G\sin((2n)^{\frac{1}{\alpha}}(2\pi)^{\frac{1}{\alpha}})\right)$$

$$=(\pi)^{\frac{1}{\alpha}}$$

这样我们得到更为具体的广义加法世界中的傅里叶级数系数的公式

$$a_0 = \oplus\int_0^{(2\pi)^{\frac{1}{\alpha}}} f(x)\mathrm{d}x$$

$$a_n = \frac{1}{(\pi)^{\frac{1}{\alpha}}} \oplus \int_0^{(2\pi)^{\frac{1}{\alpha}}} f(x) G\sin(n^{\frac{1}{\alpha}} x)\,dx$$

$$b_n = \frac{1}{(\pi)^{\frac{1}{\alpha}}} \oplus \int_0^{(2\pi)^{\frac{1}{\alpha}}} f(x) G\cos(n^{\frac{1}{\alpha}} x)\,dx \tag{14.2}$$

关于广义加法世界中的三角级数的理论还有许多问题需要研究，这些工作留待以后再做。

14.2 广义加法意义下的正交多项式

在广义加法世界中比较容易构建多项式函数，是否能够构造正交多项式序列是一个有意义的理论问题，当然要求构造方法不要太复杂。在本节中我们仿照普通加法下的勒让德(Legendre) 正交多项式的构造方法来构造广义加法世界中的正交多项式序列。广义加法世界中的多项式序列的具体表达式如下

$$P_0(x) = 1$$

$$P_n(x) = \frac{1}{2^{\frac{n}{\alpha}}(n!)^{\frac{1}{\alpha}}} \oplus \frac{d^n}{dx^n}(x^2\{-\}1)^n \quad (n = 1,2,3,\cdots) \tag{14.3}$$

多项式的形式与勒让德正交多项式很相似，常数取$\frac{1}{\alpha}$次幂，多项式换成广义加法。不难说明，当 $\alpha = 1$ 时上面的多项式就是传统的勒让德正交多项式序列。我们还有

$$P_1(x) = \frac{1}{2^{\frac{1}{\alpha}}} \oplus \frac{d}{dx}(x^2\{-\}1) = x$$

$P_0(x)$ 和 $P_1(x)$ 与普通加法下的勒让德多项式序列的前两个多项式相同。容易知道，$P_n(x)$ 与下面的多项式

$$\frac{1}{2^{\frac{n}{\alpha}}(n!)^{\frac{1}{\alpha}}} \oplus \frac{d^n}{dx^n} x^{2n}$$

的最高次项的系数相同。我们记 $P_n(x)$ 的最高次项的系数为 A_n，根据广义加法意义下 x^k 的导数公式

$$\oplus \frac{dx^k}{dx} = k^{\frac{1}{\alpha}} x^{k-1}$$

有

$$\frac{1}{2^{\frac{n}{\alpha}}(n!)^{\frac{1}{\alpha}}} \oplus \frac{\mathrm{d}^n}{\mathrm{d}x^n}x^{2n} = \frac{1}{2^{\frac{n}{\alpha}}(n!)^{\frac{1}{\alpha}}}((2n)(2n-1)\cdots(n+1))^{\frac{1}{\alpha}}x^n$$

所以有

$$A_n = \frac{1}{2^{\frac{n}{\alpha}}(n!)^{\frac{1}{\alpha}}}((2n)(2n-1)\cdots(n+1))^{\frac{1}{\alpha}} = \frac{((2n)!)^{\frac{1}{\alpha}}}{2^{\frac{n}{\alpha}}(n!)^{\frac{2}{\alpha}}} \tag{14.4}$$

我们有

$$\begin{aligned}
\frac{A_{n+1}}{A_n} &= \frac{((2(n+1))!)^{\frac{1}{\alpha}}}{2^{\frac{n+1}{\alpha}}((n+1)!)^{\frac{2}{\alpha}}} \cdot \frac{2^{\frac{n}{\alpha}}(n!)^{\frac{2}{\alpha}}}{((2n)!)^{\frac{1}{\alpha}}} \\
&= \frac{((2n+2)(2n+1))^{\frac{1}{\alpha}}}{2^{\frac{1}{\alpha}}(n+1)^{\frac{2}{\alpha}}} \\
&= \frac{((2n+2)(2n+1))^{\frac{1}{\alpha}}}{2^{\frac{1}{\alpha}}(n+1)^{\frac{1}{\alpha}}(n+1)^{\frac{1}{\alpha}}} \\
&= \frac{2^{\frac{1}{\alpha}}(2n+1)^{\frac{1}{\alpha}}}{2^{\frac{1}{\alpha}}(n+1)^{\frac{1}{\alpha}}}
\end{aligned}$$

化简得到

$$\frac{A_{n+1}}{A_n} = \left(\frac{2n+1}{n+1}\right)^{\frac{1}{\alpha}} \tag{14.5}$$

通过推导下面积分的结果来考查多项式序列的正交性(积分区间为$[-1,1]$),我们有

$$\begin{aligned}
&(m!)^{\frac{1}{\alpha}}(n!)^{\frac{1}{\alpha}}2^{\frac{m+n}{\alpha}} \oplus \int_{-1}^{1} P_m(x)P_n(x)\,\mathrm{d}x \\
&= \oplus \int_{-1}^{1} \oplus \frac{\mathrm{d}^m}{\mathrm{d}x^m}(x^2\{-\}1)^m \oplus \frac{\mathrm{d}^n}{\mathrm{d}x^n}(x^2\{-\}1)^n\mathrm{d}x \\
&= \oplus \int_{-1}^{1} \oplus \frac{\mathrm{d}^m}{\mathrm{d}x^m}(x^2\{-\}1)^m\mathrm{d} \oplus \frac{\mathrm{d}^{n-1}}{\mathrm{d}x^{n-1}}(x^2\{-\}1)^n \\
&= \oplus \frac{\mathrm{d}^m}{\mathrm{d}x^m}(x^2\{-\}1)^m \oplus \frac{\mathrm{d}^{n-1}}{\mathrm{d}x^{n-1}}(x^2\{-\}1)^n \Big|_{-1}^{1}\{-\} \\
&\quad \oplus \int_{-1}^{1} \oplus \frac{\mathrm{d}^{m+1}}{\mathrm{d}x^{m+!}}(x^2\{-\}1)^m \oplus \frac{\mathrm{d}^{n-1}}{\mathrm{d}x^{n-1}}(x^2\{-\}1)^n\mathrm{d}x
\end{aligned}$$

上面积分的第一项有因子$(x^2\{-\}1)$,故其值为零,有

$$(m!)^{\frac{1}{\alpha}}(n!)^{\frac{1}{\alpha}}2^{\frac{m+n}{\alpha}} \oplus \int_{-1}^{1} P_m(x)P_n(x)\,\mathrm{d}x$$

$$= (-1) \oplus \int_{-1}^{1} \oplus \frac{\mathrm{d}^{m+1}}{\mathrm{d}x^{m+!}} (x^2 \{-\} 1)^m \oplus \frac{\mathrm{d}^{n-1}}{\mathrm{d}x^{n-1}} (x^2 \{-\} 1)^n \mathrm{d}x$$

$$= (-1)^2 \oplus \int_{-1}^{1} \oplus \frac{\mathrm{d}^{m+2}}{\mathrm{d}x^{m+2}} (x^2 \{-\} 1)^m \oplus \frac{\mathrm{d}^{n-2}}{\mathrm{d}x^{n-2}} (x^2 \{-\} 1)^n \mathrm{d}x$$

$$\vdots$$

$$= (-1)^n \oplus \int_{-1}^{1} \left(\oplus \frac{\mathrm{d}^{m+n}}{\mathrm{d}x^{m+n}} (x^2 \{-\} 1)^m \right) (x^2 \{-\} 1)^n \mathrm{d}x$$

注意到,$m = n$ 时有

$$\oplus \frac{\mathrm{d}^{2n}}{\mathrm{d}x^{2n}} x^{2n} = ((2n)!)^{\frac{1}{\alpha}}$$

观察上面导出的积分表达式,若 $m < n$,积分号中的被积分函数是对 $2m$ 次多项式求 $m + n$ 次导数,结果必然为零。这意味着当 $m < n$ 时有

$$\oplus \int_{-1}^{1} P_m(x) P_n(x) \mathrm{d}x = 0$$

这个结果说明 $P_m(x)$ 与 $P_n(x)$ 是正交的。

为了得到正交多项式序列的递推公式还需要进一步的推导。若 $m = n$,有

$$(n!)^{\frac{2}{\alpha}} 2^{\frac{2n}{\alpha}} \oplus \int_{-1}^{1} P_n^2(x) \mathrm{d}x = (-1)^n ((2n)!)^{\frac{1}{\alpha}} \oplus \int_{-1}^{1} (x^2 \{-\} 1)^n \mathrm{d}x$$

将 $(-1)^n$ 乘以被积函数,即有

$$(-1)^n (x^2 \{-\} 1)^n = (1 \{-\} x^2)^n$$

我们有

$$(n!)^{\frac{2}{\alpha}} 2^{\frac{2n}{\alpha}} \oplus \int_{-1}^{1} P_n^2(x) \mathrm{d}x = ((2n)!)^{\frac{1}{\alpha}} \oplus \int_{-1}^{1} (1 \{-\} x^2)^n \mathrm{d}x$$

我们来求解上式中的右端积分,我们有

$$\oplus \int_{-1}^{1} (1 \{-\} x^2)^n \mathrm{d}x = \oplus \int_{-1}^{1} (1 \{+\} x)^n (1 \{-\} x)^n \mathrm{d}x$$

$$= \frac{1}{(n+1)^{\frac{1}{\alpha}}} \oplus \int_{-1}^{1} (1 \{-\} x)^n \mathrm{d}(1 \{+\} x)^{n+1}$$

$$= \frac{1}{(n+1)^{\frac{1}{\alpha}}} \left((1 \{-\} x)^n (1 \{+\} x)^{n+1} \Big|_{-1}^{1} \{-\} (-1) n^{\frac{1}{\alpha}} \oplus \int_{-1}^{1} (1 \{+\} x)^{n+1} (1 \{-\} x)^{n-1} \mathrm{d}x \right)$$

$$= \left(\frac{n}{n+1}\right)^{\frac{1}{\alpha}} \oplus \int_{-1}^{1} (1\{+\}x)^{n+1}(1\{-\}x)^{n-1}\mathrm{d}x$$

$$= \left(\frac{n(n-1)}{(n+1)(n+2)}\right)^{\frac{1}{\alpha}} \oplus$$

$$\int_{-1}^{1} (1\{+\}x)^{n+2}(1\{-\}x)^{n-2}\mathrm{d}x$$

$$\vdots$$

$$= \left(\frac{n(n-1)\cdots 2\times 1}{(n+1)(n+2)\cdots(2n)}\right)^{\frac{1}{\alpha}} \oplus \int_{-1}^{1} (1\{+\}x)^{2n}\mathrm{d}x$$

$$= \left(\frac{n(n-1)\cdots 2\times 1}{(n+1)(n+2)\cdots(2n)}\right)^{\frac{1}{\alpha}} \frac{1}{(2n+1)^{\frac{1}{\alpha}}}(1\{+\}x)^{2n+1}\Big|_{-1}^{1}$$

$$= \left(\frac{n(n-1)\cdots 2\times 1}{(n+1)(n+2)\cdots(2n)}\right)^{\frac{1}{\alpha}} \frac{1}{(2n+1)^{\frac{1}{\alpha}}}2^{\frac{2n+1}{\alpha}}$$

$$= \frac{(n!)^{\frac{2}{\alpha}}}{((2n)!)^{\frac{1}{\alpha}}}\left(\frac{2^{2n+1}}{2n+1}\right)^{\frac{1}{\alpha}}$$

这里用到下面的结果

$$(1\{+\}1)^{2n+1} = 2^{\frac{2n+1}{\alpha}}$$

代入前面的表达式,有

$$((2n)!)^{\frac{1}{\alpha}} \oplus \int_{-1}^{1} (1\{-\}x^2)^n \mathrm{d}x = (n!)^{\frac{2}{\alpha}}\left(\frac{2^{2n+1}}{2n+1}\right)^{\frac{1}{\alpha}}$$

也就是有

$$(n!)^{\frac{2}{\alpha}}2^{\frac{2n}{\alpha}} \oplus \int_{-1}^{1} P_n^2(x)\mathrm{d}x = (n!)^{\frac{2}{\alpha}}\left(\frac{2^{2n+1}}{2n+1}\right)^{\frac{1}{\alpha}}$$

化简得到

$$\oplus \int_{-1}^{1} P_n^2(x)\mathrm{d}x = \left(\frac{2}{2n+1}\right)^{\frac{1}{\alpha}} \tag{14.6}$$

为了得到正交多项式序列的递推公式,我们先证明下面的定理。

定理 14.2 设有下面的广义加法意义下的区间$[a,b]$上的首项系数为 1 的多项式序列

$$g_n(x) = x^n\{+\}a_{n-1}x^{n-1}\{+\}a_{n-2}x^{n-2}\{+\}\cdots\{+\}a_1x\{+\}a_0$$
$$(n = 0,1,2,\cdots)$$

满足

$$\oplus\int_a^b g_m(x)g_n(x)\mathrm{d}x = \begin{cases} 0, m \neq n \\ \oplus\int_a^b g_n^2(x)\mathrm{d}x > 0, m = n \end{cases}$$

m,n 为任意正整数,则三个相邻的正交多项式 $g_{k+1}(x),g_k(x),g_{k-1}(x)$ 存在下面的递推关系

$$g_{k+1}(x) = (x\{-\}\beta_k)g_k(x)\{-\}\gamma_k g_{k-1}(x)$$
$$(k = 2,3,4,\cdots) \tag{14.7}$$

其中

$$\beta_k = \frac{\oplus\int_a^b xg_k^2(x)\mathrm{d}x > 0}{\oplus\int_a^b g_k^2(x)\mathrm{d}x > 0}$$

$$\gamma_k = \frac{\oplus\int_a^b g_k^2(x)\mathrm{d}x > 0}{\oplus\int_a^b g_{k-1}^2(x)\mathrm{d}x > 0}$$

证明　由于 $xg_k(x)$ 为 $k+1$ 次多项式,因此可以由 $g_0(x),g_1(x),\cdots,g_{k+1}(x)$ 线性表出

$$xg_k(x) = g_{k+1}(x)\{+\}\oplus\sum_{j=0}^{k} c_j g_j(x)$$

上式两边乘以 $g_s(x)$ 并做积分,有

$$\oplus\int_a^b xg_k(x)g_s(x)\mathrm{d}x = \oplus\int_a^b g_{k+1}(x)g_s(x)\mathrm{d}x\{+\}\oplus\int_a^b g_s(x)\oplus\sum_{j=0}^{k} c_j g_j(x)\mathrm{d}x$$

上式左端当 $s = 0,1,2,\cdots,k-2$ 时,由于 $xg_s(x)$ 的次数小于 k,故 $xg_s(x)$ 与 $g_k(x)$ 正交,上式左端的值为零。同样,上式右端的第一个积分在 $s = 0,1,2,\cdots,k-2$ 时的值也为零,所以有

$$\oplus\int_a^b g_s(x)\oplus\sum_{j=0}^{k} c_j g_j(x)\mathrm{d}x = 0 \quad (s = 0,1,2,\cdots,k-2)$$

因为 $\{g_j(x), j = 0,1,2,\cdots\}$ 是正交函数系,所以有

$$\begin{aligned}\oplus\int_a^b g_s(x)\oplus\sum_{j=0}^{k} c_j g_j(x)\mathrm{d}x &= \oplus\sum_{j=0}^{k} c_j \oplus\int_a^b g_s(x)g_j(x)\mathrm{d}x \\ &= c_s\oplus\int_a^b g_s^2(x)\mathrm{d}x \\ &= 0\end{aligned}$$

而 $\oplus\int_a^b g_s^2(x)\mathrm{d}x > 0$,故必有 $c_s = 0, s = 0,1,2,\cdots,k-2$。这时求和号只剩下两项,有

$$xg_k(x) = g_{k+1}(x)\{+\}c_{k-1}g_{k-1}(x)\{+\}c_kg_k(x)$$

根据正交性,有

$$\oplus\int_a^b xg_k(x)g_{k-1}(x)\mathrm{d}x = c_{k-1}\oplus\int_a^b g_{k-1}^2(x)\mathrm{d}x$$

而 $xg_{k-1}(x)$ 一定是 $g_k(x)$ 与次数小于 k 的 $g_l(x)$ 的线性组合,根据正交性,有

$$\oplus\int_a^b xg_k(x)g_{k-1}(x)\mathrm{d}x = \oplus\int_a^b g_k^2(x)\mathrm{d}x$$

故有

$$c_{k-1} = \frac{\oplus\int_a^b g_k^2(x)\mathrm{d}x}{\oplus\int_a^b g_{k-1}^2(x)\mathrm{d}x}$$

我们还有

$$\oplus\int_a^b xg_k(x)g_k(x)\mathrm{d}x = c_k\oplus\int_a^b g_k^2(x)\mathrm{d}x$$

我们得到

$$c_k = \frac{\oplus\int_a^b xg_k^2(x)\mathrm{d}x}{\oplus\int_a^b g_k^2(x)\mathrm{d}x}$$

所以上面的递推公式可以整理成下面的形式

$$g_{k+1}(x) = (x\{-\}c_k)g_k(x)\{-\}c_{k-1}g_{k-1}(x)$$

取 $\beta_k = c_k, \gamma_k = c_{k-1}$,则上式就是需要证明的数学表达式。定理得证。

对于首项系数不为 1 的正交多项式序列,A_k 为 $P_k(x)$ 的首项系数,不难推导出下面的递推公式

$$P_{k+1}(x) = \frac{A_{k+1}}{A_k}(x\{-\}\beta_k)P_k(x)\{-\}\frac{A_{k+1}A_{k-1}}{A_k^{\ 2}}\gamma_kP_{k-1}(x) \tag{14.8}$$

其中

$$\beta_k = \frac{\oplus\int_a^b xP_k^2(x)\mathrm{d}x}{\oplus\int_a^b P_k^2(x)\mathrm{d}x}$$

$$\gamma_k = \frac{\oplus\int_a^b P_k^2(x)\,\mathrm{d}x}{\oplus\int_a^b P_{k-1}^2(x)\,\mathrm{d}x}$$

下面我们来推导具体的区间$[-1,1]$上的正交多项式序列的递推公式。从$P_n(x)$的定义式可以知道$P_n(-x)=(-1)^n P_n(x)$，所以当n为偶数时$P_n(x)$为偶函数，当n为奇数时$P_n(x)$为奇函数。我们有

$$\beta_k = \frac{\oplus\int_{-1}^1 xP_k^2(x)\,\mathrm{d}x}{\oplus\int_{-1}^1 P_k^2(x)\,\mathrm{d}x}$$

由于$xP_k^2(x)$是奇函数，而$[-1,1]$是对称闭区间，故必有$\beta_k=0$

$$\gamma_k = \frac{\oplus\int_{-1}^1 P_k^2(x)\,\mathrm{d}x}{\oplus\int_{-1}^1 P_{k-1}^2(x)\,\mathrm{d}x}$$

前面推导出式(14.6)

$$\oplus\int_{-1}^1 P_n^2(x)\,\mathrm{d}x = \left(\frac{2}{2n+1}\right)^{\frac{1}{\alpha}}$$

所以有

$$\gamma_k = \frac{\oplus\int_{-1}^1 P_k^2(x)\,\mathrm{d}x}{\oplus\int_{-1}^1 P_{k-1}^2(x)\,\mathrm{d}x} = \frac{\left(\frac{2}{2k+1}\right)^{\frac{1}{\alpha}}}{\left(\frac{2}{2(k-1)+1}\right)^{\frac{1}{\alpha}}} = \left(\frac{2k-1}{2k+1}\right)^{\frac{1}{\alpha}}$$

前面还导出了式(14.5)

$$\frac{A_{k+1}}{A_k} = \left(\frac{2k+1}{k+1}\right)^{\frac{1}{\alpha}}$$

根据式(14.4)和(14.5)，我们有

$$\frac{A_{k+1}A_{k-1}}{A_k^2} = \frac{A_{k+1}}{A_k}\frac{A_{k-1}}{A_k}$$

$$= \left(\frac{2k+1}{k+1}\right)^{\frac{1}{\alpha}} \cdot \frac{((2(k-1))!)^{\frac{1}{\alpha}}}{2^{\frac{k-1}{\alpha}}((k-1)!)^{\frac{2}{\alpha}}} \cdot \frac{2^{\frac{k}{\alpha}}(k!)^{\frac{2}{\alpha}}}{((2k)!)^{\frac{1}{\alpha}}}$$

$$= \left(\frac{2k+1}{k+1}\right)^{\frac{1}{\alpha}} \frac{2^{\frac{1}{\alpha}}k^{\frac{2}{\alpha}}}{(2k(2k-1))^{\frac{1}{\alpha}}}$$

$$= \left(\frac{(2k+1)k}{(k+1)(2k-1)}\right)^{\frac{1}{\alpha}}$$

注意到有

$$\frac{A_{k+1}A_{k-1}}{A_k^2}\gamma_k = \left(\frac{(2k+1)k}{(k+1)(2k-1)}\right)^{\frac{1}{\alpha}}\left(\frac{2k-1}{2k+1}\right)^{\frac{1}{\alpha}} = \left(\frac{k}{k+1}\right)^{\frac{1}{\alpha}}$$

我们得到最终的递推公式

$$P_{k+1}(x) = \left(\frac{2k+1}{k+1}\right)^{\frac{1}{\alpha}} xP_k(x)\{-\}\left(\frac{k}{k+1}\right)^{\frac{1}{\alpha}} P_{k-1}(x) \tag{14.9}$$

这个递推公式与普通加法下的勒让德正交多项式的递推公式的形式几乎相同。仔细观察可以发现,上面的递推公式是广义加法与普通加法的混合代数表达式,有 + 也有{+}。

我们使用上面的广义加法世界中的勒让德多项式递推公式推导出前面几个正交多项式。我们有

$$P_0(x) = 1$$

$$P_1(x) = x$$

$$P_2(x) = \left(\frac{3}{2}\right)^{\frac{1}{\alpha}} x^2\{-\}\left(\frac{1}{2}\right)^{\frac{1}{\alpha}}$$

$$\begin{aligned} P_3(x) &= \left(\frac{5}{3}\right)^{\frac{1}{\alpha}} xP_2(x)\{-\}\left(\frac{2}{3}\right)^{\frac{1}{\alpha}} x \\ &= \left(\frac{15}{6}\right)^{\frac{1}{\alpha}} x^3\{-\}\left(\frac{5}{6}\right)^{\frac{1}{\alpha}} x\{-\}\left(\frac{2}{3}\right)^{\frac{1}{\alpha}} x \\ &= \left(\frac{15}{6}\right)^{\frac{1}{\alpha}} x^3\{-\}\left(\left(\frac{5}{6}\right)^{\frac{1}{\alpha}}\{+\}\left(\frac{2}{3}\right)^{\frac{1}{\alpha}}\right)x \end{aligned}$$

在广义加法意义下,表达式$\left(\frac{5}{6}\right)^{\frac{1}{\alpha}}\{+\}\left(\frac{2}{3}\right)^{\frac{1}{\alpha}}$可以继续简化,按照广义加法的定义,有

$$\left(\frac{5}{6}\right)^{\frac{1}{\alpha}}\{+\}\left(\frac{2}{3}\right)^{\frac{1}{\alpha}} = \left(\frac{5}{6}+\frac{2}{3}\right)^{\frac{1}{\alpha}}$$

$$= \left(\frac{3}{2}\right)^{\frac{1}{\alpha}}$$

所以有

$$P_3(x) = \left(\frac{15}{6}\right)^{\frac{1}{\alpha}} x^3 \{-\} \left(\left(\frac{5}{6}\right)^{\frac{1}{\alpha}} \{+\} \left(\frac{2}{3}\right)^{\frac{1}{\alpha}}\right) x$$

$$= \left(\frac{15}{6}\right)^{\frac{1}{\alpha}} x^3 \{-\} \left(\frac{3}{2}\right)^{\frac{1}{\alpha}} x$$

用相同的方法可以得到

$$P_4(x) = \left(\frac{35}{8}\right)^{\frac{1}{\alpha}} x^4 \{-\} \left(\frac{30}{8}\right)^{\frac{1}{\alpha}} x^2 \{+\} \left(\frac{3}{8}\right)^{\frac{1}{\alpha}}$$

$$P_5(x) = \left(\frac{63}{8}\right)^{\frac{1}{\alpha}} x^5 \{-\} \left(\frac{70}{8}\right)^{\frac{1}{\alpha}} x^3 \{+\} \left(\frac{15}{8}\right)^{\frac{1}{\alpha}} x$$

这些正交多项式与普通加法下的勒让德正交多项式的形式几乎是相同的。

14.3 广义加法意义下的拉普拉斯变换

在广义加法的世界里,我们引进了导数和积分的定义,证明了关于定积分的牛顿-莱布尼兹公式仍然成立,我们还找到了与普通加法世界中的指数函数 e^x 相对应的函数 $G\exp(x)$。在这些工作的基础上我们可以研究广义加法世界中的拉普拉斯变换,我们只是就广义加法世界中的拉普拉斯变换的一些理论问题进行研究,主要是导出一系列数学公式,包括一些简单函数的拉普拉斯变换和广义加法意义下函数的各阶导数的拉普拉斯变换。关于拉普拉斯逆变换问题以及拉普拉斯变换在微分方程求解方面的应用问题留待以后再探讨。

在普通加法世界里,函数 $f(x)$ 的拉普拉斯变换 $F(f(x))$ 的定义式如下

$$F(f(x)) = \int_0^{+\infty} f(x) e^{-px} dx$$

在广义加法世界里,函数 $f(x)$ 的拉普拉斯变换记为 $\oplus F(f(x))$,其定义式如下

$$\oplus F(f(x)) = \oplus\int_0^{+\infty} f(x) G\exp(-px) dx \qquad (14.10)$$

将 e^{-px} 换成 $G\exp(-px)$,将积分换成广义加法意义下的积分。

我们来推导一些简单函数的广义加法意义下的拉普拉斯变换。

(1) 由 $f(x) = 1$,有

$$\oplus F(1) = \oplus\int_0^{+\infty} G\exp(-px)\,\mathrm{d}x$$

我们已经知道

$$\oplus\frac{\mathrm{d}}{\mathrm{d}x}G\exp(x) = G\exp(x)$$

根据广义加法意义下的求导法则,有

$$\frac{-1}{p}\oplus\frac{\mathrm{d}}{\mathrm{d}x}G\exp(-px) = G\exp(-px)$$

所以函数 $G\exp(-px)$ 的广义加法意义下的原函数是$\frac{-1}{p}G\exp(-px)$,根据广义加法意义下的牛顿 - 莱布尼兹公式,还有 $G\exp(x) = \mathrm{e}^{\frac{x^\alpha}{\alpha}}$,有

$$\begin{aligned}\oplus F(1) &= \oplus\int_0^{+\infty} G\exp(-px)\,\mathrm{d}x\\ &= \frac{-1}{p}G\exp(-px)\Big|_0^{+\infty}\\ &= \frac{1}{p}\end{aligned}$$

这个结果与普通加法下的拉普拉斯变换的结果相同。

(2) 由 $f(x) = G\exp(-Ax)$,有

$$\oplus F(G\exp(-Ax)) = \oplus\int_0^{+\infty} G\exp(-Ax)G\exp(-px)\,\mathrm{d}x$$

我们已经知道(12 章中定理 12.1)

$$G\exp(x\{+\}y) = G\exp(x)G\exp(y)$$

我们有

$$\begin{aligned}\oplus F(G\exp(-Ax)) &= \oplus\int_0^{+\infty} G\exp(-Ax)G\exp(-px)\,\mathrm{d}x\\ &= \oplus\int_0^{+\infty} G\exp(-(p\{+\}A)x)\,\mathrm{d}x\\ &= -\frac{1}{p\{+\}A}G\exp(-(p\{+\}A)x)\Big|_0^{+\infty}\\ &= \frac{1}{p\{+\}A}\end{aligned}$$

这个结果与普通加法下函数 e^{-Ax} 的拉普拉斯变换的结果相同。值得注意的是,

在广义加法世界里函数 e^{-Ax} 的拉普拉斯变换不容易求取，因为求取函数 $e^{-Ax}G\exp(-px)$ 的广义加法意义下的原函数并不容易。

(3) 由 $f(x)=x$，有

$$\oplus F(x)=\oplus\int_0^{+\infty}xG\exp(-px)\mathrm{d}x$$

$$=\oplus\int_0^{+\infty}\left(\frac{-1}{p}\right)x\mathrm{d}G\exp(-px)$$

根据广义加法意义下的函数积分的分部积分公式，有

$$\oplus F(x)=\oplus\int_0^{+\infty}\left(\frac{-1}{p}\right)x\mathrm{d}G\exp(-px)$$

$$=\left(\frac{-1}{p}\right)xG\exp(-px)\Big|_0^{+\infty}\{-\}\oplus\int_0^{+\infty}G\exp(-px)\left(\frac{-1}{p}\right)\mathrm{d}x$$

不难验证

$$\left(\frac{-1}{p}\right)xG\exp(-px)\Big|_0^{+\infty}=0$$

上面第二项的积分可用 $f(x)=1$ 的拉普拉斯变换的结果，有

$$\oplus F(x)=\frac{1}{p^2}$$

这个结果与普通加法下函数 $f(x)=x$ 的拉普拉斯变换的结果相同。

(4) 由 $f(x)=x^n$，有

$$\oplus F(x^n)=\oplus\int_0^{+\infty}x^nG\exp(-px)\mathrm{d}x$$

$$=\oplus\int_0^{+\infty}\left(\frac{-1}{p}\right)x^n\mathrm{d}G\exp(-px)$$

$$=\left(\frac{-1}{p}\right)x^nG\exp(-px)\Big|_0^{+\infty}\{-\}\oplus\int_0^{+\infty}\left(\frac{-1}{p}\right)G\exp(-px)\mathrm{d}x^n$$

$$=\frac{n^{\frac{1}{\alpha}}}{p}\oplus\int_0^{+\infty}G\exp(-px)x^{n-1}\mathrm{d}x$$

$$=\frac{n^{\frac{1}{\alpha}}}{p}\frac{(n-1)^{\frac{1}{\alpha}}}{p}\oplus\int_0^{+\infty}G\exp(-px)x^{n-2}\mathrm{d}x$$

$$\vdots$$

$$=\frac{n^{\frac{1}{\alpha}}}{p}\frac{(n-1)^{\frac{1}{\alpha}}}{p}\cdots\frac{(n-(n-1))^{\frac{1}{\alpha}}}{p}\oplus\int_0^{+\infty}G\exp(-px)\mathrm{d}x$$

$$= \frac{(n!)^{\frac{1}{\alpha}}}{p^{n+1}}$$

上面的推导中直接使用了递推的方法,没有规范地使用数学归纳法。这个结果与普通加法下函数 $f(x) = x^n$ 的拉普拉斯变换的结果有所不同。

(5) 由 $f(x) = G\sin(Ax)$,有

$$\oplus F(G\sin(Ax)) = \oplus\int_0^{+\infty} G\sin(Ax)G\exp(-px)\,\mathrm{d}x$$

我们知道

$$\oplus\frac{\mathrm{d}}{\mathrm{d}x}G\cos(x) = -G\sin(x)$$

$$\oplus\frac{\mathrm{d}}{\mathrm{d}x}G\sin(x) = G\cos(x)$$

我们有

$$\begin{aligned}
\oplus F(G\sin(Ax)) &= \oplus\int_0^{+\infty} G\sin(Ax)G\exp(-px)\,\mathrm{d}x \\
&= \oplus\int_0^{+\infty}\left(\frac{-1}{p}\right)G\sin(Ax)\,\mathrm{d}G\exp(-px) \\
&= \left(\frac{-1}{p}\right)G\sin(Ax)G\exp(-px)\Big|_0^{+\infty}\{-\} \\
&\quad \oplus\int_0^{+\infty}\left(\frac{-1}{p}\right)G\exp(-px)\,\mathrm{d}G\sin(Ax) \\
&= \frac{1}{p}\oplus\int_0^{+\infty} G\exp(-px)A(G\cos(Ax))\,\mathrm{d}x \\
&= \frac{A}{p}\oplus\int_0^{+\infty}\left(\frac{-1}{p}\right)G\cos(Ax)\,\mathrm{d}G\exp(-px) \\
&= \frac{-A}{p^2}G\cos(Ax)G\exp(-px)\Big|_0^{+\infty}\{-\} \\
&\quad \left(\frac{-A}{p^2}\right)\oplus\int_0^{+\infty} G\exp(-px)\,\mathrm{d}G\cos(Ax) \\
&= \frac{A}{p^2}\{-\}\frac{A^2}{p^2}\oplus\int_0^{+\infty} G\sin(Ax)G\exp(-px)\,\mathrm{d}x
\end{aligned}$$

记

$$I = \oplus\int_0^{+\infty} G\sin(Ax)G\exp(-px)\,\mathrm{d}x$$

上面的表达式为

$$I=\frac{A}{p^2}\{-\}\frac{A^2}{p^2}I$$

解得

$$I=\frac{A}{p^2\{+\}A^2}$$

这个结果与普通加法下函数$f(x)=\sin(Ax)$的拉普拉斯变换的结果的形式相同,只是加法变成广义加法。

(6) 由$f(x)=G\cos(Ax)$,有

$$\begin{aligned}\oplus F(G\cos(Ax)) &= \oplus\int_0^{+\infty} G\cos(Ax)G\exp(-px)\mathrm{d}x\\ &= \oplus\int_0^{+\infty}\left(\frac{-1}{p}\right)G\cos(Ax)\mathrm{d}G\exp(-px)\\ &= \left(\frac{-1}{p}\right)G\cos(Ax)G\exp(-px)\mid_0^{+\infty}\{-\}\\ &\quad \oplus\int_0^{+\infty}\left(\frac{-1}{p}\right)G\exp(-px)\mathrm{d}G\cos(Ax)\\ &= \frac{1}{p}\{-\}\left(\frac{-1}{p}\right)\oplus\int_0^{+\infty}G\exp(-px)(-A)(G\sin(Ax))\mathrm{d}x\\ &= \frac{1}{p}\{-\}\frac{A}{p}\oplus\int_0^{+\infty}G\sin(Ax)G\exp(-px)\mathrm{d}x\end{aligned}$$

代入函数$f(x)=G\sin(Ax)$的拉普拉斯变换,有

$$\begin{aligned}\oplus F(G\cos(Ax)) &= \frac{1}{p}\{-\}\frac{A}{p}\oplus\int_0^{+\infty}G\sin(Ax)G\exp(-px)\mathrm{d}x\\ &= \frac{1}{p}\{-\}\frac{A}{p}\times\frac{A}{p^2\{+\}A^2}\\ &= \frac{p}{p^2\{+\}A^2}\end{aligned}$$

这个结果与普通加法下函数$f(x)=\cos(Ax)$的拉普拉斯变换的结果的形式相同,只是加法变成广义加法。

还可以推导出一些函数的拉普拉斯变换,上面只是列出了6个函数的结果。下面我们来推导广义加法意义下拉普拉斯变换的性质,首先来看线性性质,我们有

$$
\begin{aligned}
\oplus F(k_1f_1(x)\{+\}k_2f_2(x)) &= \oplus\int_0^{+\infty}(k_1f_1(x)\{+\}k_2f_2(x))G\exp(-px)\mathrm{d}x \\
&= \oplus\int_0^{+\infty}k_1f_1(x)G\exp(-px)\mathrm{d}x\{+\} \\
&\quad \oplus\int_0^{+\infty}k_2f_2(x)G\exp(-px)\mathrm{d}x \\
&= k_1\oplus\int_0^{+\infty}f_1(x)G\exp(-px)\mathrm{d}x\{+\} \\
&\quad \oplus k_2\int_0^{+\infty}f_2(x)G\exp(-px)\mathrm{d}x \\
&= k_1\oplus F(f_1(x))\{+\}k_2\oplus F(f_2(x))
\end{aligned}
$$

即有

$$
\oplus F(k_1f_1(x)\{+\}k_2f_2(x)) = k_1\oplus F(f_1(x))\{+\}k_2\oplus F(f_2(x)) \tag{14.11}
$$

这表明广义加法意义下函数的线性组合的拉普拉斯变换是每个函数的拉普拉斯变换的线性组合。

我们考查函数的导数的拉普拉斯变换,我们有

$$
\begin{aligned}
\oplus F(\oplus\frac{\mathrm{d}f(x)}{\mathrm{d}x}) &= \oplus\int_0^{+\infty}\oplus\frac{\mathrm{d}f(x)}{\mathrm{d}x}G\exp(-px)\mathrm{d}x \\
&= \oplus\int_0^{+\infty}G\exp(-px)\mathrm{d}f(x) \\
&= f(x)G\exp(-px)\big|_0^{+\infty}\{-\} \\
&\quad \oplus\int_0^{+\infty}f(x)(-p)G\exp(-px)\mathrm{d}x \\
&= p\oplus F(f(x))\{-\}f(0)
\end{aligned}
$$

即有

$$
\oplus F(\oplus\frac{\mathrm{d}f(x)}{\mathrm{d}x}) = p\oplus F(f(x))\{-\}f(0) \tag{14.12}
$$

我们考查函数的二阶导数的拉普拉斯变换,我们有

$$
\begin{aligned}
\oplus F(\oplus\frac{\mathrm{d}^2f(x)}{\mathrm{d}x^2}) &= \oplus\int_0^{+\infty}\oplus\frac{\mathrm{d}^2f(x)}{\mathrm{d}x^2}G\exp(-px)\mathrm{d}x \\
&= \oplus\int_0^{+\infty}G\exp(-px)\mathrm{d}\oplus\frac{\mathrm{d}f(x)}{\mathrm{d}x}
\end{aligned}
$$

$$= \oplus \frac{\mathrm{d}f(x)}{\mathrm{d}x} G\exp(-px) \Big|_0^{+\infty} \{-\}$$

$$\oplus \int_0^{+\infty} \oplus \frac{\mathrm{d}f(x)}{\mathrm{d}x}(-p) G\exp(-px)\,\mathrm{d}x$$

$$= p \oplus F\left(\oplus \frac{\mathrm{d}f(x)}{\mathrm{d}x}\right)\{-\} \oplus \frac{\mathrm{d}f(0)}{\mathrm{d}x}$$

把一阶导数的结果代入,有

$$\oplus F\left(\oplus \frac{\mathrm{d}^2 f(x)}{\mathrm{d}x^2}\right) = p \oplus F\left(\oplus \frac{\mathrm{d}f(x)}{\mathrm{d}x}\right)\{-\} \oplus \frac{\mathrm{d}f(0)}{\mathrm{d}x}$$

$$= p^2 \oplus F(f(x))\{-\} f(0)p\{-\} \oplus \frac{\mathrm{d}f(0)}{\mathrm{d}x}$$

即有

$$\oplus F\left(\oplus \frac{\mathrm{d}^2 f(x)}{\mathrm{d}x^2}\right) = p^2 \oplus F(f(x))\{-\} f(0)p\{-\} \oplus \frac{\mathrm{d}f(0)}{\mathrm{d}x} \qquad (14.13)$$

一般地,不难看出有

$$\oplus F\left(\oplus \frac{\mathrm{d}^n f(x)}{\mathrm{d}x^n}\right) = p^n \oplus F(f(x))\{-\} f(0)p^{n-1}\{-\}$$

$$\oplus \frac{\mathrm{d}f(0)}{\mathrm{d}x} p^{n-2}\{-\}\cdots\{-\} \oplus \frac{\mathrm{d}^{n-1} f(0)}{\mathrm{d}x^{n-1}} \qquad (14.14)$$

这个公式与普通加法下的拉普拉斯变换的形式相同,只是使用广义加法和广义加法意义下的导数。

普通加法下的拉普拉斯变换的卷积性质非常重要,两个函数 $f(x)$ 和 $g(x)$ 的广义加法意义下的卷积 $\oplus f(x) * g(x)$ 定义为

$$\oplus f(x) * g(x) = \oplus \int_0^x f(t) g(x\{-\}t)\,\mathrm{d}t \qquad (14.15)$$

我们来推导两个函数 $f(x)$ 和 $g(x)$ 的广义加法意义下的卷积 $\oplus f(x) * g(x)$ 的拉普拉斯变换的数学表达式

$$\oplus F(\oplus f(x) * g(x)) = \oplus \int_0^{+\infty} \left(\oplus \int_0^x f(t) g(x\{-\}t)\,\mathrm{d}t\right) G\exp(-px)\,\mathrm{d}x$$

交换积分次序,先对 x 积分,再对 t 积分,有

$$\oplus F(\oplus f(x) * g(x)) = \oplus \int_0^{+\infty} \left(\oplus \int_0^x f(t) g(x\{-\}t)\,\mathrm{d}t\right) G\exp(-px)\,\mathrm{d}x$$

$$= \oplus \int_0^{+\infty} f(t) \left(\oplus \int_t^{+\infty} g(x\{-\}t) G\exp(-px)\,\mathrm{d}x\right)\mathrm{d}t$$

做变量替换，$x\{-\}t=z, x=z\{+\}t$，z 的积分区间为 $[0,+\infty)$，有

$$\oplus\int_{t}^{+\infty} g(x\{-\}t) G\exp(-px)\,dx = \oplus\int_{0}^{+\infty} g(z) G\exp(-p(z\{+\}t))\,dz$$

$$= \oplus\int_{0}^{+\infty} g(z) G\exp(-pz) G\exp(-pt)\,dz$$

$$= G\exp(-pt) \oplus F(g(x))$$

代入上式，有

$$\oplus F(\oplus f(x) * g(x)) = \oplus\int_{0}^{+\infty} f(t)\left(\oplus\int_{t}^{+\infty} g(x\{-\}t) G\exp(-px)\,dx\right) dt$$

$$= \oplus\int_{0}^{+\infty} f(t) G\exp(-pt) \oplus F(g(x))\,dt$$

$$= \oplus F(g(x)) \oplus\int_{0}^{+\infty} f(t) G\exp(-pt)\,dt$$

$$= \oplus F(g(x)) \oplus F(f(x))$$

即有

$$\oplus F(\oplus f(x) * g(x)) = \oplus F(g(x)) \oplus F(f(x)) \tag{14.16}$$

这个结果与普通加法下的结果的形式是相同的。

14.4 广义加法意义下关于概率论的一些理论结果

概率理论大量使用加法运算，如果我们用广义加法替代普通加法，我们就可以在理论上建立基于广义加法的概率理论。讨论广义加法世界中的概率论问题的应用背景可能有些困难，但是我们可以仿照已有的概率理论的公理系统建立一套基于广义加法的公理系统来开展新概率理论的研究。在本节中我们将仔细探讨这个有趣的理论问题。

一个概率空间包括三个重要元素，即样本空间 Ω，事件集合 F，概率律 P。通常用 (Ω, F, P) 表示一个概率空间。每一个事件 A 都是样本空间的一个子集，每一个事件 A 都有一个概率 $P(A)$ 与之对应。在普通加法下概率满足以下三条公理：

(1) 非负性，即对于任意的事件 A，$P(A) \geqslant 0$。

(2) 可加性，若 $A_1, A_2, A_3, \cdots, A_n$ 是互不相容的事件，则

$$P\left(\bigcup_{i=1}^{n} A_i\right) = \sum_{i=1}^{n} P(A_i)$$

(3) 归一化,样本空间 Ω 作为特殊的事件,该事件必然发生,即 $P(\Omega)=1$。

仿照普通加法下概率体系的三条公理,我们建立广义加法意义下的概率公理。为了区分的目的,我们用 $\oplus(\Omega,F,P)$ 表示广义加法意义下的概率空间。$\oplus(\Omega,F,P)$ 满足下面三条公理(事件 A 的概率记为 $P(A)$):

(1) 非负性,即对于任意的事件 A,$P(A)\geqslant 0$。

(2) 可加性,若 $A_1,A_2,A_3,\cdots,A_n$ 是互不相容的事件,则

$$P\left(\bigcup_{i=1}^{n} A_i\right) = \oplus\sum_{i=1}^{n} P(A_i)$$

(3) 归一化,样本空间 Ω 作为特殊的事件,该事件必然发生,即 $P(\Omega)=1$。

实际上我们只是将第二条公理改写成广义加法,其他两条的表述由于不涉及加法而没有改变。我们先来讨论一下简单的古典概率模型。一个随机试验可以出现 n 种结果,每一种结果都是等可能的,每个结果出现的概率记为 δ。在普通加法下,$\delta=\frac{1}{n}$,$\sum_{i=1}^{n}\frac{1}{n}=1$。在广义加法意义下有 $\oplus\sum_{i=1}^{n}\delta=1$,我们根据广义加法法则进行推导,有

$$\oplus\sum_{i=1}^{n}\delta = \delta\oplus\sum_{i=1}^{n}1 = n^{\frac{1}{\alpha}}\delta$$

所以有

$$\delta = \left(\frac{1}{n}\right)^{\frac{1}{\alpha}}\oplus\sum_{i=1}^{n}\delta = \left(\frac{1}{n}\right)^{\frac{1}{\alpha}}$$

这说明在广义加法世界里,n 分之一的概率值为 $\left(\frac{1}{n}\right)^{\frac{1}{\alpha}}$,而不是 $\frac{1}{n}$。m 个基本事件构成事件 A,每个基本事件出现的概率为 $\left(\frac{1}{n}\right)^{\frac{1}{\alpha}}$,则

$$P(A) = \oplus\sum_{i=1}^{m} n^{\frac{1}{\alpha}} = \left(\frac{1}{n}\right)^{\frac{1}{\alpha}} m^{\frac{1}{\alpha}} = \left(\frac{m}{n}\right)^{\frac{1}{\alpha}}$$

在普通加法下的概率理论中,随机变量 ξ 的数学期望的定义为

$$E(\xi) = \sum_{i=1}^{n} x_i P(x_i)$$

对于连续形式($p(x)$ 是密度函数)

$$E(\xi) = \int_{-\infty}^{+\infty} xp(x)\mathrm{d}x$$

随机变量 ξ 的方差的定义为

$$V(\xi) = \sum_{i=1}^{n} (x_i - E(\xi))^2 P(x_i)$$

对于连续形式($p(x)$ 是密度函数)

$$V(\xi) = \int_{-\infty}^{+\infty} (x - E(\xi))^2 p(x)\mathrm{d}x$$

相应的,在广义加法世界里随机变量 ξ 的数学期望的定义为

$$\oplus E(\xi) = \oplus \sum_{i=1}^{n} x_i P(x_i) \tag{14.17}$$

对于连续形式($p(x)$ 是密度函数)

$$\oplus E(\xi) = \oplus \int_{-\infty}^{+\infty} xp(x)\mathrm{d}x \tag{14.18}$$

随机变量 ξ 的方差的定义为

$$\oplus V(\xi) = \oplus \sum_{i=1}^{n} (x_i \{-\} E(\xi))^2 P(x_i) \tag{14.19}$$

对于连续形式($p(x)$ 是密度函数)

$$\oplus V(\xi) = \oplus \int_{-\infty}^{+\infty} (x \{-\} E(\xi))^2 p(x)\mathrm{d}x \tag{14.20}$$

我们只是定义了广义加法世界中随机变量的数学期望和方差,当然也可以方便地定义一般的原点矩和中心矩,这里不再赘述。

古典概率模型中一个重要的模型是伯努利二项独立实验,每一个随机事件有两个结果:一个事件(事件 A)出现的概率是 p,另一个事件(事件 B)出现的概率是 $1-p$,确定 n 次独立实验中事件 A 出现 k 次的概率是重要的问题,我们有

$$(p + (1 - p))^2 = \sum_{k=0}^{n} \mathrm{C}_n^k p^{n-k} (1 - p)^k$$

而 $\mathrm{C}_n^k p^{n-k}(1-p)^k$ 正是 n 次独立实验中事件 A 出现 k 次的概率。

在广义加法世界里,在第 6 章中我们导出了下面的二项式公式

$$(p \{+\} (1 \{-\} p))^2 = \oplus \sum_{k=0}^{n} (\mathrm{C}_n^k)^{\frac{1}{\alpha}} p^{n-k} (1 \{-\} p)^k$$

而 $(\mathrm{C}_n^k)^{\frac{1}{\alpha}} p^{n-k}(1\{-\}p)^k$ 正是 n 次独立实验中事件 A 出现 k 次的广义加法意义下

的概率。

我们知道 $p\{+\}(1\{-\}p) = 1$,有

$$(1\{-\}p) = (1 - p^{\alpha})^{\frac{1}{\alpha}}$$

以 $\alpha = 2$ 为例,取 $p = 0.5$,则

$$(1\{-\}0.5) = (1 - 0.5^{2})^{\frac{1}{2}} = \sqrt{0.75} \neq 0.5$$

取 $p = 0.3$,则

$$(1\{-\}0.3) = (1 - 0.3^{2})^{\frac{1}{2}} = \sqrt{0.91} \neq 0.7$$

取 $p = \sqrt{0.5}$,则

$$(1\{-\}\sqrt{0.5}) = (1 - (\sqrt{0.5})^{2})^{\frac{1}{2}} = \sqrt{0.5}$$

这时才有 $p = (1\{-\}p)$。一般来说($\alpha \neq 1$),在广义加法世界里 $0.2\{+\}0.8 \neq 1, 0.5\{+\}0.5 \neq 1, 0.3\{+\}0.7 \neq 1$。$\frac{1}{2}$ 在广义加法世界里是$\left(\frac{1}{2}\right)^{\frac{1}{\alpha}}$,$\frac{1}{n}$ 在广义加法世界里是$\left(\frac{1}{n}\right)^{\frac{1}{\alpha}}$。

我们来考查一个简单的连续分布的例子。设 ξ 是广义加法世界中区间$[a,b]$上均匀分布的随机变量,$p(x)$ 是密度函数,应该有

$$\oplus\int_{a}^{b} p(x)\,\mathrm{d}x = 1$$

而 $p(x)$ 应该是常数,设 $p(x) = c$,则有

$$\oplus\int_{a}^{b} c\,\mathrm{d}x = c(b\{-\}a) = 1$$

故有

$$c = \frac{1}{b\{-\}a}$$

所以随机变量 ξ 的密度函数为

$$p(x) = \frac{1}{b\{-\}a}$$

随机变量 ξ 的数学期望为

$$\begin{aligned}\oplus E(\xi) &= \oplus\int_{a}^{b} x\frac{1}{b\{-\}a}\mathrm{d}x \\ &= \frac{1}{b\{-\}a}\frac{1}{2^{\frac{1}{\alpha}}}x^{2}\Big|_{a}^{b}\end{aligned}$$

$$= \frac{1}{b\{-\}a}\frac{1}{2^{\frac{1}{\alpha}}}(b^2\{-\}a^2)$$

$$= \frac{b\{+\}a}{2^{\frac{1}{\alpha}}}$$

随机变量ξ的方差为

$$\oplus V(\xi) = \oplus\int_a^b \left(x\{-\}\frac{b\{+\}a}{2^{\frac{1}{\alpha}}}\right)^2 \frac{1}{b\{-\}a}\mathrm{d}x$$

$$= \frac{1}{b\{-\}a}\oplus\int_{a\{-\}\frac{b\{+\}a}{2^{\frac{1}{\alpha}}}}^{b\{-\}\frac{b\{+\}a}{2^{\frac{1}{\alpha}}}} z^2\mathrm{d}z$$

$$= \frac{1}{b\{-\}a}\cdot\frac{1}{3^{\frac{1}{\alpha}}}z^3\Bigg|_{a\{-\}\frac{b\{+\}a}{2^{\frac{1}{\alpha}}}}^{b\{-\}\frac{b\{+\}a}{2^{\frac{1}{\alpha}}}}$$

$$= \frac{1}{b\{-\}a}\cdot\frac{1}{3^{\frac{1}{\alpha}}}\left(\left(b\{-\}\frac{b\{+\}a}{2^{\frac{1}{\alpha}}}\right)^3\{-\}\left(a\{-\}\frac{b\{+\}a}{2^{\frac{1}{\alpha}}}\right)^3\right)$$

对上式化简,有

$$b\{-\}\frac{b\{+\}a}{2^{\frac{1}{\alpha}}} = \frac{2^{\frac{1}{\alpha}}b\{-\}b\{-\}a}{2^{\frac{1}{\alpha}}}$$

$$= \frac{(2b^\alpha - b^\alpha)^{\frac{1}{\alpha}}\{-\}a}{2^{\frac{1}{\alpha}}}$$

$$= \frac{b\{-\}a}{2^{\frac{1}{\alpha}}}$$

同样

$$a\{-\}\frac{b\{+\}a}{2^{\frac{1}{\alpha}}} = \frac{2^{\frac{1}{\alpha}}a\{-\}b\{-\}a}{2^{\frac{1}{\alpha}}}$$

$$= \frac{(2a^\alpha - a^\alpha)^{\frac{1}{\alpha}}\{-\}b}{2^{\frac{1}{\alpha}}}$$

$$= \frac{a\{-\}b}{2^{\frac{1}{\alpha}}}$$

我们有

$$\oplus V(\xi) = \frac{1}{b\{-\}a}\cdot\frac{1}{3^{\frac{1}{\alpha}}}\left(\left(b\{-\}\frac{b\{+\}a}{2^{\frac{1}{\alpha}}}\right)^3\{-\}\left(a\{-\}\frac{b\{+\}a}{2^{\frac{1}{\alpha}}}\right)^3\right)$$

$$= \frac{1}{b\{-\}a} \cdot \frac{1}{3^{\frac{1}{\alpha}}}\left(\left(\frac{b\{-\}a}{2^{\frac{1}{\alpha}}}\right)^3 \{-\} \left(\frac{a\{-\}b}{2^{\frac{1}{\alpha}}}\right)^3\right)$$

$$= \frac{1}{b\{-\}a} \cdot \frac{1}{3^{\frac{1}{\alpha}}}\left(\frac{b\{-\}a}{2^{\frac{1}{\alpha}}}\right)^3 2^{\frac{1}{\alpha}}$$

$$= \frac{(b\{-\}a)^2}{12^{\frac{1}{\alpha}}}$$

这些结果与普通加法下的均匀分布随机变量的相应公式是相似的。

我们在考查著名的泊松分布,在普通加法下,泊松分布为

$$p(k) = e^{\lambda} \frac{\lambda^k}{k!} \quad (k = 0,1,2,3,\cdots)$$

在广义加法意义下整数 k 与 $k^{\frac{1}{\alpha}}$ 对应,我们定义广义加法意义下的泊松分布为

$$p(k^{\frac{1}{\alpha}}) = \left(e^{\lambda} \frac{\lambda^k}{k!}\right)^{\frac{1}{\alpha}} \quad (k = 0,1,2,3,\cdots) \tag{14.21}$$

首先验证这是一个概率分布,也就是验证

$$\oplus \sum_{k=0}^{\infty} p(k^{\frac{1}{\alpha}}) = 1$$

我们有

$$\oplus \sum_{k=0}^{\infty} p(k^{\frac{1}{\alpha}}) = \oplus \sum_{k=0}^{\infty} \left(e^{\lambda} \frac{\lambda^k}{k!}\right)^{\frac{1}{\alpha}}$$

$$= \left(\sum_{k=0}^{\infty} e^{\lambda} \frac{\lambda^k}{k!}\right)^{\frac{1}{\alpha}}$$

$$= 1$$

泊松分布的数学期望为

$$\oplus E(\xi) = \oplus \sum_{k=0}^{\infty} k^{\frac{1}{\alpha}} \left(e^{\lambda} \frac{\lambda^k}{k!}\right)^{\frac{1}{\alpha}}$$

$$= \left(\sum_{k=0}^{\infty} e^{\lambda} \frac{\lambda^k}{(k-1)!}\right)^{\frac{1}{\alpha}}$$

$$= \lambda^{\frac{1}{\alpha}} \tag{14.22}$$

在概率理论中,正态分布是最重要的概率分布,我们必须研究广义加法世界中的正态分布问题。在普通加法下,正态分布的密度函数为

$$\varphi(x) = \frac{1}{\sigma\sqrt{2\pi}} e^{\frac{-(x-\mu)2}{2\sigma^2}}$$

我们取广义加法意义下的正态分布密度函数如下

$$\varphi(x) = \frac{1}{(\sigma\sqrt{2\pi})^{\frac{1}{\alpha}}} G\exp\left(\frac{-(x\{-\}\mu^{\frac{1}{\alpha}})^2}{(2\sigma^2)^{\frac{1}{\alpha}}}\right) \tag{14.23}$$

密度函数为 $\varphi(x)$ 的广义加法世界中的随机变量 ξ,我们也记为 $\xi \sim N(\mu,\sigma^2)$。我们知道

$$G\exp(x) = e^{\frac{x\alpha}{\alpha}}$$

按照函数 $G\exp(x)$ 的性质和广义加法的定义式,有

$$\begin{aligned}
\varphi(x) &= \frac{1}{(\sigma\sqrt{2\pi})^{\frac{1}{\alpha}}} G\exp\left(\frac{-(x\{-\}\mu^{\frac{1}{\alpha}})^2}{(2\sigma^2)^{\frac{1}{\alpha}}}\right) \\
&= \frac{1}{(\sigma\sqrt{2\pi})^{\frac{1}{\alpha}}} e^{\left(\frac{-(x\{-\}\mu^{\frac{1}{\alpha}})2\alpha}{2\sigma^2}\right)\frac{1}{\alpha}} \\
&= \frac{1}{(\sigma\sqrt{2\pi})^{\frac{1}{\alpha}}} e^{\frac{-(x\alpha-\mu)2}{2\alpha\sigma 2}}
\end{aligned}$$

要求 $\varphi(x)$ 是广义加法世界中的一个密度函数,即要求

$$\oplus\int_{-\infty}^{+\infty} \varphi(x)\,dx = 1$$

根据第 10 章中的定理 10.1,有

$$\oplus\int_{-\infty}^{+\infty} \varphi(x)\,dx = \left(\alpha\int_{-\infty}^{+\infty} (\varphi(x))^{\alpha} x^{\alpha-1}\,dx\right)^{\frac{1}{\alpha}}$$

其中

$$(\varphi(x))^{\alpha} = \frac{1}{\sigma\sqrt{2\pi}} e^{\frac{-(x\alpha-\mu)2}{2\sigma 2}}$$

有

$$\begin{aligned}
\oplus\int_{-\infty}^{+\infty} \varphi(x)\,dx &= \left(\alpha\int_{-\infty}^{+\infty} \frac{1}{\sigma\sqrt{2\pi}} e^{\frac{-(x\alpha-\mu)2}{2\sigma 2}} x^{\alpha-1}\,dx\right)^{\frac{1}{\alpha}} \\
&= \left(\int_{-\infty}^{+\infty} \frac{1}{\sigma\sqrt{2\pi}} e^{\frac{-(x\alpha-\mu)2}{2\sigma 2}}\,dx^{\alpha}\right)^{\frac{1}{\alpha}} \\
&= \left(\int_{-\infty}^{+\infty} \frac{1}{\sigma\sqrt{2\pi}} e^{\frac{-(z-\mu)2}{2\sigma 2}}\,dz\right)^{\frac{1}{\alpha}} \\
&= 1
\end{aligned}$$

当 $\mu = 0, \sigma = 1$ 时称为广义加法世界中的标准正态分布,形式如下

$$\varphi(x) = \frac{1}{(\sqrt{2\pi})^{\frac{1}{\alpha}}} G\exp\left(\frac{-x^2}{2^{\frac{1}{\alpha}}}\right) \tag{14.24}$$

可以知道,$\varphi(x)$ 确实是广义加法世界中的一个密度函数。我们称服从这个密度函数的随机变量为广义加法世界中的正态分布的随机变量。若从理论上证明这个随机变量真正具有正态的性质,则必须证明概率理论中的中心极限定理成立,那就是 n 个独立同分布的和,在经过标准化处理后会随着 n 的增大而趋于标准正态分布。这个性质的证明留待以后再做。

下面我们来推导出广义加法世界中的正态分布随机变量的数学期望和方差。我们有

$$\begin{aligned}
\oplus E(\xi) &= \frac{1}{(\sigma\sqrt{2\pi})^{\frac{1}{\alpha}}} \oplus \int_{-\infty}^{+\infty} x G\exp\left(\frac{-(x\{-\}\mu^{\frac{1}{\alpha}})^2}{(2\sigma^2)^{\frac{1}{\alpha}}}\right) dx \\
&= \frac{1}{(\sigma\sqrt{2\pi})^{\frac{1}{\alpha}}} \oplus \int_{-\infty}^{+\infty} (x\{-\}\mu^{\frac{1}{\alpha}}\{+\}\mu^{\frac{1}{\alpha}}) G\exp\left(\frac{-(x\{-\}\mu^{\frac{1}{\alpha}})^2}{(2\sigma^2)^{\frac{1}{\alpha}}}\right) dx \\
&= \frac{\mu^{\frac{1}{\alpha}}}{(\sigma\sqrt{2\pi})^{\frac{1}{\alpha}}} \oplus \int_{-\infty}^{+\infty} G\exp\left(\frac{-(x\{-\}\mu^{\frac{1}{\alpha}})^2}{(2\sigma^2)^{\frac{1}{\alpha}}}\right) dx \{+\} \frac{1}{(\sigma\sqrt{2\pi})^{\frac{1}{\alpha}}} \\
&\qquad \oplus \int_{-\infty}^{+\infty} (x\{-\}\mu^{\frac{1}{\alpha}}) G\exp\left(\frac{-(x\{-\}\mu^{\frac{1}{\alpha}})^2}{(2\sigma^2)^{\frac{1}{\alpha}}}\right) dx \\
&= \mu^{\frac{1}{\alpha}} \{+\} \frac{1}{(\sigma\sqrt{2\pi})^{\frac{1}{\alpha}}} \oplus \int_{-\infty}^{+\infty} z G\exp\left(\frac{-z^2}{(2\sigma^2)^{\frac{1}{\alpha}}}\right) dz \\
&= \mu^{\frac{1}{\alpha}}
\end{aligned}$$

这里我们用到了下面的事实

$$\frac{1}{(\sigma\sqrt{2\pi})^{\frac{1}{\alpha}}} \oplus \int_{-\infty}^{+\infty} G\exp\left(\frac{-(x\{-\}\mu^{\frac{1}{\alpha}})^2}{(2\sigma^2)^{\frac{1}{\alpha}}}\right) dx = 1$$

$$\oplus \int_{-\infty}^{+\infty} z G\exp\left(\frac{-z^2}{(2\sigma^2)^{\frac{1}{\alpha}}}\right) dz = 0$$

我们有

$$\begin{aligned}
\oplus V(\xi) &= \frac{1}{(\sigma\sqrt{2\pi})^{\frac{1}{\alpha}}} \oplus \int_{-\infty}^{+\infty} (x\{-\}\mu^{\frac{1}{\alpha}})^2 G\exp\left(\frac{-(x\{-\}\mu^{\frac{1}{\alpha}})^2}{(2\sigma^2)^{\frac{1}{\alpha}}}\right) dx \\
&= \frac{1}{(\sigma\sqrt{2\pi})^{\frac{1}{\alpha}}} \oplus \int_{-\infty}^{+\infty} z^2 G\exp\left(\frac{-z^2}{(2\sigma^2)^{\frac{1}{\alpha}}}\right) dz
\end{aligned}$$

$$= \frac{1}{(\sigma\sqrt{2\pi})^{\frac{1}{\alpha}}} \oplus \int_{-\infty}^{+\infty} z^2(-(2\sigma^2)^{\frac{1}{\alpha}}) \frac{1}{2^{\frac{1}{\alpha}}z} \mathrm{d}G\exp\left(\frac{-z^2}{(2\sigma^2)^{\frac{1}{\alpha}}}\right)$$

$$= \frac{-(2\sigma^2)^{\frac{1}{\alpha}}}{(\sigma\sqrt{2\pi})^{\frac{1}{\alpha}}2^{\frac{1}{\alpha}}} \oplus \int_{-\infty}^{+\infty} z\mathrm{d}G\exp\left(\frac{-z^2}{(2\sigma^2)^{\frac{1}{\alpha}}}\right)$$

$$= \frac{-(2\sigma^2)^{\frac{1}{\alpha}}}{(\sigma\sqrt{2\pi})^{\frac{1}{\alpha}}2^{\frac{1}{\alpha}}}\left(zG\exp\left(\frac{-z^2}{(2\sigma^2)^{\frac{1}{\alpha}}}\right)\Bigg|_{-\infty}^{+\infty} \{-\}\right.$$

$$\left.\oplus \int_{-\infty}^{+\infty} G\exp\left(\frac{-z^2}{(2\sigma^2)^{\frac{1}{\alpha}}}\right)\mathrm{d}z\right)$$

$$= \frac{(2\sigma^2)^{\frac{1}{\alpha}}}{(\sigma\sqrt{2\pi})^{\frac{1}{\alpha}}2^{\frac{1}{\alpha}}} \oplus \int_{-\infty}^{+\infty} G\exp\left(\frac{-z^2}{(2\sigma^2)^{\frac{1}{\alpha}}}\right)\mathrm{d}z$$

$$= \frac{(2\sigma^2)^{\frac{1}{\alpha}}}{(\sigma\sqrt{2\pi})^{\frac{1}{\alpha}}2^{\frac{1}{\alpha}}}(\sigma\sqrt{2\pi})^{\frac{1}{\alpha}}$$

$$= (\sigma^2)^{\frac{1}{\alpha}}$$

我们得到广义加法世界中正态分布的随机变量 ξ 的数学期望和方差的表达式如下

$$\oplus E(\xi) = \mu^{\frac{1}{\alpha}}$$

$$\oplus V(\xi) = (\sigma^2)^{\frac{1}{\alpha}}$$

假设有广义加法世界中随机变量 ξ，密度函数为 $p(x)$，则

$$\oplus E(\xi) = \oplus\int_{-\infty}^{+\infty} xp(x)\mathrm{d}x$$

$$\oplus V(\xi) = \oplus\int_{-\infty}^{+\infty} (x\{-\}E(\xi))^2 p(x)\mathrm{d}x$$

不难看出

$$\oplus E(k\xi\{+\}b) = \oplus\int_{-\infty}^{+\infty} (kx\{+\}b)p(x)\mathrm{d}x$$
$$= k \oplus E(\xi)\{+\}b$$

$$\oplus V(k\xi) = \oplus\int_{-\infty}^{+\infty} (kx\{-\}kE(\xi))^2 p(x)\mathrm{d}x$$
$$= k^2 \oplus V(\xi)$$

在广义加法世界中，假设随机变量 ξ 的 n 次独立抽样为

$$\xi_1, \xi_2, \xi_3, \cdots, \xi_n$$

ξ 的数学期望 μ 的一个好的估计量为

$$\eta = \frac{\xi_1\{+\}\xi_2\{+\}\xi_3\{+\}\cdots\{+\}\xi_n}{n^{\frac{1}{\alpha}}} \tag{14.25}$$

ξ 的方差 σ^2 的一个估计量为

$$\frac{\oplus\sum_{i=1}^{n}(\xi_i\{-\}\mu)^2}{n^{\frac{1}{\alpha}}}$$

关于 ξ 的数学期望 μ 的估计量 η，有

$$\begin{aligned}\oplus E(\eta) &= \frac{1}{n^{\frac{1}{\alpha}}}(\oplus E(\xi_1)\{+\}\oplus E(\xi_2)\{+\}\oplus E(\xi_3)\{+\}\cdots\{+\}\oplus E(\xi_n)) \\ &= \frac{1}{n^{\frac{1}{\alpha}}}n^{\frac{1}{\alpha}}\mu \\ &= \mu\end{aligned}$$

有

$$\oplus E(\eta) = \mu \tag{14.26}$$

这说明统计量(14.25)满足无偏的要求。还有

$$\begin{aligned}\oplus V(\eta) &= \frac{1}{n^{\frac{2}{\alpha}}}(\oplus V(\xi_1)\{+\}\oplus V(\xi_2)\{+\}\oplus V(\xi_3)\{+\}\cdots\{+\}\oplus V(\xi_n)) \\ &= \frac{1}{n^{\frac{2}{\alpha}}}n^{\frac{1}{\alpha}}\sigma^2 \\ &= \frac{\sigma^2}{n^{\frac{1}{\alpha}}}\end{aligned}$$

有

$$\oplus V(\eta) = \frac{\sigma^2}{n^{\frac{1}{\alpha}}} \tag{14.27}$$

这说明 η 的方差是 ξ 的方差的“n 分之一”，这个结果与普通加法下的相应的公式非常相似。

14.5 本章总结

1. 广义加法意义下的三角函数系

$$\{1, G\sin(n^{\frac{1}{\alpha}}x), G\cos(m^{\frac{1}{\alpha}}x); n, m \text{ 取遍自然数}\}$$

是区间$[0,(2\pi)^{\frac{1}{\alpha}}]$上的广义加法积分意义下的正交函数系。

2. 实函数$f(x)$在广义加法世界中展开为三角函数的级数,表达式如下

$$f(x) = a_0\{+\} \oplus\sum_{n=1}^{\infty}(a_n G\sin(n^{\frac{1}{\alpha}}x)\{+\}b_n G\cos(n^{\frac{1}{\alpha}}x))$$

其中

$$a_0 = \oplus\int_0^{(2\pi)^{\frac{1}{\alpha}}} f(x)\,\mathrm{d}x$$

$$a_n = \frac{1}{(\pi)^{\frac{1}{\alpha}}} \oplus\int_0^{(2\pi)^{\frac{1}{\alpha}}} f(x)\,G\sin(n^{\frac{1}{\alpha}}x)\,\mathrm{d}x$$

$$b_n = \frac{1}{(\pi)^{\frac{1}{\alpha}}} \oplus\int_0^{(2\pi)^{\frac{1}{\alpha}}} f(x)\,G\cos(n^{\frac{1}{\alpha}}x)\,\mathrm{d}x$$

3. 广义加法世界中的正交多项式序列的表达式

$$P_0(x) = 1$$

$$P_n(x) = \frac{1}{2^{\frac{n}{\alpha}}(n!)^{\frac{1}{\alpha}}} \oplus\frac{\mathrm{d}^n}{\mathrm{d}x^n}(x^2\{-\}1)^n \quad (n = 1,2,3,\cdots)$$

递推公式

$$P_{k+1}(x) = \left(\frac{2k+1}{k+1}\right)^{\frac{1}{\alpha}} xP_k(x)\{-\}\left(\frac{k}{k+1}\right)^{\frac{1}{\alpha}} P_{k-1}(x)$$

前面6个正交多项式

$$P_0(x) = 1$$

$$P_1(x) = x$$

$$P_2(x) = \left(\frac{3}{2}\right)^{\frac{1}{\alpha}} x^2\{-\}\left(\frac{1}{2}\right)^{\frac{1}{\alpha}}$$

$$P_3(x) = \left(\frac{15}{6}\right)^{\frac{1}{\alpha}} x^3\{-\}\left(\frac{3}{2}\right)^{\frac{1}{\alpha}} x$$

$$P_4(x) = \left(\frac{35}{8}\right)^{\frac{1}{\alpha}} x^4\{-\}\left(\frac{30}{8}\right)^{\frac{1}{\alpha}} x^2\{+\}\left(\frac{3}{8}\right)^{\frac{1}{\alpha}}$$

$$P_5(x) = \left(\frac{63}{8}\right)^{\frac{1}{\alpha}} x^5\{-\}\left(\frac{70}{8}\right)^{\frac{1}{\alpha}} x^3\{+\}\left(\frac{15}{8}\right)^{\frac{1}{\alpha}} x$$

4. 在广义加法世界里,函数$f(x)$的拉普拉斯变换$\oplus F(f(x))$的定义式

$$\oplus F(f(x)) = \oplus\int_0^{+\infty} f(x)G\exp(-px)\mathrm{d}x$$

广义加法意义下的卷积$\oplus f(x) * g(x)$ 定义为

$$\oplus f(x) * g(x) = \oplus\int_0^{x} f(t)g(x\{-\}t)\mathrm{d}t$$

线性性质

$$\oplus F(k_1f_1(x)\{+\}k_2f_2(x)) = k_1 \oplus F(f_1(x))\{+\}k_2 \oplus F(f_2(x))$$

函数的导数的拉普拉斯变换

$$\oplus F\left(\oplus\frac{\mathrm{d}f(x)}{\mathrm{d}x}\right) = p \oplus F(f(x))\{-\}f(0)$$

$$\oplus F\left(\oplus\frac{\mathrm{d}^2f(x)}{\mathrm{d}x^2}\right) = p^2 \oplus F(f(x))\{-\}f(0)p\{-\} \oplus\frac{\mathrm{d}f(0)}{\mathrm{d}x}$$

$$\oplus F\left(\oplus\frac{\mathrm{d}^nf(x)}{\mathrm{d}x^n}\right) = p^n \oplus F(f(x))\{-\}f(0)p^{n-1}\{-\}$$

$$\oplus\frac{\mathrm{d}f(0)}{\mathrm{d}x}p^{n-2}\{-\}\cdots\{-\} \oplus\frac{\mathrm{d}^{n-1}f(0)}{\mathrm{d}x^{n-1}}$$

卷积性质

$$\oplus F(\oplus f(x) * g(x)) = \oplus F(g(x)) \oplus F(f(x))$$

5. 部分函数的广义加法意义下的拉普拉斯变换

$$\oplus F(1) = \frac{1}{p}$$

$$\oplus F(G\exp(-Ax)) = \frac{1}{p\{+\}A}$$

$$\oplus F(x) = \frac{1}{p^2}$$

$$\oplus F(x^n) = \frac{(n!)^{\frac{1}{\alpha}}}{p^{n+1}}$$

$$\oplus F(G\sin(Ax)) = I = \frac{A}{p^2\{+\}A^2}$$

$$\oplus F(G\cos(Ax)) = \frac{p}{p^2\{+\}A^2}$$

6. 我们用$\oplus(\Omega,F,P)$ 表示广义加法意义下的概率空间。$\oplus(\Omega,F,P)$ 满足下面三条公理（事件 A 的概率记为 $P(A)$）：

(1) 非负性,即对于任意的事件 A,$P(A)\geqslant 0$。

(2) 可加性,若 $A_1,A_2,A_3,\cdots,A_n$ 是互不相容的事件,则

$$P(\bigcup_{i=1}^{n} A_i) = \oplus\sum_{i=1}^{n} P(A_i)$$

(3) 归一化,样本空间 Ω 作为特殊的事件,该事件必然发生,即 $P(\Omega)=1$。

7. 在广义加法世界里随机变量 ξ 的数学期望的定义为

$$\oplus E(\xi) = \oplus\sum_{i=1}^{n} x_i P(x_i)$$

对于连续形式($p(x)$ 是密度函数)

$$\oplus E(\xi) = \oplus\int_{-\infty}^{+\infty} x p(x)\,\mathrm{d}x$$

随机变量 ξ 的方差的定义为

$$\oplus V(\xi) = \oplus\sum_{i=1}^{n} (x_i\{-\}E(\xi))^2 P(x_i)$$

对于连续形式($p(x)$ 是密度函数)

$$\oplus V(\xi) = \oplus\int_{-\infty}^{+\infty} (x\{-\}E(\xi))^2 p(x)\,\mathrm{d}x$$

8. ξ 是广义加法世界中区间$[a,b]$上均匀分布的随机变量,则

$$\oplus E(\xi) = \frac{b\{+\}a}{2^{\frac{1}{\alpha}}}$$

$$\oplus V(\xi) = \frac{(b\{-\}a)^2}{12^{\frac{1}{\alpha}}}$$

9. 广义加法意下的泊松分布为

$$p(k^{\frac{1}{\alpha}}) = \left(\mathrm{e}^{\lambda}\frac{\lambda^k}{k!}\right)^{\frac{1}{\alpha}}\quad (k=0,1,2,3,\cdots)$$

$$\oplus E(\xi) = \lambda^{\frac{1}{\alpha}}$$

10. 广义加法意义下的正态分布密度函数如下

$$\varphi(x) = \frac{1}{(\sigma\sqrt{2\pi})^{\frac{1}{\alpha}}}G\exp\left(\frac{-(x\{-\}\mu^{\frac{1}{\alpha}})^2}{(2\sigma^2)^{\frac{1}{\alpha}}}\right)$$

当 $\mu=0,\sigma=1$ 时称为广义加法世界中的标准正态分布,形式如下

$$\varphi(x) = \frac{1}{(\sqrt{2\pi})^{\frac{1}{\alpha}}}G\exp\left(\frac{-x^2}{2^{\frac{1}{\alpha}}}\right)$$

11. 广义加法世界中正态分布的随机变量ξ的数学期望和方差的表达式如下

$$\oplus E(\xi) = \mu^{\frac{1}{\alpha}}$$

$$\oplus V(\xi) = (\sigma^2)^{\frac{1}{\alpha}}$$

12. 在广义加法世界里,假设随机变量ξ的n次独立抽样为

$$\xi_1,\xi_2,\xi_3,\cdots,\xi_n$$

ξ的数学期望μ的一个好的估计量为

$$\eta = \frac{\xi_1\{+\}\xi_2\{+\}\xi_3\{+\}\cdots\{+\}\xi_n}{n^{\frac{1}{\alpha}}}$$

ξ的方差σ^2的一个估计量为

$$\frac{\oplus\sum_{i=1}^{n}(\xi_i\{-\}\mu)^2}{n^{\frac{1}{\alpha}}}$$

关于ξ的数学期望μ的估计量η,有

$$\oplus E(\eta) = \mu$$

这说明统计量η满足无偏的要求。还有

$$\oplus V(\eta) = \frac{\sigma^2}{n^{\frac{1}{\alpha}}}$$

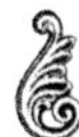

刘培杰数学工作室
已出版(即将出版)图书目录——高等数学

书　　名	出版时间	定　价	编号
距离几何分析导引	2015－02	68.00	446
大学几何学	2017－01	78.00	688
关于曲面的一般研究	2016－11	48.00	690
近世纯粹几何学初论	2017－01	58.00	711
拓扑学与几何学基础讲义	2017－04	58.00	756
物理学中的几何方法	2017－06	88.00	767
几何学简史	2017－08	28.00	833
微分几何学历史概要	2020－07	58.00	1194
解析几何学史	2022－03	58.00	1490
曲面的数学	2024－01	98.00	1699

书　　名	出版时间	定　价	编号
复变函数引论	2013－10	68.00	269
伸缩变换与抛物旋转	2015－01	38.00	449
无穷分析引论(上)	2013－04	88.00	247
无穷分析引论(下)	2013－04	98.00	245
数学分析	2014－04	28.00	338
数学分析中的一个新方法及其应用	2013－01	38.00	231
数学分析例选:通过范例学技巧	2013－01	88.00	243
高等代数例选:通过范例学技巧	2015－06	88.00	475
基础数论例选:通过范例学技巧	2018－09	58.00	978
三角级数论(上册)(陈建功)	2013－01	38.00	232
三角级数论(下册)(陈建功)	2013－01	48.00	233
三角级数论(哈代)	2013－06	48.00	254
三角级数	2015－07	28.00	263
超越数	2011－03	18.00	109
三角和方法	2011－03	18.00	112
随机过程(Ⅰ)	2014－01	78.00	224
随机过程(Ⅱ)	2014－01	68.00	235
算术探索	2011－12	158.00	148
组合数学	2012－04	28.00	178
组合数学浅谈	2012－03	28.00	159
分析组合学	2021－09	88.00	1389
丢番图方程引论	2012－03	48.00	172
拉普拉斯变换及其应用	2015－02	38.00	447
高等代数.上	2016－01	38.00	548
高等代数.下	2016－01	38.00	549
高等代数教程	2016－01	58.00	579
高等代数引论	2020－07	48.00	1174
数学解析教程.上卷.1	2016－01	58.00	546
数学解析教程.上卷.2	2016－01	38.00	553
数学解析教程.下卷.1	2017－04	48.00	781
数学解析教程.下卷.2	2017－06	48.00	782
数学分析.第1册	2021－03	48.00	1281
数学分析.第2册	2021－03	48.00	1282
数学分析.第3册	2021－03	28.00	1283
数学分析精选习题全解.上册	2021－03	38.00	1284
数学分析精选习题全解.下册	2021－03	38.00	1285
数学分析专题研究	2021－11	68.00	1574
函数构造论.上	2016－01	38.00	554
函数构造论.中	2017－06	48.00	555
函数构造论.下	2016－09	48.00	680
函数逼近论(上)	2019－02	98.00	1014
概周期函数	2016－01	48.00	572
变叙的项的极限分布律	2016－01	18.00	573
整函数	2012－08	18.00	161
近代拓扑学研究	2013－04	38.00	239
多项式和无理数	2008－01	68.00	22
密码学与数论基础	2021－01	28.00	1254

刘培杰数学工作室
已出版(即将出版)图书目录——高等数学

书　　名	出版时间	定　价	编号
模糊数据统计学	2008—03	48.00	31
模糊分析学与特殊泛函空间	2013—01	68.00	241
常微分方程	2016—01	58.00	586
平稳随机函数导论	2016—03	48.00	587
量子力学原理.上	2016—01	38.00	588
图与矩阵	2014—08	40.00	644
钢丝绳原理:第二版	2017—01	78.00	745
代数拓扑和微分拓扑简史	2017—06	68.00	791
半序空间泛函分析.上	2018—06	48.00	924
半序空间泛函分析.下	2018—06	68.00	925
概率分布的部分识别	2018—07	68.00	929
Cartan 型单模李超代数的上同调及极大子代数	2018—07	38.00	932
纯数学与应用数学若干问题研究	2019—03	98.00	1017
数理金融学与数理经济学若干问题研究	2020—07	98.00	1180
清华大学"工农兵学员"微积分课本	2020—09	48.00	1228
力学若干基本问题的发展概论	2023—04	58.00	1262
Banach 空间中前后分离算法及其收敛率	2023—06	98.00	1670
受控理论与解析不等式	2012—05	78.00	165
不等式的分拆降维降幂方法与可读证明(第 2 版)	2020—07	78.00	1184
石焕南文集:受控理论与不等式研究	2020—09	198.00	1198
实变函数论	2012—06	78.00	181
复变函数论	2015—08	38.00	504
非光滑优化及其变分分析	2014—01	48.00	230
疏散的马尔科夫链	2014—01	58.00	266
马尔科夫过程论基础	2015—01	28.00	433
初等微分拓扑学	2012—07	18.00	182
方程式论	2011—03	38.00	105
Galois 理论	2011—03	18.00	107
古典数学难题与伽罗瓦理论	2012—11	58.00	223
伽罗华与群论	2014—01	28.00	290
代数方程的根式解及伽罗瓦理论	2011—03	28.00	108
代数方程的根式解及伽罗瓦理论(第二版)	2015—01	28.00	423
线性偏微分方程讲义	2011—03	18.00	110
几类微分方程数值方法的研究	2015—05	38.00	485
分数阶微分方程理论与应用	2020—05	95.00	1182
N 体问题的周期解	2011—03	28.00	111
代数方程式论	2011—05	18.00	121
线性代数与几何:英文	2016—06	58.00	578
动力系统的不变量与函数方程	2011—07	48.00	137
基于短语评价的翻译知识获取	2012—02	48.00	168
应用随机过程	2012—04	48.00	187
概率论导引	2012—04	18.00	179
矩阵论(上)	2013—06	58.00	250
矩阵论(下)	2013—06	48.00	251
对称锥互补问题的内点法:理论分析与算法实现	2014—08	68.00	368
抽象代数:方法导引	2013—06	38.00	257
集论	2016—01	48.00	576
多项式理论研究综述	2016—01	38.00	577
函数论	2014—11	78.00	395
反问题的计算方法及应用	2011—11	28.00	147
数阵及其应用	2012—02	28.00	164
绝对值方程—折边与组合图形的解析研究	2012—07	48.00	186
代数函数论(上)	2015—07	38.00	494
代数函数论(下)	2015—07	38.00	495

刘培杰数学工作室

已出版(即将出版)图书目录——高等数学 

书　　名	出版时间	定　价	编号
偏微分方程论:法文	2015－10	48.00	533
时标动力学方程的指数型二分性与周期解	2016－04	48.00	606
重刚体绕不动点运动方程的积分法	2016－05	68.00	608
水轮机水力稳定性	2016－05	48.00	620
Lévy 噪音驱动的传染病模型的动力学行为	2016－05	48.00	667
时滞系统:Lyapunov 泛函和矩阵	2017－05	68.00	784
粒子图像测速仪实用指南:第二版	2017－08	78.00	790
数域的上同调	2017－08	98.00	799
图的正交因子分解(英文)	2018－01	38.00	881
图的度因子和分支因子:英文	2019－09	88.00	1108
点云模型的优化配准方法研究	2018－07	58.00	927
锥形波入射粗糙表面反散射问题理论与算法	2018－03	68.00	936
广义逆的理论与计算	2018－07	58.00	973
不定方程及其应用	2018－12	58.00	998
几类椭圆型偏微分方程高效数值算法研究	2018－08	48.00	1025
现代密码算法概论	2019－05	98.00	1061
模形式的 p－进性质	2019－06	78.00	1088
混沌动力学:分形、平铺、代换	2019－09	48.00	1109
微分方程,动力系统与混沌引论:第 3 版	2020－05	65.00	1144
分数阶微分方程理论与应用	2020－05	95.00	1187
应用非线性动力系统与混沌导论:第 2 版	2021－05	58.00	1368
非线性振动,动力系统与向量场的分支	2021－06	55.00	1369
遍历理论引论	2021－11	46.00	1441
动力系统与混沌	2022－05	48.00	1485
Galois 上同调	2020－04	138.00	1131
毕达哥拉斯定理:英文	2020－03	38.00	1133
模糊可拓多属性决策理论与方法	2021－06	98.00	1357
统计方法和科学推断	2021－10	48.00	1428
有关几类种群生态学模型的研究	2022－04	98.00	1486
加性数论:典型基	2022－05	48.00	1491
加性数论:反问题与和集的几何	2023－08	58.00	1672
乘性数论:第三版	2022－07	38.00	1528
交替方向乘子法及其应用	2022－08	98.00	1553
结构元理论及模糊决策应用	2022－09	98.00	1573
随机微分方程和应用:第二版	2022－12	48.00	1580
吴振奎高等数学解题真经(概率统计卷)	2012－01	38.00	149
吴振奎高等数学解题真经(微积分卷)	2012－01	68.00	150
吴振奎高等数学解题真经(线性代数卷)	2012－01	58.00	151
高等数学解题全攻略(上卷)	2013－06	58.00	252
高等数学解题全攻略(下卷)	2013－06	58.00	253
高等数学复习纲要	2014－01	18.00	384
数学分析历年考研真题解析.第一卷	2021－04	28.00	1288
数学分析历年考研真题解析.第二卷	2021－04	28.00	1289
数学分析历年考研真题解析.第三卷	2021－04	28.00	1290
数学分析历年考研真题解析.第四卷	2022－09	68.00	1560
超越吉米多维奇.数列的极限	2009－11	48.00	58
超越普里瓦洛夫.留数卷	2015－01	28.00	437
超越普里瓦洛夫.无穷乘积与它对解析函数的应用卷	2015－05	28.00	477
超越普里瓦洛夫.积分卷	2015－06	18.00	481
超越普里瓦洛夫.基础知识卷	2015－06	28.00	482
超越普里瓦洛夫.数项级数卷	2015－07	38.00	489
超越普里瓦洛夫.微分、解析函数、导数卷	2018－01	48.00	852
统计学专业英语(第三版)	2015－04	68.00	465
代换分析:英文	2015－07	38.00	499

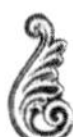

刘培杰数学工作室
已出版(即将出版)图书目录——高等数学

书　　名	出版时间	定　价	编号
历届美国大学生数学竞赛试题集.第一卷(1938—1949)	2015—01	28.00	397
历届美国大学生数学竞赛试题集.第二卷(1950—1959)	2015—01	28.00	398
历届美国大学生数学竞赛试题集.第三卷(1960—1969)	2015—01	28.00	399
历届美国大学生数学竞赛试题集.第四卷(1970—1979)	2015—01	18.00	400
历届美国大学生数学竞赛试题集.第五卷(1980—1989)	2015—01	28.00	401
历届美国大学生数学竞赛试题集.第六卷(1990—1999)	2015—01	28.00	402
历届美国大学生数学竞赛试题集.第七卷(2000—2009)	2015—08	18.00	403
历届美国大学生数学竞赛试题集.第八卷(2010—2012)	2015—01	18.00	404
超越普特南试题:大学数学竞赛中的方法与技巧	2017—04	98.00	758
历届国际大学生数学竞赛试题集(1994—2020)	2021—01	58.00	1252
历届美国大学生数学竞赛试题集(全3册)	2023—10	168.00	1693
全国大学生数学夏令营数学竞赛试题及解答	2007—03	28.00	15
全国大学生数学竞赛辅导教程	2012—07	28.00	189
全国大学生数学竞赛复习全书(第2版)	2017—05	58.00	787
历届美国大学生数学竞赛试题集	2009—03	88.00	43
前苏联大学生数学奥林匹克竞赛题解(上编)	2012—04	28.00	169
前苏联大学生数学奥林匹克竞赛题解(下编)	2012—04	38.00	170
大学生数学竞赛讲义	2014—09	28.00	371
大学生数学竞赛教程——高等数学(基础篇、提高篇)	2018—09	128.00	968
普林斯顿大学数学竞赛	2016—06	38.00	669
考研高等数学高分之路	2020—10	45.00	1203
考研高等数学基础必刷	2021—01	45.00	1251
考研概率论与数理统计	2022—06	58.00	1522
越过211,刷到985:考研数学二	2019—10	68.00	1115
初等数论难题集(第一卷)	2009—05	68.00	44
初等数论难题集(第二卷)(上、下)	2011—02	128.00	82,83
数论概貌	2011—03	18.00	93
代数数论(第二版)	2013—08	58.00	94
代数多项式	2014—06	38.00	289
初等数论的知识与问题	2011—02	28.00	95
超越数论基础	2011—03	28.00	96
数论初等教程	2011—03	28.00	97
数论基础	2011—03	18.00	98
数论基础与维诺格拉多夫	2014—03	18.00	292
解析数论基础	2012—08	28.00	216
解析数论基础(第二版)	2014—01	48.00	287
解析数论问题集(第二版)(原版引进)	2014—05	88.00	343
解析数论问题集(第二版)(中译本)	2016—04	88.00	607
解析数论基础(潘承洞,潘承彪著)	2016—07	98.00	673
解析数论导引	2016—07	58.00	674
数论入门	2011—03	38.00	99
代数数论入门	2015—03	38.00	448
数论开篇	2012—07	28.00	194
解析数论引论	2011—03	48.00	100
Barban Davenport Halberstam 均值和	2009—01	40.00	33
基础数论	2011—03	28.00	101
初等数论100例	2011—05	18.00	122
初等数论经典例题	2012—07	18.00	204
最新世界各国数学奥林匹克中的初等数论试题(上、下)	2012—01	138.00	144,145
初等数论(Ⅰ)	2012—01	18.00	156
初等数论(Ⅱ)	2012—01	18.00	157
初等数论(Ⅲ)	2012—01	28.00	158

刘培杰数学工作室

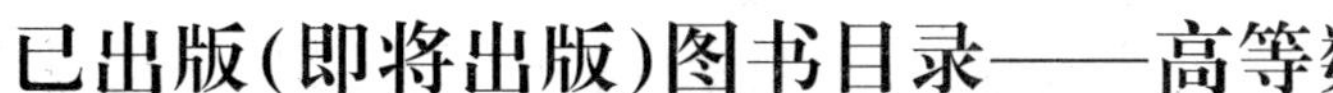

已出版(即将出版)图书目录——高等数学

书　名	出版时间	定　价	编号
Gauss,Euler,Lagrange 和 Legendre 的遗产:把整数表示成平方和	2022－06	78.00	1540
平面几何与数论中未解决的新老问题	2013－01	68.00	229
代数数论简史	2014－11	28.00	408
代数数论	2015－09	88.00	532
代数、数论及分析习题集	2016－11	98.00	695
数论导引提要及习题解答	2016－01	48.00	559
素数定理的初等证明.第 2 版	2016－09	48.00	686
数论中的模函数与狄利克雷级数(第二版)	2017－11	78.00	837
数论:数学导引	2018－01	68.00	849
域论	2018－04	68.00	884
代数数论(冯克勤　编著)	2018－04	68.00	885
范氏大代数	2019－02	98.00	1016
高等算术:数论导引:第八版	2023－04	78.00	1689
新编 640 个世界著名数学智力趣题	2014－01	88.00	242
500 个最新世界著名数学智力趣题	2008－06	48.00	3
400 个最新世界著名数学最值问题	2008－09	48.00	36
500 个世界著名数学征解问题	2009－06	48.00	52
400 个中国最佳初等数学征解老问题	2010－01	48.00	60
500 个俄罗斯数学经典老题	2011－01	28.00	81
1000 个国外中学物理好题	2012－04	48.00	174
300 个日本高考数学题	2012－05	38.00	142
700 个早期日本高考数学试题	2017－02	88.00	752
500 个前苏联早期高考数学试题及解答	2012－05	28.00	185
546 个早期俄罗斯大学生数学竞赛题	2014－03	38.00	285
548 个来自美苏的数学好问题	2014－11	28.00	396
20 所苏联著名大学早期入学试题	2015－02	18.00	452
161 道德国工科大学生必做的微分方程习题	2015－05	28.00	469
500 个德国工科大学生必做的高数习题	2015－06	28.00	478
360 个数学竞赛问题	2016－08	58.00	677
德国讲义日本考题.微积分卷	2015－04	48.00	456
德国讲义日本考题.微分方程卷	2015－04	38.00	457
二十世纪中叶中、英、美、日、法、俄高考数学试题精选	2017－06	38.00	783
博弈论精粹	2008－03	58.00	30
博弈论精粹.第二版(精装)	2015－01	88.00	461
数学 我爱你	2008－01	28.00	20
精神的圣徒　别样的人生——60 位中国数学家成长的历程	2008－09	48.00	39
数学史概论	2009－06	78.00	50
数学史概论(精装)	2013－03	158.00	272
数学史选讲	2016－01	48.00	544
斐波那契数列	2010－02	28.00	65
数学拼盘和斐波那契魔方	2010－07	38.00	72
斐波那契数列欣赏	2011－01	28.00	160
数学的创造	2011－02	48.00	85
数学美与创造力	2016－01	48.00	595
数海拾贝	2016－01	48.00	590
数学中的美	2011－02	38.00	84
数论中的美学	2014－12	38.00	351
数学王者　科学巨人——高斯	2015－01	28.00	428
振兴祖国数学的圆梦之旅:中国初等数学研究史话	2015－06	98.00	490
二十世纪中国数学史料研究	2015－10	48.00	536
数字谜、数阵图与棋盘覆盖	2016－01	58.00	298
时间的形状	2016－01	38.00	556
数学发现的艺术:数学探索中的合情推理	2016－07	58.00	671
活跃在数学中的参数	2016－07	48.00	675

刘培杰数学工作室

已出版(即将出版)图书目录——高等数学

书　　名	出版时间	定　价	编号
格点和面积	2012－07	18.00	191
射影几何趣谈	2012－04	28.00	175
斯潘纳尔引理——从一道加拿大数学奥林匹克试题谈起	2014－01	28.00	228
李普希兹条件——从几道近年高考数学试题谈起	2012－10	18.00	221
拉格朗日中值定理——从一道北京高考试题的解法谈起	2015－10	18.00	197
闵科夫斯基定理——从一道清华大学自主招生试题谈起	2014－01	28.00	198
哈尔测度——从一道冬令营试题的背景谈起	2012－08	28.00	202
切比雪夫逼近问题——从一道中国台北数学奥林匹克试题谈起	2013－04	38.00	238
伯恩斯坦多项式与贝齐尔曲面——从一道全国高中数学联赛试题谈起	2013－03	38.00	236
卡塔兰猜想——从一道普特南竞赛试题谈起	2013－06	18.00	256
麦卡锡函数和阿克曼函数——从一道前南斯拉夫数学奥林匹克试题谈起	2012－08	18.00	201
贝蒂定理与拉姆贝克莫斯尔定理——从一个拣石子游戏谈起	2012－08	18.00	217
皮亚诺曲线和豪斯道夫分球定理——从无限集谈起	2012－08	18.00	211
平面凸图形与凸多面体	2012－10	28.00	218
斯坦因豪斯问题——从一道二十五省市自治区中学数学竞赛试题谈起	2012－07	18.00	196
纽结理论中的亚历山大多项式与琼斯多项式——从一道北京市高一数学竞赛试题谈起	2012－07	28.00	195
原则与策略——从波利亚"解题表"谈起	2013－04	38.00	244
转化与化归——从三大尺规作图不能问题谈起	2012－08	28.00	214
代数几何中的贝祖定理(第一版)——从一道 IMO 试题的解法谈起	2013－08	18.00	193
成功连贯理论与约当块理论——从一道比利时数学竞赛试题谈起	2012－04	18.00	180
素数判定与大数分解	2014－08	18.00	199
置换多项式及其应用	2012－10	18.00	220
椭圆函数与模函数——从一道美国加州大学洛杉矶分校(UCLA)博士资格考题谈起	2012－10	28.00	219
差分方程的拉格朗日方法——从一道 2011 年全国高考理科试题的解法谈起	2012－08	28.00	200
力学在几何中的一些应用	2013－01	38.00	240
高斯散度定理、斯托克斯定理和平面格林定理——从一道国际大学生数学竞赛试题谈起	即将出版		
康托洛维奇不等式——从一道全国高中联赛试题谈起	2013－03	28.00	337
西格尔引理——从一道第 18 届 IMO 试题的解法谈起	即将出版		
罗斯定理——从一道前苏联数学竞赛试题谈起	即将出版		
拉克斯定理和阿廷定理——从一道 IMO 试题的解法谈起	2014－01	58.00	246
毕卡大定理——从一道美国大学数学竞赛试题谈起	2014－07	18.00	350
贝齐尔曲线——从一道全国高中联赛试题谈起	即将出版		
拉格朗日乘子定理——从一道 2005 年全国高中联赛试题的高等数学解法谈起	2015－05	28.00	480
雅可比定理——从一道日本数学奥林匹克试题谈起	2013－04	48.00	249
李天岩－约克定理——从一道波兰数学竞赛试题谈起	2014－06	28.00	349
受控理论与初等不等式:从一道 IMO 试题的解法谈起	2023－03	48.00	1601

刘培杰数学工作室
已出版(即将出版)图书目录——高等数学

书　　名	出版时间	定　价	编号
布劳维不动点定理——从一道前苏联数学奥林匹克试题谈起	2014－01	38.00	273
伯恩赛德定理——从一道英国数学奥林匹克试题谈起	即将出版		
布查特－莫斯特定理——从一道上海市初中竞赛试题谈起	即将出版		
数论中的同余数问题——从一道普特南竞赛试题谈起	即将出版		
范·德蒙行列式——从一道美国数学奥林匹克试题谈起	即将出版		
中国剩余定理:总数法构建中国历史年表	2015－01	28.00	430
牛顿程序与方程求根——从一道全国高考试题解法谈起	即将出版		
库默尔定理——从一道 IMO 预选试题谈起	即将出版		
卢丁定理——从一道冬令营试题的解法谈起	即将出版		
沃斯滕霍姆定理——从一道 IMO 预选试题谈起	即将出版		
卡尔松不等式——从一道莫斯科数学奥林匹克试题谈起	即将出版		
信息论中的香农熵——从一道近年高考压轴题谈起	即将出版		
约当不等式——从一道希望杯竞赛试题谈起	即将出版		
拉比诺维奇定理	即将出版		
刘维尔定理——从一道《美国数学月刊》征解问题的解法谈起	即将出版		
卡塔兰恒等式与级数求和——从一道 IMO 试题的解法谈起	即将出版		
勒让德猜想与素数分布——从一道爱尔兰竞赛试题谈起	即将出版		
天平称重与信息论——从一道基辅市数学奥林匹克试题谈起	即将出版		
哈密尔顿－凯莱定理:从一道高中数学联赛试题的解法谈起	2014－09	18.00	376
艾思特曼定理——从一道 CMO 试题的解法谈起	即将出版		
一个爱尔特希问题——从一道西德数学奥林匹克试题谈起	即将出版		
有限群中的爱丁格尔问题——从一道北京市初中二年级数学竞赛试题谈起	即将出版		
糖水中的不等式——从初等数学到高等数学	2019－07	48.00	1093
帕斯卡三角形	2014－03	18.00	294
蒲丰投针问题——从 2009 年清华大学的一道自主招生试题谈起	2014－01	38.00	295
斯图姆定理——从一道"华约"自主招生试题的解法谈起	2014－01	18.00	296
许瓦兹引理——从一道加利福尼亚大学伯克利分校数学系博士生试题谈起	2014－08	18.00	297
拉姆塞定理——从王诗宬院士的一个问题谈起	2016－04	48.00	299
坐标法	2013－12	28.00	332
数论三角形	2014－04	38.00	341
毕克定理	2014－07	18.00	352
数林掠影	2014－09	48.00	389
我们周围的概率	2014－10	38.00	390
凸函数最值定理:从一道华约自主招生题的解法谈起	2014－10	28.00	391
易学与数学奥林匹克	2014－10	38.00	392
生物数学趣谈	2015－01	18.00	409
反演	2015－01	28.00	420
因式分解与圆锥曲线	2015－01	18.00	426
轨迹	2015－01	28.00	427
面积原理:从常庚哲命的一道 CMO 试题的积分解法谈起	2015－01	48.00	431
形形色色的不动点定理:从一道 28 届 IMO 试题谈起	2015－01	38.00	439
柯西函数方程:从一道上海交大自主招生的试题谈起	2015－02	28.00	440

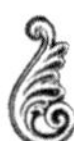

刘培杰数学工作室
已出版(即将出版)图书目录——高等数学

书　　名	出版时间	定　价	编号
三角恒等式	2015－02	28.00	442
无理性判定:从一道 2014 年"北约"自主招生试题谈起	2015－01	38.00	443
数学归纳法	2015－03	18.00	451
极端原理与解题	2015－04	28.00	464
法雷级数	2014－08	18.00	367
摆线族	2015－01	38.00	438
函数方程及其解法	2015－05	38.00	470
含参数的方程和不等式	2012－09	28.00	213
希尔伯特第十问题	2016－01	38.00	543
无穷小量的求和	2016－01	28.00	545
切比雪夫多项式:从一道清华大学金秋营试题谈起	2016－01	38.00	583
泽肯多夫定理	2016－03	38.00	599
代数等式证题法	2016－01	28.00	600
三角等式证题法	2016－01	28.00	601
吴大任教授藏书中的一个因式分解公式:从一道美国数学邀请赛试题的解法谈起	2016－06	28.00	656
易卦——类万物的数学模型	2017－08	68.00	838
"不可思议"的数与数系可持续发展	2018－01	38.00	878
最短线	2018－01	38.00	879
从毕达哥拉斯到怀尔斯	2007－10	48.00	9
从迪利克雷到维斯卡尔迪	2008－01	48.00	21
从哥德巴赫到陈景润	2008－05	98.00	35
从庞加莱到佩雷尔曼	2011－08	138.00	136
从费马到怀尔斯——费马大定理的历史	2013－10	198.00	Ⅰ
从庞加莱到佩雷尔曼——庞加莱猜想的历史	2013－10	298.00	Ⅱ
从切比雪夫到爱尔特希(上)——素数定理的初等证明	2013－07	48.00	Ⅲ
从切比雪夫到爱尔特希(下)——素数定理 100 年	2012－12	98.00	Ⅲ
从高斯到盖尔方特——二次域的高斯猜想	2013－10	198.00	Ⅳ
从库默尔到朗兰兹——朗兰兹猜想的历史	2014－01	98.00	Ⅴ
从比勃巴赫到德布朗斯——比勃巴赫猜想的历史	2014－02	298.00	Ⅵ
从麦比乌斯到陈省身——麦比乌斯变换与麦比乌斯带	2014－02	298.00	Ⅶ
从布尔到豪斯道夫——布尔方程与格论漫谈	2013－10	198.00	Ⅷ
从开普勒到阿诺德——三体问题的历史	2014－05	298.00	Ⅸ
从华林到华罗庚——华林问题的历史	2013－10	298.00	Ⅹ
数学物理大百科全书.第 1 卷	2016－01	418.00	508
数学物理大百科全书.第 2 卷	2016－01	408.00	509
数学物理大百科全书.第 3 卷	2016－01	396.00	510
数学物理大百科全书.第 4 卷	2016－01	408.00	511
数学物理大百科全书.第 5 卷	2016－01	368.00	512
朱德祥代数与几何讲义.第 1 卷	2017－01	38.00	697
朱德祥代数与几何讲义.第 2 卷	2017－01	28.00	698
朱德祥代数与几何讲义.第 3 卷	2017－01	28.00	699

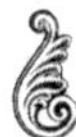

刘培杰数学工作室
已出版(即将出版)图书目录——高等数学

书　　名	出版时间	定　价	编号
闵嗣鹤文集	2011—03	98.00	102
吴从炘数学活动三十年(1951～1980)	2010—07	99.00	32
吴从炘数学活动又三十年(1981～2010)	2015—07	98.00	491
斯米尔诺夫高等数学.第一卷	2018—03	88.00	770
斯米尔诺夫高等数学.第二卷.第一分册	2018—03	68.00	771
斯米尔诺夫高等数学.第二卷.第二分册	2018—03	68.00	772
斯米尔诺夫高等数学.第二卷.第三分册	2018—03	48.00	773
斯米尔诺夫高等数学.第三卷.第一分册	2018—03	58.00	774
斯米尔诺夫高等数学.第三卷.第二分册	2018—03	58.00	775
斯米尔诺夫高等数学.第三卷.第三分册	2018—03	68.00	776
斯米尔诺夫高等数学.第四卷.第一分册	2018—03	48.00	777
斯米尔诺夫高等数学.第四卷.第二分册	2018—03	88.00	778
斯米尔诺夫高等数学.第五卷.第一分册	2018—03	58.00	779
斯米尔诺夫高等数学.第五卷.第二分册	2018—03	68.00	780
zeta 函数,q-zeta 函数,相伴级数与积分(英文)	2015—08	88.00	513
微分形式:理论与练习(英文)	2015—08	58.00	514
离散与微分包含的逼近和优化(英文)	2015—08	58.00	515
艾伦·图灵:他的工作与影响(英文)	2016—01	98.00	560
测度理论概率导论,第 2 版(英文)	2016—01	88.00	561
带有潜在故障恢复系统的半马尔柯夫模型控制(英文)	2016—01	98.00	562
数学分析原理(英文)	2016—01	88.00	563
随机偏微分方程的有效动力学(英文)	2016—01	88.00	564
图的谱半径(英文)	2016—01	58.00	565
量子机器学习中数据挖掘的量子计算方法(英文)	2016—01	98.00	566
量子物理的非常规方法(英文)	2016—01	118.00	567
运输过程的统一非局部理论:广义波尔兹曼物理动力学,第 2 版(英文)	2016—01	198.00	568
量子力学与经典力学之间的联系在原子、分子及电动力学系统建模中的应用(英文)	2016—01	58.00	569
算术域(英文)	2018—01	158.00	821
高等数学竞赛:1962—1991 年的米洛克斯·史怀哲竞赛(英文)	2018—01	128.00	822
用数学奥林匹克精神解决数论问题(英文)	2018—01	108.00	823
代数几何(德文)	2018—04	68.00	824
丢番图逼近论(英文)	2018—01	78.00	825
代数几何学基础教程(英文)	2018—01	98.00	826
解析数论入门课程(英文)	2018—01	78.00	827
数论中的丢番图问题(英文)	2018—01	78.00	829
数论(梦幻之旅):第五届中日数论研讨会演讲集(英文)	2018—01	68.00	830
数论新应用(英文)	2018—01	68.00	831
数论(英文)	2018—01	78.00	832
测度与积分(英文)	2019—04	68.00	1059
卡塔兰数入门(英文)	2019—05	68.00	1060
多变量数学入门(英文)	2021—05	68.00	1317
偏微分方程入门(英文)	2021—05	88.00	1318
若尔当典范性:理论与实践(英文)	2021—07	68.00	1366
R 统计学概论(英文)	2023—03	88.00	1614
基于不确定静态和动态问题解的仿射算术(英文)	2023—03	38.00	1618

刘培杰数学工作室
已出版(即将出版)图书目录——高等数学

书　名	出版时间	定　价	编号
湍流十讲(英文)	2018－04	108.00	886
无穷维李代数:第 3 版(英文)	2018－04	98.00	887
等值、不变量和对称性(英文)	2018－04	78.00	888
解析数论(英文)	2018－09	78.00	889
《数学原理》的演化:伯特兰·罗素撰写第二版时的手稿与笔记(英文)	2018－04	108.00	890
哈密尔顿数学论文集(第 4 卷):几何学、分析学、天文学、概率和有限差分等(英文)	2019－05	108.00	891
数学王子——高斯	2018－01	48.00	858
坎坷奇星——阿贝尔	2018－01	48.00	859
闪烁奇星——伽罗瓦	2018－01	58.00	860
无穷统帅——康托尔	2018－01	48.00	861
科学公主——柯瓦列夫斯卡娅	2018－01	48.00	862
抽象代数之母——埃米·诺特	2018－01	48.00	863
电脑先驱——图灵	2018－01	58.00	864
昔日神童——维纳	2018－01	48.00	865
数坛怪侠——爱尔特希	2018－01	68.00	866
当代世界中的数学.数学思想与数学基础	2019－01	38.00	892
当代世界中的数学.数学问题	2019－01	38.00	893
当代世界中的数学.应用数学与数学应用	2019－01	38.00	894
当代世界中的数学.数学王国的新疆域(一)	2019－01	38.00	895
当代世界中的数学.数学王国的新疆域(二)	2019－01	38.00	896
当代世界中的数学.数林撷英(一)	2019－01	38.00	897
当代世界中的数学.数林撷英(二)	2019－01	48.00	898
当代世界中的数学.数学之路	2019－01	38.00	899
偏微分方程全局吸引子的特性(英文)	2018－09	108.00	979
整函数与下调和函数(英文)	2018－09	118.00	980
幂等分析(英文)	2018－09	118.00	981
李群,离散子群与不变量理论(英文)	2018－09	108.00	982
动力系统与统计力学(英文)	2018－09	118.00	983
表示论与动力系统(英文)	2018－09	118.00	984
分析学练习.第 1 部分(英文)	2021－01	88.00	1247
分析学练习.第 2 部分.非线性分析(英文)	2021－01	88.00	1248
初级统计学:循序渐进的方法:第 10 版(英文)	2019－05	68.00	1067
工程师与科学家微分方程用书:第 4 版(英文)	2019－07	58.00	1068
大学代数与三角学(英文)	2019－06	78.00	1069
培养数学能力的途径(英文)	2019－07	38.00	1070
工程师与科学家统计学:第 4 版(英文)	2019－06	58.00	1071
贸易与经济中的应用统计学:第 6 版(英文)	2019－06	58.00	1072
傅立叶级数和边值问题:第 8 版(英文)	2019－05	48.00	1073
通往天文学的途径:第 5 版(英文)	2019－05	58.00	1074

刘培杰数学工作室

已出版(即将出版)图书目录——高等数学

书　　名	出版时间	定　价	编号
拉马努金笔记.第1卷(英文)	2019—06	165.00	1078
拉马努金笔记.第2卷(英文)	2019—06	165.00	1079
拉马努金笔记.第3卷(英文)	2019—06	165.00	1080
拉马努金笔记.第4卷(英文)	2019—06	165.00	1081
拉马努金笔记.第5卷(英文)	2019—06	165.00	1082
拉马努金遗失笔记.第1卷(英文)	2019—06	109.00	1083
拉马努金遗失笔记.第2卷(英文)	2019—06	109.00	1084
拉马努金遗失笔记.第3卷(英文)	2019—06	109.00	1085
拉马努金遗失笔记.第4卷(英文)	2019—06	109.00	1086
数论:1976年纽约洛克菲勒大学数论会议记录(英文)	2020—06	68.00	1145
数论:卡本代尔1979:1979年在南伊利诺伊卡本代尔大学举行的数论会议记录(英文)	2020—06	78.00	1146
数论:诺德韦克豪特1983:1983年在诺德韦克豪特举行的Journees Arithmetiques数论大会会议记录(英文)	2020—06	68.00	1147
数论:1985—1988年在纽约城市大学研究生院和大学中心举办的研讨会(英文)	2020—06	68.00	1148
数论:1987年在乌尔姆举行的Journees Arithmetiques数论大会会议记录(英文)	2020—06	68.00	1149
数论:马德拉斯1987:1987年在马德拉斯安娜大学举行的国际拉马努金百年纪念大会会议记录(英文)	2020—06	68.00	1150
解析数论:1988年在东京举行的日法研讨会会议记录(英文)	2020—06	68.00	1151
解析数论:2002年在意大利切特拉罗举行的C.I.M.E.暑期班演讲集(英文)	2020—06	68.00	1152
量子世界中的蝴蝶:最迷人的量子分形故事(英文)	2020—06	118.00	1157
走进量子力学(英文)	2020—06	118.00	1158
计算物理学概论(英文)	2020—06	48.00	1159
物质,空间和时间的理论:量子理论(英文)	即将出版		1160
物质,空间和时间的理论:经典理论(英文)	即将出版		1161
量子场理论:解释世界的神秘背景(英文)	2020—07	38.00	1162
计算物理学概论(英文)	即将出版		1163
行星状星云(英文)	即将出版		1164
基本宇宙学:从亚里士多德的宇宙到大爆炸(英文)	2020—08	58.00	1165
数学磁流体力学(英文)	2020—07	58.00	1166
计算科学:第1卷,计算的科学(日文)	2020—07	88.00	1167
计算科学:第2卷,计算与宇宙(日文)	2020—07	88.00	1168
计算科学:第3卷,计算与物质(日文)	2020—07	88.00	1169
计算科学:第4卷,计算与生命(日文)	2020—07	88.00	1170
计算科学:第5卷,计算与地球环境(日文)	2020—07	88.00	1171
计算科学:第6卷,计算与社会(日文)	2020—07	88.00	1172
计算科学.别卷,超级计算机(日文)	2020—07	88.00	1173
多复变函数论(日文)	2022—06	78.00	1518
复变函数入门(日文)	2022—06	78.00	1523

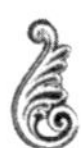

刘培杰数学工作室
已出版(即将出版)图书目录——高等数学

书　　名	出版时间	定　价	编号
代数与数论:综合方法(英文)	2020—10	78.00	1185
复分析:现代函数理论第一课(英文)	2020—07	58.00	1186
斐波那契数列和卡特兰数:导论(英文)	2020—10	68.00	1187
组合推理:计数艺术介绍(英文)	2020—07	88.00	1188
二次互反律的傅里叶分析证明(英文)	2020—07	48.00	1189
旋瓦兹分布的希尔伯特变换与应用(英文)	2020—07	58.00	1190
泛函分析:巴拿赫空间理论入门(英文)	2020—07	48.00	1191
典型群,错排与素数(英文)	2020—11	58.00	1204
李代数的表示:通过 gln 进行介绍(英文)	2020—10	38.00	1205
实分析演讲集(英文)	2020—10	38.00	1206
现代分析及其应用的课程(英文)	2020—10	58.00	1207
运动中的抛射物数学(英文)	2020—10	38.00	1208
2—扭结与它们的群(英文)	2020—10	38.00	1209
概率,策略和选择:博弈与选举中的数学(英文)	2020—11	58.00	1210
分析学引论(英文)	2020—11	58.00	1211
量子群:通往流代数的路径(英文)	2020—11	38.00	1212
集合论入门(英文)	2020—10	48.00	1213
酉反射群(英文)	2020—11	58.00	1214
探索数学:吸引人的证明方式(英文)	2020—11	58.00	1215
微分拓扑短期课程(英文)	2020—10	48.00	1216
抽象凸分析(英文)	2020—11	68.00	1222
费马大定理笔记(英文)	2021—03	48.00	1223
高斯与雅可比和(英文)	2021—03	78.00	1224
π与算术几何平均:关于解析数论和计算复杂性的研究(英文)	2021—01	58.00	1225
复分析入门(英文)	2021—03	48.00	1226
爱德华·卢卡斯与素性测定(英文)	2021—03	78.00	1227
通往凸分析及其应用的简单路径(英文)	2021—01	68.00	1229
微分几何的各个方面.第一卷(英文)	2021—01	58.00	1230
微分几何的各个方面.第二卷(英文)	2020—12	58.00	1231
微分几何的各个方面.第三卷(英文)	2020—12	58.00	1232
沃克流形几何学(英文)	2020—11	58.00	1233
彷射和韦尔几何应用(英文)	2020—12	58.00	1234
双曲几何学的旋转向量空间方法(英文)	2021—02	58.00	1235
积分:分析学的关键(英文)	2020—12	48.00	1236
为有天分的新生准备的分析学基础教材(英文)	2020—11	48.00	1237

刘培杰数学工作室

已出版(即将出版)图书目录——高等数学

书　　名	出版时间	定　价	编号
数学不等式. 第一卷. 对称多项式不等式(英文)	2021-03	108.00	1273
数学不等式. 第二卷. 对称有理不等式与对称无理不等式(英文)	2021-03	108.00	1274
数学不等式. 第三卷. 循环不等式与非循环不等式(英文)	2021-03	108.00	1275
数学不等式. 第四卷. Jensen 不等式的扩展与加细(英文)	2021-03	108.00	1276
数学不等式. 第五卷. 创建不等式与解不等式的其他方法(英文)	2021-04	108.00	1277
冯・诺依曼代数中的谱位移函数:半有限冯・诺依曼代数中的谱位移函数与谱流(英文)	2021-06	98.00	1308
链接结构:关于嵌入完全图的直线中链接单形的组合结构(英文)	2021-05	58.00	1309
代数几何方法. 第 1 卷(英文)	2021-06	68.00	1310
代数几何方法. 第 2 卷(英文)	2021-06	68.00	1311
代数几何方法. 第 3 卷(英文)	2021-06	58.00	1312
代数、生物信息和机器人技术的算法问题. 第四卷,独立恒等式系统(俄文)	2020-08	118.00	1119
代数、生物信息和机器人技术的算法问题. 第五卷,相对覆盖性和独立可拆分恒等式系统(俄文)	2020-08	118.00	1200
代数、生物信息和机器人技术的算法问题. 第六卷,恒等式和准恒等式的相等 问题、可推导性和可实现性(俄文)	2020-08	128.00	1201
分数阶微积分的应用:非局部动态过程,分数阶导热系数(俄文)	2021-01	68.00	1241
泛函分析问题与练习:第 2 版(俄文)	2021-01	98.00	1242
集合论、数学逻辑和算法论问题:第 5 版(俄文)	2021-01	98.00	1243
微分几何和拓扑短期课程(俄文)	2021-01	98.00	1244
素数规律(俄文)	2021-01	88.00	1245
无穷边值问题解的递减:无界域中的拟线性椭圆和抛物方程(俄文)	2021-01	48.00	1246
微分几何讲义(俄文)	2020-12	98.00	1253
二次型和矩阵(俄文)	2021-01	98.00	1255
积分和级数. 第 2 卷,特殊函数(俄文)	2021-01	168.00	1258
积分和级数. 第 3 卷,特殊函数补充:第 2 版(俄文)	2021-01	178.00	1264
几何图上的微分方程(俄文)	2021-01	138.00	1259
数论教程:第 2 版(俄文)	2021-01	98.00	1260
非阿基米德分析及其应用(俄文)	2021-03	98.00	1261

刘培杰数学工作室

已出版(即将出版)图书目录——高等数学

书　　名	出版时间	定　价	编号
古典群和量子群的压缩(俄文)	2021－03	98.00	1263
数学分析习题集. 第 3 卷,多元函数:第 3 版(俄文)	2021－03	98.00	1266
数学习题:乌拉尔国立大学数学力学系大学生奥林匹克(俄文)	2021－03	98.00	1267
柯西定理和微分方程的特解(俄文)	2021－03	98.00	1268
组合极值问题及其应用:第 3 版(俄文)	2021－03	98.00	1269
数学词典(俄文)	2021－01	98.00	1271
确定性混沌分析模型(俄文)	2021－06	168.00	1307
精选初等数学习题和定理. 立体几何. 第 3 版(俄文)	2021－03	68.00	1316
微分几何习题:第 3 版(俄文)	2021－05	98.00	1336
精选初等数学习题和定理. 平面几何. 第 4 版(俄文)	2021－05	68.00	1335
曲面理论在欧氏空间 *En* 中的直接表示	2022－01	68.00	1444
维纳－霍普夫离散算子和托普利兹算子:某些可数赋范空间中的诸特性和可逆性(俄文)	2022－03	108.00	1496
Maple 中的数论:数论中的计算机计算(俄文)	2022－03	88.00	1497
贝尔曼和克努特问题及其概括:加法运算的复杂性(俄文)	2022－03	138.00	1498
复分析:共形映射(俄文)	2022－07	48.00	1542
微积分代数样条和多项式及其在数值方法中的应用(俄文)	2022－08	128.00	1543
蒙特卡罗方法中的随机过程和场模型:算法和应用(俄文)	2022－08	88.00	1544
线性椭圆型方程组:论二阶椭圆型方程的迪利克雷问题(俄文)	2022－08	98.00	1561
动态系统解的增长特性:估值、稳定性、应用(俄文)	2022－08	118.00	1565
群的自由积分解:建立和应用(俄文)	2022－08	78.00	1570
混合方程和偏差自变数方程问题:解的存在和唯一性(俄文)	2023－01	78.00	1582
拟度量空间分析:存在和逼近定理(俄文)	2023－01	108.00	1583
二维和三维流形上函数的拓扑性质:函数的拓扑分类(俄文)	2023－03	68.00	1584
齐次马尔科夫过程建模的矩阵方法:此类方法能够用于不同目的的复杂系统研究、设计和完善(俄文)	2023－03	68.00	1594
周期函数的近似方法和特性:特殊课程(俄文)	2023－04	158.00	1622
扩散方程解的矩函数:变分法(俄文)	2023－03	58.00	1623
多赋范空间和广义函数:理论及应用(俄文)	2023－03	98.00	1632
分析中的多值映射:部分应用(俄文)	2023－06	98.00	1634
数学物理问题(俄文)	2023－03	78.00	1636
函数的幂级数与三角级数分解(俄文)	2024－01	58.00	1695
星体理论的数学基础:原子三元组(俄文)	2024－01	98.00	1696
素数规律:专著(俄文)	2024－01	118.00	1697

书　　名	出版时间	定　价	编号
狭义相对论与广义相对论:时空与引力导论(英文)	2021－07	88.00	1319
束流物理学和粒子加速器的实践介绍:第 2 版(英文)	2021－07	88.00	1320
凝聚态物理中的拓扑和微分几何简介(英文)	2021－05	88.00	1321
混沌映射:动力学、分形学和快速涨落(英文)	2021－05	128.00	1322
广义相对论:黑洞、引力波和宇宙学介绍(英文)	2021－06	68.00	1323
现代分析电磁均质化(英文)	2021－06	68.00	1324
为科学家提供的基本流体动力学(英文)	2021－06	88.00	1325
视觉天文学:理解夜空的指南(英文)	2021－06	68.00	1326

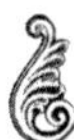

刘培杰数学工作室
已出版(即将出版)图书目录——高等数学

书　　名	出版时间	定　价	编号
物理学中的计算方法(英文)	2021—06	68.00	1327
单星的结构与演化:导论(英文)	2021—06	108.00	1328
超越居里:1903 年至 1963 年物理界四位女性及其著名发现(英文)	2021—06	68.00	1329
范德瓦尔斯流体热力学的进展(英文)	2021—06	68.00	1330
先进的托卡马克稳定性理论(英文)	2021—06	88.00	1331
经典场论导论:基本相互作用的过程(英文)	2021—07	88.00	1332
光致电离量子动力学方法原理(英文)	2021—07	108.00	1333
经典域论和应力:能量张量(英文)	2021—05	88.00	1334
非线性太赫兹光谱的概念与应用(英文)	2021—06	68.00	1337
电磁学中的无穷空间并矢格林函数(英文)	2021—06	88.00	1338
物理科学基础数学. 第 1 卷,齐次边值问题、傅里叶方法和特殊函数(英文)	2021—07	108.00	1339
离散量子力学(英文)	2021—07	68.00	1340
核磁共振的物理学和数学(英文)	2021—07	108.00	1341
分子水平的静电学(英文)	2021—08	68.00	1342
非线性波:理论、计算机模拟、实验(英文)	2021—06	108.00	1343
石墨烯光学:经典问题的电解解决方案(英文)	2021—06	68.00	1344
超材料多元宇宙(英文)	2021—07	68.00	1345
银河系外的天体物理学(英文)	2021—07	68.00	1346
原子物理学(英文)	2021—07	68.00	1347
将光打结:将拓扑学应用于光学(英文)	2021—07	68.00	1348
电磁学:问题与解法(英文)	2021—07	88.00	1364
海浪的原理:介绍量子力学的技巧与应用(英文)	2021—07	108.00	1365
多孔介质中的流体:输运与相变(英文)	2021—07	68.00	1372
洛伦兹群的物理学(英文)	2021—08	68.00	1373
物理导论的数学方法和解决方法手册(英文)	2021—08	68.00	1374
非线性波数学物理学入门(英文)	2021—08	88.00	1376
波:基本原理和动力学(英文)	2021—07	68.00	1377
光电子量子计量学. 第 1 卷,基础(英文)	2021—07	88.00	1383
光电子量子计量学. 第 2 卷,应用与进展(英文)	2021—07	68.00	1384
复杂流的格子玻尔兹曼建模的工程应用(英文)	2021—08	68.00	1393
电偶极矩挑战(英文)	2021—08	108.00	1394
电动力学:问题与解法(英文)	2021—09	68.00	1395
自由电子激光的经典理论(英文)	2021—08	68.00	1397
曼哈顿计划——核武器物理学简介(英文)	2021—09	68.00	1401

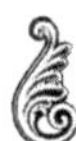

刘培杰数学工作室
已出版(即将出版)图书目录——高等数学

书　　名	出版时间	定　价	编号
粒子物理学(英文)	2021—09	68.00	1402
引力场中的量子信息(英文)	2021—09	128.00	1403
器件物理学的基本经典力学(英文)	2021—09	68.00	1404
等离子体物理及其空间应用导论.第1卷,基本原理和初步过程(英文)	2021—09	68.00	1405
伽利略理论力学:连续力学基础(英文)	2021—10	48.00	1416
磁约束聚变等离子体物理:理想MHD理论(英文)	2023—03	68.00	1613
相对论量子场论.第1卷,典范形式体系(英文)	2023—03	38.00	1615
相对论量子场论.第2卷,路径积分形式(英文)	2023—06	38.00	1616
相对论量子场论.第3卷,量子场论的应用(英文)	2023—06	38.00	1617
涌现的物理学(英文)	2023—05	58.00	1619
量子化旋涡:一本拓扑激发手册(英文)	2023—04	68.00	1620
非线性动力学:实践的介绍性调查(英文)	2023—05	68.00	1621
静电加速器:一个多功能工具(英文)	2023—06	58.00	1625
相对论多体理论与统计力学(英文)	2023—06	58.00	1626
经典力学.第1卷,工具与向量(英文)	2023—04	38.00	1627
经典力学.第2卷,运动学和匀加速运动(英文)	2023—04	58.00	1628
经典力学.第3卷,牛顿定律和匀速圆周运动(英文)	2023—04	58.00	1629
经典力学.第4卷,万有引力定律(英文)	2023—04	38.00	1630
经典力学.第5卷,守恒定律与旋转运动(英文)	2023—04	38.00	1631
对称问题:纳维尔—斯托克斯问题(英文)	2023—04	38.00	1638
摄影的物理和艺术.第1卷,几何与光的本质(英文)	2023—04	78.00	1639
摄影的物理和艺术.第2卷,能量与色彩(英文)	2023—04	78.00	1640
摄影的物理和艺术.第3卷,探测器与数码的意义(英文)	2023—04	78.00	1641
拓扑与超弦理论焦点问题(英文)	2021—07	58.00	1349
应用数学:理论、方法与实践(英文)	2021—07	78.00	1350
非线性特征值问题:牛顿型方法与非线性瑞利函数(英文)	2021—07	58.00	1351
广义膨胀和齐性:利用齐性构造齐次系统的李雅普诺夫函数和控制律(英文)	2021—06	48.00	1352
解析数论焦点问题(英文)	2021—07	58.00	1353
随机微分方程:动态系统方法(英文)	2021—07	58.00	1354
经典力学与微分几何(英文)	2021—07	58.00	1355
负定相交形式流形上的瞬子模空间几何(英文)	2021—07	68.00	1356
广义卡塔兰轨道分析:广义卡塔兰轨道计算数字的方法(英文)	2021—07	48.00	1367
洛伦兹方法的变分:二维与三维洛伦兹方法(英文)	2021—08	38.00	1378
几何、分析和数论精编(英文)	2021—08	68.00	1380
从一个新角度看数论:通过遗传方法引入现实的概念(英文)	2021—07	58.00	1387
动力系统:短期课程(英文)	2021—08	68.00	1382

刘培杰数学工作室
已出版(即将出版)图书目录——高等数学

书　　名	出版时间	定　价	编号
几何路径:理论与实践(英文)	2021－08	48.00	1385
广义斐波那契数列及其性质(英文)	2021－08	38.00	1386
论天体力学中某些问题的不可积性(英文)	2021－07	88.00	1396
对称函数和麦克唐纳多项式:余代数结构与 Kawanaka 恒等式	2021－09	38.00	1400
杰弗里·英格拉姆·泰勒科学论文集:第 1 卷.固体力学(英文)	2021－05	78.00	1360
杰弗里·英格拉姆·泰勒科学论文集:第 2 卷.气象学、海洋学和湍流(英文)	2021－05	68.00	1361
杰弗里·英格拉姆·泰勒科学论文集:第 3 卷.空气动力学以及落弹数和爆炸的力学(英文)	2021－05	68.00	1362
杰弗里·英格拉姆·泰勒科学论文集:第 4 卷.有关流体力学(英文)	2021－05	58.00	1363
非局域泛函演化方程:积分与分数阶(英文)	2021－08	48.00	1390
理论工作者的高等微分几何:纤维丛、射流流形和拉格朗日理论(英文)	2021－08	68.00	1391
半线性退化椭圆微分方程:局部定理与整体定理(英文)	2021－07	48.00	1392
非交换几何、规范理论和重整化:一般简介与非交换量子场论的重整化(英文)	2021－09	78.00	1406
数论论文集:拉普拉斯变换和带有数论系数的幂级数(俄文)	2021－09	48.00	1407
挠理论专题:相对极大值,单射与扩充模(英文)	2021－09	88.00	1410
强正则图与欧几里得若尔当代数:非通常关系中的启示(英文)	2021－10	48.00	1411
拉格朗日几何和哈密顿几何:力学的应用(英文)	2021－10	48.00	1412
时滞微分方程与差分方程的振动理论:二阶与三阶(英文)	2021－10	98.00	1417
卷积结构与几何函数理论:用以研究特定几何函数理论方向的分数阶微积分算子与卷积结构(英文)	2021－10	48.00	1418
经典数学物理的历史发展(英文)	2021－10	78.00	1419
扩展线性丢番图问题(英文)	2021－10	38.00	1420
一类混沌动力系统的分歧分析与控制:分歧分析与控制(英文)	2021－11	38.00	1421
伽利略空间和伪伽利略空间中一些特殊曲线的几何性质(英文)	2022－01	48.00	1422
一阶偏微分方程:哈密尔顿—雅可比理论(英文)	2021－11	48.00	1424
各向异性黎曼多面体的反问题:分段光滑的各向异性黎曼多面体反边界谱问题:唯一性(英文)	2021－11	38.00	1425

刘培杰数学工作室
已出版(即将出版)图书目录——高等数学

书　　名	出版时间	定　价	编号
项目反应理论手册.第一卷,模型(英文)	2021—11	138.00	1431
项目反应理论手册.第二卷,统计工具(英文)	2021—11	118.00	1432
项目反应理论手册.第三卷,应用(英文)	2021—11	138.00	1433
二次无理数:经典数论入门(英文)	2022—05	138.00	1434
数,形与对称性:数论,几何和群论导论(英文)	2022—05	128.00	1435
有限域手册(英文)	2021—11	178.00	1436
计算数论(英文)	2021—11	148.00	1437
拟群与其表示简介(英文)	2021—11	88.00	1438
数论与密码学导论:第二版(英文)	2022—01	148.00	1423
几何分析中的柯西变换与黎兹变换:解析调和容量和李普希兹调和容量、变化和振荡以及一致可求长性(英文)	2021—12	38.00	1465
近似不动点定理及其应用(英文)	2022—05	28.00	1466
局部域的相关内容解析:对局部域的扩展及其伽罗瓦群的研究(英文)	2022—01	38.00	1467
反问题的二进制恢复方法(英文)	2022—03	28.00	1468
对几何函数中某些类的各个方面的研究:复变量理论(英文)	2022—01	38.00	1469
覆盖、对应和非交换几何(英文)	2022—01	28.00	1470
最优控制理论中的随机线性调节器问题:随机最优线性调节器问题(英文)	2022—01	38.00	1473
正交分解法:涡流流体动力学应用的正交分解法(英文)	2022—01	38.00	1475
芬斯勒几何的某些问题(英文)	2022—03	38.00	1476
受限三体问题(英文)	2022—05	38.00	1477
利用马利亚万微积分进行 Greeks 的计算:连续过程、跳跃过程中的马利亚万微积分和金融领域中的 Greeks(英文)	2022—05	48.00	1478
经典分析和泛函分析的应用:分析学的应用(英文)	2022—05	38.00	1479
特殊芬斯勒空间的探究(英文)	2022—03	48.00	1480
某些图形的施泰纳距离的细谷多项式:细谷多项式与图的维纳指数(英文)	2022—05	38.00	1481
图论问题的遗传算法:在新鲜与模糊的环境中(英文)	2022—05	48.00	1482
多项式映射的渐近簇(英文)	2022—05	38.00	1483
一维系统中的混沌:符号动力学,映射序列,一致收敛和沙可夫斯基定理(英文)	2022—05	38.00	1509
多维边界层流动与传热分析:粘性流体流动的数学建模与分析(英文)	2022—05	38.00	1510

刘培杰数学工作室
已出版(即将出版)图书目录——高等数学

书　　名	出版时间	定　价	编号
演绎理论物理学的原理:一种基于量子力学波函数的逐次置信估计的一般理论的提议(英文)	2022—05	38.00	1511
R^2 和 R^3 中的仿射弹性曲线:概念和方法(英文)	2022—08	38.00	1512
算术数列中除数函数的分布:基本内容、调查、方法、第二矩、新结果(英文)	2022—05	28.00	1513
抛物型狄拉克算子和薛定谔方程:不定常薛定谔方程的抛物型狄拉克算子及其应用(英文)	2022—07	28.00	1514
黎曼-希尔伯特问题与量子场论:可积重正化、戴森-施温格方程(英文)	2022—08	38.00	1515
代数结构和几何结构的形变理论(英文)	2022—08	48.00	1516
概率结构和模糊结构上的不动点:概率结构和直觉模糊度量空间的不动点定理(英文)	2022—08	38.00	1517
反若尔当对:简单反若尔当对的自同构(英文)	2022—07	28.00	1533
对某些黎曼—芬斯勒空间变换的研究:芬斯勒几何中的某些变换(英文)	2022—07	38.00	1534
内诣零流形映射的尼尔森数的阿诺索夫关系(英文)	2023—01	38.00	1535
与广义积分变换有关的分数次演算:对分数次演算的研究(英文)	2023—01	48.00	1536
强子的芬斯勒几何和吕拉几何(宇宙学方面):强子结构的芬斯勒几何和吕拉几何(拓扑缺陷)(英文)	2022—08	38.00	1537
一种基于混沌的非线性最优化问题:作业调度问题(英文)	即将出版		1538
广义概率论发展前景:关于趣味数学与置信函数实际应用的一些原创观点(英文)	即将出版		1539
纽结与物理学:第二版(英文)	2022—09	118.00	1547
正交多项式和 q—级数的前沿(英文)	2022—09	98.00	1548
算子理论问题集(英文)	2022—03	108.00	1549
抽象代数:群、环与域的应用导论:第二版(英文)	2023—01	98.00	1550
菲尔兹奖得主演讲集:第三版(英文)	2023—01	138.00	1551
多元实函数教程(英文)	2022—09	118.00	1552
球面空间形式群的几何学:第二版(英文)	2022—09	98.00	1566
对称群的表示论(英文)	2023—01	98.00	1585
纽结理论:第二版(英文)	2023—01	88.00	1586
拟群理论的基础与应用(英文)	2023—01	88.00	1587
组合学:第二版(英文)	2023—01	98.00	1588
加性组合学:研究问题手册(英文)	2023—01	68.00	1589
扭曲、平铺与镶嵌:几何折纸中的数学方法(英文)	2023—01	98.00	1590
离散与计算几何手册:第三版(英文)	2023—01	248.00	1591
离散与组合数学手册:第二版(英文)	2023—01	248.00	1592

刘培杰数学工作室

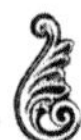

已出版(即将出版)图书目录——高等数学

书　　名	出版时间	定　价	编号
分析学教程．第 1 卷，一元实变量函数的微积分分析学介绍(英文)	2023－01	118.00	1595
分析学教程．第 2 卷，多元函数的微分和积分，向量微积分(英文)	2023－01	118.00	1596
分析学教程．第 3 卷，测度与积分理论，复变量的复值函数(英文)	2023－01	118.00	1597
分析学教程．第 4 卷，傅里叶分析，常微分方程，变分法(英文)	2023－01	118.00	1598
共形映射及其应用手册(英文)	2024－01	158.00	1674
广义三角函数与双曲函数(英文)	2024－01	78.00	1675
振动与波：概论：第二版(英文)	2024－01	88.00	1676
几何约束系统原理手册(英文)	2024－01	120.00	1677
微分方程与包含的拓扑方法(英文)	2024－01	98.00	1678
数学分析中的前沿话题(英文)	2024－01	198.00	1679
流体力学建模：不稳定性与湍流(英文)	即将出版		1680

联系地址：哈尔滨市南岗区复华四道街 10 号　哈尔滨工业大学出版社刘培杰数学工作室

网　　址：http://lpj.hit.edu.cn/

邮　　编：150006

联系电话：0451－86281378　　13904613167

E-mail:lpj1378@163.com